职业教育职业培训 改革创新教材
全国高等职业院校、技师学院、技工及高级技工学校规划教材
电子与电气控制专业

工业电能变换
与控制技术

赵维城　吴春燕　主　编
王为民　徐湘和　郭志元　副主编
李荣华　李乃夫　主　审

电子工业出版社

Publishing House of Electronics Industry

北京·BEIJING

内 容 简 介

本书根据高等职业院校、技师学院"电子与电气控制专业"的教学计划和教学大纲，以"国家职业标准"为依据，按照"以工作过程为导向"的课程改革要求，以典型任务为载体，从职业分析入手，切实贯彻"管用"、"够用"、"适用"的教学指导思想，把理论教学与技能训练很好地结合起来，并按技能层次分模块逐步加深工业电能变换与控制相关内容的学习和技能操作训练。本书较多地编入新技术、新设备、新工艺的内容，还介绍了许多典型的应用案例，便于读者借鉴，以缩短学校教育与企业需求之间的差距，更好地满足企业用人需求。

本书可作为高等职业院校、技师学院、技工及高级技工学校、中等职业学校电子与电气相关专业的教材，也可作为企业技师培训教材和相关设备维修技术人员的自学用书。

未经许可，不得以任何方式复制或抄袭本书之部分或全部内容。
版权所有，侵权必究。

图书在版编目（CIP）数据

工业电能变换与控制技术 / 赵维城，吴春燕主编. —北京：电子工业出版社，2013.7
职业教育职业培训改革创新教材　全国高等职业院校、技师学院、技工及高级技工学校规划教材. 电子与电气控制专业

ISBN 978-7-121-17865-8

Ⅰ.①工⋯　Ⅱ.①赵⋯ ②吴⋯　Ⅲ.①电能－变换器－自动控制－高等职业教育－教材　Ⅳ.①TN712

中国版本图书馆 CIP 数据核字（2012）第 185254 号

策划编辑：关雅莉　杨 波
责任编辑：郝黎明　文字编辑：裴 杰
印　　刷：北京京师印务有限公司
装　　订：北京京师印务有限公司
出版发行：电子工业出版社
　　　　　北京市海淀区万寿路 173 信箱　邮编：100036
开　　本：787×1092　1/16　印张：24　字数：615 千字
印　　次：2013 年 7 月第 1 次印刷
定　　价：44.00 元

凡所购买电子工业出版社图书有缺损问题，请向购买书店调换。若书店售缺，请与本社发行部联系，联系及邮购电话：（010）88254888。
质量投诉请发邮件至 zlts@phei.com.cn，盗版侵权举报请发邮件至 dbqq@phei.com.cn。
服务热线：（010）88258888。

职业教育职业培训改革创新教材
全国高等职业院校、技师学院、技工及高级技工学校规划教材
电子与电气控制专业 教材编写委员会

主任　委员：史术高　　湖南省职业技能鉴定中心（湖南省职业技术培训研究室）

副主任委员：（排名不分先后）

尹南宁	衡阳技师学院
罗亚平	衡阳技师学院
屈美凤	衡阳技师学院
许泓泉	衡阳技师学院
唐波微	衡阳技师学院
谭　勇	衡阳技师学院
彭庆丽	衡阳技师学院
王镇宇	湘潭技师学院
黄　钧	湖南省机械工业技术学院（湖南汽车技师学院）
刘紫阳	湖南省机械工业技术学院（湖南汽车技师学院）
谢红亮	湖南省机械工业技术学院（湖南汽车技师学院）
郑生明	湖南潇湘技师学院
冯友民	湖南潇湘技师学院
何跃明	郴州技师学院
刘一兵	邵阳职业技术学院
赵维城	冷水江市高级技工学校
吴春燕	冷水江市高级技工学校
李荣华	冷水江市高级技工学校
叶　谦	湖南轻工高级技工学校
凌　云	湖南工业大学
王荣欣	河北科技大学
李乃夫	广东省轻工业技师学院（广东省轻工业高级技工学校）
黄晓华	广东省南方技师学院
廖　勇	广东省南方技师学院
王　湘	永州市纺织厂
吴荣祥	肥城市职业教育中心校

委　　员：（排名不分先后）

刘　南	湖南省职业技能鉴定中心（湖南省职业技术培训研究室）
李辉耀	湖南省机械工业技术学院（湖南汽车技师学院）
陈锡文	湖南省机械工业技术学院（湖南汽车技师学院）
马果红	湖南省机械工业技术学院（湖南汽车技师学院）
王　炜	湖南工贸技师学院

罗少华	湘潭技师学院
苏石龙	湘潭技师学院
田海军	湘潭技师学院
陈铁军	湘潭技师学院
何钻明	郴州技师学院
黄先帜	郴州技师学院
刘志辉	郴州技师学院
刘建华	湖南轻工高级技工学校
伍爱平	湖南轻工高级技工学校
易新春	湖南轻工高级技工学校
蔡蔚蓝	湖南轻工高级技工学校
严 均	湖南轻工高级技工学校
石 冰	湖南轻工高级技工学校
徐金贵	冷水江市高级技工学校
刘矫健	邵阳市商业技工学校
王向东	邵阳市高级技工学校
刘石岩	邵阳市高级技工学校
何利民	湖南省煤业集团资兴矿区安全生产管理局
唐湘生	锡矿山闪星锑业有限责任公司
唐祥龙	湖南山立水电设备制造有限公司
石志勇	广东省技师学院
梁永昌	茂名市第二高级技工学校
刘坤林	茂名市第二高级技工学校
卢文升	揭阳捷和职业技术学校
李 明	湛江机电学校
刘竹明	湛江机电学校
魏林安	临洮县玉井职业中专
郭志元	古浪县黄羊川职业技术中学
王为民	广东省技师学院
徐湘和	湖南郴州技师学院
耿立迎	肥城市高级技工学校

秘 书 处：刘南、杨波、刘学清

出 版 说 明

百年大计，教育为本。教育是民族振兴、社会进步的基石，是提高国民素质、促进人的全面发展的根本途径，寄托着亿万家庭对美好生活的期盼。2010年7月，国务院颁发了《国家中长期教育改革和发展规划纲要（2010~2020）》。这份《纲要》把"坚持能力为重"放在了战略主题的位置，指出教育要"优化知识结构，丰富社会实践，强化能力培养。着力提高学生的学习能力、实践能力、创新能力，教育学生学会知识技能，学会动手动脑，学会生存生活，学会做人做事，促进学生主动适应社会，开创美好未来。"这对学生的职前教育、职后培训都提出了更高的要求，需要建立和完善多层次、高质量的职业培养机制。

为了贯彻落实党中央、国务院关于大力发展高等职业教育、培养高等技术应用型人才的战略部署，解决技师学院、技工及高级技工学校、高职高专院校缺乏实用性教材的问题，我们根据企业工作岗位要求和院校的教学需要，充分汲取技师学院、技工及高级技工学校、高职高专院校在探索、培养技能应用型人才方面取得的成功经验和教学成果，组织编写了本套"全国高等职业院校、技师学院、技工及高级技工学校规划教材"丛书。在组织编写中，我们力求使这套教材具有以下特点。

以促进就业为导向，突出能力培养：学生培养以就业为导向，以能力为本位，注重培养学生的专业能力、方法能力和社会能力，教育学生养成良好的职业行为、职业道德、职业精神、职业素养和社会责任。

以职业生涯发展为目标，明确专业定位：专业定位立足于学生职业生涯发展，突出学以致用，并给学生提供多种选择方向，使学生的个性发展与工作岗位需要一致，为学生的职业生涯和全面发展奠定基础。

以职业活动为核心，确定课程设置：课程设置与职业活动紧密关联，打破"三段式"与"学科本位"的课程模式，摆脱学科课程的思想束缚，以国家职业标准为基础，从职业（岗位）分析入手，围绕职业活动中典型工作任务的技能和知识点，设置课程并构建课程内容体系，体现技能训练的针对性，突出实用性和针对性，体现"学中做"、"做中学"，实现从学习者到工作者的角色转换。

以典型工作任务为载体，设计课程内容：课程内容要按照工作任务和工作过程的逻辑关系进行设计，体现综合职业能力的培养。依据职业能力，整合相应的知识、技能及职业素养，实现理论与实践的有机融合。注重在职业情境中能力的养成，培养学生分析问题、解决问题的综合能力。同时，课程内容要反映专业领域的新知识、新技术、新设备、新工艺和新方法，突出教材的先进性，更多地将新技术融入其中，以期缩短学校教育与企业需要之间的差距，更好地满足企业用人的需要

以学生为中心，实施模块教学：教学活动以学生为中心、以模块教学形式进行设计和组织。围绕专业培养目标和课程内容，构建工作任务与知识、技能紧密关联的教学单元模块，为学生提供体验完整工作过程的模块式课程体系。优化模块教学内容，实现情境教学，融合课堂教学、动手实操和模拟实验于一体，突出实践性教学，淡化理论教学，采用"教"、"学"、"做"相结合的"一体化教学"模式，以培养学生的能力为中心，注重实用性、操作性、科学性。模块与模块之间层层递进、相互支撑，贯彻以技能训练为主线、相关知识为支撑的编写思路，切实落实"管用"、"够用"、"适用"的教学指导思想。以实际案例为切入点，并尽量采用以图代文的编写形式，降低学习难度，提高学生的学习兴趣。

此次出版的"全国高等职业院校、技师学院、技工及高级技工学校规划教材"丛书，是电子工业出版社作为国家规划教材出版基地，贯彻落实全国教育工作会议精神和《国家中长期教育改革和发展规划纲要（2010~2020）》，对职业教育理念探索和实践的又一步，希望能为提升广大学生的就业竞争力和就业质量尽自己的绵薄之力。

电子工业出版社　职业教育分社

2012 年 8 月

前　言

本书根据高等职业院校、技师学院"电子与电气控制专业"的教学计划和教学大纲，以"国家职业标准"为依据，按照"以工作过程为导向"的课程改革要求，以典型任务为载体，从职业分析入手，切实贯彻"管用"、"够用"、"适用"的教学指导思想，把理论教学与技能训练很好地结合起来，并按技能层次分模块逐步介绍工业电能变换与控制技术相关内容的学习和技能操作训练。本书较多地编入新技术、新设备、新工艺的内容，还介绍了许多典型的应用案例，便于读者借鉴，以缩短学校教育与企业需求之间的差距，更好地满足企业用人需求。

本书可作为高等职业院校、技师学院、技工及高级技工学校、中等职业学校电子与电气相关专业的教材，也可作为企业技师培训教材和相关设备维修技术人员的自学用书。

本书的编写符合职业学校学生的认知和技能学习规律，形式新颖，职教特色明显；在保证知识体系完备，脉络清晰，论述精准深刻的同时，尤其注重培养读者的实际动手能力和企业岗位技能的应用能力，并结合大量的工程案例和项目来使读者更进一步灵活掌握及应用相关的技能。

● **本书内容**

全书共分为 7 个模块 44 个任务，内容由浅入深，全面覆盖了工业电能变换与控制技术的知识，包括各种工业电气设备和工业生产系统的电能变换与测控技术。

本书作为技师院校电工专业系列教材之一，以适应职业技能教育大发展的新形势和新要求，可供电气技师相关课程使用。本书采用任务驱动、案例剖析、模块培训、用中求学的方式组编，力求体现职业技能教育的新经验、新方法。作者基于长期的工程实践经验，力图反映当前工业电能变换与控制技术发展的新潮流。模块一总揽了工业电力电子技术革命的总体形势和历史过程及基本矛盾。模块二以作者创立的逻辑空间理论和逻辑表方法为工具，以机械和液压传动系统时序逻辑控制设计问题为论题，讨论适用于继电器控制、数字集成电子器件控制和 PLC 控制的通用逻辑设计方法。模块三在基本逻辑控制的基础上，进一步综合和讨论了电力电子变换的逻辑控制与连续调节两大问题，为统一理解作为工业电能变换与控制的核心的电力电子变换及其控制与调节奠定基础。模块四至模块七为工业电能变换与控制典型案例的分析解剖，是前三个基本模块的实际应用和发展，是进一步培养和锻练学生分析解决实际问题的才能的"现场"。

● 配套教学资源

本书提供了配套的立体化教学资源，包括专业建设方案、教学指南、电子教案等必需的文件，读者可以通过华信教育资源网（www.hxedu.com.cn）下载使用或与电子工业出版社联系（E-mail：yangbo@phei.com.cn）。

● 本书主编

本书由冷水江市高级技工学校赵维城、吴春燕主编，广东省技师学院王为民、湖南郴州技师学院徐湘和、古浪县黄羊川职业技术中学郭志元副主编，冷水江市高级技工学校李荣华、广东省轻工业技师学院（广东省轻工业高级技工学校）李乃夫主审，锡矿山闪星锑业有限责任公司唐湘生、冷水江市高级技工学校徐金贵等参与编写。由于时间仓促，作者水平有限，书中错漏之处在所难免，恳请广大读者批评指正。

● 特别鸣谢

特别鸣谢湖南省人力资源和社会保障厅职业技能鉴定中心、湖南省职业技术培训研究室对本书编写工作的大力支持，并同时鸣谢湖南省职业技能鉴定中心（湖南省职业技术培训研究室）史术高、刘南对本书进行了认真的审校及建议。本书编著过程还得到冷水江市高级技工学校刘祖应校长及教务科、实习科的宝贵支持，得到电工教研组的老师们及机械教研组、计算机教研组陈建军、张松青、邹卫湘、刘永恒等老师，以及一些在校学生的热情帮助，特在此一并致谢！

主　编

2013 年 6 月

学 习 导 言

在学习过电工基础、电子技术、电力拖动与控制技术、电机与变压器技术、电动机调速技术、PLC控制技术、电工制图与设计（EDA）技术、电力电子变换与控制技术等电工技术之后，来学习一门新的课程——工业电能变换与测控技术。它包括各种工业电气设备和工业生产系统的电能变换与测控技术。

工业电能变换与测控技术是一门综合性的技术，或者说是一门立足于分析基础之上的综合性的技术。因而它也是一门理论性和实践性都很强、两者密切结合在一起的技术，是把电能变换与测控系统的基本原理与实际的工业电气设备及其负载的特性和控制要求密切结合在一起的整体性、综合性的技术。

学习这样一门技术，特别要强调采用理论联系实际的方法。它要求把已经学过的各门技术融会贯通。它还要学习工业控制的基本原理。它特别要求将实际的工业控制对象作为一个整体来进行分析与综合，分解与合成，解剖与复原。为了这样做，它还要采用一种最有用的工具——电气工程制图。要善于把实物变成工程图来进行学习、理解、研究和处理。要善于把实际空间中的电气设备、系统和图纸空间中的工程图建立起一一对应的关系，既善于根据实物测绘图纸，又善于根据图纸理解实物。测绘的本领要通过反复的练习才能得到。解读图纸的本领也要在读图的实践中反复领悟。在实践中总结出来的"电工读图口诀"，以供参考。

     原理心中藏，框图作指南。能量何处流？信息怎样转？
     负载提要求，变换定大盘。输入到输出，特性待测量。
     核心在控制，驱动作桥梁。反馈闭环稳，关键赖感传。
     找准源头处，顺着接口转。等效繁化简，替换易代难。
     叠加常有效，分解亦良方。至理曰守恒，解题派用场。
     静态再动态，定性到定量。事事皆蕴理，时时用心想。

工业电气设备与其负载共同组成电能用户，成为一个工业控制的对象。电气设备为了向负载供给所需质和量的电能，必须对电能进行变换与相应的控制。所以，每一个工业电气设备及其负载都是一个电能变换与控制系统，这样就有了电能/电能变换与控制系统，电能/机械能变换与控制系统，电能/流体能变换与控制系统，电能/热能变换与控制系统，电能/化学能变换与控制系统，电能/光能变换与控制系统，电能/声能变换与控制系统等。能量变换是这些系统的主题和主体，信息控制是这些系统的主导与核心。这些系统的控制多是逻辑控制与连续调节相结合的综合控制。本教材选择一些典型的、常用的系统作为分析研究的对象，帮助读者学会怎样去进行学习。不仅授人以鱼，更授人以渔。

把每一个工业电能变换与控制系统作为一个整体，把电气设备及其负载作为一个整体，把能量变换与信息控制作为一个整体，把控制装置与受控对象作为一个整体，从整体上出发去分析它，解剖它，认识它，把握它，就能收到事半功倍的效果。可以运用学过的每一门技术去展开分析，但一定不要忘记从整体出发。

学为用，用要学。要学中用，用中学。在工作中学习工作，"在战争中学习战争"。人所做的一切，都是认识世界，改造世界。每一个人都按自己的方式去认识世界，改造世界。学习就是为了认识世界，改造世界。因此，在实践中才能认识世界，在实践中才能改造世界。只有正确的认识世界，才能成功的改造世界。只有勇敢的改造世界，才能成功的认识世界。

目 录

模块一 从整体上理解工业电能变换与测控技术 ········· 1
    任务1 到工厂去寻找问题的答案 ········· 1
        1.1.1 从整体上理解工业电能变换与测控技术 ········· 1
        1.1.2 从历史发展的内在逻辑上认识和把握工业电能变换与测控技术 ········· 4
        1.1.3 正确认识和处理工业电能变换与测控系统中的各种矛盾 ········· 6
    任务2 看图、交流、讨论、写作 ········· 13
    本模块参考文献 ········· 13

模块二 工业逻辑控制系统的分析与综合 ········· 14
    任务1 认识工业，认识工厂，认识设备，认识机器 ········· 14
    任务2 用工程逻辑的观点来理解描述机/电转换元件 ········· 16
        2.2.1 机液电一体化的运动控制系统 ········· 16
        2.2.2 机械运动控制系统中的元件分析 ········· 17
    任务3 认识组合机床的传动部件 ········· 32
        2.3.1 组合机床具有单一运动功能的通用动力部件的分析与控制 ········· 32
        2.3.2 组合机床具有复合运动功能的通用动力部件的分析与控制 ········· 33
    任务4 通过案例掌握时序逻辑控制电路的分析与综合方法 ········· 35
        2.4.1 根据对传动系统的分析提取控制逻辑程序 ········· 35
        2.4.2 根据控制逻辑程序建立控制逻辑式 ········· 39
        2.4.3 集控制逻辑式组成控制逻辑表 ········· 40
        2.4.4 由控制逻辑结构表推演最简单控制逻辑结构表 ········· 41
        2.4.5 把控制逻辑结构表翻译成控制逻辑线路 ········· 42
        2.4.6 核心电路控制功能的逻辑检验与验证 ········· 43
        2.4.7 通用控制功能的添加 ········· 48
        2.4.8 控制逻辑的实现 ········· 50
    任务5 通过案例学习电气-液压控制系统分析与综合方法 ········· 55
        2.5.1 根据动力滑台的要求设计传动主回路，根据主回路的要求设计液压控制回路 ········· 55
        2.5.2 根据控制油路的要求设计控制电路 ········· 59

2.5.3 由继电器控制电路到 PLC 控制电路 ·· 77
2.5.4 由继电器控制电路到数字集成电子控制电路 ································· 79
本模块参考文献 ··· 82
模块三 电力电子变换的逻辑控制与连续调节 ·· 83
任务1 系统与控制的定性认识 ·· 84
3.1.1 系统与控制 ·· 84
3.1.2 系统的扰动与调节：由开环控制到闭环控制 ······································ 86
3.1.3 闭环控制系统的基本结构和功能 ·· 88
3.1.4 控制系统的调节品质 ·· 89
3.1.5 认识调节对象的各种传递特性 ·· 90
3.1.6 对调节过程进行信息采样 ·· 91
3.1.7 传感器的特性测量 ·· 93
3.1.8 电压采样和电流采样 ·· 94
3.1.9 信号调理变送器和信号的规范化 ·· 95
3.1.10 控制信号的给定 ·· 98
3.1.11 给定信号、反馈信号、保护信号的综合 ·· 100
任务2 调节算法和调节器 ··· 102
3.2.1 控制策略与调节算法 ·· 102
3.2.2 调节算法的实现——电子调节器 ·· 104
3.2.3 调节器的串联——多环反馈、主从调节 ·· 108
3.2.4 调控指令——指向电力电子变换装置 ·· 109
任务3 半控型电力电子变换和移相控制 ·· 110
3.3.1 三类电力电子开关 ·· 110
3.3.2 晶闸管移相控制 ·· 112
3.3.3 TC 787/TC 788 集成移相触发器 ·· 120
任务4 全控型电力电子变换和 PWM 控制 ··· 123
3.4.1 全控型电力电子变换 ·· 123
3.4.2 全控型 DC/DC 变换拓扑 ··· 124
3.4.3 DC/DC 变换的 PWM 控制器原理 ··· 126
3.4.4 全控型单相 AC/DC 变换拓扑 ·· 127
3.4.5 全控型单相 DC/AC 变换拓扑 ·· 128
3.4.6 全控型三相 DC/AC 变换拓扑 ·· 131
3.4.7 PWM 控制逻辑的实现 ··· 133
任务5 集成 PWM 控制器及其应用 ··· 134
3.5.1 TL494 集成 PWM 控制器 ·· 134
3.5.2 TC25C25/35C25 集成 PWM 控制器 ·· 139
任务6 驱动电路和集成驱动器 ·· 160
3.6.1 驱动电路和集成驱动器 ·· 160

3.6.2　IR2110集成驱动器 ………………………………………………………161
 本模块参考文献 ……………………………………………………………………170
模块四　电弧炉炼钢系统的控制与调节 …………………………………………………171
 任务1　认识钢铁联合企业，认识电弧炉炼钢 …………………………………………171
   4.1.1　走进钢铁联合企业 ………………………………………………………171
   4.1.2　用了多少电，先算一算 ……………………………………………………174
 任务2　鸟瞰电弧炉的功率控制与电极升降自动调节 …………………………………174
 任务3　通过源载分析认识工作点控制与调节的要求和方法 …………………………176
   4.3.1　系统主体——电弧炉炼钢功率变换 ………………………………………176
   4.3.2　抓住本质——实现功率控制 ………………………………………………178
 任务4　深入分析电弧阻抗测量、给定与调节的原理和方法 …………………………180
   4.4.1　阻抗如何测量——通过弧压与弧流之比来测量 …………………………180
   4.4.2　阻抗如何给定——通过弧压与弧流之比来给定 …………………………181
   4.4.3　阻抗的给定与反馈——解开平衡桥之谜 …………………………………181
   4.4.4　弧阻抗的调节方法——平衡桥调节之谜 …………………………………183
   4.4.5　由厚到薄，神奇化易 ………………………………………………………184
   4.4.6　胸有成竹，操作自如 ………………………………………………………185
 任务5　认识电压内环的设置目的、线路原理和特性测试 ……………………………185
   4.5.1　先找第一个源头：能量（控制电能）从何而来 …………………………186
   4.5.2　再找第二个源头：输入信息从何而来 ……………………………………186
   4.5.3　再找第三个源头：输出信息奔何而去 ……………………………………188
   4.5.4　分析调节器的正向通道 ……………………………………………………189
   4.5.5　分析调节器的反向通道 ……………………………………………………189
   4.5.6　进行调节器、反馈网络的输入、输出传递特性的测试 …………………190
 任务6　解析直流电机晶闸全桥伺服电路与控制逻辑 …………………………………192
   4.6.1　可逆调速，伺服重任堪与谁 ………………………………………………192
   4.6.2　全桥驱动，动率开关作何选 ………………………………………………192
 任务7　分析调控信号u_{PI}是怎样控制电枢电压u_{ZD}的 ……………………………195
   4.7.1　触发电路方案 ………………………………………………………………195
   4.7.2　实现正、反转触发的方法 …………………………………………………195
   4.7.3　调节指令u_{PI}如何决定ZD的旋转方向 …………………………………196
   4.7.4　调节指令u_{PI}的大小，如何决定ZD旋转的快慢 ………………………196
   4.7.5　晶闸管单元的输入、输出特性 ……………………………………………198
   4.7.6　晶闸管单元的在线输入、输出特性 ………………………………………199
 任务8　综合整理认识，制定系统调试方案 ……………………………………………199
 任务9　扩展视野——电弧炉技术发展的现在和未来 …………………………………202
   4.9.1　炼钢技术的竞争与电弧炉炼钢控制技术的发展 …………………………202
   4.9.2　调节器——由分立元件走向集成元件 ……………………………………203

4.9.3　伺服电路——由SCR到IGBT……………………………………………203
　　4.9.4　系统控制——由硬件实现到软件实现…………………………………204
　　4.9.5　伺服机构——由机械走向液压…………………………………………205
　　4.9.6　功率变换主电路——由交流电弧炉到直流电弧炉……………………205
　　4.9.7　控制策略——由传统走向现代…………………………………………207
本模块参考文献………………………………………………………………………………209

模块五　中频感应电炉电能变换与控制……………………………………………210
任务1　建立中频感应熔炼的感性认识……………………………………………210
任务2　建立中频感应加热锻造的感性认识………………………………………213
任务3　建立中频感应加热热处理的感性认识……………………………………214
任务4　把你看到的东西都浓缩到一张总图上……………………………………215
任务5　弄清负载的六大特点和对电源的六大特殊要求…………………………217
任务6　首先搞清楚怎么获得中频有功功率………………………………………219
任务7　再搞清楚LC振荡与无功功率供给………………………………………222
任务8　解决单相逆变桥实现电流换相的问题……………………………………224
任务9　把理性认识从定性认识提高到定量认识…………………………………226
任务10　学会计算和调试逆变桥换相过程的技术参数……………………………229
　　5.10.1　换相过程的组成…………………………………………………………229
　　5.10.2　换流过程的分析、计算、观测和调试…………………………………229
　　5.10.3　反压恢复过程的分析、计算、观测和调试……………………………231
　　5.10.4　在调试时处理好γ与δ之间的辩证关系……………………………………232
　　5.10.5　调试时还要处理好安全可靠和充分出力的关系………………………232
　　5.10.6　频率自动跟踪控制——θ_1点的生成和调试方法……………………234
　　5.10.7　用电压电流交点法实现频率自动跟踪控制的电路原理和调试方法……235
任务11　认识干扰的危害，学习抗干扰技术………………………………………236
　　5.11.1　认识干扰的严重危害，认识抗干扰的重要性…………………………236
　　5.11.2　干扰的来源和抗干扰的系统方法………………………………………237
　　5.11.3　中频电炉三相晶闸管整流桥抗干扰的关键措施………………………238
　　5.11.4　跟踪信号的抗干扰措施…………………………………………………239
任务12　激发振荡与捕捉信息——认识启动过程的本质…………………………240
任务13　解剖中频电炉输出功率控制与故障保护的关键部………………………241
任务14　大结局：仔细读懂一套图纸………………………………………………243
　　5.14.1　总图——读懂全套图纸的指南…………………………………………243
　　5.14.2　解析主电路的内部结构和外部连接关系与功能………………………243
　　5.14.3　分析控制电路电源和触发电路同步信号源的作用和电路构成特点……244
　　5.14.4　分析测量、控制、保护电路的工作原理和各种信号流之间的关系及
　　　　　　操作与整定方法…………………………………………………………244

5.14.5　进入数字式三相桥触发电路：看 199 点的控制信号执行其
　　　　　　调控任务 245
　　　5.14.6　续数字式三相桥触发电路：频率信号调控计数式数控触发
　　　　　　脉冲生成 247
　　　5.14.7　逆变桥触发电路的原理和调试——现在几乎已经唾手可得 253
　　　5.14.8　操作监控——轻舟已过万重山 253
　本模块参考文献 262

模块六　电焊机的革命——由工业电能的电磁变换到电力电子变换 263
　任务 1　简单认识交流手弧焊机 263
　　　6.1.1　交流手弧焊机的基本原理 263
　　　6.1.2　交流手工弧焊机的电源特性、负载特性和工作点 264
　　　6.1.3　通过电路换挡来设置交流弧焊机的工作区 266
　　　6.1.4　通过磁路调整来设置交流弧焊机的工作区 267
　　　6.1.5　面对电力电子技术革命的交流弧焊机 267
　任务 2　认识电焊机革命——频率革命的内涵 267
　　　6.2.1　传统电工技术是建立在电磁变换基础之上的技术 267
　　　6.2.2　电磁变换的性质和特点及频率革命 268
　任务 3　认识电力电子逆变焊机的基本结构和优异性能 269
　　　6.3.1　电焊机革命的两个基本目标 269
　　　6.3.2　关键是如何提高电焊变压器的频率 f 270
　　　6.3.3　逆变电焊机的基本结构与功能 270
　　　6.3.4　高效率还要高性能——逆变焊机源特性的控制与制作 272
　任务 4　读懂电焊机图纸，学会调试、修理逆变焊机 276
　　　6.4.1　以通用的方框图为指导，从总图入手进行分析 276
　　　6.4.2　在总图的指导下，先易后难，从工频整流单元 ARC160-1 开始 277
　　　6.4.3　在总图的指导下，读高频整流单元 ARC160-3 278
　　　6.4.4　再看看照片，增加一点感性认识 280
　　　6.4.5　"肃清"外围后，向逆变单元 ARC160-2 发起"总攻" 282
　　　6.4.6　控制电源 294
　　　6.4.7　读图由分析回到综合 297
　本模块参考文献 305

模块七　电力传动革命——走向高性能和高效率 306
　任务 1　初步认识电力传动革命的主角——电力变频器 306
　　　7.1.1　传动技术的变革——从遥远的历史中走过来 306
　　　7.1.2　变频器与逆变焊机的比较 308
　　　7.1.3　变频器的基本电路和应用系统的构成 308
　　　7.1.4　变频器的外部接线图 310
　　　7.1.5　由变频器的发明到变频控制理论的发展 311

任务2 认识高性能变频调速技术对生产发展的革命性影响 313
7.2.1 变频器革命的重大成果和电力变频技术的应用方向 313
7.2.2 高性能变频调速技术的应用领域 313
任务3 认识变频调速对功率调节技术的革命性影响 323
7.3.1 广义"流体"及功率流概念 323
7.3.2 "流体"功率流的流阻和负载及其特性 323
7.3.3 "流体"功率流的功率源及其特性 324
7.3.4 "流体"功率流的工作点——功率流的源载分析方法 327
7.3.5 "流体"功率调节的传统方法和现代方法 327
7.3.6 负载功率和系统效率的计算 328
7.3.7 机械负载种类和不同种类机械负载变频调速的节能效果 329
任务4 学习做技术改造工程的方法,多争取工程实践的锻炼 330

5#锅炉风能系统节能改造方案设计说明书 333
附:电路原理设计图(全套)及调试方案、调试记录和竣工记录 347
施工中的设计改进及竣工记录 360
5#锅炉鼓引风机变频系统调试方案 (征求意见稿) 361
引风机调试记录 (2011-11-26) 362
鼓风机调试记录 (2011-11-26) 363
竣工记录:×××××有限公司低压变频器 363
本模块参考文献 367

模块一　从整体上理解工业电能变换与测控技术

问题
★ 什么是工业电能变换与测控技术？
★ 怎样从整体上描述工业电能变换与测控技术？
★ 怎样理解电路模型和电路图？

任务1　到工厂去寻找问题的答案

到工厂去，到现场去，走马观花，去看，去问，去记，去画，去想。走了很多工厂，看了很多设备，回来仔细整理，你得到了什么？你找到答案了吗？

看设备，也看图纸，抄图纸，作笔记，你又得到了什么？你找到答案了吗？

设想一下未来，你已经在工厂中工作了多年，跟电打过了许多交道，看见过、经历过许多事情，积累了相当的经验，你要怎样来整理你的这些无价之宝呢？你会怎样回答这些问题呢？

人类智慧和辛劳创造了精彩纷呈的技术世界。希望你永远像一个好奇的孩子，带着一颗童心，扇动思维的翅膀，在这个世界中漫游。

1.1.1　从整体上理解工业电能变换与测控技术

事物的本质，总是隐藏在现象的背后。只有通过反复的观察、对比、讨论、分析和思考，才能把它挖掘出来。各种各样的工厂，各种各样的工业生产设备，尽管千差万别，却有一个共同的地方，那就是进行电能的变换与控制。这是一个最基本的概念。掌握这个概念去观察工厂，观察设备，观察工业生产过程，就可以从更高、更广、更深的角度理解它们。

工业电能变换包括两大领域，一个是发、输、供电领域，另一个是用电领域。发电领域把非电能变为电能，供给电能用户；用电领域把电能变为非电能，生产出各种物质财富，以满足人们的需要。这两个领域的电能变换，如图 1.1.1 所示。

图 1.1.1　非电能与电能的变换

除了发电厂和变电站以外，所有的工厂都是电能的用户。本书只讨论用电厂的电能/非电能变换。对非电能/电能变换，只简单的作一介绍。

发电厂的"原料"是非电能，电能则是发电的"产品"。当今主要的发电方式是火力发电、水力发电和原子能发电，分别把煤或石油中蕴藏的化学能、高位水中蕴藏的机械能和铀原子核中蕴藏的核能释放出来，转变为正弦形态 50Hz 三相系的交流电能并送上电网。99%以上的电能都取这种形态，称为"普电"，即普遍存在的一种普通电能形态。"普电"是所有工业用电的"原料"，与之相反的电能则称为"特电"，即频率不同或波形不同或相系不同的电能。

"特电"多半是工业电能变换的中间产物或产品。"特电"由"普电"经过"深度加工"而得到，所以具有更高的品质和价格。

与传统的火力发电和水力发电方式相比，原子能发电是正在新兴中的发电方式。加速建设大量原子能电站，是当今我国的一项重要的产业政策。除了铀原子裂变发电方式以外，人类正在全力以赴的开发氢原子核聚变发电技术。由包括中国在内的世界主要国家合作研发的商用核聚变反应堆，预计会在 2050 年左右出现。月球上蕴藏着 100 万吨核聚变原料氦，将成为人类取之不尽、用之不竭的能源宝藏。石油很快就要枯竭了，煤的蕴藏量也是有限的，而且烧煤和石油产生大量的二氧化碳，严重破坏了人类赖以生存的地球环境，这种局面不能再持续下去了，否则人类就等于自杀。一个清洁发电、可再生能源发电的新能源时代正在到来。

新发电技术在竞争中迅速发展。太阳能、风能、直接发电的化学能、生物能、地热能、潮汐能等，都争先恐后的登上历史的舞台。当前特别值得重视的是风能发电、太阳能光伏发电和化学能直接发电。燃料电池化学能直接发电技术比当今的火力发电技术具有更高的能源利用率，并且不排放二氧化碳，因而将成为火力发电的取代者。中国正走在新能源开发的前列。大规模的风电场已经在华夏大地上崭露头角，光伏发电技术也已在高原和荒漠上初试身手。新的发电方式对电能变换与测控技术提出了很多新的要求，正在促进这个领域快速的向前发展。

发电技术在发展，用电技术也在发展。19 世纪发生的电力技术革命，引起了工业生产方式的巨大变革。电能以其不可争辩的优势，取代其他形态的能源而成为工业生产的主要能源。电能最易于输送与分配，各种形态不同的电能之间，电能与各种形态的非电能之间，更易于实现变换，因此，电能的应用促成了大工厂的出现，催生了各种复杂的工艺技术和工业生产流程的诞生。各种工业用电设备通过不同的电能变换获得了所需的各种形态的非电能。

在各种电能/非电能的变换中，电能/机械能变换占有特别重要的位置。把电能变为机械能的主要设备是各种类型的电动机。电动机把以电压 u 和电流 i 及时间 t 的形式输入的电能变换为以轴转矩 T 和角速度 ω 及时间 t 的形式输出的机械能。这一变换如图 1.1.2 所示。

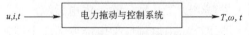

图 1.1.2　电能变换为机械能图示

模块一　从整体上理解工业电能变换与测控技术

电力拖动与控制系统不仅是工业中使用最广泛的电能变换系统,而且由于各种工作机械对运动的形式、轨迹、速度、位移、位置、驱动力或力矩的要求各不相同,需要越来越复杂、精确或高速的控制,电力拖动与控制系统与液压、气压传动系统、精密机械传动系统互相融合,正不断发展出各种高性能的一体化的运动控制系统。机械能用于克服机械运动中系统的惯性和负载的阻力。控制机械运动,也就是控制运动所需的这些能量。能量越大,惯性越大,控制也越困难。所以构成高性能的机械运动控制系统需要很高的技术。

电能/化学能变换在工业生产中也占有十分重要的位置。电冶金、电化工、电镀、电铸、电腐蚀需要各种不同的电能/化学能变换系统。这些化学能是电化学能,其值可以用法拉第电化定律 $Q=nF$ 和电解槽电压(实际需要的反应电压)U 来表达,Q 是参与电化学反应的电荷量,n 是产品的克当量数,$F=96500C$ 是法拉第常数。所以,产品所获得的电化学能 W 是 $W=nUF$,而电化学能可以用 nF 和 U 两个参数来表征。电能/化学能变换如图1.1.3所示。

图1.1.3　电能/化学能变换图示

利用电化学能作功的设备是电解槽或电镀槽。电解槽分为水溶液电解槽和熔融盐电解槽两类。电化工是一个非常大的行业。电解食盐用于生产氢氧化钠、液氯、氯酸钠、二氧化氯、氯酸钾或金属钠;电解氯化钾用于生产氢氧化钾、碳酸钾;电解碳酸锰矿生产二氧化锰;电解软锰矿粉生产高锰酸钾;电解硫酸氢铵生产双氧水,这些都是非常重要的化工原料和产品。在冶金工业中,电解有着无可替代的重要作用。数十种有色金属都用电解法来提取或精炼。铜、铅、锌、银用水溶液电解法生产或精制。铝、镁、钙、钠、钾、锂,难溶金属钴、钽、铍、钛、钪、钇、锆、铪、钍、钒、铌、铬、钼、钨、铼等,都用熔盐电解法生产。电镀是非常重要的工业生产部门,电铸、电腐蚀加工在生产中也有独特的作用。在国家的电力负荷中,电化冶金负荷占有很大的比重,很多巨大的"电老虎"都出自其中。所以,这些电能/化学能变换系统的变换效率、可靠性和性能的影响至关重要。

电能/热能变换在工业生产中也有着重要而广泛的用途。温度是物质发生物理或化学变化的必要条件,热能是改变物体温度的驱动力。普通的物质相态有固态、液态、气态,对物质进行处理或加工常常需要通过加热或加冷来改变物质的相态,这时物体所吸收或释放的热量包含两部分,一部分是温变热,一部分是相变热。温变热等于物质的温变比热容(单位质量的物质温度变化1℃所吸收或释放的热量)C_T 与物体的质量 m 和温度变化量 T 的乘积 C_TmT。相变热等于物质的相变比热容(单位质量的物质发生相变时所吸收或释放的热量)C_P 与物体的质量 m 的乘积 C_Pm。所以物体发生物理变化的总热量可以表示为 $(C_TT+C_P)m$。与此类似,在热力驱动的化学反应中,质量为 m 的物质发生化学反应时吸收或释放的总热量也可以表示为 $(C_TT+C_C)m$。其中 C_C 是物质的化学反应比热容,即单位质量的物质发生化学反应时所吸收或释放的热量。所以,电能/热能变换的一般图示如图1.1.4所示。

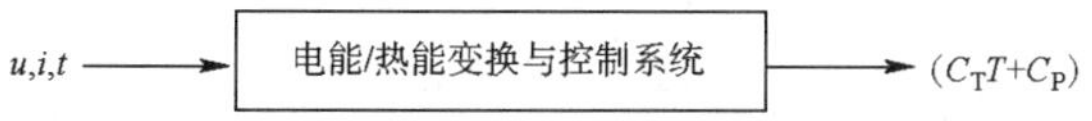

u,i,t ⟶ 电能/热能变换与控制系统 ⟶ (C_TT+C_P)

图1.1.4　电能/热能变换图示

实现电能/热能变换的元件是导体的电阻。这导体可能是专门的发热元件，可能是容器壁或管道壁，也可能就是加热对象本身，还可能是电弧。工业中常见的电能/热能变换应用如下所述。

① 电阻加热炉：用于机械零件的热处理，渗碳，表面热喷涂，金属、无机非金属材料和陶瓷粉末的成型烧成，单晶熔制，光纤制造，产品或设备的干燥等。

② 工频、中频、高频感应电炉：用于机械零件热处理，热加工（如弯管）、耐火碳化物、硼化物、氮化物的快速热处理，特种钢、特种合金、有色金属、磁性合金的熔炼，难熔金属或非金属成型烧结。

③ 交、直流电弧炉：用于黑色或有色金属或合金的熔炼或精炼，非金属材料如人工合成云母、氧化铝空心球、硅酸铝耐火纤维等保温材料的生产。

④ 化工电炉：用于提炼磷，制造钙镁磷肥，制造二硫化碳等化工产品。

⑤ 化工反应釜、反应器：用于化工加热或加热加压反应。

⑥ 热压机：用于合成超硬材料如金刚石、碳化硅，制作金刚石刀具、工具等。

⑦ 电焊机：广泛用于机械制造、工程安装、设备维修中，特别是大量用于船舶、汽车、火车等的制造中。

⑧ 注塑机：用于塑料制品的生产。

⑨ 塑料熔接机：用于塑料型材的热熔压接中制作塑料门窗等。

运用上面的观点，可以总结分析所见到的一切电能/非电能变换。在分析时要紧紧记住两点：第一，要遵守能量转换守恒定律，如果不计转换过程中的能量损耗，转换后的能量一定等于转换前的能量。但能量损失是不能不计的。扣除损失掉的能量，就是转换获得的能量。获得的能量与输入的电能之比，就是转换的效率。转换效率即能效是能量转换系统最重要的技术—经济指标之一。第二，能量是有惯性的，或者说能量就是惯性。能量在转换的过程中只能连续变化，不能突变。要使能量突变，就必须有无穷大的功率，而这是不可能的。因此，能量转换必然是一个过程，必然需要时间。忽视了这一点，必定会带来很多问题。例如，切断一个运行中的电路，电路中的磁场能 $1/2 \times Li^2$ 没有去处，必定会转换为很高的电场能 $1/2 \times Cu^2$，两者相等，即

$$u = i\sqrt{\frac{L}{C}}$$

通常电路中 $C \ll L$，所以产生的 u 非常大，可以击穿绝缘，引起电弧来释放能量，造成设备损坏。

1.1.2 从历史发展的内在逻辑上认识和把握工业电能变换与测控技术

从整体上来理解工业电能变换与测控技术，就要分析各种系统的共性与个性。对于各种不同的负载来说，电源只有一个，需求各有不同。因为"各有不同"，它们才有个性。因为"只有一个"，它们又有共性。

"负载提要求，变换定大盘"。负载就是"上帝"，负载决定一切。不同的负载，要求不同形态的能量。不同形态的能量，要求采用不同的变换器。不同的变换器，要求输入不同的"特电"。电解槽、电镀槽要求输入稳定的低压大电流直流电能。交流电动机要求输入电压和

频率可按特定规律控制的交流电能。直流电动机要求输入电压的大小和方向可控的直流电能。步进电动机要求输入脉冲频率可控的直流脉冲电能。感应电炉要求输入频率能够跟踪负载自动变化的交流电能。电弧炉要求输入电流高度稳定的可调大电流低电压直流电能。逆变电焊机要求得到电流高度稳定的可调直流电能。各种电阻炉要求"……输入各种不同的使负载温度按给定工艺曲线运行的直流或交流电能等"。这些各种不同的负载就是这样的"提要求",变换器就是这样的"定大盘"。这就是它们的个性。但这各种不同的要求又都指向电网,指向电网中的"普电"。从电网中获得"普电",首先要把从电网输入的"普电"变成各自所需要的"特电",然后才能进行各自的电能/非电能变换。所以,各种电能/非电能变换系统都分解成了"普电"/"特电"变换和"特电"/"非电"变换两个子系统。它们都需要采用"普电"/"特电"变换器。这又显示了它们的共性。

电动机、电热器、电解槽这些电能/非电能变换器在 19 世纪便已经出现了,但电能/电能变换技术的发展则相对滞后。因为电能/电能变换需要半导体技术,而那时半导体技术还没有出现。在很长的一段时间内,唯一能进行电能/电能变换的设备是变压器或电动机——发电机机组。而且变压器只能进行电压、电流和相位的变换,不能进行频率、波形的变换。而电动机、电热器、电解槽等所要求的不止是电压、电流和相位的变换,还要求频率、波形的变换。电压、电流和相位的变换都是电能形态的量的变换,而不是电能形态的质的变换,所以比较简单。频率、波形的变换则是电能形态的质的变换,比量的变换要复杂得多,困难得多,出现自然要晚得多。

人类从 18 世纪开始探索、研究、开发电气技术,19 世纪出现了改变人类社会生产方式的电力技术革命,发明了发电机、电动机、变压器与电力网,此后相当长的一段时间内,电力技术便一直停留在量的发展上,再没有质的飞跃。19 世纪末,在开发电信技术的强大动力推动下,开始出现电子技术。从此,电气技术分化为电力技术和电信技术两大流派。电气技术发展的热点转到了电信技术上。电力技术在电能的频率和波形的变换上一筹莫展,电信技术则因为找到了电子技术这条新道路而日新月异。电信技术在 20 世纪之初就解决了电信号的频率和波形变换的问题,但这种技术却不能应用到电力技术上。原因是,电信技术中的电压、电流波形与电力技术中的电压、电流波形具有本质上的不同。电信号波形中承载着的东西是信息。信息是没有惯性的。在电信号的变换和传输中所要考虑的是防止信息的损失和畸变,而不是能量的损失和畸变。而电力技术中的电压、电流波形和频率承载着的是能量。能量是有惯性的。在电力波形、频率的变换中必然要遇到惯性的抵抗,必然要有足够的功率来推动,必然要花费时间,必然会出现功率和能量的损失,必须要考虑和尽量减少这些损失。所以,在 20 世纪中叶之前,"弱电技术强电化"还只能是一种理想,是人们追求的目标,还没有实现的条件。由于电力波形和频率变换的技术没有解决,电力传动、电化学、电加热所需要的各种"普电"/"特电"变换器还没有发明,电力技术便只能停留在它的传统阶段:电力拖动只能是硬启动、恒速拖动,电解、电镀只能是小容量的电解、电镀,电加热只能是小型的、简单的电加热,电熔炼除了交流电弧焊机以外,还只能是一种理想。这个阶段的电能变换与测控技术还没有完全形成,还只是基于电磁开关、手动开关控制基础之上的简单的、低速的、小容量的、不能调节与测控的传统电能变换技术。

社会生产对电能变换与控制的强烈需求,成为推动技术发展的强大动力。电信技术的发展有着这种需求，电力技术的发展也有着这种需求。关键问题是要找到能够快速控制电压、电流和电功率的开关。电磁技术胜任不了这项任务，唯有电子技术才有可能解决这个问题。人们全力以赴的寻找这样的电子开关。20 世纪可以说是电子技术革命的世纪。于是人们找到了半导体，找到了 PN 结，又找到了晶体三极管（1948 年）。三极管是一个划时代的发明。三极管是人类做出的第一个半导体电子开关。紧接着，晶闸管出现了（1957 年），集成电路也出现了。电子技术几乎同时步入了微电子时代和电力电子时代。晶闸管是人类做出的第一个电力电子开关，是人类走向现代电能变换与测控时代的第一步。紧接着，全控型电力电子开关 GTR、GTO、MOSFET、IGBT、IGCT 等的出现，以及电力电子技术与微电子技术的融合，终于迎来了电力电子技术的飞速发展，迎来了电能变换与测控技术的新时代。

电力电子技术是关于电力电子开关设计、制作、测试与应用的现代技术，是用电力电子开关实现电能变换与测控的现代技术，是基于运用电力电子开关对电力波形和频率进行高速切割重组以实现电能变换与测控的新技术。电力电子技术全面开拓了 AC/DC、DC/AC、AC/AC、DC/DC 四大电能/电能变换领域，为各种电能/非电能变换与测控系统提供了长期以来等待解决的各种"普电"/"特电"变换器，使整流技术、逆变技术、变频技术和直流变压技术登上了现代工业技术的历史舞台并成为重要的核心"演员"。基于电磁变换技术的传统的电能变换与控制技术，因为有了电力电子技术、微电子技术、信息感传技术、现代控制技术和计算机技术的融合而发生了质的飞跃，成为真正意义上的现代电能变换与测控技术。

历史不是偶然的。历史的发展过程展现了技术内在的客观逻辑，对历史的了解能更深刻的把握技术内在的逻辑关系，而对技术内在逻辑关系的把握又能更深刻的理解历史。现在可以把各种工业电能变换与测控系统统一归纳为如图 1.1.5 所示，以能够更好的理解它们。

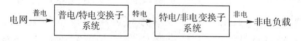

图 1.1.5　工业电能变换与测控系统

工业电能变换与测控系统往往是比较复杂甚至是很复杂的系统，要求我们用系统技术的方法来对待。系统技术方法与传统技术方法不同。传统技术方法不是从整体上考察问题，把对象作为一个整体来对待，而是孤立的处理系统的每一个组成部分，因而无法在系统的设计上、制造上、安装上、调试上、运行上做到各个部分之间的有机配合和协调运行，无法达到系统的优化，甚至造成一些不应有的矛盾，影响系统安全、正常的运行。在处理大型、复杂的工业电能变换与测控系统时，传统技术方法会变得惨白无力。系统技术方法要求把对象作为一个活生生的有机的整体来对待，从整体上提出问题，分析问题，解决问题，使对象的各个部分组成一个和谐有机的整体，达到系统的最优化。在构成一个工业电能变换与控制系统时，首先就要正确处理好上述两个变换子系统之间的关系。从整体上、从历史发展的内在逻辑上来理解和把握工业电能变换与测控技术，决不是凭空论道，而是有的放矢。

1.1.3　正确认识和处理工业电能变换与测控系统中的各种矛盾

把工业电能变换与测控技术作为一门系统技术来对待，运用系统方法，从整体上提出问题，分析问题，解决问题，使系统达到最优化，这是学习这门技术的目的。

系统分析就是矛盾分析。系统越复杂，矛盾越多，正确分析和处理它的矛盾越困难，也越重要。在系统的整体与局部之间，各个组成部分之间，系统与其外界环境之间，存在着各种各样的矛盾。每一个矛盾，都可能影响系统的性能，因而都要认真的对待。分析和处理得好，有利于系统的优化。分析和处理得不好，就有可能降低系统的性能和出力，使系统得不到优化，甚至小问题会变成大问题，局部问题会变成整体问题，次要矛盾会转化为主要矛盾，使系统无法正常运行。

工业电能变换与测控系统和很多系统一样，都服从"水桶定律"：水桶能装多少水，只决定于围成水桶的木板中最矮一块木版的高度。所以，从系统方法的角度来看，高的木板都是浪费，矮的木板则是祸害。高的木板与矮的木版放在一起不匹配，不能组成优化的系统。用好的元件不一定能组成好的系统。用差一点的元件不一定不能组成好的系统。好与不好有一定的相对性，关键在于匹配。

在系统方法中，一方面，不能放过每一个矛盾，不能疏忽每一个细节，另一方面，又不能平均对待所有的矛盾，眉毛胡子一把抓。矛盾有主次轻重之分，基本与非基本之分。对矛盾的分析，要有所侧重。

什么是系统中的基本矛盾？基本矛盾是贯穿始终、影响全局、决定整体的矛盾，进行系统分析，首先要找出它的基本矛盾在哪里？

基本矛盾之一是"普电"/"特电"变换器与"特电"/"非电"变换器之间的矛盾。这两个变换器协同完成总的变换任务。两者的关系是供求关系或源载关系。"普电"/"特电"变换器把取自电网的普通形态的电能加工变换为适合"特电"/"非电"变换器所需要的特殊形态的电能供给后者。在设计时，需方的要求决定供方应有的能力。需方要什么，供方应能给什么。而只有供方能供给什么，需方才能得到什么。需方有自己的负载特性，供方有自己的电源特性，运行时，两方的特性相交，共同决定了系统的工作点。如果电源特性不适合负载特性的要求，工作点就不理想。优化的系统，必定是电源特性与负载特性匹配得最合理的系统。在系统设计、集成、调试、运行中，要在供求双方的契合、源载特性的匹配上下功夫。还要围绕解决好这个大矛盾认真处理好相关的每一个"小问题"。

直流电动机与电压、电流可控的直流电源，交流电动机与电压、频率可控的交流电源，电解槽与电压、电流可控的直流电源等，这些供需矛盾的双方，总是互相制约又互相促进的。从总的方面来说，需求方是最根本的。但是，电源技术的进步，"普电"/"特电"变换技术的诞生和发展，使电动机、电解槽等的性能得到了前所未有的发挥，并促使它们适应新形势的需要而进一步发展。可见在分析解决实际问题时，对每一方面的问题，都要具体对待。电动机、电解槽等是需求，是基础，但电源又是关键，是主导。电动机、电解槽本身没有可以直接控制的地方，只能通过对电源的控制来进行控制。控制电源的目的就是为了控制负载。要控制负载就必须控制电源。在系统中，这两者是一个统一的整体，而电源的变换与控制则是"关键的关键"。

基本矛盾之二，是能量变换与信息控制的相互关系。这两者也是相互依存又相互制约的。能量变换是系统的主题，系统的主体，信息测控则是系统的生命，系统的灵魂。能量变换的特点和要求，决定信息测控系统的构成。如果没有对能量变换进行测控的要求，这测控系统还有什么用？信息测控如果不符合能量变换的特点和规律，这测控能有什么效果？能量变换依靠测控信息，又产生测控信息。能量变换的测控信息必须"到测控系统中去，又从测控系统中来"。而测控系统中的测控信息必须"从能量变换中来，到能量变换中去"，所以测控信息走的是闭合的回路。在系统运行时，系统中存在着源源不断的两股"生命之流"，一股是能量流，一股是信息流。能量流由电源流向负载，历经两次形态的变化，从电网中进来，随产品而出去。除了少数化为热损失掉之外，大部分都"消化"掉了。流入系统的全部能量必定等于流出系统的全部能量，不管能量的形态如何加工变化，能量的本质不变，能量的总量不变。这是能量变换所遵守的基本规律。信息流来自两个方面，一个是操作者输入系统的信息，这是操作信息或给定信息，这些信息规定了能量变换应该如何进行和达到什么要求。另一个是能量变换过程中产生的信息，这些信息通过检测获得，检测应该是不停的由系统自动进行的，它实时反映了能量变换过程的实际情况和设备的状态。控制系统实时的把检测到的信息与给定的信息自动进行比较，并据以决定应该采取的控制策略。如果检测到的信息超过了保护系统规定的允许范围，保护系统就会自动进行保护。能量流与信息流在系统中协调运转系统才正常，否则就会出现问题。如果出现问题，变换进行不下去了，首先就要分清，这是能量流中出了问题，还是信息流中出了问题？如果测控系统中检测不到信息流，那能量变换肯定就进行不下去了。如果测控系统中还可以检测到信息流，而能量变换已经不能进行，则说明问题是出在能量流的通道中。

  在这两个流中，能量流与信息流如何接口，也是非常关键的。一个受测受控，一个施测施控，两者如果没有连接好，肯定不能正常工作。可是，能量流是强电，信息流是弱电，两者直接相连，肯定要出问题。所以，这两个流的接口，必须"既要连接，又要隔离"，既要让信息传过去，又不能让能量冲过来。这两个流的接口有两个，一个是测量接口，一个是控制接口。两个接口分别由两个器来担任，一个是传感器，一个是驱动器。测量信息通过传感器从能量流进入信息流；控制信息通过驱动器从信息流进入能量流。口诀中说，"能量何处去，信息如何转？""核心在控制，驱动作桥梁。反馈闭环稳，关键赖感传。找着源头处，顺着接口转"。结合学习和工作经常去思考这些口诀，你会有越来越多的体会。

  经过源载分析、能量流与信息流分析之后，我们就可以把工业电能变换与测控系统画得更加具体和完整了。从图1.1.6中我们看到，输入系统的电能有两个来源，一个是主电源，一个是控制电源。主电源是为负载提供能量的电源，占系统所用能量的绝大部分，所以称为主电源。另一个是控制电源，这是为控制系统提供能量的电源。控制系统的信息是以电能为载体、用电信号的形式传递的，必须有控制电源。这个电源也很重要。如果控制系统不能正常工作，首先就要检查是不是这个电源出了问题？虽然主电源与控制电源都来自电网，但在大容量的系统中，它们却可能来自电网的不同地方；而且控制电源还要有备份，在用的与备用的控制电源要来自不同的地方。这一切都是为了保证系统运行的可靠性。当然，对于小的单机系统，这两个电源就合一了，它们分别通过主电路和控制电路向系统供电。

  从图1.1.6中还可以看到，系统的信息源有多个，即操作控制信息源，保护信息源和干扰信息源。这些信息都表现为相应的电信号。操控信息是对设备或系统进行操作控制使系统正常运行的控制信息，可能由操作者在机旁或远方输入，也可能由网络（如果该系统或设已经参与组网）中的上位机或相关设备按程序输入。保护信息中的整定信息在调试时由调试者输入。保护信息中的驱动信息在运行中或者由受保护点的检测装置输入，或者由上位机或相关设备输入。干扰信息是有害信息,可能通过导线传入系统,也可能通过空间传入系统。干扰信息的产生原因比较复杂,也很难完全避免。干扰严重时,系统就不能正常工作。在系统的设计、集成、制作、调试、运行中,如何抗干扰是一个非常重要的问题。除了由外界输入的信息外,还有系统中的各种内部信息源产生的信息,包括检测、反馈控制信息、显示信息、保护信息,也包括内部的干扰信息。检测和反馈控制信息的源与路径在图中已经画出来了,保护信息源则没有标明。保护的项目是多种多样的,要视具体情况而定。哪里需要保护,哪里就是保护信息源。

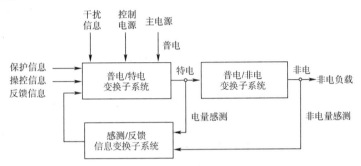

图 1.1.6　工业电能变换与测控系统基本结构的图示

通俗、形象一点说,"普电"/"特电"变换子系统就是可控的特定电源,而"特电"/"非电"变换子系统就是用电设备,感测/反馈信息变换子系统就是检测设备。如果感到图 1.1.6 太抽象而难以理解,可以把图 1.1.6 中的术语换成通俗的名字,变成图 1.1.17 所示的内容,就会容易一些了。不过,科学术语可以更准确地表达科学概念的内涵和外延,你还是应该慢慢的熟悉它们。

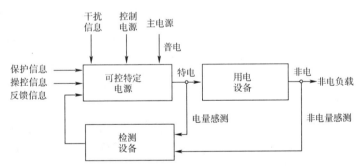

图 1.1.7　工业电能变换与测控系统基本结构的通俗图示

从图 1.1.7 中可以看出,用电设备的需求及其特性从根本上决定了整个系统的构成,因而是系统的基石,但能量和信息的流入与流出都汇集在可控特定电源上。可控特定电源的复杂性可能远远超过用电设备的复杂性。所以,可控特定电源自然是整个电能变换与测控系统的核心,主导着整个系统的运行。尽管能量变换是系统中最基本的变换,但主导着能量变换的却是信息测控。信息测控系统是整个系统中最复杂的子系统,是"核心的核心"。从整体上提出问题、分析问题、解决问题,一定要抓住这个核心,抓住这个"核心的核心"。

基本矛盾之三是信号与噪声、控制与干扰的矛盾。这个矛盾存在于系统的"核心的核心"中,也是一个贯穿始终、影响全局的矛盾,值得特别重视。

信号是什么？信号是信息的载体，是信息的表现形式。信息则是信号的本质。信息是看不见的，信号则是具体的，有形的，可以识别、解读、量化、加工处理的。这里讲的信号，主要是电信号，包括模拟电信号和数字电信号，但也包括相关的一些非电信号。有用信号在系统中运行，传送着检测、控制、保护、显示的各种有用信息，组成复杂的信息流。无用的或有害的信号也在系统中到处流转，扰乱着正常的信息流，影响系统的品质，降低系统的可靠性，甚至使系统无法正常运行。把有用信号（或者说正常信号）简称为信号，而把除有用信号之外所有的无用的或有害的信号称为噪声。收音机、电视机中发出的声音，就包含着有用的"正声"与讨厌的噪声。但现在噪声已经不止是指讨厌的声音了，系统中除有用信号之外所有无用的或有害的信号都称为噪声。

噪声是怎么来的呢？噪声源非常之多。有来自系统外部，也有产生于系统内部。闪电、打雷，甚至太阳的活动，宇宙的变化，都会产生自然噪声。电网中电流的交变，电流的突然变化，电能的振荡，电力开关的合闸与掉闸，大型设备的启动、换挡，电焊机的工作，电路元件的发热，电器触点的接触不良，带电机械的振动，特别是电网中其他大功率电力电子设备的工作等，都会成为系统外部的噪声源。有些噪声有规律的出现，有些噪声是随机的，不可预计的，但都是无法避免的外部环境噪声。

现代工业电能变换与测控系统，核心都是电力电子设备，而电力电子设备都是按开关方式工作的。并且开关的速度非常快，频率非常高，不仅对电网发出的噪声特别多，特别利害，而且自己给自己"享用"的噪声也特别多，特别利害。晶闸管自己就是个"噪声大王"。晶闸管每触发一次，都会发出一个干扰脉冲，送到电网上。一个三相晶闸管整流器，每个周期要发出 6 个、每秒钟要发出 300 个干扰脉冲。工作频率在几十上百 KHz 的 IGBT，那就更不得了了。电力电子设备汇强大的能量与复杂的信息于一身，集"力拔山兮"的强电与"弱不禁风"的弱电于一体，既有高度的统一，又有非常大的矛盾。强大的、高速的能量变化必然产生强烈的噪声，而敏感的娇弱的弱电控制系统又非常害怕这种噪声。自从晶闸管技术得到普遍推广后，电力网就出现了一个大麻烦。电力电子设备都要吃"精粮"，排垃圾。从电网吃进去的是正弦波，排放到电网上的是"垃圾波"。大量的谐波，遍布的噪声成了电网中的公害。真有点"道高一尺，魔高一丈"之势。

噪声产生什么影响？干扰与噪声又是什么关系？噪声是产生干扰的原因，干扰是噪声引起的结果。噪声是不良的或有害的信号，是"魔"。它的对立面是正常的测量、控制、保护和显示信号，是"道"。两者水火不容。噪声信号会改变、削弱、扰乱、淹没、破坏正常的信号，破坏有用信息流的正常运转，破坏电能加工变换的正常进行。当然，要完全消除噪声是不可能的。只要噪声不超过一定的范围，不引起不能允许的干扰，这种噪声还是可以容忍的。但若噪声过强，损害了系统的品质，破坏了系统的性能，降低了系统的出力，影响了系统的可靠性，甚至使系统无法工作，那就真是"道高一尺，魔高一丈"了。这样的噪声是决不能允许的。这种干扰必须排除，必须采取系统的、有效的抗干扰措施，把局面翻过来，变成"魔高一尺，道高一丈"。

要采取系统有效的抗干扰措施，必须彻底查清各种噪声源和噪声传播的通道。要学会"测量解决问题"，学会用仪表测查噪声源和噪声传播的通道，尤其要学会用电子示波器测查噪声源和噪声传播通道。示波器用好了，噪声"魔"就无所遁形。

在彻底查清噪声源和噪声传播通道之后，要有的放矢，对症下药，采取系统的、有针对性的抗干扰措施。既要有切断干扰传播通道的治标之举，又要有削弱甚至清除干扰源的治本之法。可以使用的抗干扰措施是很多的，如对干扰源的清除、移走、隔离、屏蔽、削弱、限制，对噪声信号在干扰传播通道中的阻断、屏蔽、封锁、去耦、隔离、对消、接地、滤波、泄放、吸收、设限、淹没，以及提高控制信号电平，用数字控制代替模拟控制等。抗干扰的实践经验非常宝贵，要在工作中不断探索积累。

基本矛盾之四是控制系统中逻辑控制与连续控制的协同与配合。这是两种最基本的控制方式。两者截然不同，但却存在于一个统一体中，互相依存、互相协调、互相补充，去完成整体的控制任务。

从简单的事物中，可以找到普遍的道理。图 1.1.8 是一个简单的电路图。

电路中有两类性质与功能完全不同的元件。一类是转换元件，包括电容 C、电感 L、电阻 R 和电源 G，其功能是实现能量转换或信息转换。例如，电容可以充电/放电，连续吸收或释放电场能量；电感可以充磁/放磁，连续吸收或释放磁场能量；L 与 C 串联或并联，可以实现电场能量与磁场能量的连续交换；电阻可以实现电能/热能的连续单向转换；电池 G 可以实现非电能/电能的连续转换等。元件端子上的电压与电流之间存在着特定的连续函数关系，称为元件的伏安关系。由于这些元件上的电压、电流、功率、能量都是连续的变量，所以可称为连续转换元件。更复杂的连续转换电路元件有变压器、电抗器、磁放大器、电动机、电磁抱闸、电磁铁、电动调节伐、电焊机、电解槽等。这类元件实质上都是能量的载体。当转换器中的各种能量处于相对平衡时，就称为静态或稳态；若各种能量之间失去了平衡，就会由原来的平衡态向新的平衡态连续变化。这个变化的过程是动态过程，称为过度过程。元件的电压、电流、功率、能量总是在静态与动态这两种状态之间不断变化。按照元件的本性，动态总是要朝着静态的方向转化。但由于电路负载的变化，电源电压的波动，电路中开关的动作，这静态总是要被打破，不得不转入新的动态。

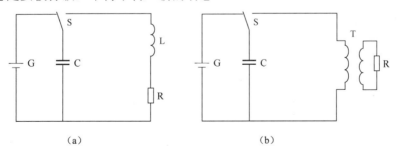

图 1.1.8　电路中的电能转化为热能

另一类是连接元件（或称为开关元件），包括开关 S 和导线，其作用是将元件连接成具有一定结构的电路或网络，将各种转换元件的转换功能组合成更复杂的特定的整体的转换功能。连接元件没有转换功能，但却有连接、组织的"能力"。没有它们，转换元件只是"一盘散沙"，有了它们，转换元件才能组成有机整体。理想导线是没有电阻、没有电感、没有电容的连接线，也可以看成是永远接通的"开关"。实际导线的电阻、电感、电容可以忽略，或通过等效变换分离到电路中去。导线的作用往往容易被人们忽略，但有时它们却起着非常重要的作用。例如，一个松动的接线螺丝，一个虚假的焊盘，会制造出烦人的故障跟你玩"捉迷藏"。在输送大电流或高电压时，或在强噪声环境中传送微弱的关键信号时，导线会当仁不让的演上主角。但如果它干得很好，又会变成默默无闻的"无名英雄"。

有些地方，开关和导线有点类似。开关也是一种"导线"：当开关闭合时，是一根接通了的导线；当开关断开时，是拆除了的导线。开关的作用，是进行网络连接状态的切换。一个开关不管它有多少个触点，只要它是一个二位开关，或者说二状态开关，当它装在网络中时，就可以控制这个网络有两种而且只有两种连接状态。如果一个网络中装了 2 个两态开关，这个网络就可以有 $2^2=4$ 种连接状态。如果网络中装了 n 个两态开关，网络就可以有 2^n 种不同的连接状态。当网络由一种连接状态切换到另一种连接状态时，网络中原来存在的各个转换元件之间的平衡状态就会被打破，各元件的电压、电流、功率、能量就会重新进行分配，动态过程便开始了，直到达到新的平衡，这就是开关控制，或者说逻辑控制。所以，逻辑控制是采用开关元件（或逻辑元件）进行的控制，是通过开关切换改变网络连接状态的控制，是从 2^n 种可能的网络连接状态中选出按照一定的次序、时间、条件出现的网络连接状态、从而使网络中各个转换元件互相配合依序实现预定的能量变换目的的控制，因而也是建立在对切换时间和条件进行实时测量基础上的测控。由逻辑的输入达到逻辑的输出，这就是逻辑控制。

例如，图 1.1.8（a）中，当开关 S 打到左边时，电源 G 向电容器充电。然后，当开关 S 打到右边时，电容器向 LR 串联支路放电。如果这是一个线圈，L 很大而导线电阻 R 很小，L 与 C 组成的并联回路就会发生衰减振荡，电场能量与磁场能量在 L 与 C 之间来回交换，并通过电阻 R 逐步将电能转换为热能耗散到空气中，直至振荡完全停止。如果用一个变压器来代替电感线圈，并将电阻接到变压器的副边上，如图 1.1.8（b）所示，电能就会从变压器的一次侧转移到二次侧，仍然会通过电阻 R 转换为热能。如果用一个空心电磁线圈 Y 来代替电感线圈 L，线圈中有一个被弹簧拉着的软铁棒，振荡的电磁能量就会转换为机械能，克服弹簧的拉力将软铁棒吸向线圈，如图 1.1.9 所示。

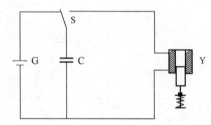

图 1.1.9　电路中的电能转化为机械中的弹簧能

逻辑控制的开关，可以是人力驱动或机械力驱动的有触点开关，可以是电磁力驱动的有触点开关，也可以是无触点的电子开关或电力电子开关。有触点开关只能在极低的速度下工作，不能用于高速的电力电子变换电路中。现在用得最普遍的电力电子开关是晶闸管 SCR 和绝缘栅门极晶体管 IGBT。SCR 采用移相触发脉冲进行导通控制，IGBT 采用电平驱动进行导通与关断控制。电子开关用于信息处理与控制，主要都用在各种类型的集成电路中。

逻辑控制用改变网络连接状态以实现对连续转换元件及网络的控制，这种控制方式普遍存在于各种电气设备的启动、切换、制动、保护等控制电路中，也普遍存在于组合逻辑和时

模块一 从整体上理解工业电能变换与测控技术

序逻辑的电子控制电路中，特别是用于实现各种电力电子变换的电路中，是一种基本的十分重要的控制方式。

除了逻辑控制之外，还有另一种重要的控制，那就是连续控制。当网络的连接状态没有发生改变时，通过改变对连续转换元件的连续激励，可以使元件的响应发生连续的变化，从而使其达到最理想的运行状态，这就是连续控制（用连续的激励来达到连续的响应）。例如，通过调节直流电动机的电枢电压或励磁电流来连续控制转速。这种控制有一个很贴切的名字：调节。这一类自动控制系统又称自动调节系统。自动调节系统在工业电能的变换与控制中的应用是非常普遍的。本课程的主要部分都是讨论这种系统。

实际上，逻辑控制与连续调节是控制技术中相辅相成、密切配合的两个方面。在实际系统中，它们是一个整体。只不过在一些简单系统中，主要逻辑控制系统起主要作用。而在复杂一些的系统，性能更高的系统中，除了完备的逻辑控制之外，还有精确的自动调节。

任务2 看图、交流、讨论、写作

选择你在工厂中所看到的你感兴趣的设备进行分析。

找一个或几个对同一个问题感兴趣的同学进行交流，讨论。

反复思考，选择一个有意义的论题，写文章。要反复写，反复改，要按照自己的理解，用自己的语言来写！要学会自己给自己出题目。

不要偷懒！

不要怕别人笑，不要怕讲错话，没有错误就没有正确！错误是正确的先导。

勤思考，勤讨论，勤写作，这是最好的学习方法。

本模块参考文献

[1] 毛泽东.《矛盾论》. 毛泽东选集第一卷. 湖南：人民出版社，1991年第二版.

[2] N.维纳，郝季仁，译.《控制论》. 北京：科学出版社，1962.

[3] 钱学森，《工程控制论（修订版）序：现代化、技术革命与控制论》. 北京：科学出版社，1983.

[4] 钱学森，等.《论系统工程》. 长沙：湖南科学技术出版社.1982.

[5] 钱学森.《从整体上考虑并解决问题》. 光明日报.1990.12.30.

[6] 中国电工技术学会电子电力学会组，王兆安.《电力电子设备设计和应用手册》. 北京：机械工业出版社，2009.

[7] 张为佐.《蓬勃兴起的电力电子——张为佐谈功率半导体和电力电子的过去、现在与文莱（文集）》. EDN CHINA 电子设计技术. 2001.6.

[8] 张为佐.《蓬勃兴起的电力电子（卷二）——张为佐谈电源管理新浪潮及电源半导体的新发展》. EDN CHINA 电子设计技术. 2004.9.

模块二　工业逻辑控制系统的分析与综合

工业逻辑控制系统是指工业设备逻辑状态转换的控制系统。启动、制动、停止、加速、减速、变向、前进、后退、进给、返回、换挡、切换、升温、降温、增压、减压、加热、制冷、闭闸、开闸、合闸、分闸、掉闸、截流、截压、封锁、保护等，都是工业设备不同的逻辑状态，是工业设备各种状态中最基本的状态。所以，工业逻辑控制系统是工业设备控制系统中最基本的系统，是各种更复杂、更高级的控制系统的基础，是每一台工业设备都不可或缺的系统。

任务1　认识工业，认识工厂，认识设备，认识机器

工业是千千万万工厂组成的极其复杂、庞大的社会生产领域。工厂是运用生产设施组织工业产品生产的基本社会单位，是工业领域的细胞。工厂的工业生产设施主要包括厂房与设备两大类。设备是工厂生产的主体设施。工业设备种类繁多，五花八门。机器是最重要的工业设备。机器有两个最基本的特点。第一，机器是由机件（机器零件与部件）按照特定的相互约束条件组合而成的具有特定功能的整体，以其特定的规律进行运动；第二，机器的运动是在其特定的控制系统的控制下进行的。从整体上认识机器，要牢牢抓住这两个要点。只有认识机器，才能掌握机器。学习工业电能变换与控制技术，要认真研究进行工业电能变换的各种工业设备与机器。要做到这一点，就要多到各种类型的工厂去调查、学习。

各种工作机器都是由机床制造出来的。机床是工作机之母，是工作机的一个大种类。作为母机，机床需要能够完成各种复杂的、精密的运动。结构约束和控制驱动这两个特点，在机床中表现得特别明显。每一台机床，都是由若干根轴、若干个运动坐标系组成的。各种各样的机床，在机械制造厂里吸引着我们的好奇心。

图 2.1.1 所示的是一台双轴立铣。好威武！工件装在立式旋转工作台上跟着旋转，转眼之间，就被双立轴上的两把强力铣刀将顶面铣的崭平！

模块二　工业逻辑控制系统的分析与综合

图 2.1.1　双轴立铣

图 2.1.2 所示的这台龙门铣床是另一番风味。被铣的工件不是在转台上边转边被铣平，而是在往复直线运动的工作台上被一刀刀的铣平了！

图 2.1.2　龙门铣床

再瞧这儿，两个"蚂蚁"盯着一张"桌"，只等着"菜"一上桌，就急忙动手，钻的钻，咬的咬，飞快。一而二欤？二而一焉！名副其实的组合，如图 2.1.3 所示。

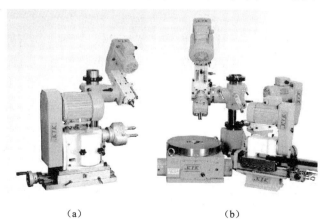

(a)　　　　　　　　(b)

图 2.1.3　万能组合机床

这台万能组合机床（见图 2.1.4）就更有意思了。好多把刀子，围着一个东西。钻呀，铣呀，磨呀，……，八仙过海，各显神通。只有那控制柜，静静地呆在一旁，一声不吭。可别小瞧了它。这一切，都是它在导演，在谋划。别以为它啥也没干。它心里正忙着算计呢！比谁都忙。

图 2.1.4　万能组合机床

任务2　用工程逻辑的观点来理解描述机/电转换元件

2.2.1　机液电一体化的运动控制系统

在传统的技术中，机械技术、液压技术、电气技术基本上是各自独立的发展。现在，这三门技术正在互相融合，取长补短，走向一个整体。这种融合，在运动控制系统中特别明显。现代运动控制系统中，有一些元件是综合型的元件，所有可以提高其性能的新技术，都有可能融入其中，机液电一体化只是一个总称，其内涵实际上是没有限制的。不仅有机、有液、有电，还可能有其他。这个"电"的含义非常广。可能是动力的电，也可能是信息的电；可能是驱动的电，也可能是检测的电；可能是模拟的电，也可能是数字的电；可能是"无智能"的电，也可能是"有智能"的电。

为什么会出现这种技术综合化的趋势呢？每一种技术都各有所长，也各有所短。只有综合起来，各用所长，才能得到最佳的整体效果。以运动控制为例，机械传动精度高，但平稳性较差，结构较复杂，不易实现无级变速，不能远传；液压传动运行平稳，传送功率大，传送距离更远，易于组合，易于无级调速，但精度不如机械传动；电力传动传送距离远，电能分配容易，但能量密度最低，占用空间最多。而在信息传送和控制功能上，机械和液压则远不如电气。

所以，在系统的构成中，机与电的关系，液与电的关系，从能量的输送、分配与供应角度来看，是一种供需关系，或者说源载关系。而从信息与控制的角度来看，电气控制系统所需要的反馈信息，必须从机械或液压系统中来，机械或液压系统所需的控制信息，必须从电气控制系统中来，双方互为源载关系。

这就是说，对于一个搞电气与控制的人，不仅要精通电气与控制技术，也应该通晓机械传动与液压传动技术，应该善于做系统之间的源载关系分析，处理好系统与系统之间的匹配与协同关系，这样，才能从整体上理解和调试、运行这个系统，确保系统的安全与优化。

模块二　工业逻辑控制系统的分析与综合

2.2.2　机械运动控制系统中的元件分析

机械传动系统是由机械运动变换元件加上适当的连接、支撑、导向和操控元件组合成的。描述和分析机械传动系统，基于描述和分析机械运动变换元件。机械运动变换元件包括电能/机械能变换元件和机械能/机械能变换元件。常用的电能/机械能变换元件有电动机、电磁铁、电磁阀、电动阀等。这是电系统与非电系统的接口元件。机械运动变换元件主要是指机械能/机械能变换元件，其作用是改变机械运动的速度或机械运动的形态，例如，将旋转运动变为直线运动或将直线运动变为旋转运动。机械运动变换元件又分为固定的和可控的两种。可控的元件有手控的或电控的。机械运动变换元件和机械传动系统的分析工具，首先是元件与系统的描述工具。分析要在描述的基础上才能进行。

1．机/电系统转换元件

1）电动机

电动机的图示描述法：在机械传动系统中，电动机是最重要的机械能源，或者说是电能/机械能系统的主要接口。这个接口的特征是具有电能的输入口（用三根或两根导线表示）和机械能的输出口（用一段直线表示的轴），因此，在绘制机械传动系统图中，电动机可以用下面的简图来表示：

电动机的传动式描述法：机械传动系统图可以用机械传动系统式来描述，并简称为传动式。学习完这个分题之后就会明白，传动式是由各个变换元件的符号组成的表达式。在传动式中，电动机用符号 M 来表示。

M 的取值可以用来表示电动机的状态。这可以有两种取法，采用哪一种取法，视所考虑的问题而定。一种是 M 取实数值。例如，如果问题是要考虑系统的转速，则 M 可能取 0 到额定转速之间的任意一个实数。这时 M 表示的电动机状态是一种模拟量状态或连续量状态。

另一种是 M 取逻辑值。逻辑值是用来表示事物的逻辑状态的。事物的逻辑状态，是指事物的某一类状态总共只有有限种，其中每一种状态都与其余各种状态有明显的质的区别；各种状态的总和，完整的表达了事物在某一方面的性质。例如，如果关心的是电动机的两种状态——运转还是停止，就可以用最常用的二值逻辑来描述。二值逻辑只有两个逻辑值"1"与"0"；这个"1"与"0"不是普通的实数，而是表示两种完全相反的状态，即"动"与"静"两种状态的符号。如果用"1"表示"动"，"0"就表示"静"。总共有而且只有两种状态，非"1"即"0"，非"0"即"1"；非"动"即"静"，非"静"即"动"。在大多数简单的情况下，关心的就是这种问题。于是，对于停止的电动机，其状态可以表示为

$$M = 0$$

对于运行的电动机，其状态可以表示为

$$M = 1$$

而正在启动的电动机，其状态可以表示为

$$M \to 1$$

正在制动的电动机，其状态可以表示为

$$M \rightarrow 0$$

工业中有很多事物，其状态可以用二值逻辑来表达，并且在工业技术中有非常重要的意义。例如，电平的高与低，信号的有与无，开关、阀门的通与断，继电器、接触器的动作与释放，电子开关的导通与截止，触发器的触发与复位，电源"ON"与"OFF"，设备的正常与故障，离合器的离与合，制动器的闸紧与松开，各种监测值的到与未到等。所以，二值逻辑在工业逻辑控制系统中应用非常广泛。

对于有正、反转控制的电动机，其状态还可以用三值逻辑来描写。三值逻辑可以取"+1"，"0"，"-1"三种不同的值，如用"+1"表示电动机正转，"-1"表示电动机反转。只要领会了工业逻辑的精神，自己就可以灵活运用。

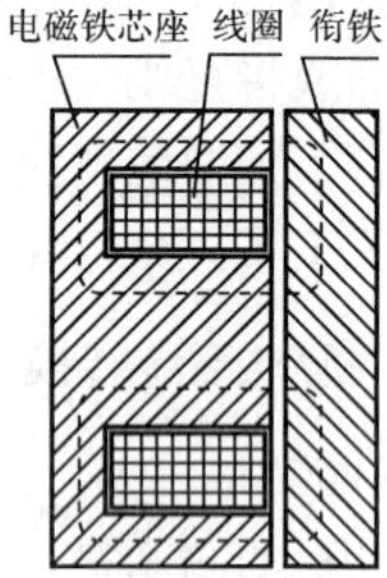

2）电磁制动器

电磁制动器利用电磁力/弹簧力实现对机械传动系统的制动。电磁力即电磁铁对衔铁的吸引力，其作用原理如图 2.2.1 所示。

图 2.2.1 电磁制动器作用原理

电磁制动器的结构形式较多。闸瓦式电磁制动器的结构原理与外形如图 2.2.2 所示。

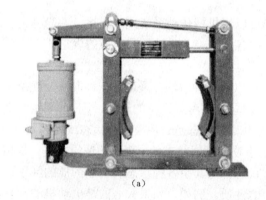 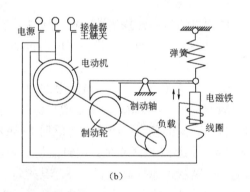

图 2.2.2 闸瓦式电磁制动器结构原理与外形

机床中主要是应用圆盘式的电磁制动器，其外形图如图 2.2.3 所示。

这类制动器的结构及其在轴端的安装如图 2.2.4 所示。圆盘形的电磁铁固定在机座上，摩擦片通过键与轴连接。电磁铁线圈无电压时，盘上的弹簧通过衔铁将摩擦片紧紧的压住，使轴不能旋转。在线圈上加电激励，电磁铁将衔铁牢牢吸住，压缩弹簧，放开摩擦片，制动即被解除。这种电磁制动器称为断电制动器。与之相反，通电以后实现制动的则称为通电制动器。

图 2.2.3 圆盘式电磁制动器外形图

模块二 工业逻辑控制系统的分析与综合

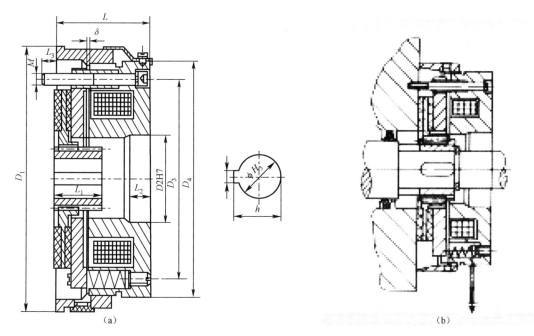

图 2.2.4 圆盘式电磁制动器的结构及在轴端的安装

电磁制动器的线圈是输入端，输入量是电压 U，如 DC24V 或 AC380V。摩擦片是输出端，输出量是制动转矩，用 M 或 MB 表示。电压与转矩是两种不同的物理量，但从逻辑控制的角度来看，它们又都是逻辑量，可以用逻辑"1"与"0"来表达。作为一个逻辑元件，在电气图中用如下图形符号来描述：

在机械传动系统简图中，也可以用同样的图形符号来表示闸瓦式电磁制动器。而圆盘式电磁制动器则采用下面的图形符号来表示更为方便：

对于输入端，我们约定，如果有电压输入，记为

$$U=1$$

如果没有电压输入，则记为

$$U=0$$

对于输出端，我们也约定，如果有制动转矩输出，记为

$$MB=1$$

如果没有制动转矩输出，则记为

$$MB=0$$

输入与输出的关系，是输入决定输出。如果加上电压（即 $U=1$）时产生制动作用（即 $MB=1$），则称为通电制动器，其逻辑功能式为

$$MB=U$$

相应的输入/输出逻辑功能表为

输入端 U	输出端 MB
0	0
1	1

反之，如果加上电压（即 $U=1$）时解除制动（即 $MB=0$），断开电压（即 $U=0$）时实现制动（即 $MB=1$），则称为断电制动器，其逻辑功能式为

$$MB=\overline{U}$$

$\overline{U}$ 读作"非 U"，其逻辑值与 U 相反：U 为 0，则 $\overline{U}$ 为 1，U 为 1 则 $\overline{U}$ 为 0。故断电制动器的输入/输出逻辑功能表为

输入端 U	输出端 MB
0	1
1	0

3）摩擦片式电磁离合器

电磁离合器借助于电磁力/弹簧力的相互作用，利用摩擦力实现传动件之间可控制的接合与分离，常用于机械传动系统中的传动、调速、制动，是电气控制系统与机械传动系统之间一种重要的接口元件。

电磁离合器有各种不同的结构形式，如干式单片式、干式多片式、湿式单片式、湿式多片式、磁粉式等。电磁线圈一般用 DC24V 直流电压激励。圆盘形的磁轭与线圈若装在转轴上随轴一同旋转，要通过碳刷与滑环为线圈供电。也可以将静止的磁轭和线圈通过弹子盘与旋转的动盘相连接，这样供电更容易，无须要碳刷和滑环。图 2.2.5 所示的是多片式和单片式电磁离合器。

(a)　　　　　　　　(b)

图 2.2.5　多片式和单片式电磁离合器

图 2.2.6 所示的是对轴安装的单片式电磁离合器的结构图。线圈装在静止的圆盘形磁轭内，动盘装在左边的主动转轴端上，与磁轭保持 0.5~1.5 的轴向距离，两者通过弹子盘互相连接。右边的从动轴端装着法兰盘，圆盘形的衔铁与法兰盘之间有弹簧片，三者用铆钉连接在一起。当线圈没有受到电压激励时，弹簧片将衔铁向右紧紧的拉着，紧贴在法兰盘的左端

面上，与动盘有一点轴向间隙，使从动轴与主动轴分离而保持静止。在线圈上加上 DC24V 直流电压后，电磁铁克服弹簧片的拉力，将衔铁吸向左边，牢牢地压紧在动盘的右端面上，依靠摩擦力实现主动轴与从动轴之间的传动连接。这种离合器通电则合，断电则离，称为通电式电磁离合器。反之，如果是断电则合，通电则离，就称为断电式电磁离合器。

图 2.2.7 所示的是多摩擦片式电磁离合器的结构。一部分摩擦片靠花键形内孔与花键轴连接，可以轴向移动。另一部分摩擦片靠花键形外圆与其外面的带有花键槽的空心转盘相连。也可以轴向移动。两种摩擦片相间安装，相互间略有轴向间隙，所以转轴的旋转运动不能通过摩擦片传给转盘。当线圈通电后，摩擦片右边的盘形衔铁在电磁力的作用下向左运动，将两种摩擦片紧紧压在一起，转轴便借助摩擦力将转矩传到了转盘上。

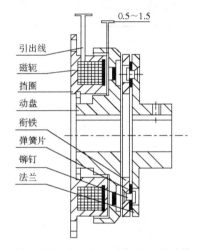 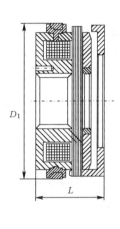

图 2.2.6 对轴安装的单片式电磁离合器的结构图　　图 2.2.7 多摩擦片式电磁离合器的结构图

图 2.2.8 所示的是单片式电磁离合器的安装示例。图 2.2.8（a）的离合器装在立轴的端部。图 2.2.8（b）是离合器装在水平轴的端部，控制三角皮带轮与轴的离合。图 2.2.8（c）是两只离合器装在一根通轴上，每只离合器管一个三角皮带轮。要哪一个皮带轮传动，就给哪一个离合器通电。

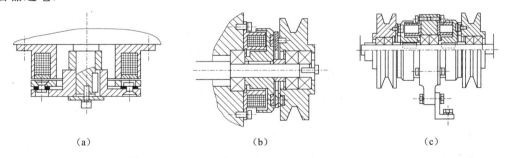

图 2.2.8 单片式电磁离合器的安装示例

在电气图中，电磁离合器用下面的图形符号来表示：

在机械传动系统图中则用下面的图形符号来表示：

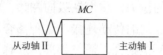

电磁离合器是机械传动系统中的逻辑元件，其状态非离即合，非合即离，只有两个逻辑值。从动轴的逻辑值取决于主动轴的逻辑值和线圈的逻辑值。主动轴是传动输入端，输入量是转矩 M_1 或转速 N_1。从动轴是传动输出端，输出量是转矩 M_2 或转速 N_2。线圈是控制端，控制量是电压 U。这些量都是二值逻辑量。我们约定，线圈加电时，控制量 $U=1$；线圈断电时，控制量 $U=0$。有转矩时 $M_1=1$（或 $M_2=1$）；无转矩时 $M_1=0$（或 $M_2=0$）。或者有转速时 $N_1=1$（或 $N_2=1$）；无转速时 $N_1=0$（或 $N_2=0$）。于是，通电电磁离合器的逻辑功能可以描述为下表：

控制量 U	输入量 M_1	输出量 M_2
0	0	0
0	1	0
1	0	0
1	1	1

这是"与"的逻辑关系。当且仅当主动轴旋转且线圈通电时，从动轴才旋转且一定旋转。于是，通电电磁离合器的逻辑功能可以写成如下的逻辑函式：

$$M_2 = U\,M_1$$

断电电磁离合器的逻辑功能与此相反，可以描述为下表：

控制量 U	输入量 M_1	输出量 M_2
0	0	0
0	1	1
1	0	0
1	1	0

这也是"与"的逻辑关系。当且仅当主动轴旋转且线圈断电时，从动轴才旋转且一定旋转。这个关系可以用逻辑函量式表示为。

$$M_2 = \overline{U}\,M_1$$

4）位置开关和行程开关

位置开关和行程开关用于检测机械运动的位置信息或行程信息，并回送给电气控制系统，是位置/行程控制系统自动进行控制回路切换的指令元件。这是一类很重要的逻辑元件，在进行系统分析或综合时应该特别注意。

位置开关或行程开关包括有触点开关和无触点开关两类。图 2.2.9 所示的是有触点开关。其输入端为机械触点，一般用弹子盘或带半球形端部的圆柱杆做成，并在弹簧力的作用下自动保持一个或两个稳定的位置。输入量是反映机械运动的位置或行程信息的力。输出端是电路触点，包括动断触点与动合触点。输入量和输出量都是逻辑量。我们约定，

图 2.2.9　有触点开关

模块二 工业逻辑控制系统的分析与综合

位置开关或行程开关输入端未受到力的作用时的状态为静态（或常态）；受力作用后转入的状态为动态（或激励态）。静态用逻辑"0"表示，动态用逻辑"1"表示。用 M 表示输入量，BG 表示动合触点的状态，$\overline{BG}$ 表示动断触点的状态，则行程开关的功能可以表示为下表：

输入量	输出量	
M	BG	$\overline{BG}$
0	0	1
1	1	0

位置开关、行程开关的电气图形符号如下图，在机械、液压传动系统图中也可以使用同一图形符号。

无触点开关又称为接近开关，其使用越来越普遍。无触点开关的门类非常多，有高频振荡式、电感式、电容式、霍耳效应式等。图 2.2.10 所示的是一些无触点开关。

图 2.2.10 无触点开关

接近开关的电气图形符号为

以上几种电/机或机/电系统转换元件在运动控制系统中应用最为广泛，所以做了介绍。没有介绍的这类元件，可按同一精神去学习理解。还有一些重要的机/电系统转换元件，如测速发电机、轴编码器、旋转变压器、各种位移传感器等，这些元件主要用于连续量控制系统中，留待相关的模块中学习。

2. 机械运动变换元件

机械传动系统用于改变机械运动的形式和速度，并传递所需要的动力，以满足生产的要求。所以，运动变换与动力传递，是机械传动系统的两大要求。如何满足这两大要求，需要机械设计、液压设计和电气控制系统设计的相互配合，综合运用。

应用最普遍的运动形式有两大类，即旋转运动与往复直线运动。所以，在机械传动系统中，存在着四种基本的运动变换，即旋转运动/旋转运动、旋转运动/往复直线运动、往复直线运动/旋转运动、往复直线运动/往复直线运动四种运动变换。

各种运动变换由相应的机构来实现。机械传动系统是由各种运动变换机构组成的。我们称这些运动变换机构为机械传动系统的元件。研究机械传动系统的方法，是将机械传动系统画成机械传动系统图，根据机械传动系统图进行分析、计算、综合与设计。传统的机械设计，就是这样做的。

但是，在技术综合化的今天，这种设计模式已经落后了。在现代设计中，机械传动系统、液压传动系统和电气控制系统已经融合在一起。先进的设计，要把三者综合起来才能得到。所以，要彻底的理解一个机械，仅仅从机械传动系统的角度来看是不够的，仅仅从电气控制系统的角度来看也是不够的，必须把两者或三者结合起来才能解决问题。要彻底的理解一个运动控制系统，也是同样的道理。所以，一个搞电气控制的人，他不仅要精通电气控制系统图，也应该熟习机械传动系统图。

因为机械传动系统是由各种传动机构组成的，所以，学习机械传动系统，要从学习各种基本的传动机构开始。

1）旋转/旋转运动变换

在机械传动系统中，齿轮传动的应用最为广泛。和齿轮传动类似的还有链轮传动、齿形带轮传动、三角带轮传动等。在学习了齿轮传动元件之后，可以举一反三，用类似精神来学习理解。

齿轮的种类很多，各有其用途，如图2.2.11所示。

各种齿轮传动元件的系统图画法和性能如下。

（1）平行轴之间的齿轮传动

平行轴之间采用圆柱齿轮传动。传动系统图的画法如下：

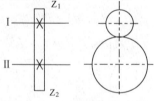

I是主动轴，齿数为Z_1，每分钟转速为n_1；II是从动轴，齿数为Z_2，每分钟转速为n_2。主动轴转速与从动轴转速之比称为传动比，记为i_{12}：

$$i_{12}=\frac{n_2}{n_2}=\frac{z_1}{z_1} \tag{2.2.1}$$

模块二 工业逻辑控制系统的分析与综合

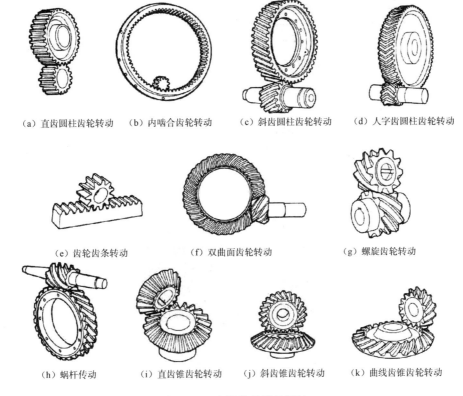

(a) 直齿圆柱齿轮转动　(b) 内啮合齿轮转动　(c) 斜齿圆柱齿轮转动　(d) 人字齿圆柱齿轮转动

(e) 齿轮齿条转动　(f) 双曲面齿轮转动　(g) 螺旋齿轮转动

(h) 蜗杆传动　(i) 直齿锥齿轮转动　(j) 斜齿锥齿轮转动　(k) 曲线齿锥齿轮转动

图 2.2.11　齿轮的种类及用途

n_1，n_2 和 i_{12} 都是实数值，可用于转速或位移等的计算。从动轴的转速决定于传动比和主动轴的转速：

$$n_2 = i_{12}\ n_1 \tag{2.2.2}$$

若从逻辑的角度来看，轴、齿轮只有转与不转两种状态，可以用"1"表示转，用"0"表示不转。如果用 N_1 表示主动轴的状态，N_2 表示从动轴的状态，则 N_2 的状态决定于 N_1 的状态，并可以用下表来表示：

输入量	输出量
N_1	N_2
0	0
1	1

(2.2.3)

这个关系可以表示为逻辑式：

$$N_2 = N_1 \tag{2.2.4}$$

我们也可以仿照传动比的定义式定义两个轴之间的（逻辑）"状态比"并记之为 I_{12}：

$$I_{12} = \frac{N_2}{N_1} \tag{2.2.5}$$

并且约定，当主动轴旋转时，如果从动轴也旋转，则 $I_{12}=1$；如果从动轴不转，则 $I_{12}=0$，亦即

主动轴状态	从动轴状态	状态比
N_1	n_2	i_{12}
1	0	0
1	1	1

(2.2.6)

根据这些约定，从动轴与主动轴之间的逻辑关系便可以表示为

$$n_2 = i_{12}\ n_1 \tag{2.2.7}$$

（2）平行轴之间的带轮传动

平行轴之间的带轮传动包括齿形带轮传动、三角带轮传动和平皮带轮传动。齿形带轮传动与齿轮传动类似，是定传动比传动，如图 2.2.12 所示。三角带轮和平皮带轮传动受到滑动影响，是近似定传动比传动。

图 2.2.12 带轮传动

带轮传动的画法如下：

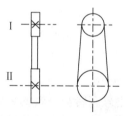

式（2.2.1）～式（2.2.7）的论述对带轮传动也适用。

（3）平行轴之间的链轮传动

链轮传动如图 2.2.13 所示。

图 2.2.13 链轮传动

链轮传动的画法如下：

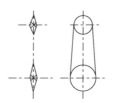

链传动与齿轮传动一样，也属于定传动比传动。齿轮传动中的讨论，对链传动也适用。

（4）相交轴之间的齿轮传动

相交轴之间采用圆锥齿轮传动，如图2.2.14所示。

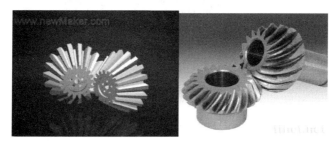

图2.2.14　圆锥齿轮传动

圆锥齿轮传动的画法如下：

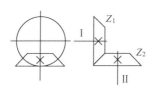

式（2.2.1）～式（2.2.7）的论述对圆锥齿轮传动也适用。

（5）垂直相错轴之间的蜗杆蜗轮传动

空间垂直相错的两轴之间，可以采用螺旋圆柱齿轮传动，也可以采用蜗杆蜗轮传动。实际上这两者是同一种元件。单头蜗杆相当于只有一个齿的螺旋齿轮，双头蜗杆相当于有两个齿的螺旋齿轮。

平行轴间的传动，只改变旋转运动的转速，不改变旋轴的方向。非平行轴之间的传动，既改变转速，又改变旋转轴的方向。图2.2.15所示的是蜗杆蜗轮传动。

（a）

（b）

图2.2.15　蜗杆蜗轮传动

蜗杆蜗轮传动是一种不可逆的单向传动，旋转运动只能由蜗杆传给蜗轮，而不能由蜗轮传给蜗杆。所以主动轴必定是蜗杆，从动轴只能是蜗轮。通常多半都是单头蜗杆，即齿数为1。若蜗轮的齿数为 Z，则由蜗杆到蜗轮的传动比为

$$i=\frac{1}{Z}$$

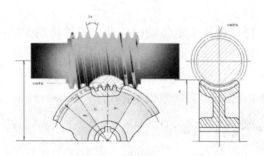

图 2.2.16 蜗杆蜗轮的结构和工作原理

从图 2.2.16 可以更清楚的理解蜗杆蜗轮的结构和工作原理。

蜗杆蜗轮的画法如下图所示：

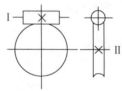

描述主、从动轴之间逻辑关系的式（2.2.1）～式（2.2.7）对蜗杆蜗轮传动也适用。

2）旋转/直线运动变换

由旋转到直线的运动变换，是机械传动系统中一种非常重要的运动变换。因为动力源是旋转的，而工作机械的输出运动常常是直线的。

能够实现由旋转到直线运动变换的传动机构有齿轮/齿条机构、滚珠螺母/丝杆传动机构、凸轮/滑杆机构、曲柄/连杆机构等。

（1）齿轮/齿条传动

齿轮/齿条机构将旋转运动变为直线运动，由主动齿轮传送给从动齿条，齿条带着负载做直线运动。通过电动机的正反转，可以使齿条做往复直线运动。这时需要按照一定的速度图来控制电动机的正、反转，启动、加速、减速、制动。运动切换指令可以由行程开关发出。

图 2.2.17 所示的是齿轮/齿条传动元件。

齿轮/齿条传动机构可以看成是齿轮传动机构的极端情形。当从动齿轮的直径趋向于无穷大时就成为齿数有无限多的齿条。这时传动比趋于零，已经没有意义。"从动齿轮"转速的计算应该代之以齿条运动速度 v 的计算。

设齿轮的齿数为 Z，每分钟转数为 n，齿条相邻两齿的齿距为 t，齿条每分钟的运动距离即速度为 v，则

图 2.2.17 齿轮/齿条传动元件

模块二　工业逻辑控制系统的分析与综合

$$v=Ztn$$

齿轮/齿条传动元件的状态描述仍用式（2.2.1）～式（2.2.7）简单画法如下：

（2）滚珠螺母/丝杆传动

很多工作机械的输出运动都是直线运动或往复直线运动。尤其是机床，所有的机床，都需要直线运动与旋转运动的相互配合。

机床的运动，由主运动与进给运动两者构成。主运动是传递切削力的，大部分是旋转运动，也有一些是直线运动。进给运动是改变切削位置的，大部分是直线运动，也有一些是旋转运动。主运动一般只有一个，而进给运动可能有一个，也可能有多个。进给运动与进给运动相互配合、进给运动与主运动相互配合，在加工表面综合成为复杂的切削运动轨迹，最终得到所需要的加工表面。每一台机床，都对应一个坐标系。每一个运动，都对应于一根坐标轴。零件的加工表面，都是机床坐标系中的一个特定的曲面。

对于一台车床来说，主运动是主轴的旋转运动。进给运动是拖板箱的左右水平移动或刀架的前后水平移动。车床的运动系统如图 2.2.18 所示。主轴的旋转运动，是由电动机驱动的。主轴运动要求有可供选择的多种运动速度，最好可以得到任意速度。所以，主轴传动系统由旋转/旋转运动变换组成。刀架运动是由主轴传送过来的，这样才能使进给运动与主运动保持一定的关系。主轴传来的旋转运动必须进行旋转/直线运动变换，转化为刀架的直线运动。所以，进给传动系统是由旋转/旋转运动变换与旋转/直线运动变换组合构成的。

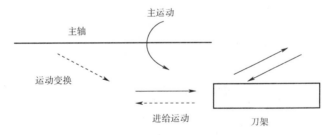

图 2.2.18　车床的运动系统

每一台机床的运动，都可以这样来分析。如果预先做成一些标准的运动单元，再根据加工的需要，把它们组合起来，就成为一台组合式的专用机床。这解决了通用性与专用性、灵活性与高效性的矛盾。可见，只有充分了解了机床的运动，才能充分的了解机床的控制。

这些论述说明，旋转/直线运动变换，是机床传动系统中重要的一种变换。实现这种运动变换的主要机构是螺旋机构。

螺旋机构就是螺母/丝杆传动机构。以往的机床，都是采用这种机构进行旋转/直线运动变换。图 2.2.19 所示的是一个螺旋提升机。通过图 2.2.19 可以理解螺母/丝杆传动机构的工作原理。在固定的底座上，内部装有一对蜗杆蜗轮。蜗轮孔中装有一根竖直的丝杆，丝杆上装有一个螺母。蜗杆轴是输入轴。蜗杆轴旋转时，蜗轮带动丝杆旋转。只要限制螺母不能转动，螺母就会上下移动。主轴传来的旋转运动，就是通过螺母/丝杆机构转化为拖板箱的直线运动的。

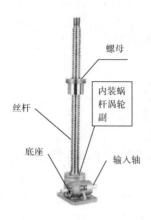

图 2.2.19　螺旋提升机

加工件的尺寸精度决定于进给运动的精度。机床的加工精度就是由主轴运动的精度和进给运动的精度决定的。由于螺母与丝杆之间存在着间隙，又是滑动摩擦，间隙会不断增大，因而限制了机床精度的提高。所以，在数控机床的发展过程中，出现了机械传动精密化的要求。于是，滚珠螺母/丝杆传动机构应运而生。现在，滚珠螺母/丝杆传动正取代螺母/丝杆传动广泛应用于机床中。

将普通螺母和丝杆的螺纹改为螺旋槽，就得到了滚珠螺母与滚珠丝杆。再在两者的螺旋槽之间放入滚珠，外部加以密封，就得到了滚珠螺母/丝杆传动机构，如图 2.2.20 和图 2.2.21 所示。

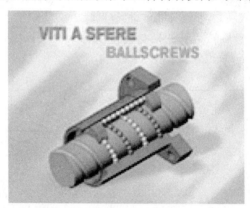

图 2.2.20　滚珠螺母/丝杆传动机构

如果限制滚珠丝杆不能做轴向移动，只能转动，而滚珠螺母不能转动，只能做轴向移动，则当丝杆转动时，丝杆上每一个固定方位的螺旋槽都会沿同一个轴线方向位移，并通过滚珠将作用力传送到滚珠螺母的螺旋槽上，推动滚珠螺母在导轨的约束下沿轴线方向位移，从而将丝杆的旋转运动变成了螺母的直线运动。这时，丝杆是主动件，螺母是从动件。

也可以反过来，把螺母做主动件，丝杆做从动件，限制螺母只能做旋转运动，不能轴向移动，而丝杆只能在轴向移动，不能旋转，就可以把螺母的旋转运动变成丝杆的轴向移动。主、从件的切换、选择决定于机床运动的需要。

模块二　工业逻辑控制系统的分析与综合

图 2.2.21　滚珠螺母丝杆传动机构

在机床上，丝杆都做的和机床的导轨一样长，用滚珠轴承平行的装在导轨旁。滚珠螺母则较短，固定在可以沿导轨滑动的滑台或溜板箱中。滑台或溜板箱上装着刀具，按给定的转速驱动丝杆，刀具就会以所需的速度沿导轨做直线运动。

作为一种标准的机械传动元件，滚珠螺母/丝杆副已经有专业厂商生产，可以在市场上选购。图 2.2.22 所示的是装好了的滚珠螺母/丝杆副的局部。

图 2.2.22　组装好的滚珠螺母/丝杆副的局部

在机械传动系统图中，滚珠螺母/丝杆传动副与螺母/丝杆传动副可以采用同样的画法，如下图所示：

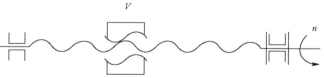

通常螺母和丝杆都是单头螺纹，即只有一根螺旋线的螺纹。设螺距为 t（以米计），丝杆的转速为 n 转/分钟，螺母的速度为 v 米/分钟，则 v 与 n 的关系为

$$v=nt$$

描述主、从动轴之间逻辑关系的式（2.2.1）～式（2.2.7）对螺母/丝杆传动也适用。

（3）凸轮/导杆传动

以凸轮为主动件，导杆做从动件，可以将凸轮的连续旋转运动变为导杆的往复直线运动，如图 2.2.23 所示。通常借助于弹簧力使导杆与凸轮紧密接触，弹簧在图中未画出。凸轮的运动规律，可以是连续的，也可以是间歇的；可以是匀速的，也可以是变速的。这取决于凸轮的轮廓曲线。

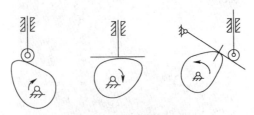

图 2.2.23　凸轮/导杆传动

在机械运动控制系统中，这种凸轮机构可以用来检测工作台等的实际位置，并发出控制程序的切换指令。这时，导杆用于驱动行程开关，或者行程开关的输入杆直接用作导杆。

（4）直线/直线运动变换

在图 2.2.24 中，主动件沿水平导轨做直线运动，其斜面作用于从动件的端部滚轮，使从动杆沿垂直导轨做直线运动。这样就把直线运动的大小和方向都改变了。

这一机构的作用与凸轮/滑杆机构的作用相仿，在机床中，一个可用于旋转运动的检测与控制，另一个可用于直线运动的检测与控制。

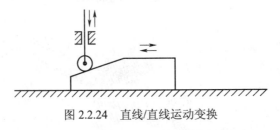

图 2.2.24　直线/直线运动变换

任务3　认识组合机床的传动部件

2.3.1　组合机床具有单一运动功能的通用动力部件的分析与控制

现代机床发展的两个主要特点是结构组合化和控制数字化。组合机床由各种标准化的通用部件组合而成。在各种通用部件中，最核心的是动力部件。动力部件的性能决定了组合机床的性能。简单的动力部件分为切削头与进给滑台两类。切削头用于生成机床的主运动即切削运动。有各种各样的切削头，如铣削头、镗削头、钻削头、磨削头等。进给滑台用于产生进给运动，如直线滑台、十字滑台、回转台等。动力部件由电机或液压驱动。切削头的传动采用齿轮系。进给滑台的传动采用滚珠螺母丝杆或液压系统。

图 2.3.1 所示的是一个切削头。上方的电机通过右边的传动系统驱动下面的水平主轴。刀盘装在主轴的左端。切削头只管切削，不管进给。如果要使刀具在切削的同时

图 2.3.1　切削头

也实现进给，可以把切削头安装在进给滑台上。

进给滑台可以是液压传动的，也可以是机械传动的。为了获得精密的进给，机械滑台更理想。精密的机械滑台都采用滚珠螺母丝杆副传动。图 2.3.2 所示的是一个机械滑台。滑台装在水平的矩形断面的导轨上，可以在导轨的约束下做往复直线运动。滚珠丝杆与导轨平行的装在导轨上部的槽中。驱动电机和减速箱装在导轨的右端，将动力传送到丝杆上。进给滑台的运动，可以采用简单的逻辑程序控制，也可以采用精密复杂的数字控制。在闭环控制系统中，如果是简单的逻辑程序控制，可以用行程开关或位置开关进行位移或位置的检测与反馈；如果是复杂精密的数字控制，则必须采用精密的位移传感器进行位移或位置的检测与反馈。

图 2.3.2 机械滑台

切削头又称动力头。简单的动力头与滑台，都只能做单一的运动。但简单是复杂的基础。复杂可以化为简单，简单可以组成复杂。由于设计的标准化，以上述两类部件为核心，再配以适当的支撑、连接、导向、传动等部件，配以相应的检测、控制部件，就可以得到各种复杂的运动，就可以组成各式各样的机床了。

2.3.2 组合机床具有复合运动功能的通用动力部件的分析与控制

更复杂的通用动力部件，是把切削运动与进给运动结合在一起进行设计。只有切削运动的动力头是简单动力头，既具有切削运动功能、又具有进给运动功能的动力头是复合动力头。两种动力头各有所长，各有所用。箱体移动式机械动力头是复合动力头的典型例子，可以作为分析的案例。

图 2.3.3 所示的是一个箱体移动式机械动力头的传动系统图。首先要通过分析传动系统图的原理，来弄清楚其工作过程及其对控制的要求，进而掌握系统的分析与调试方法。

简单的动力头，其箱体自身是不能移动的，既没有驱动箱体移动的传动系统，也没有约束箱体运动方向的导轨。而这种复合式的动力头则不一样，其箱体是装在导轨上，可以在导轨的约束下做直线运动。箱体的移动，由安装在箱体下部的滚珠螺母丝杆副 T 驱动。T 有两种工作方式。一种是主电机 M2 停止，主轴 I 及其所驱动的刀具处于静止状态，快速电机 M1 上的电磁式制动器 MB 通电释放，MA1 启动，并通过可配置的交换齿轮 g/h 驱动丝杆以所需的速度旋转，从而使不能逆向转动的螺母（因为与蜗轮 Z_2 相连接）带动箱体快速前进或后退。这时动力头不进行加工，处于空程时间，这个时间越短越好。

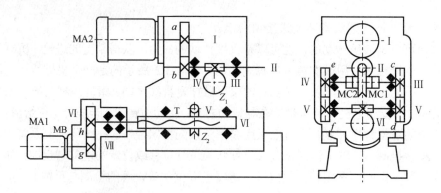

M1—主电动机；M2—快速电动机；MB—快速电动机电磁制动器；MC1, MC2—电磁离合器；
Ⅰ，Ⅱ，Ⅲ，Ⅳ，Ⅴ，Ⅵ，Ⅶ—传动轴；T—滚珠螺母丝杆副；Z_1, Z_2—蜗轮；a, b, c, d, e, f, g, h—配换齿轮

图 2.3.3　箱体移动式机械动力头传动系统图

滚珠螺母丝杆副的另一种工作方式是加工运行方式。这时，快速电机 MA1 断电，电磁制动器失电制动，使丝杆 T 不能旋转。主电机 MA2 启动，主轴一方面驱动刀盘旋转，同时通过交换齿轮 a/b 驱动蜗杆轴Ⅱ及蜗轮 Z_1 旋转。蜗轮两侧分别连接着电磁离合器 MC1 和 MC2 的主动转盘。MC1 与 MC2 不允许同时通电，否则将在轴Ⅴ上发生传动矛盾。当 MC1 与 MC2 均未加电激励时，两者的从动盘均与主动盘分离，蜗轮空转。若 MC1 或 MC2 之一被加电激励，则相应的从动盘将与其主动盘结合，轴Ⅲ或轴Ⅳ之一将随蜗轮 Z_1 旋转，并通过交换齿轮 c/d 或 e/f 带动蜗杆轴Ⅴ旋转，从而驱动蜗轮 Z_2 及螺母 T 绕丝杆旋转，使箱体沿导轨做加工进给运动。

分析传动系统，是为了控制传动系统。要把传动问题转化为控制问题，认识需要深化，要从定性的语言描述深化为定量的符号描述。把箱体移动式机械动力头作为一个整体来看待，首先要注意它与外界的接口。这些接口有三类。第一类是电能输入口，包括电动机 MA1 和 MA2。第二类是机械能输出口，包括刀盘的旋转和箱体的移动。第三类是操作与控制信息的入口。操作信息入口包括电动机 MA1 和 MA2 的操作按钮，控制信息入口包括电磁制动器 MB 和电磁离合器 MC1 和 MC2 的控制线圈。对动力如何从入口到出口的传输，要给以符号化的描述。动力是沿着三条传动链进行的。这三条传动链的结构式可表述如下。

$$\text{快速进退传动链} = \text{MA1}(n_1) \cdot \text{MB} \cdot \frac{g}{h} \cdot T \tag{2.3.1}$$

$$\text{工进传动链 1} = \text{WA2}(n_2) \cdot \frac{a}{b} \cdot \frac{1}{Z1} \cdot \text{MC1} \cdot \frac{c}{d} \cdot \frac{1}{Z2} \cdot T_1 \tag{2.3.2}$$

$$\text{工进传动链 2} = \text{WA2}(n_2) \cdot \frac{a}{b} \cdot \frac{1}{Z1} \cdot \text{MC2} \cdot \frac{e}{f} \cdot \frac{1}{Z2} \cdot T \tag{2.3.3}$$

这三个式子既表达了传动链的结构，又表达了传动链的功能，其表达方法有些特别。掌握这种表达方法，对于更深入的了解和解决传动与控制问题是有帮助的。对于式中每一项的含义，都要理解清楚。只要把前面对各种元件特性的描述都搞清楚了，这是不难做到的。式中的各项，既可以从实数量的角度来理解，也可以从逻辑量的角度来理解。

模块二　工业逻辑控制系统的分析与综合

站在传动的角度，可以把结构式中各项理解为实数量，这时 $MA_1(n_1)$ 或 $MA_2(n_2)$ 表示电机 MA1 或 MA2 以转速 n_1 或 n_2 驱动传动链。a/b、c/d、e/f、g/h 都是有理数，表示配换齿轮的传动比。通过改变其数值可以获得所需要的箱体移动速度。$1/Z_1$、$1/Z_2$ 表示蜗杆蜗轮副的传动比，其值是固定不变的。T 表示螺母和丝杆的螺距，即每转一周螺母在轴线方向移动的距离。电磁制动器 MB，电磁离合器 MC1、MC2 都只能取实数值 1 或 0。MB 是断电制动，通电释放，所以启动电机时应使 MB 通电，并记为

$$MB=1 \tag{2.3.4}$$

MC1、MC2 是断电分离、通电传动，所以应使

$$MC1=1 \text{ 或 } MC2=1 \tag{2.3.5}$$

传动链在而且只在式（2.3.4）或（2.3.5）三式中的一个而且只一个成立时进行传动。可由式（2.3.1）～式（2.3.3）得出计算箱体移动的相应速度的公式，即

$$\text{快进（退）速度} \quad v_1 = \pm n_1 \cdot \frac{g}{h} \cdot T \tag{2.3.6}$$

$$\text{工进速度} \quad v_2 = n_1 \cdot \frac{a}{b} \cdot \frac{1}{Z_1} \cdot \frac{c}{d} \cdot \frac{1}{Z_2} \cdot T \tag{2.3.7}$$

$$\text{工进速度} \quad v_3 = n_2 \cdot \frac{a}{b} \cdot \frac{1}{Z_1} \cdot \frac{e}{f} \cdot \frac{1}{Z_2} \cdot T \tag{2.3.8}$$

根据这三个公式，便可按照加工工艺要求的各段移动速度 v_1、v_2、v_3 计算配换齿轮 a/b、c/d、e/f、g/h 的齿数。

任务4　通过案例掌握时序逻辑控制电路的分析与综合方法

对于电气与控制领域的人而言，建立传动式（2.3.6）～式（2.3.8）的目的，是为了确定传动系统的控制要求，据以进行控制电路的综合与设计。下面要讨论的，就是以工程逻辑为武器，如何探索和完成这一任务。

2.4.1　根据对传动系统的分析提取控制逻辑程序

站在控制的角度，则应把结构式中的各项理解为逻辑量。这时，a/b、c/d、e/f、g/h 及 $1/Z_1$、$1/Z_2$ 和 T 都应理解为逻辑常量 1，可以在式中省去。而 $MA1(n_1)$、$MA2(n_2)$、MB、MC1、MC2 则是可能取逻辑值 1 或 0 的逻辑变量，可以省去记号中的 n_1 和 n_2。箱体的移动状态用二值逻辑量 V（或 V_1、V_2、V_3）表示。于是有

$$\text{快进（退）：} \quad V_1 = MA1 \cdot MB \tag{2.4.1}$$

$$\text{工进 1：} \quad V_2 = MA2 \cdot MC1 \tag{2.4.2}$$

$$\text{工进 2：} \quad V_3 = MA2 \cdot MC2 \tag{2.4.3}$$

这三个逻辑式表示三条传动链运行的逻辑条件。用逻辑表 2.4.1 可以把这三个逻辑式的要求表示的更加明白。

表 2.4.1　逻辑表

序号	输入		控制			输出			解释
	MA1	MA2	MB	MC1	MC2	V_1	V_2	V_3	$V=V_1\oplus(V_2\oplus V_3)$
1	1	0	1	0	0	1	0	0	快进（速度 v_1）
2	0	1	0	1	0	0	1	0	工进1（速度 v_2）
3	0	1	0	0	1	0	0	1	工进2（速度 v_3）
4	-1	0	1	0	0	-1	0	0	快退（速度 $-v_1$）

这三个逻辑不仅决定了三条传动链的工作条件，而且还要根据加工工艺的要求，使三个逻辑按图 2.4.1 或图 2.4.2 的顺序组合在一起去实现时序逻辑控制。

按照图 2.4.1 的时序逻辑，在一个加工循环中，机械动力头从原点开始，在快速电机的驱动下，以速度 v_1 空车快速接近工件；经过时间 t_1 走完路程 s_1 后，自动切换为在主电机 M2 的驱动下，以速度 v_2 加工进给；经过时间 t_2 走完路程 s_2 后，自动切换到以速度 v_3 加工进给；经过时间 t_3 走完路程 s_3 后到达加工终点，自动停止加工，并切换为以速度 v_1 快速返回，经过时间 t_4 走完路程 $s_3+s_2+s_1$ 后回到原点。所以，从时序逻辑框图 2.4.1 可以画出更具形象的加工循环图如图 2.4.2R 所示。

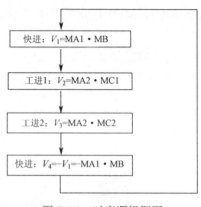

图 2.4.1　时序逻辑框图

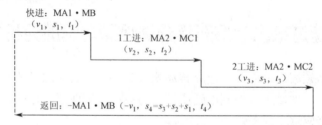

图 2.4.2　加工循环图

式（2.4.1）～式（2.4.3）、表 2.4.1 和图 2.4.1、图 2.4.2 刻画的都是传动对控制的要求。MA1、MA2、MB、MC1、MC2 是电系统控制机系统的接口元件，是执行控制命令的电/机转换元件。但控制要求如何实现？控制命令如何发出？这些问题在式（2.4.1）～式（2.4.3）、表 2.4.1 和图 2.4.1、图 2.4.2 中还未解决。问题还只说到了一半。解决问题的要求有了，解决问题的办法还没有提出来。要解决问题，还要根据执行面的要求设置好测控面的措施，也就是选择和设置好机系统（也包括操作者）对电系统发送测量结果和下达控制命令的测控元件（指令元件）。因为是逻辑控制，是行程或位置控制，是自动控制，这些元件自然是控制按钮和行程开关了。此外，控制元件输出的是测控信息，能量转换元件输入的是能量，两者并不能直接连接在一起。在信息与能量之间，在控制元件与执行元件之间，还必须有桥梁。这桥梁就是交流接触器。于是可以做出执行/驱动/测控元件设置表见表 2.4.2。

根据表 2.4.2 的约定，把测控元件与驱动元件加入到图 2.4.1 和图 2.4.2 中，使控制面与执行面结合起来，才能得到一个完整的时序控制逻辑程序框图和加工循环图，如图 2.4.3 和图

模块二 工业逻辑控制系统的分析与综合

2.4.4 所示。

表 2.4.2 执行/驱动/测控元件设置表

元件		作用	解释
执行	MA1	(MA1→1) → 快进	使丝杆旋转
		(MA1→-1) → 快退	
	MA2	(MA2→1) → 工进	使螺母旋转
	MB	(MB→1) → 解除 MA2 制动，快速移动	制动 MA1 及丝杆
	MC1	(MC1→1) → Ⅱ/Ⅲ轴接通，工进 1	使螺母旋转
	MC2	(MC2→1) → Ⅱ/Ⅳ轴接通，工进 2	使螺母旋转
驱动	QA1	(QA1→1) → (MA1→1)	使 MA1 正转
	QA2	(QA2→1) → (MA1→-1)	使 MA1 反转
	QA3	(QA3→1) → (MA2→1)	使 MA2 正转
测控	SF1	(SF1→1) → (QA1→1)	激励 QA1
	SQ1	(SQ1→1) → (QA2→0)	切除 QA2
	SQ2	(SQ2→1) → (QA1→0) → (QA3→1)	切除 QA1 再激励 QA3
	SQ3	(SQ3→1) → (MC1→0) → (MC2→1)	切除 MC2 再激励 MC2
	SQ	(SQ4→1) → (QA3→0) → (QA2→1)	切除 QA3 再激励 QA2

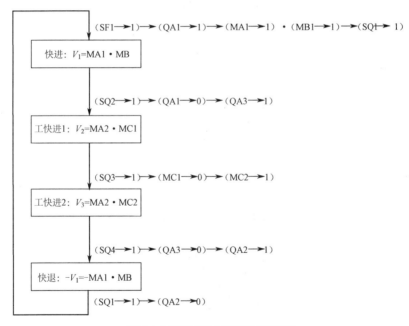

图 2.4.3 时序控制逻辑程序框图

从传动系统图体现了《口诀》中讲的两句："负载提要求，变换定大盘"。再经过表 2.4.2 到图 2.4.3 和图 2.4.4，又体现了《口诀》的另外两句话："核心在控制，驱动作桥梁"。现在已经到达了这个核心和桥梁，就要把它变成最后的控制电路。为此，把图 2.4.3 或图 2.4.4 中的各段时序逻辑控制程序组合衔接成为一个严密的整体，就得到一个完整的时序控制逻辑程序，并称为控制逻辑程序表，如图 2.4.5 所示。下一步的任务，就是如何根据这个控制逻辑程序表建立控制逻辑式和控制逻辑结构表，进而求得控制逻辑线路了。

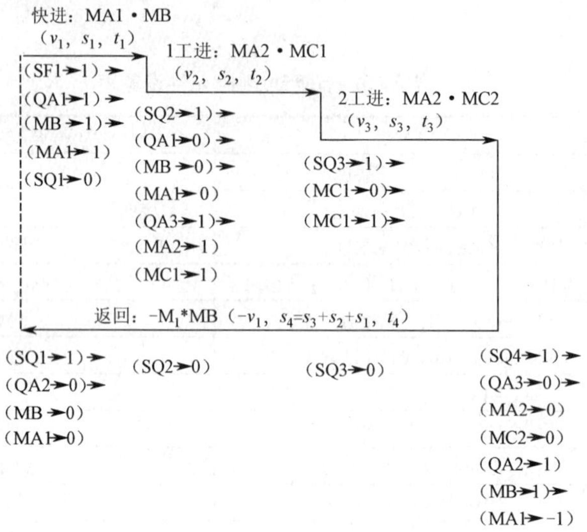

快进：MA1·MB
(v_1, s_1, t_1)
(SF1➤1)➤
(QA1➤1)➤   1工进：MA2·MC1
(MB➤1)➤   (SQ2➤1)➤ (v_2, s_2, t_2)
(MA1➤1)   (QA1➤0)   2工进：MA2·MC2
(SQ1➤0)   (MB➤0) (v_3, s_3, t_3)
          (MA1➤0)   (SQ3➤1)➤
          (QA3➤1)   (MC1➤0)➤
          (MA2➤1)   (MC1➤1)➤
          (MC1➤1)

返回：$-M_1*MB$ ($-v_1$, $s_4=s_3+s_2+s_1$, t_4)

(SQ1➤1)➤
(QA2➤0)➤   (SQ2➤0)   (SQ3➤0)   (SQ4➤1)➤
(MB➤0)   (QA3➤0)➤
(MA1➤0)   (MA2➤0)
                                    (MC2➤0)
                                    (QA2➤1)
                                    (MB➤1)➤
                                    (MA1➤-1)

图 2.4.4　时序控制逻辑加工循环图

起点状态：SF1=0,
　　　　　SQ1=1, SQ2=1, SQ3=0, SQ4=0,
　　　　　QA1=0, QA2=0, QA3=0,
　　　　　MA1=0, MA2=0,
　　　　　 MB=0, MC1=0, MC2=0,
启动：　　SF1➤1   ；发出启动指令
　　　　　QA1➤1   ；QA1动作
　　　　　MB➤1   ；加电解除制动
　　　　　MA1➤1   ；快速电机启动
　　　　　SQ1➤0   ；启动后SQ1即复位
$s=s_1$：　SQ2➤1   ；快进到位发出切换指令
　　　　　QA1➤0   ；QA1释放
　　　　　MB➤0   ；断电制动
　　　　　MA1➤0   ；快速电机停止
　　　　　SQ3➤1   ；QA3动作
　　　　　MA2➤1   ；主电机启动
　　　　　MC1➤1   ；右离合器接通
$s=s_2$：　SQ3➤1   ；1工进到位发出切换指令
　　　　　MC1➤0   ；右离合器分离
　　　　　MC_2➤1   ；左离合器接通
$s=s_3$：　SQ4➤1   ；到位发停止加工并返回指令
　　　　　QA3➤0   ；QA3释放
　　　　　MA2➤0   ；主电机停止
　　　　　MC2➤0   ；左离合器分离
　　　　　QA2➤1   ；QA2动作
　　　　　MB➤1   ；加电解除制动
　　　　　MA1➤-1   ；快速电机反向启动
　　　　　SQ4➤0   ；SQ4复位
$s=-s_3$：SQ3➤0   ；SQ3复位
$s=-s_2$：SQ2➤0   ；SQ2复位
$s=-s_1$：SQ1➤1   ；回到原点，发出停机指令
　　　　　QA2➤0   ；QA2释放

图 2.4.5　控制逻辑程序表

2.4.2 根据控制逻辑程序建立控制逻辑式

这个控制逻辑程序表，每一行刻画了控制电路中的一个状态变化。这些变化是一个接一个按时间的先后顺序和变化的因果关系排列的，具有严格的逻辑关系。前面的变化是原因，后面的变化是它所引起的结果。元件的线圈用粗体字（或大号字）表示，触点用非粗体字（或小号字）表示。同一个元件，其线圈先受电，触点或其他机械部件后动作。触点的动作，是先动断，后动合。在控制周期的起点，每个元件都有其特定的起始状态。经过一个周期的变化之后，又回到其起始状态。所以，在一个周期中，同一个元件的变化，都要经历一次或多次"否定之否定"的全过程：动作后一定会释放，释放后一定会动作，决不会"半途而废"。一个变化若有多个原因，这些原因之间必定按"与"、"或"、"非"的逻辑关系组合在一起。依序发生的原因相"与"（逻辑"乘"），并列发生的原因相"或"（逻辑"加"），变为"1"者为"是"，变为"0"者为"非"。这样，对图 2.4.5 中的每一个线圈，在原因与结果之间都存在如下的逻辑关系：

$$\text{结果} = \text{所有原因的逻辑组合} \tag{2.4.4}$$

根据式（2.4.4）写出各线圈的控制式（或称电路结构式）如下。

$$\begin{aligned}
\text{QA1} &= \overline{\overline{\text{QA1}}} \cdot \text{QA1} \\
& \quad \text{QA1} = \text{SF1} + \text{QA1} \\
& \quad \overline{\text{QA1}} = \overline{\text{SQ2}} \\
& \quad \overline{\overline{\text{QA1}}} = \overline{\overline{\text{SQ2}}} \\
\text{QA1} &= \overline{\overline{\text{SQ2}}}(\text{SF1} + \text{QA1})
\end{aligned} \tag{2.4.5}$$

$$\begin{aligned}
\text{QA2} &= \overline{\overline{\text{QA2}}} \cdot \text{QA2} \\
& \quad \text{QA2} = \text{SQ4} \cdot \overline{\text{QA3}} + \text{QA2} \\
& \quad \overline{\text{QA2}} = \overline{\text{SQ1}} \\
& \quad \overline{\overline{\text{QA2}}} = \overline{\overline{\text{SQ1}}} \\
\text{QA2} &= \overline{\overline{\text{SQ1}}}(\text{SQ4} \cdot \overline{\text{QA3}} + \text{QA2})
\end{aligned} \tag{2.4.6}$$

$$\begin{aligned}
\text{QA3} &= \overline{\overline{\text{QA3}}} \cdot \text{QA3} \\
& \quad \text{QA3} = \text{SQ2} \cdot \overline{\text{QA1}} + \text{KM3} \\
& \quad \overline{\text{QA3}} = \overline{\text{SQ4}} \\
& \quad \overline{\overline{\text{QA3}}} = \overline{\overline{\text{SQ4}}} \\
\text{QA3} &= \overline{\overline{\text{SQ4}}}(\text{SQ2} \cdot \overline{\text{QA1}} + \text{QA3})
\end{aligned} \tag{2.4.7}$$

$$\begin{aligned}
\text{MB} &= \overline{\text{MB}} + \underline{\text{MB}} + \text{MB} + \underline{\text{MB}} \\
&= \overline{\text{MB}} + \underline{\text{MB}} + \overline{\overline{\text{MB}}} + \underline{\text{MB}} \\
& \quad \overline{\text{MB}} = \overline{\text{QA2}} \text{ , } \therefore \overline{\overline{\text{MB}}} = \text{QA2} \\
& \quad \underline{\text{MB}} = \text{KM2} \\
& \quad \overline{\text{MB}} = \overline{\text{QA1}} \text{ , } \therefore \overline{\overline{\text{MB}}} = \text{QA1} \\
& \quad \underline{\text{MB}} = \text{QA1}
\end{aligned} \tag{2.4.8}$$

$$\therefore \quad \text{MB} = \overline{\text{QA1}} + \text{QA1} + \overline{\text{QA2}} + \text{QA2}$$
$$\therefore \quad \text{MB} = \text{QA1} + \text{QA2}$$

$$\begin{aligned}
MC1 &= \overline{\overline{MC1} \cdot \overline{MC1}} \\
    &\quad \overline{\overline{MC1}} = QA3 \\
    &\quad \overline{\overline{MC1}} = SQ3 \\
    &\quad \overline{\overline{MC1}} = \overline{SQ3}
\end{aligned} \quad (2.4.9)$$

$$MC1 = \overline{SQ3} \cdot QA3$$

$$\begin{aligned}
MC2 &= \overline{\overline{MC2} \cdot \overline{MC2}} \\
    &\quad \overline{\overline{MC2}} = SQ3 \\
    &\quad \overline{\overline{MC2}} = QA3 \\
    &\quad \overline{\overline{MC2}} = QA3
\end{aligned} \quad (2.4.10)$$

$$MC2 = SQ3 \cdot QA3$$

2.4.3 集控制逻辑式组成控制逻辑表

控制逻辑式（2.4.5）～式（2.4.10），每一个式子表达了一个执行元件的动作条件，即元件的启动与保持条件。例如，式（2.4.5）表达了接触器 QA1 的启动与保持条件是，位置开关没有动作，按下 SF1 则 QA1 启动，然后借助与 SF1 并联的触点动作而自我保持。实际上，这个控制逻辑式与 QA1 的控制电路是"一模一样"、一一对应的，所以说它刻画了 QA1 的控制电路。它就是控制电路的逻辑结构式。逻辑代数之所以能够在控制逻辑电路的分析、综合与设计中找到用武之地，就是因为它具有这种刻画功能。画控制逻辑电路图是一种几何作业，建立和推演逻辑式则是一种代数作业。几何作业需要形象思维，需要思考，规律常常隐藏在图形的后面不容易看出来，所以比较难。而代数作业靠运算推演进行操作，遵循简单明确的规则，做起来容易多了。所以运用逻辑代数来解决控制逻辑电路的分析、综合与设计，可以寓思维于推演，藏图形于算式，化繁为简，以易代难。正所谓"等效繁化简，替换易代难"。

一个执行元件有一个控制逻辑结构式，一个控制逻辑结构式对应一个执行元件的控制电路。但一个控制电路包含有多个执行元件，每一个执行元件的控制电路只是整个控制电路的一个部分，还不是电路的整体。我们的目的，是要求电路的整体。要求电路的整体，还需要进行集成，把全部的控制逻辑式集而合之，组而成之。具体的做法是，建立一个两列多行的表。每一行对应一个执行元件的控制逻辑结构式。控制逻辑结构式等号的左边，即被控制的执行元件（如 QA1、QA2、QA3、MB、MC1、MC2）的符号填入该行左边的列中；等号的右边，即控制该元件的电路的逻辑结构式填入该行右边的列中。这样，集式为表，得到了一个控制逻辑表 2.4.3。由控制逻辑式到控制逻辑表，这是一个质的变化。式刻画的是一个局部，而表刻画的则是一个整体。控制逻辑式与局部控制电路一一对应，控制逻辑表则与整体电路对应。

表 2.4.3 控制逻辑表

线　圈	控 制 电 路
QA1	SQ2（SF1+QA1）
QA2	SQ1（SQ4・QA3+QA2）
QA3	SQ4（SQ2・QA1+QA3）

模块二　工业逻辑控制系统的分析与综合

续表

线　圈	控　制　电　路
MB	QA1+QA2
MC1	SQ3·QA3
MC2	SQ3·QA3

在组成控制逻辑表时，还要注意各执行元件的额定电压。如果额定电压不同，就应该在表中按供电电压不同进行分组组表，或分开组表。在上表中，交流接触器是按 AC 380V 或 220V 供电，而电磁制动器与电磁离合器是按 DC 220V 供电，所以应将表 2.4.3 变为表 2.4.4：在表中加入两种不同的电源电压，将填写控制逻辑结构式的列由一列分为两列，电压相同的控制逻辑结构式放在相同的列中。

表 2.4.4　控制逻辑表

	AC380/220V 电源	DC24V 电源
OA1	$\overline{SQ2}(SF1+OA1)$	
OA2	$\overline{SQ1}(SO4·\overline{OA3}+OA2)$	
OA3	$\overline{SQ4}(SO2·\overline{OA1}+OA3)$	
MB		OA1+OA2
MC1		$\overline{SQ3}·OA3$
MC2		SO3·*OA3

比较表 2.4.3 与表 2.4.4 就会发现两者之不同。表 2.4.3 描述了相同的控制逻辑功能，但并没有刻画相同的控制逻辑电路结构。表 2.4.3 没有进行电源区分，没有完全解决结构设计问题。如果要将表转换为图，则与表 2.4.3 对应的图只能有一种电压供电，而这是与实际要求不符的。所以只能说表 2.4.3 与需要的控制逻辑功能相对应，而不能说与实际可行的控制逻辑电路结构一一对应。它是一个符合要求的控制逻辑表，但还不是一个符合要求的控制逻辑结构表。而控制逻辑表 2.4.4 则不只是描述了同样的控制逻辑功能，而且还刻画出了符合实际能够实现这一功能的逻辑电路结构。只要进行一一对应的翻译，就可以化表为图，得到一个实际可行的控制逻辑电路。所以，表 2.4.4 不但是一个控制逻辑表，而且是一个控制逻辑结构表。

2.4.4　由控制逻辑结构表推演最简单控制逻辑结构表

控制逻辑结构表虽然可行了，但不一定最好。最好的控制逻辑结构表应该是所有可行的表中最简单的表。最简单的表就是所用元件最少的表，使用触点最少的表。因为只有这样，才能成本最低，可靠性最高。

在表 2.4.4 中，6 个控制逻辑式共用了 17 个控制触点。其中，接触器 QA3 的辅助常开触头 QA3 用了 3 个。而实际的交流接触器通常只有 2 个常开、2 个常闭的辅助触点。辅助触点不够用，就必须加中间继电器来解决。控制电路的功能越复杂，所用的元件越多，这种问题的出现也越多。所以，如何推求最简单的控制逻辑结构表是很重要的。

控制逻辑表应该是控制逻辑式的普遍形态，而控制逻辑式则是控制逻辑表的特殊形态。

但在表 2.4.4 中，有 6 个格子都不是直接有逻辑元件构成而是通过控制逻辑式来构成的。能不能把式的影子去掉，只由元件来直接组成逻辑结构表呢？

析因是简化代数式的办法，这种办法也可以用来简化逻辑式和逻辑表。逻辑式的析因同代数式的析因一样，把逻辑式各项中都含有的公因子都提出来，放到公共括号之外，使所用的控制触点减少。这种办法可以推广到逻辑表中。在逻辑表中可以进行双向析因，即水平方向的析因和垂直方向的析因。这是一种二维析因，是简化逻辑表的最有效的办法。具体的做法是，把每一行各格中都含有的公因子提出来，放到行左边的公共格中；再把每一列各格中都含有的公因子提出来，放到列上边的公共格中。无公因子的行或列，可以单独排列。不能析出的因子，仍然留在原来的格中。如果所有的因子都已经析出，剩下的便是逻辑常量 1，这个 1 留在原来的格中，其含义是连接，实质就是连接导线。控制触点代表逻辑变量，连接导线也是逻辑电路中不可缺少的元件，它代表逻辑常量。既没有控制触点也没有 1 的格是空格。空格代表无连接，即逻辑常量 0。控制逻辑表就是由逻辑变量和逻辑常量填写的逻辑表。经过双向析因，由控制逻辑结构表 2.4.4 得到了最简控制逻辑结构表 2.4.5。在这个结构表中，只用了 2 个 QA3 触点，就不需要增加中间继电器了。

表 2.4.5 最简控制逻辑结构表

		AC380/220V 电源						DC24V 电源		
		SF1	QA1	SQ4	QA2	SQ2	QA3	QA1	QA2	QA3
QA1	$\overline{SQ2}$	1	1							
QA2	$\overline{SQ1}$			QA3	1					
QA3	$\overline{SQ4}$				$\overline{QA1}$	1				
MB								1		
MC1									$\overline{SQ3}$	
MC2										SQ3

2.4.5 把控制逻辑结构表翻译成控制逻辑线路

控制逻辑结构表与控制逻辑线路是一一对应的，所以，只要经过简单的翻译，就可以变表为图，得到功能完全相同的控制逻辑线路，如图 2.4.6 所示。这里称为线路而不称为电路，是因为逻辑线路的含义可以比逻辑电路更广泛。逻辑线路可以用电路来实现，也可以用非电线路来实现。所以，控制逻辑式和控制逻辑表作为一种逻辑线路分析、综合与设计的工具，可以用在逻辑电路上，也可以用在非电线路上。画图的时候注意以下两点：

① 表中的元件与图中的元件一一对应。表中有什么元件符号，图中就有什么元件符号。这是逻辑变量的一一对应关系。

② 表中的元件连接与图中的元件连接一一对应。表中是连接的，图中也是连接的；表中是无连接的，图中也无连接。表中是串联，图中也是串联；表中是并联，图中也是并联。这是逻辑常量的一一对应关系。

模块二 工业逻辑控制系统的分析与综合

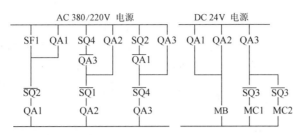

图 2.4.6 控制逻辑线路

各种控制电路相比较，既有相同的部分，也有相异的部分。相同的部分即共性或普遍性，相异的部分即个性或特殊性。一个控制电路与其他控制电路的区别，不在于大家都有的普遍性，而在于这个电路独有的特殊性。因为有其特殊的电路结构，才有其特殊的电路功能。所以，电路的特殊部分是电路的核心，是构成电路的关键。由传动图到电路图，由传动式到控制式，由逻辑式到逻辑表，由功能描述到结构刻画，一步一步的推求演化，这是一个控制电路的综合过程，整个过程都是为了求得这个核心，解决这个关键。现在这个关键解决了，核心找到了，但它是否完全合乎实际，是否完全合乎逻辑，是否还存在矛盾或漏洞，是否能够完全满足传动控制的要求呢？再往下走之前，必须回答这个问题。

2.4.6 核心电路控制功能的逻辑检验与验证

要确定一个控制逻辑电路有没有问题？有什么问题？怎么解决存在的问题？一种办法是做试验，一种办法是做分析。试验是要花代价的。如果是设计和开发产品或工程，试验一般是留待试验阶段来做，而不是在设计阶段做。在研究设计阶段，首先应该做分析，尽量发现和解决那些应该通过理论和计算可以发现和解决的问题。否则还要理论和设计干什么呢？这里就来研究怎样用逻辑的方法来发现和解决控制逻辑电路中的逻辑矛盾和问题。这种方法称为逻辑分析。逻辑分析与逻辑综合是逻辑方法中紧密联系、相辅相成的两个方面。综合是根据要求的电路功能综合出电路结构；分析则是根据已有的电路结构分析出其电路功能。在产品或工程的设计中，主要是综合，辅之以分析。在设备的安装、调试或故障寻查、检修中，主要是分析，辅之以试验。前面研究了如何用逻辑式和逻辑表来做控制逻辑电路的结构综合，现在来研究如何用逻辑式和逻辑表来做控制逻辑电路的功能分析。

1. 一个执行元件的逻辑功能分析

从一个执行元件的逻辑功能如何分析入手，来开始我们的研究。先学会抓一个鱼，再学会抓一群鱼，这也是"渔"。

以接触器 QA1 为例，其控制逻辑电路、控制逻辑式和控制逻辑表如图 2.4.7 所示。

分析控制逻辑式的功能，就是对逻辑式的值进行一步接一步的计算，看看计算结果与所要求的控制值是否相同。首先建立一个计算表。式中每一个控制触

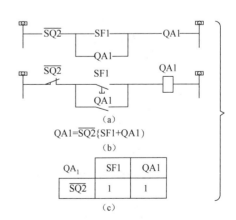

图 2.4.7 控制逻辑电路、控制逻辑式和控制逻辑表

点或对应于常闭触点的常开触点以及受控制的执行元件各占表的一列。从表的起始值开始计算。每次计算时，各个控制元件的当时值代入式中，算出的结果即为执行元件的当时值。把这些值填入当时行中，然后依据该行的数据作为下一行的输入数据，计算下一行执行元件的逻辑值。这样逐行计算，直到某一行又回到与起始行数据完全相同时才停止。这时，电路的控制走完了一个周期。计算数据见表 2.4.6。

表 2.4.6　QA1=SQ2（SF1+QA1）计算表

序　号	SQ2	$\overline{SQ2}$	SF1	QA1	QA1
0	0	1	0	0	0
1	0	1	1	0	1
2	0	1	1	1	1
3	0	1	0	1	1
4	1	0	0	1	0
5	1	0	0	0	0

　　由这个可以看到，在电路的起始点，SQ2、SF1、QA1 三个元件都没有动作。这是第 0 步。按下启动按钮后，电路的状态开始一步一步的变化，变到第 5 步后，再往下变，第 6 步又会返回到第 0 步，完成电路的一个变化周期。把控制逻辑电路的这种状态变化，称为该电路在一个逻辑空间中的运动。这个概念是从物体在普通空间中的运动引伸出来的。物体的运动就是物体的空间位置随时间而变化。由物体的连续运动可以想象控制电路的逻辑运动。运动需要以空间为场所。物体的连续运动以三维的实数空间为场所。控制电路的逻辑运动就要以逻辑空间为场所。这个"逻辑空间"可以这样来构造：它由电路中所有的逻辑变量组成。每个逻辑变量构成空间的一个"维"。每一维的坐标只取两个逻辑值 0 与 1。按照这样的设想，图 2.4.7 的控制逻辑电路所在的空间就是一个由 SQ2、SF1、QA1 三个维所组成的三维逻辑空间。电路的状态变化，或者说电路的运动，就在而且只在这个三维逻辑空间中进行。要想办法把这个三维逻辑空间及控制电路在其中的逻辑运动形象而准确的表现出来，用以作为我们分析、验证控制电路逻辑功能的工具。

　　最简单的逻辑空间是一维逻辑空间。一维逻辑空间只有两个区域，或者说两个逻辑格（简称格）。例如，只有一个控制按钮 SF1 控制的交流接触器，其逻辑空间就是由 SF1 这个维组成的一个一维逻辑空间。这个空间只有两个区域，即 SF1 和 $\overline{SF1}$。格数为 $2^1=2$。如果再将 QA 的触点 QA 加入到控制中，就变成一个二维逻辑空间。QA 也有两个区域，即 QA 和 $\overline{QA}$。这两个区域与 SF 的两个区域相组合，就有了 $2^2=4$ 个区域，即 4 个格。再加上行程开关 SQ2，就构成了一个三维逻辑空间，并有 $2^3=8$ 个区域，即 8 个格。逻辑空间的格，相当于实数空间的点。不过实数空间有无穷多个点，逻辑空间只有有限个格。所以逻辑空间的图像表达比实数空间容易。实数空间最多可以表达出三维。逻辑空间原则上可以表达出任意多的有限维。只要把逻辑空间的每一格都表达出来了，这个逻辑空间也就表达清楚了。为此，仿照图 2.4.7 的控制逻辑结构表，画一个二维逻辑表。这个表由左边的表头、上边的表尾和中间的表腹三部分组成。每一个逻辑维或放在表头中，或放在表尾中。表头的维数与表尾的维数之和，就是逻辑空间的维数，或表的维数。表腹被表头和表尾的分格线分割成很多尺寸相同的小格，这就是逻辑空间的逻辑格。每一格的逻辑代码,为同一行表头和同一列表尾的各逻辑维的组合,彼此是各不同的。控制逻辑电路的逻辑运动(即逻辑状态的变化),都是在这些格中进行的。电路的每一种状态,一定对应着特定的格。逻辑运动就是由一个格到另一个相邻格的变化。相邻的格,就是逻辑代码中只有一个逻辑维不相同的格。这样构成的逻辑表,表达对应的逻辑空间的全部逻辑格,可以准确的刻画对应控制电路的全部逻辑运动。所以我们称为逻辑功能表。图 2.4.8 就是图 2.4.7 中的逻辑式的逻辑功能表。

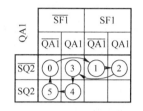

图 2.4.8　逻辑式的逻辑功能表

表 2.4.6 中的行,对应于图 2.4.8 中的格。我们只要把表 2.4.6 中各行的序号填写到图 2.4.8 的对应格中,并依次用表示运动方向的带箭头线把各"相邻格"连接起来,就得到了一个无交叉的闭合的运动路径,它生动地刻画了该控制式在空间中的逻辑运动。很容易看出来,这个逻辑运动不存在不同路径的竞争,不存在逻辑矛盾,不存在不确定性,不存在不完备性,它是可以重复进行、严格实现的。一句话,它的功能是正确的。

2. 整个控制电路的逻辑功能分析

如何捕住一条鱼的问题解决了,如何捕住一群鱼的问题也就不难了。学会了如何分析一个执行元件控制回路的时序逻辑功能,也就能解决如何分析含有多个执行元件的整个控制电路的时序逻辑功能。道理是一样的,方法也是类似的。

首先要构建并画出控制电路的逻辑空间。一个控制电路中有多少个控制元件,逻辑空间就有多少个逻辑变量,也有多少维。如果逻辑空间有 n 维,表腹中就有 2^n 个逻辑格。把 n 尽量平分为两半,一半逻辑变量放在表头,另一半逻辑变量放在表尾。表头和表尾中的每一个逻辑变量,都要包含正反两个部分,并相间的写在对应的表头或表尾格中。逻辑空间就这样"建成"了。

然后确定逻辑空间的起始格在哪里,把序号 0 填在格中,逻辑运动将从这里开始。起始格应该这样来确定:各控制变量的逻辑值应该是加工循环开始之前(即停止之后)各对应控制元件的状态值,未动作的元件其逻辑符号取 0 值,已动作的元件其逻辑符号取 1 值。

从起始格开始,逻辑运动将如何一步一步地往下进行呢?解决这个问题,不要用经验的方法,而要用逻辑计算或推演的方法。在进行一个执行元件控制路的逻辑功能分析时,我们用的是对逻辑式进行计算的方法,见表 2.4.6。现在仍然可以采用列表计算的方法。不过需要进行计算的控制逻辑式已经不是一个而是一组了。

电路的元件越多,维数越高,计算越复杂,出错越容易,查错越困难。为此,我们采用更简单的方法,用逻辑结构表代替逻辑结构式,用表的推演代替式的计算。为了尽量简化推演,我们把控制逻辑结构表拆分为三个相对独立的部分来进行。这三个结构表如图 2.4.9 所示。

第一部分是电动机控制电路的逻辑结构表如图 2.4.9(a)所示。这部分电路的起始状态是,SQ1=1,SQ2=0,SQ3=0(SQ3 不控制 QA1、QA2、QA3,故不放在这部分中考虑),SQ4=0、SF1=0、QA1=0、QA2=0、QA3=0(所以 QA1=0、QA2=0、QA3=0)。将这些控制变量的逻辑值代替其逻辑符号填入序号为 0 的逻辑结构表中,如图 2.4.10 所示。由这个 0 号表可以看出,此时 QA1=0、QA2=0、QA3=0（所以 QA1=0、QA2=0、QA3=0）。然后填写 1 号表，1 号表是 0 号表的下位相邻表，它与其上位相邻表的唯一区别是，在 0 号表中，启动按钮 SF1=0，在 1 号表中，变为 SF1=1。由 1 号表可以看出，此时 QA1=1、QA2=0、QA3=0，所以在其下位表中 QA1=1、QA2=0、QA3=0，由此便可以填出 2 号表。如此办理，便可一个接一个的往下填。不过要注意，QA1、QA2、QA3 的取值是随 QA1、QA2、QA3 的变化而变化的，主令元件 SF1、SQ1、SQ2、SQ4 的状态则是随人的操作或机床运动位置的反馈而变化的。当填完 13 号表以后会发现，再往下填，又回到了 0 号表。这时结构表一个周期的逻辑运动便推演完了。这个逻辑运动共包含 14 步，“每步一变，每变一步”，如图 2.4.10 所示。

逻辑结构表		380 or 220V电源					
		SF1	QA1	SQ4	QA2	SQ2	QA3
QA1	$\overline{SQ2}$	1	1				
QA2	$\overline{SQ1}$			$\overline{QA3}$	1		
QA3	$\overline{SQ4}$					$\overline{QA1}$	1

（a）

逻辑结构表	DC24V电源	
	QA3	
MC1	$\overline{SQ3}$	
MC2		SQ3

（b）

逻辑结构表	DC24V电源	
	QA1	QA2
MB	1	1

（c）

图 2.4.9　由逻辑结构表进行逻辑运动推演

逻辑结构表		AC 380 or 220 V 电源					
		SF1	QA1	SQ4	QA2	SQ2	QA3
QA1	$\overline{SQ2}$	1	1				
QA2	$\overline{SQ1}$			$\overline{QA3}$	1		
QA3	$\overline{SQ4}$					$\overline{QA1}$	1

⓪→		AC 380 or 220 V 电源					
SQ1=1 其余=0		0	0	0	0	0	0
QA1	1	1	1				
QA2	0			1	1		
QA3	1					1	1

1 →		AC 380 or 220 V 电源					
SF1→1		1	0	0	0	0	0
QA1	1	1	1				
QA2	0			1	1		
QA3	1					1	1

②↓		AC 380 or 220 V 电源					
QA1→1		1	1	0	0	0	0
QA1	1	1	1				
QA2	0			1	1		
QA3	1					0	1

⑥↓		AC 380 or 220 V 电源					
QA1→0		0	0	0	0	1	0
QA1	0	1	1				
QA2	1			1	1		
QA3	1					1	1

←⑤		AC 380 or 220 V 电源					
SQ2→1		0	1	0	0	1	0
QA1	0	1	1				
QA2	1			1	1		
QA3	1					0	1

←④		AC 380 or 220 V 电源					
SQ1→0		0	1	0	0	0	0
QA1	1	1	1				
QA2	1			1	1		
QA3	1					0	1

←③		AC 380 or 220 V 电源					
SF1→0		0	1	0	0	0	0
QA1	1	1	1				
QA2	0			1	1		
QA3	1					0	1

⑦→		AC 380 or 220 V 电源					
QA3→1		0	0	0	0	1	1
QA1	0	1	1				
QA2	1			0	1		
QA3	1					1	1

⑧→		AC 380 or 220 V 电源					
SQ4→1		0	0	1	0	1	1
QA1	0	1	1				
QA2	1			0	1		
QA3	0					1	1

⑨→		AC 380 or 220 V 电源					
QA3→0		0	0	1	0	1	0
QA1	0	1	1				
QA2	1			1	1		
QA3	0					1	1

⑩↓		AC 380 or 220 V 电源					
QA2→1		0	0	1	1	1	0
QA1	0	1	1				
QA2	1			1	1		
QA3	0					1	1

⓪		AC 380 or 220 V 电源					
QA2→0		0	0	0	0	0	0
QA1	1	1	1				
QA2	0			1	1		
QA3	1					1	1

←⑬		AC 380 or 220 V 电源					
SQ1→1		0	0	0	1	0	0
QA1	1	1	1				
QA2	0			1	1		
QA3	1					1	1

←⑫		AC 380 or 220 V 电源					
SQ2→0		0	0	0	1	0	0
QA1	1	1	1				
QA2	1			1	1		
QA3	1					1	1

←⑪		AC 380 or 220 V 电源					
SQ4→0		0	0	0	1	1	0
QA1	0	1	1				
QA2	1			1	1		
QA3	1					1	1

图 2.4.10　逻辑结构表

要判断这个逻辑运动是否正确合理，就要像填写图 2.4.8 那样，把图 2.4.10 推演出的逻辑运动填写到一个 7 维逻辑功能表中。结果得到图 2.4.11。

逻辑功能表清楚的表明，这个逻辑空间共有 2^7=128 个逻辑格，电路在其中 14 个格中做确定的逻辑运动。一个周期经过了 14 格，经历了 14 次逻辑状态的变化，每个格都是一进一出，没有多进多出的格，也没有进出次数不相同的格。按下 SF1 后运动到 1；QA1 激励后运动到 2；

松开 SF1 后运动到 3；SQ1 释放后运动到 4；SQ2 动作后运动到 5；QA1 释放后运动到 6；QA3 动作后运动到 7；SQ4 动作后运动到 8；QA3 释放后运动到 9；QA2 动作后运动到 10；SQ4 释放后运动到 11；SQ2 释放后运动到 12；最后，SQ1 动作后返回到起点 0。从起点开始，经过 13 个点又回到起点。一次逻辑循环，14 个点都经过一次而且只一次，经过的点没有重复，走过的路没有交叉，就是没有逻辑矛盾，没有逻辑竞争，没有逻辑不确定性，电路的状态变化构成了一个无交叉、无竞争、无歧义、无死格的唯一的闭合路径 0-1-2-3-4-5-6-7-8-9-10-11-12-13-0。因此，这一部分逻辑电路的功能是完备的，因而其逻辑结构是正确的。

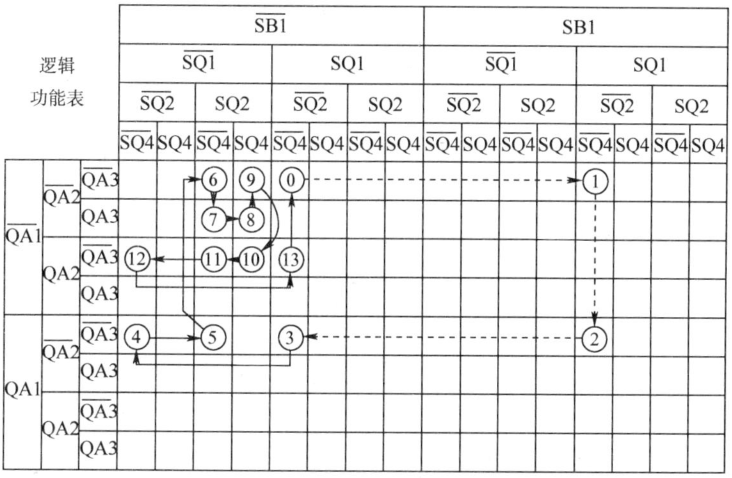

图 2.4.11 逻辑功能表

第二部分、第三部分是电磁离合器和电磁制动器控制电路的逻辑结构如图 2.4.9（b）和图 2.4.9（c）所示。用同样的方法对结构表进行逻辑运动的推演，得到逻辑功能表如图 2.4.12、图 2.4.13 所示。

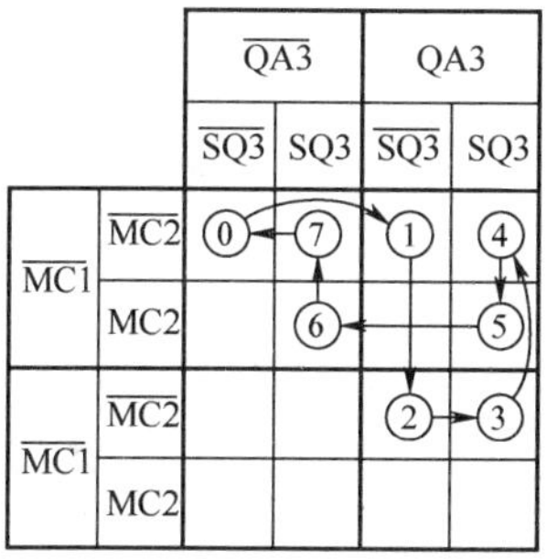

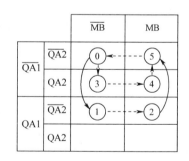

图 2.4.12 逻辑功能表　　　图 2.4.13 逻辑功能表

电磁离合器 MC1、MC2 与 QA3、SQ3 组成一个 4 维逻辑空间，含有 2^4=16 个逻辑格，控制电路在其中的 8 个格中做逻辑运动，走出一个无交叉、无竞争、无歧义、无死格的唯一的闭合路径 0-1-2-3-4-5-6-7-0。所以，逻辑结构表所确定的线路及其逻辑功能是正确的。

电磁制动器 MB 与 QA1、QA2 组成一个 3 维逻辑空间，含有 2^3=8 个逻辑格，控制电路在其中的 6 个格中做逻辑运动，走出 2 个无歧义、无死格的确定的闭合路径 0-1-2-5-0 和 0-3-4-5-0。其中，0 格是 1 进 2 出；5 格是 2 进 1 出，表明在 QA1 和 QA2 之间存在着竞争，电路的逻辑运动存在着不确定性。在任何一个时刻，电路的状态只能处于一个而不是两个格中。如果 QA1 与 QA2 最多只有一个动作，这一要求是满足的。但如果 QA1 与 QA2 都动作，竞争就出现了，不确定性就发生了。这个表中没有防止两者竞争的措施。似乎这里找到问题了。但在图 2.4.9（a）和图 2.4.11 中可以看到，QA1 和 QA2 之间不会发生逻辑竞争，所以，表 2.4.13 中的逻辑竞争实际上是不会发生的。后面还要添加防止 QA1 和 QA2 竞争的逻辑锁。所以，这一部分结构表和功能表及其线路也可以通过检验。

至此，完成了核心控制电路的功能分析与验证。我们可以确信，核心结构表 2.4.3、核心控制线路图 2.4.6 的功能是正确的、完备的，从而证明逻辑推演方法是成功的。

2.4.7　通用控制功能的添加

完成了核心电路结构的综合及功能的分析与验证，控制电路设计的特殊部分（也就是主要部分）获得了成功。在这个基础上，把一般控制电路的通用或常用部分加上去，就可以得到完整的控制电路了。

需要加入的通用部分有：

① 加入 MA1 正、反转的接触器互锁逻辑，即

$$QA1=\overline{QA2} \quad QA2=\overline{QA1}$$

从而

$$QA1=\overline{QA2} \cdot \overline{SQ2}（SF1+QA1） \tag{2.4.11}$$

$$QA2=\overline{QA1} \cdot \overline{SQ1}（SQ4 \cdot QA3+QA2） \tag{2.4.12}$$

② 增加 MA1 反转操作按钮 SF2 及正、反转操作联锁，即

$$QA1=SF1 \cdot \overline{SF2}，\quad QA2=SF2 \cdot \overline{SF1}$$

进而将式（2.4.11）和式（2.4.12）修改为

$$QA1=\overline{QA2} \cdot \overline{SQ2} \cdot \overline{SF2}（SF1+QA1） \tag{2.4.13}$$

$$QA2=\overline{QA1} \cdot \overline{SQ1} \cdot \overline{SF1}（SQ4 \cdot \overline{QA1}+QA2+SF2） \tag{2.4.14}$$

③ 增加停车按钮 SF3，即

$$QA1=\overline{SF3} \quad QA2=\overline{SF3} \tag{2.4.15}$$

④ 增加 MA1、MA2 过载保护的热继电器 BB1、BB2，即

$$QA1=\overline{BB1} \cdot \overline{BB2}，\quad QA2=\overline{BB1} \cdot \overline{BB2}， \tag{2.4.16}$$

⑤ 增加控制电路短路保护熔断器 FA，即

$$QA1=\overline{FA} \quad QA2=\overline{FA} \tag{2.4.17}$$

把式（2.4.15）～式（2.4.17）纳入式（2.4.13）、式（2.4.14）中，即

$$QA1=\overline{QA2} \cdot \overline{SQ2} \cdot \overline{SF2}（SF1+QA1）\overline{SF3} \cdot \overline{BB2} \cdot \overline{BB1} \cdot \overline{FA} \tag{2.4.18}$$

$$QA2=\overline{QA1} \cdot \overline{SQ1} \cdot \overline{SF1}（SF2+SQ4 \cdot \overline{QA1}+QA2）\overline{SF3} \cdot \overline{BB2} \cdot \overline{BB1} \cdot \overline{FA} \tag{2.4.19}$$

可以用式（2.4.18）、式（2.4.19）来代替式（2.4.5）、式（2.4.6），仿照式（2.4.5）、式（2.4.6）到图 2.4.6 的推演，得出以图 2.4.6 为核心的类似结构并进行类似逻辑检查与验证，但由于核心电路已经经过严格检验，把通用结构加进去又很容易，所以没有必要这样麻烦。于是得到一个完整的逻辑控制电路，如图 2.4.14 所示。

模块二　工业逻辑控制系统的分析与综合

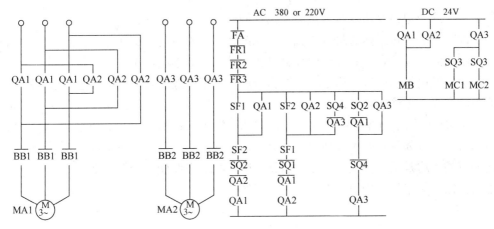

图 2.4.14　逻辑控制电路

图 2.4.14 所示的是用逻辑符号来写的，把逻辑符号翻译成国家标准 GB/T5004—2003 和 GB/T20939—2007 规定的电路图形符号，就得到所要综合的最终控制电路图如图 2.4.15 所示。

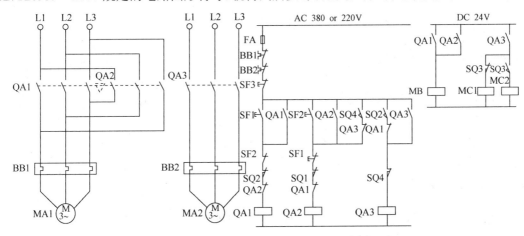

图 2.4.15　最终控制电路图

设计控制电路，传统的方法是经验设计法。经验方法没有明确的规律可循，没有经验的人很难掌握。即使有经验的人，也要花很多时间。而且可能的方案很多，什么是最理想的方案，怎么才能得到最理想的方案，这问题也很难回答。电路越复杂，经验设计法的局限性越明显。因为这个原因，促使理论设计法研究的兴起。从 1938 年开始，理论设计法的研究已经有 73 年的历史。理论设计法要求把现实世界中的设计问题搬到虚拟世界中去解决，以符号代替元件，以演算代替思考，用最优的方法得到最优的结果。理论设计法的基础是逻辑代数，但不能只局限于逻辑代数。理论方法应该从设计实践中来，应该从设计经验的提炼和发展中来。这个题目不是一条很大的"鱼"，用经验方法也是不难解决的。但是，这又是一个很值得研究的"渔"。这里展示的是一种思路，是作者在长期设计实践中总结出来的思考问题、解决问题的方法。作者相信，如果掌握了这个"渔"，就有可能在自己的设计实践中发现更多的东西。

有比较才能鉴别，有鉴别才能发展。图 2.2.16 所示的是箱体移动式机械动力头的一个实际控制电路。这个电路是用什么方法设计出来的无从知晓,但它的设计方法肯定与作者所用的方法不同。读者可以把两者进行研究比较。图 2.4.15 没有使用中间继电器,而图 2.4.16 使用了一个中间继电器。在电路设计中什么时候要使用中间继电器呢?当出现了逻辑矛盾时,通过增加中间继电器来解决逻辑矛盾。逻辑矛盾可以通过逻辑功能表中的逻辑运动路径是否出现竞争、交叉、无法闭合等问题来发现。如果没有逻辑矛盾,但控制、信号触点数量不够时,也需要增加中间继电器来扩展触点。增加中间继电器使电路的复杂性增加,故障率增大,可靠性降低,所以要尽可能不加或少加。另外,通常用得最多的按钮是有一个常开触点和一个常闭触点的,这是最简单也最可靠的按钮。图 2.4.16 需要使用具有两个常开触点和一个常闭触点的按钮,按钮的结构更复杂,可靠性更低。

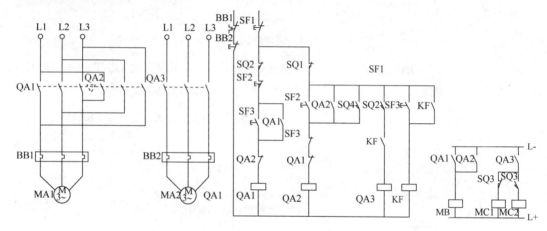

图 2.4.16 控制电路图

2.4.8 控制逻辑的实现

具有逻辑特性的事物称为逻辑载体。从事物中把逻辑特性提取出来,称为逻辑抽象。把抽象的逻辑关系变为真实的事物,则称为逻辑实现。掌握控制电路的逻辑抽象和逻辑实现能力,对于从事电气与控制技术的人是十分重要的。这里要讨论的是控制逻辑的实现问题。

图 2.4.14 是我们已经得到的逻辑关系,这个逻辑关系该如何去实现呢?

工程中的逻辑载体其实是很多的,并非只有电路一种。机械的、射流的、气动的、液压的、磁的、光的、电磁的、电子的等,都有可能成为控制逻辑的载体。除了各种硬载体以外,还可以有软载体。数学逻辑公式、表格、图形、程序等,都是可用的软载体。无论硬载体还是软载体,最重要的都是电性载体。

1. 控制逻辑的硬件实现

1)继电器电路实现方式

在控制逻辑的硬件实现方式中,首先要讲的是继电器实现方式。这种方式少说恐怕也有上百年的历史了。这不仅是最古老的实现方式,而且至今仍然是应用最广泛、最基本的实现方式之一。其他先进的实现方式,最终也还不能完全离开它。

最早的工程逻辑,其实就是从这种电路中抽象出来的,进而才发展到半导体和计算机电路的设计中,并得到广泛的应用。

继电器实现方式称为有触点电路实现方式或机电实现方式。控制电路中的逻辑元件是机电式或电磁式的有触点元件,如继电器、接触器、控制按钮、控制开关、位置开关、温度开关、压力开关、速度开关和其他物理量开关等。

有了控制逻辑结构式或控制逻辑结构表,或控制逻辑线路,要用继电器控制电路来具体实现,是非常容易的。这四者之间存在着对应关系,看图 2.4.7 便非常明白。控制逻辑结构表是一个可以用不同方法来实现的控制逻辑线路,现在要用继电器电路来加以实现,只要进行一一对应的翻译,连接线都不必改变,只要把图 2.4.14 中的逻辑元件符号改为国家标准规定的电路图形符号和文字符号就可以了,如图 2.4.15 所示。作为电路综合,工作做到这一步便完成了。当然,作为电路设计,还有一些工作要继续做完,如计算和选择元件、导线,绘制工程设计图纸,编制材料表等。

2)电子电路实现方式

能够用继电器电路来实现的控制逻辑,也能够用电子电路来实现。这时电子元件要采用开关方式来工作。这是无触点的硬件电路实现方式。无触点电路没有机械运动,没有电弧和火花,没有磨损和烧伤,没有噪声,工作速度更高,寿命更长,与有触点电路相比较,有很多宝贵的特点。当然,电子开关电路也存在一些不能忽视的问题,如控制较复杂,对控制电源的要求高,对环境温度的耐受力差,触点容量较小,过载能力差,冷却麻烦等。在当前的条件下,无触点控制电路主要用于需要按高频开关控制方式工作的电路中,如计算机电路、数字控制电路、通信电路、电力电子电路等。

逻辑代数是因为研究继电器电路的规律而产生的,但其最大的应用则是由数字电子技术、计算机电路技术的发展所推动的。这些应用属于弱电领域,不在我们的讨论之列。我们的对象是工业用电,是强电领域。

控制逻辑有两种,组合控制逻辑和时序控制逻辑。在组合控制逻辑中,时间不起作用。控制电路的状态与时间无关,只由控制变量的组合来决定。例如,用两个按钮并联,通过接触器控制一个电动机,其控制电路如右图所示。

相应的控制逻辑结构式为

$$QA = SF1+SF2 \qquad (2.4.20)$$

这是一个组合控制的逻辑结构式。KM 的值与时间无关。QA 的值取决于而且只取决于两个控制按钮 SF1 和 SF2 的组合情况,见表 2.4.7。

表 2.4.7 点动开关组合控制逻辑表

控制变量输入		执行变量输出
SF1	SF2	QA
0	0	0
0	1	1
1	0	1
1	1	1

用电子电路来实现这一组合控制,可以用一个或门来做到,不过要注意三点。一是选用集

成电路器件，以保证可靠性。例如，可以选用广泛使用的 4000 系列 CMOS 集成电路 CC4071。4071 由四个 2 进 1 出的或门封装在一块器件中。二是要给器件一个合适的电源电压（DC 3～18V）。三是在弱电与强电之间传输信号必须建立一座桥梁，用晶体管功放电路驱动继电器 KF，再用继电器 KF 驱动交流接触器 QA。遵循这三点得到的电子控制电路如图 2.4.17 所示。

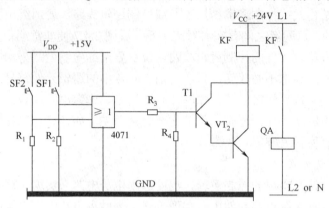

图 2.4.17　电子控制电路

这是一个没有逻辑记忆功能的组合逻辑控制电路。按下按钮，它就动了；松开按钮，它就停了。绝大部分工业控制电路都具有记忆功能。具有记忆功能的电路称为时序逻辑电路。时序逻辑控制电路的特点是，电路的当前状态，不仅决定于现在的控制输入，而且还与电路过去的状态有关。时序逻辑控制电路与组合逻辑控制电路的根本区别，就在于电路有没有记性。记性是智能的基础，是各种复杂功能的本源。继电器电路的记性称为自保。自保功能是通过触点来实现的。电子电路靠什么来产生记忆呢？学过电子技术的人都知道，靠的是触发器。最基本的触发器是 R-S 触发器。在基本触发器的基础之上，又有 J-K 触发器、T 触发器、T′触发器、D 触发器等。可以说，整个数字电子技术，包括计算机电路技术，都是在逻辑门的辨别功能和触发器的记忆功能的基础之上建立起来的。所以，只要利用触发器的记忆功能，各种工业时序逻辑控制电子电路也是可以做出来的。

　　但在这里，我们不讨论如何用触发器来构建工业时序逻辑控制电路。记忆以辨别为基础。触发器以逻辑门为基础。从研究计算机电路和数字电路而发明的触发器，基本上都是与非门触发器。继电器的本质是具有记忆功能，触发器的本质也是具有记忆功能。两者从不同的应用中产生，既同而不和，又和而不同。同一个逻辑，在两者的表现中，既相似又有别。

　　两个问题于是就产生了。一个问题是，除了常用的触发器以外，用逻辑门还可以组成也具有记忆功能的其他类型的"逻辑细胞"吗？另一个问题是，能不能找到和继电器时序逻辑控制电路类似的电子时序逻辑控制电路呢？这是两个很有意义的问题。第一个问题是《或记论》的作者张宗雪首先想到的，在这里我们希望把它提得更完整。第二个问题作者在实际工作中常引起思考，但没有得到满意的解答。读到了张宗雪的书，忽有感悟，才豁然开朗。

　　在连续量控制系统中，反馈是一个基础性的概念。但是在逻辑控制系统中，反馈的基础性作用却没有被人们自觉的认识到。实际上，记忆是由反馈造成的。没有反馈就没有记忆。大家都熟悉的电动机控制电路，从线路图上看不到反馈路径。其实这个反馈就隐藏在交流接触器的内部，即线圈对辅助触点的驱动作用。在图 2.4.18（a）中，用虚线把这个反馈路径画

模块二　工业逻辑控制系统的分析与综合

了出来，这就一目了然了。由此就启发了我们，在电子电路中，"记忆器"也可以仿此获得。用一个具有两个或更多个输入端的或门，将输出信号作为一个输入信号反送到一个输入端中，"记忆器"就此成功了，如图2.4.18（b）所示。

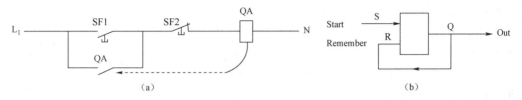

图2.4.18　控制线路图

有了反馈，就有了记忆。但是，记忆器不仅要有记忆的功能，还应该有忘记的功能。能记能忘，能忘能记，二者缺一不可。这样的记忆器功能，才是全面的功能。更细心的分析图2.4.18的线路，就可以发现这个道理。当按下SF1时，线圈QA获得启动信号，通过反馈通道让辅助触点QA记住了启动命令；当按下SF2时，线圈QA又要辅助触点忘掉原有的启动命令，转而记住新的命令。如果只能记住，不能忘记，那就永远停不下来了。所以，图2.4.18（b）的功能是不完整的。不妨把它称为半记器。

在图2.4.18（a）中，记忆信号通过与启动信号并联而实现记忆，又通过与停车信号串联而打断记忆，实现忘记。这启发了我们，在电子线路中，通过或逻辑门可以实现记忆，那么通过与逻辑门便可打断记忆，实现忘记。于是我们得到了一个全新的"逻辑细胞"——电子全记器，其线路图如图2.4.19所示。这个全记器可以选用集成逻辑门来制作。这里选用的是CMOS集成逻辑门。CC4071为四-二输入或门，CC4081为四-二输入与门。两个非常便宜的逻辑门，就组成了具有完整记忆功能的全记器。

通常的电动机控制电路中，往往不止一个启动按钮和一个停止按钮。如果要得到更多的启动按钮，可以增加或门的输入端数；如果要得到更多的停止按钮，可以增加与门的输入端数。图2.4.20是具有一个启动按钮、两个停止按钮的全记器。

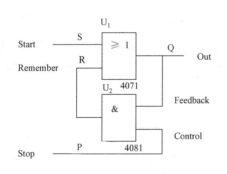

图2.4.19　电子全记器线路图

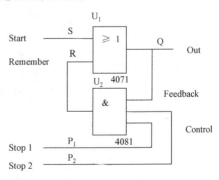

图2.4.20　全记器线路图

这样构造出来的全记器，其逻辑功能完整吗？可靠吗？是否存在着逻辑矛盾和逻辑竞争呢？控制逻辑功能表能够用于继电器时序逻辑控制电路功能的分析和检验，自然也应该成为分析和检验电子时序逻辑控制电路的有用工具。我们就以基本全记器的逻辑功能检验为例来进行研究。图2.4.20中，两个逻辑门共有6个输入和输出端子，共计4个逻辑变量。即启动

（Start）逻辑变量 S，停止（Stop）逻辑变量 P，输出（Out）逻辑变量 Q，以及记忆（Remember）逻辑变量 R。前三个是 I/O 变量，后一个是内部变量。这四个逻辑变量组成一个四维逻辑空间，全记器的逻辑状态就在这个空间中变化，或者说在这个空间中做逻辑运动。我们构建了一个四维逻辑功能表来描述和分析这个逻辑运动，如图 2.4.21 所示。我们看到，这是一个逻辑功能完整、没有逻辑矛盾和逻辑竞争的功能表。

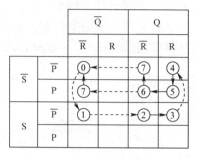

图 2.4.21　四维逻辑表

全记器通过了逻辑鉴定，我们就可以大胆试用了。首先做出一个电动机基本控制电路图如图 2.4.22 所示。这个电路以电子全记器为控制核心，在其前面加上了输入控制信号生成电路，后面加上了功率驱动电路。功率驱动电路由两段构成。第一段是 CMOS 器件驱动微型直流中间继电器的电路。CMOS 器件输出的电流非常小，不能直接驱动微型继电器，必须通过晶体管功率放大器才能驱动继电器。CMOS 的电源电压范围可在 3～18V 之间选择。继电器的电压根据继电器的型号规格来决定。第二段驱动电路是用低压直流继电器驱动交流接触器。由弱电到强电，由集成电路到电动机，这两座桥梁是不能少的，PLC 也如此。

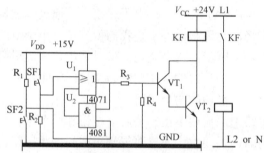

图 2.4.22　电动机基本控制电路

不是说要找到与继电器时序逻辑控制电路结构类似和功能相同的电子时序逻辑控制电路吗？图 2.4.22 的功能与图 2.4.18（a）的逻辑功能是一样了，但从外表上看，两者的逻辑电路结构似乎又不怎么像。其实这只是一种错觉。只要变化一下位置，就会得到结构外形与如图 2.4.18（a）非常相似而与图 2.4.22 同一的控制电路，如图 2.4.23 所示。

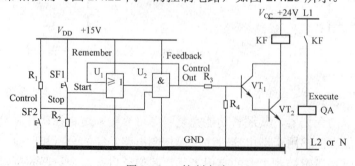

图 2.4.23　控制电路

模块二　工业逻辑控制系统的分析与综合

在图 2.4.18（a）中，启动按钮和停止按钮的排列顺序是可以灵活调动的。在电子电路中也是一样。或逻辑门和与逻辑门的顺序也可以灵活调换。图 2.4.24 与图 2.4.23 电路结构几乎一模一样，只是或门和与门调换了位置，两者的逻辑功能是完全相同的。

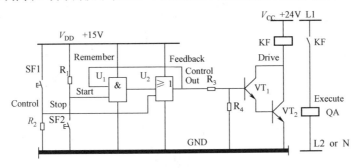

图 2.4.24　控制电路

控制逻辑的电子电路实现问题我们就暂时讨论到这里。这是一片广袤肥沃的处女地，有志者是可以得到很多探索的乐趣的。对于探险家，回首才见足迹！

2. 控制逻辑的（PLC）软件实现

从传动系统中找出控制问题，提取时序控制逻辑程序，创建控制逻辑式、控制逻辑结构表和控制逻辑功能表，进行时序控制逻辑电路的结构综合、功能分析和电路实现，从有触点电路到无触点电路，现在还要由硬件电路实现到软件平台实现。这个"渔"越讲越多，可以研究的问题越来越多，认识一步一步的往下深入。不同的地方，"鱼"可能不同。但捕鱼的方法——"渔"却可能相似。实现控制逻辑的 PLC"软电路"（用梯形图描述的 PLC 程序）怎么设计？其实与"硬电路"的设计是"异曲同工"的。相似的逻辑，其实不仅可以用电路来实现，也可以用液压油路来实现。对于读者来说，重要的是学会思考问题，创新方法，不囿于已有的知识。更多的问题，留给读者自己去研究吧！

任务5　通过案例学习电气-液压控制系统分析与综合方法

在这次任务中，我们选择液压动力滑台的传动与控制系统为案例，研究电气—液压传动与控制系统的逻辑分析与综合方法。

2.5.1　根据动力滑台的要求设计传动主回路，根据主回路的要求设计液压控制回路

1. 动力滑台的选用

动力滑台用于执行组合机床的进给运动。在滑台上装上铣削头、镗削头、钻孔—攻丝头等，就可以多头并举，快速完成各种加工任务。

如果加工精度要求很高，选用机械动力滑台是比较有保证的。但在一般的情况下，选用液压动力滑台有很多优点。（1）液压传动功率密度大、结构简单、布局灵活、连接方便。（2）液压传动运行平稳，速度、功率都可以宽范围的无极调节，切换快速方便。（3）液压元

件系列化、标准化、通用化，可组合性好，构成系统容易。（4）自润滑性能好，易于实现过载保护与保压，使用寿命长。

根据图 2.5.1 就可以明白动力滑台在组合机床中的作用。

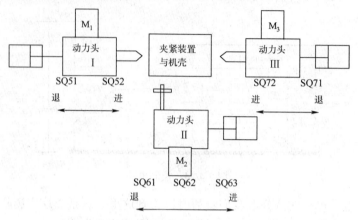

图 2.5.1　由动力头和液压滑台构成组合机床示意图

2．动力滑台的工作过程和描述方法

动力滑台的工作是循环进行的。包括启动、快进、工进、停止、返回几种工况。启动由人发出指令。此后的工序转换自动完成。快进、返回都不进行加工，要求尽量节省时间。工进的速度和路程要符合工艺要求。

动力滑台的工作要求，通常用工作循环图来描述。表达完整的工作循环图，标明了每一段工序的起点和终点，移动速度 v 和路程 s。本案例是一个具有二次工进的工作循环，如图 2.5.2 所示。

SB1 是位于循环工作起点的启动按钮，手控操作，用于发出启动指令。

SQ2、SQ3、SQ4 是行程/位置开关，安装位置根据工艺要求确定。滑台移动到位时，自动发出工序切换指令。

SQ1 为起点位置开关。工作循环开始之前，SQ1 已被压下（动作），SQ1=1。启动后，滑台一开始动作，SQ1 即被释放，SQ1=0。循环结束时，滑台返回原位，SQ1 又被压下。

KT 为计时器。加工进给到位时，滑台被挡铁挡停，经过短时间停稳后再反向启动返回。延时指令由 KT 发出。

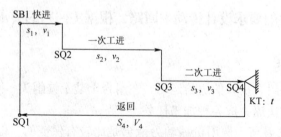

图 2.5.2　具有二次工进的动力滑台工作循环图

3. 能够实现滑台工作循环传动的液压系统图设计

按照滑台工作循环图的要求，液压动力滑台的传动与控制系统应该具有以下功能。

① 滑台级应该做往复直线运动，可进可退。为此，执行器应采用油缸传动。通常都是活塞固定，油缸移动。液压油应该可以正、反向进出油缸。所以必须设液流方向控制阀。这个阀应能够控制液流左进右出、右进左出或不进不出，有三种不同的逻辑状态。所以必须是三位五通阀。因为循环过程中切换是自动进行的，所以还必须是电磁控制的或电液控制的阀。

② 滑台要求有快进、快退、一次工进、二次工进四种不同的速度 v_1、v_4、v_2、v_3。每一种速度还应该可以随意设定。所以必须采用调速阀。不用调速阀，仅靠开关阀切换，至多可以获得两种速度。加一个调速阀并配合开关阀可以获得三种不同的速度。加两个调速阀并配合开关控制，可以获得四种不同的速度。所以必须设置两个调速阀及相应配合的开关阀。

按照这些要求和思路设计，得到的液压传动与控制系统图如图 2.5.3 所示。

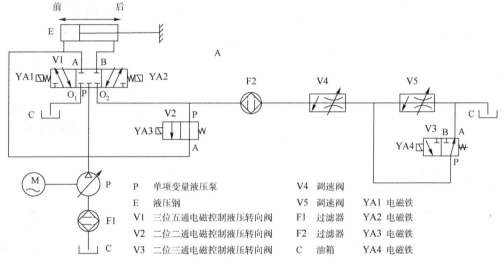

图 2.5.3　具有二次工进功能的液压滑台传动与控制系统图

四种速度是这样获得的。

1）快进速度 v_1

油路：油缸"左腔进，右腔出，出油返回变进油"。为了实现"左进右出"，V1 应按左位油路工作，P 口进，O_2 口出，O_1 口断。为了实现"出油返回变进油"，V2 也应按左位油路工作，P 到 A 通，部分油从 V2 的 P 口进，A 口出，进入左腔。V3 置于右位，P 到 A 通，一部分油从 V3 的 P 口进，A 口出，返回油箱。

2）快退速度 v_4

油路：油缸"右腔进，左腔出，出油径直回油缸"。为此，V1 应按右位油路工作。P 口进，O_1 口出，O_2 口断。由于 O_2 口已断，V2~V5 的状态对速度已无影响。V2、V3 置于左位或右位均可。

3）一工进速度 v_2

油路：油缸"左腔进，右腔出，一个阀4管调速"。为了实现"左进右出"，V1 应按左位油路工作，P口进，O_2口出，O_1口断。出油由O_2口经过F2进入调速阀V4被调速，然后经过开关阀V3流回油箱，绕开了调速阀V5。所以V3应按右位油路工作，PA通，P口进，A口出。同时开关阀V2应切断由右返左的油路，故V2应置于右位，使PA断。所以V1、V2、V3工作位置的适当组合，保证了"一个阀4管调速"的实现。

4）二工进速度v_3

油路：油缸"左腔进，右腔出，阀4阀5同调速"。为了实现"左进右出"，V1应按左位油路工作，P口进，O_2口出，O_1口断。出油由O_2口经过F2进入调速阀V4后再经过调速阀V5流回油箱。为了实现"阀4阀5同调速"，V2仍应断开，置右位。阀V3也应该断开，使液流通过调速阀V5返回油箱。所以V3应该置左位，PA断。

以上四种状态，按照v_1，v_2，v_3，v_4的次序排列，就可以得到V1，V2，V3三个方向控制阀的逻辑状态时序表，见表2.5.1。

表2.5.1 液压滑台工作循环中三个方向控制阀阀位的逻辑状态时序表

工序	方向控制阀的状态（工作位置）		
	V1	V2	V3
启动前	中	右	右
快进	左	左	右
一工进	左	右	右
二工进	左	右	左
挡住	左	右	左
快退	右	右	左或右
停止	中	右	右

对液压元件的逻辑描述，可以像机械元件和电气元件一样进行。阀的工作位置，就是一种逻辑量。V2和V3是二位阀，属于二值逻辑元件，有左、右两个不同的位置，分别用逻辑值L（Left）和R（Right）来表示。

V1与V2和V3不同，具有左、中、右三个不同的工作位置，不能用二值逻辑来描述，而应该用三值逻辑来描述。左、中、右三个工作位置，分别用逻辑值L、M（Middle）、R来表示。

二值逻辑是最基本的、应用最广的逻辑。但它不能直接用于二值以上的逻辑对象。用逻辑表代替逻辑式来描述逻辑对象，不再受这一限制。不管逻辑对象有几种逻辑状态，只要是有限的，就可以运用逻辑空间的概念和逻辑表的描述方法。运用重在思路，而不要囿于规矩。

于是，可以构造出三个方向控制阀V1、V2、V3组成的三维逻辑空间，用来描述液压滑台传动系统的时序逻辑运动，如图2.5.4所示。其中，V2维和V3维都是二值维，V1维则是三值维。把表2.5.1中各行的V1、V2、V3逻辑值依次编号填入这个逻辑空间中，就可以得到V1、V2、V3的逻辑功能表（见图2.5.4）。其中的①号和⑤号在表2.5.1见图中不能明显看出而没有列出，但在逻辑功能表中则十分显然，是逻辑变化过程中必经的格点。可以看出，已经得到了一个能够满足液压滑台循环工作的要求，没有逻辑矛盾和竞争、没有逻辑错误的逻辑功能表，因而与其对应的液压传动与控制系统的设计是正确的。

模块二 工业逻辑控制系统的分析与综合

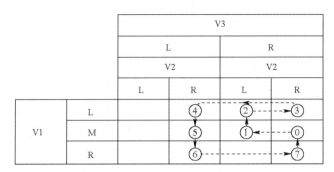

图 2.5.4 满足液压滑台循环工作要求的 V1、V2、V3 逻辑控制功能表

在图 2.5.3 中，油泵 P 与油缸 E 组成液压传动主回路。方向控制阀 V1、V2、V3 和调速阀 V4、V5 组成液压控制回路。主回路根据滑台传动要求设计。液压控制回路根据液压主回路的要求设计。已经做完了这两项工作，得到了 V1、V2、V3 的控制要求。那么，V1、V2、V3 的控制要求又该如何实现呢？

2.5.2 根据控制油路的要求设计控制电路

如何根据控制油路的要求设计控制电路，是面临需要解决的问题。按照由元件到系统的顺序来研究解决这个问题。

1. 准确掌握方向控制阀的逻辑输入—输出特性

在液压控制回路中，调速阀 V4、V5 是模拟器件，不是逻辑油路设计讨论的对象。而方向控制阀是逻辑器件，其逻辑特性是必须加以讨论的。只有把元器件的逻辑输入—输出特性准确的搞清楚了，才能正确的完成控制油路和控制电路的设计。

方向控制阀又称换向阀。换向阀有手动控制的、机动控制的、电磁控制的、电磁—液压控制的等。其输出信号都是油路信号，即油路通与不通。而输入信号则分别为手动信号、机动信号、电信号。电磁控制换向阀是通过电磁铁来控制阀体与阀芯的相对位置。电磁铁通电时，电磁力通过顶杆将阀芯向离开电磁铁的方向顶开，相当于阀体向靠近电磁铁的方向相对于阀芯移动，从而使阀体与阀芯之间的油路通断发生改变。

电磁换向阀的功能可以用方框图 2.5.5 来表示。这个图说明，电磁换向阀的作用是输入的逻辑电信号转换为输出的逻辑油信号，即用电信号的有无来控制油路的通断。这看似很简单的概念实际上很有用。虽然还不知道一只电磁换向阀的内部结构和工作机理，但仍然可以使用它。因为对于使用者来说，最重要的不是它的内部结构，而是它的外部性能。运用上述概念，就可以对它的外部逻辑特性进行测试。以 V1 为例，它的电气输入端是两个电磁铁 YA1、YA2，液压输出端是 5 个油口 P、A、B、O_1、O_2。输入端 YA1、YA2 的通断可以有四种组合。只要逐一加上四种输入电信号组合，逐一检测并记录 5 个油口之间的通、断关系，最后把这些输入—输出逻辑信号填表整理，它的外部逻辑特性就求出来了。这就是对待"黑箱"的办法。

图 2.5.5 用方框图表示电磁换向阀的基本逻辑功能

如果有一只允许拆开的阀，"黑箱"就变"白箱"了。电磁控制换向阀的道理就一目了然了。可以用一个结构与工作原理示意图来模拟一下。图 2.5.6 所示的是一个电磁控制三位五通换向阀。左右各有一个电磁铁。当电磁铁 YA1、YA2 的线圈都不通电时，由于两端弹簧力的作用，阀芯在阀体的中位保持着平衡。这时阀体与阀芯之间形成的两个右腔被隔开，5 个油口之间互不相通。若 YA1 通电，YA2 断电，则 YA1 的衔铁被吸入线圈内，通过顶杆使阀芯右移，压缩右边的弹簧，放松左边的弹簧，直到弹簧力与电磁力达到平衡时停止。这时阀体工作于左位。P 口与 A 口通，B 口与 O_2 口通，O_1 口断。类似的，若 YA2 通电，YA1 断电，则 P 口与 B 口通，A 口与 O_1 口通，O_2 口断。

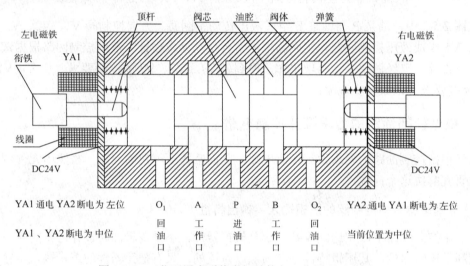

图 2.5.7　三位五通电磁换向阀结构与工作原理示意图

把这个结构和工作机理抽象成图形，就得到三位四通电磁控制换向阀的图形符号。每一种液压元件都有标准规定的示意图形符号。掌握液压元器件图形符号的含义，是阅读和绘制液压系统图的基础。液压系统图的表达方法与电路原理图有很多类似的地方，对电专业的人学习非常有利。V1、V2、V3 的图形符号及逻辑特性如图 2.5.7 所示。

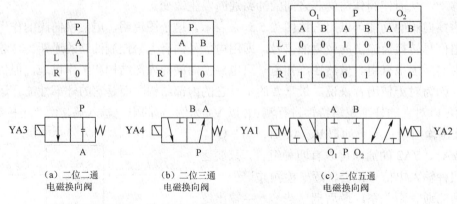

(a) 二位二通
电磁换向阀

(b) 二位三通
电磁换向阀

(c) 二位五通
电磁换向阀

图 2.5.8　电磁换向阀的图形符号

在图形符号中,用"□"来表示"位"。"位"指的是阀体相对于阀芯的位置,而不是阀芯相对于阀体的位置。左位是阀体置于阀芯的左位,是图形符号的左位,也是与左边的控制电磁铁同一侧的位。右位与此类似。"二位"指的是有左右两个位。"三位"指的是有左中右三个位。油口的文字标号与图形符号配合使用。用 P 表示进油口,即与油泵及滤油器相连接的油口。A、B 表示工作油口,即与油缸、油动机、油负载相接的油口。O(或 T)表示回油口,即与油箱相连接的油口。两油口之间带箭头的实线"↖"、"↘"、"↑"、"↓"表示通。如果没有箭头连线则表示不通。接有符号"⊥"的油口为不通口。

2. 阀位与电磁铁状态之间的对应关系

阀的功能决定于阀位,而阀位由电磁铁来控制。我们应该直接列出阀的功能与电磁铁之间的关系。对三位电磁换向阀 V1 来说,阀位 L、M、R 与电磁铁 YA1、YA2 状态之间的关系为

$$\left.\begin{array}{l} YA1 \cdot \overline{YA2} \to L \\ \overline{YA1} \cdot \overline{YA2} \to M \\ \overline{YA1} \cdot YA2 \to R \end{array}\right\} \quad (2.5.1)$$

对二位阀 V2,阀位 L、R 与电磁铁 YA3 的状态之间的关系为

$$\left.\begin{array}{l} YA3 \to L \\ \overline{YA3} \to R \end{array}\right\} \quad (2.5.2)$$

对二位阀 V3,阀位 L、R 与电磁铁 YA4 的状态之间的关系为

$$\left.\begin{array}{l} YA4 \to L \\ \overline{YA4} \to R \end{array}\right\} \quad (2.5.3)$$

图 2.5.7 中,逻辑特性表描述了阀位是如何决定油口之间的通断关系的。而为了设计阀的控制电路,更需要知道的是,电磁铁的状态如何决定油口之间的通断关系。为此,利用式(2.5.1)~式(2.5.3),我们将图 2.5.7 中换向阀逻辑特性表中的阀位信息 L、M、R 转换为电磁铁 YA1、YA2、YA3 和 YA4 的状态信息。这样就得到了电磁铁的状态如何决定 V1、V2 和 V3 的阀口通断的关系表,即 V1、V2 和 V3 的逻辑输入—输出特性表,如图 2.5.8 所示。

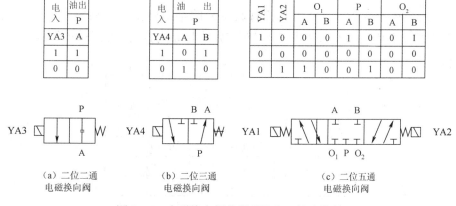

图 2.5.8 电磁换向阀的逻辑输入—输出特性

3. 为了实现油路的控制要求，电磁铁应该如何动作？

表 2.5.1 和图 2.5.4 说明了，为了实现油路的传动和控制要求，方向控制阀 V1、V2 和 V3 的阀位 L、M、R 应该按什么顺序变化。而为了按照液压油路的要求来设计控制电路，更需要知道的是电磁铁应该按照什么顺序激励。为此，利用 L、M、R 与 YA1、YA2、YA3、YA4 的关系式（2.5.1）～式（2.5.3），用 YA1、YA2、YA3 和 YA4 来代替表 2.5.1 中的 L、M、R，得到电磁铁应有的动作顺序见表 2.5.2。

表 2.5.2 实现液压滑台工作循环的控制阀阀位和电磁铁逻辑状态时序表

工序	换向阀阀位			电磁铁状态			
	V1	V2	V3	YA1	YA2	YA3	YA4
启动前	M	R	R	0	0	0	0
快进	L	L	R	1	0	1	0
一工进	L	R	R	1	0	0	0
二工进	L	R	L	1	0	0	1
挡住	L	R	L	1	0	0	1
快退	R	R	L+R	0	1	0	1+0
停止	M	R	R	0	0	0	0

同样，用 YA1、YA2、YA3 和 YA4 来代替图 2.5.4 中的 L、M、R，得到在电磁铁逻辑空间中应有的动作顺序如图 2.5.9 所示。

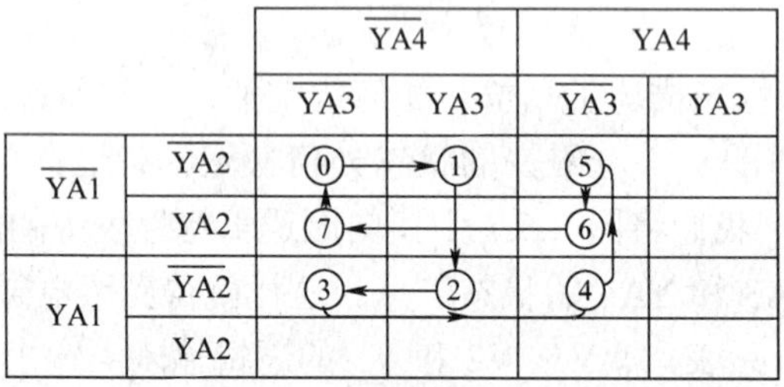

图 2.5.9 满足液压滑台工作循环要求的控制电磁铁逻辑功能

在电磁铁逻辑功能表实际使用（标有数字）的格中标出与该格对应的电路状态，把图 2.5.9 变为图 2.5.10。图 2.5.10 更具体的说明了电磁铁的动作顺序如何决定了电路的功能顺序。

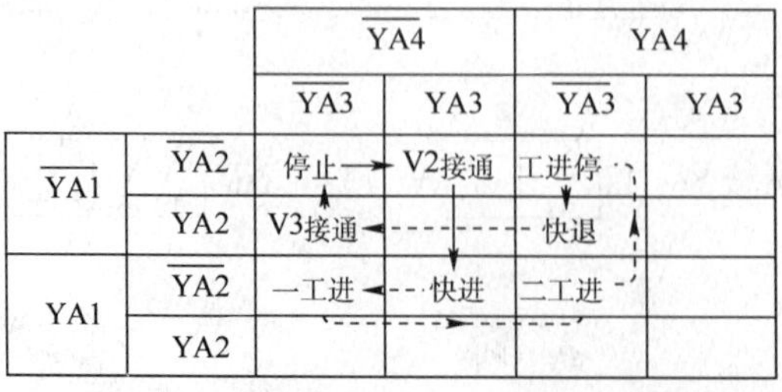

图 2.5.12 电磁铁的动作顺序决定液压传动与控制系统的功能顺序

已经由液压传动与控制系统所要求的功能顺序确定了电磁铁应有的动作顺序。现在的问题变成了如何实现电磁铁所要求的动作顺序？

4．根据循环工作图在逻辑空间中创建指令——执行元件时序逻辑功能表

在电路中，电磁铁是执行元件。它是被动地只管执行命令的。命令的发布者是指令元件，如按钮、开关、行程开关、传感器输出开关、保护电路输出开关等。所以，要解决如何实现电磁铁依序动作的问题，先要建立起执行者与指令发布者之间的关系，即电磁铁与按钮 SF1、行程开关 SQ1、SQ2、SQ3、SQ4 及时间继电器 KF 之间的逻辑关系。

为此，根据电磁铁动作顺序表（见表 2.5.2），电磁铁时序逻辑功能表（见图 2.5.9）、（见图 2.5.10），将电磁铁的时序逻辑状态信息填入到液压滑台工作循环图（见图 2.5.2）中，得到兼有指令元件时序逻辑信息和执行元件时序逻辑信息的液压滑台工作循环图（见图 2.5.11）。

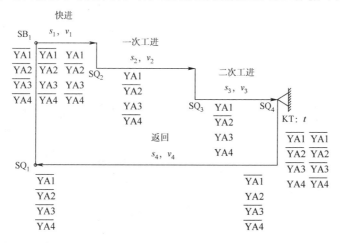

图 2.5.11　兼有指令元件和执行元件时序逻辑信息的液压滑台工作循环图

把图 2.5.11 中的时序逻辑信息放到逻辑空间中进行严格而准确的描述，构造一个包括全部指令元件和执行元件在内的时序逻辑功能表。为此，首先把这个逻辑空间画出来。这个逻辑空间包含 1 个按钮、4 个行程开关、1 个时间继电器、4 个电磁铁、有 10 个维，如图 2.5.12 所示。然后以图 2.5.11 为依据，从循环图的起点开始，填写电路所占用的逻辑格。首先确定起点处各指令元件和执行元件的状态，在逻辑空间中找出起点格。除了 SQ1=1 外，其余各元件的初值均为 0。所以起点格为

$$0:\ \overline{KF}\cdot\overline{SF}\cdot\overline{SQ1}\cdot\overline{SQ2}\cdot\overline{SQ3}\cdot\overline{SQ4}\cdot\overline{YA1}\cdot\overline{YA2}\cdot\overline{YA3}\cdot\overline{YA4}$$

然后以工作循环图为依据，一次改变一个元件的状态，将序号填入相应的格中。沿着工作循环图走一圈。走到哪里，改到哪里，填到哪里。经过 19 步，填完了全部的格。第 20 格又回到了起点。

填完逻辑空间中控制电路的全部逻辑格之后，用箭头线依次将两两相邻的电路格连接起来，得到一个闭合的时序逻辑状态回路，即 10 维逻辑空间中液压滑台控制电路的指令——执行元件的时序逻辑功能表，如图 2.5.12 所示，这是构成逻辑控制电路的重要依据。

64 工业电能变换与控制技术

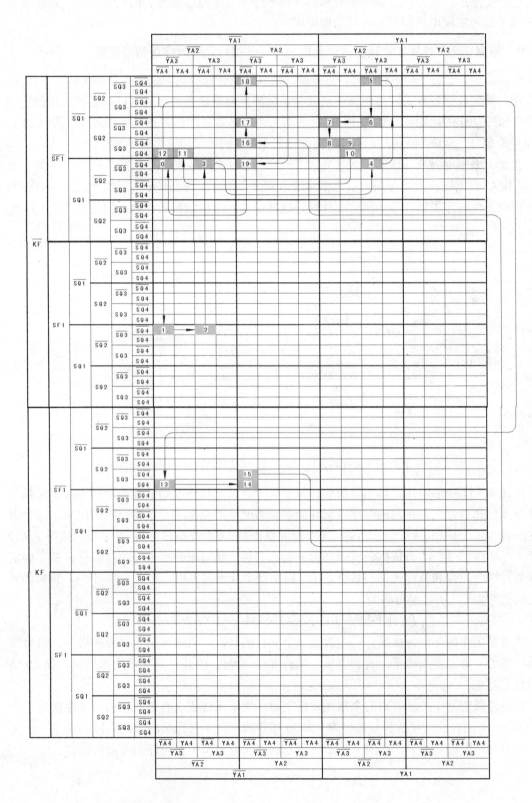

图 2.5.12 10维逻辑空间中液压滑台控制电路的指令——执行元件的时序逻辑功能表

模块二 工业逻辑控制系统的分析与综合

10 维逻辑空间中的 1024 个逻辑格,由此分成了两种。一种是控制电路占用了的格,称为电路格,简称为实格。其余的格,电路没有占用,就称为空格。已经占用了的格,有了专门的用途,不能更改,不能再占用。而没有占用的空格,是自由的格,可以按规则使用,不会改变电路的时序逻辑特性。空格并非无用的格,在电路的综合与简化中,将发挥十分重要的作用,应该加以充分利用。

5. 根据电路时序逻辑功能表建立控制电路逻辑结构表达式

每一个逻辑控制电路都包含两类电路元素。一类是触点,一类是线圈。每个电路元件可能同时含有这两类元素,如继电器、接触器、记忆器、触发器等。也可能只含有一类元素。如按钮、开关、逻辑门等,只含有触点。又如电磁铁、电磁换向阀、电磁阀、电磁离合器、电磁制动器、电动机等。每个线圈由相应的触点组合电路控制。各触点组合电路借助于继电器、接触器、记忆器、触发器类元件相互连接和传送信号,构成时序逻辑控制电路。设计时序逻辑控制电路,先要把每一个线圈的组合逻辑控制电路设计出来。为此,就要先写出每个线圈的组合逻辑控制结构表达式。从电路的时序逻辑功能表出发,可以遵循确定的规律来做这件事。

在时序逻辑功能图 2.5.12 中,时间继电器 KF 和电磁铁 YA1、YA2、YA3、YA4 为有线圈的电路元件。要写出这 5 个元件线圈的组合逻辑控制结构表达式。表达式的左边是线圈的逻辑代号,可取值 0 或 1。表达式的右边,是线圈所对应的组合控制逻辑结构式。

以 YA1 的组合逻辑控制结构式为例进行说明。从图 2.5.12 可以看到,电路的时序逻辑环路 0-1-2-…-18-19-0 中,每一个线圈都分了一个逻辑段。YA1 所分的一段是逻辑段 3-4-5-6-7-8-9,一共包括 7 个逻辑格。其中 4-5-6-7-8-9 段共 6 个格是"在家里"的,即在线圈 YA1 的"辖区"内的。只有逻辑格 3 不是"家"里的。但"她"是正在"娶"进门的"媳妇",是"一家的"。另一方面,逻辑格 10 是在 YA1 的"家"里的,但没有算在"家"里。原因是"她"正在"嫁"出去,已经不是家里的了。记住"娶进嫁出成一家,控制逻辑全不差"这句话,就可以准确地辨清每一个线圈的控制逻辑格和控制逻辑段。线圈 YA1 的控制逻辑段仍以 YA1 记之。YA1 的组合逻辑控制结构式就是根据 YA1 的控制逻辑格、控制逻辑段写出来的。

于是,YA1 的控制逻辑可以写成

YA1=【3】+【4】+【5】+【6】+【7】+【8】+【9】

YA1 的组合逻辑控制结构式至少应覆盖这 7 个实格。还应该尽可能覆盖更多的空格。覆盖的格越多,YA1 的组合逻辑控制结构式就越简单,电路就越可靠,越便宜。但绝不能覆盖不属于 YA1 的电路的其他实格。

这就是覆盖的五大原则:第一条,娶进嫁出;第二条,己格必盖;第三条,它格禁盖;第四条,越宽越简;第五条,不可间断。

依据这些覆盖原则,可以把 YA1 写成

$$YA1=(YA1-1)+(YA1-2) \tag{2.5.4}$$

其中

$$YA1-1=【3】+【4】+【5】+【6】 \tag{2.5.5}$$

$$YA1-2 = 【4】+【5】+【6】+【7】+【8】+【9】 \tag{2.5.6}$$

这是把全覆盖分解成为两个相交的（相交部分为【4】+【5】+【6】）分覆盖来做。首先来做第一个覆盖式（2.5.5）。把必须覆盖的格 3、4、5、6 都包括进去，然后借助于表的对称性，依据逻辑代数的化简公式，将有规律分布的、尽可能多的空格用红色矩形条盖住，就得到能实现对式（2.5.5）极大覆盖的 YA1-1 逻辑功能链覆盖图（2.5.13）。顺便说，如果把画逻辑表、填逻辑表、覆盖逻辑表的工作都放到计算机上，用绘图软件来做，那是很容易也很有趣的，比在纸张上的手工作业方便多了。

根据逻辑功能链覆盖图（见图 2.5.13），立即可以写出覆盖部分所对应的组合逻辑控制结构式为

$$YA1-1 = \overline{SF1} \cdot YA1 \tag{2.5.7}$$

用同样的方法做第二个覆盖式（2.5.6）。把必须覆盖的格 4、6、7、8、9 都包括进去，然后借助于表的对称性，依据逻辑代数的化简公式，将有规律分布的、尽可能多的空格用红色矩形条盖住，就得到能实现对式（2.5.6）的极大覆盖的 YA1-2 逻辑功能链覆盖图（见图 2.5.14）。

根据逻辑功能链覆盖图，可以写出覆盖部分所对应的组合逻辑控制结构式为

$$YA1-2 = \overline{SQ4} \cdot YA1 \tag{2.5.8}$$

将式（2.5.7）和式（2.5.8）代入式（2.5.4）中，就得到 YA1 的组合逻辑控制结构式

$$YA1 = \overline{SF1} \cdot YA3 + \overline{SQ4} \cdot YA1 \tag{2.5.9}$$

接着写 YA2 的组合逻辑控制结构式。根据"娶进嫁出"的原则，YA2 的控制逻辑链是 13-14-15-16-17-18，可分为 13-14-15 和 14-15-16-17-18 具有重叠部分的两块来进行连续覆盖。结果得到 YA2 逻辑功能链覆盖图（见图 2.5.15 和图 2.5.16）。并根据覆盖图得到

$$YA2 = KF + \overline{SQ1} \cdot YA2 \tag{2.5.10}$$

接着写 YA3 的组合逻辑控制结构式。根据"娶进嫁出"的原则，YA3 的控制逻辑链是 1-2-3-4-5，可分为 1-2 和 2-3-4-5 两个重叠相接的链进行覆盖。结果得到 YA3 逻辑功能链覆盖图（2.5.19）和（2.5.20）。并根据覆盖图得到

$$YA3 = SF1 + \overline{SQ2} * YA3 \tag{2.5.11}$$

再接着写 YA4 的组合逻辑控制结构式。根据"娶进嫁出"的原则，YA4 的控制逻辑链是 8-9-10，可以一次完成覆盖，结果得到 YA4 逻辑功能链覆盖图（见图 2.5.19）。由图可得

$$YA4 = SQ3 \cdot YA1 \tag{2.5.12}$$

最后写时间继电器 KF 的组合逻辑控制结构式。KF 的控制逻辑链是 12-13-14，可以一次完成覆盖。结果得到 KF 逻辑功能链覆盖图（见图 2.5.20）。由之可以写出

$$KF = SQ4 \cdot \overline{YA4} \tag{2.5.13}$$

模块二　工业逻辑控制系统的分析与综合

$$YA1-1=\overline{SF1}\cdot YA3$$

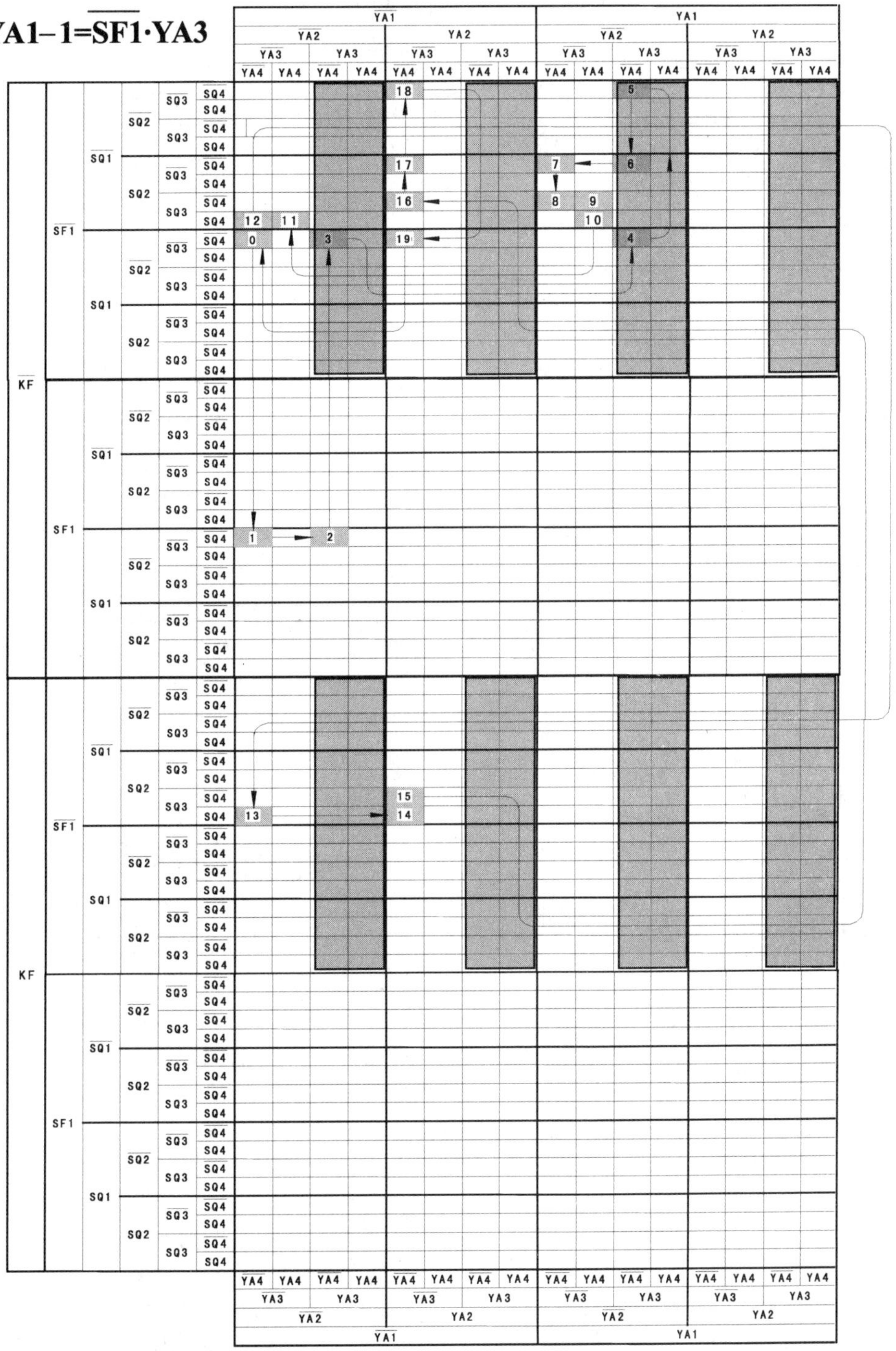

图2.5.13　液压滑台控制电路时序逻辑功能表2.5.12中YA1的逻辑功能键覆盖图

68 工业电能变换与控制技术

【4】+【5】+【6】+【7】+【8】+【9】

$YA1-2=\overline{SQ4}\cdot YA1$

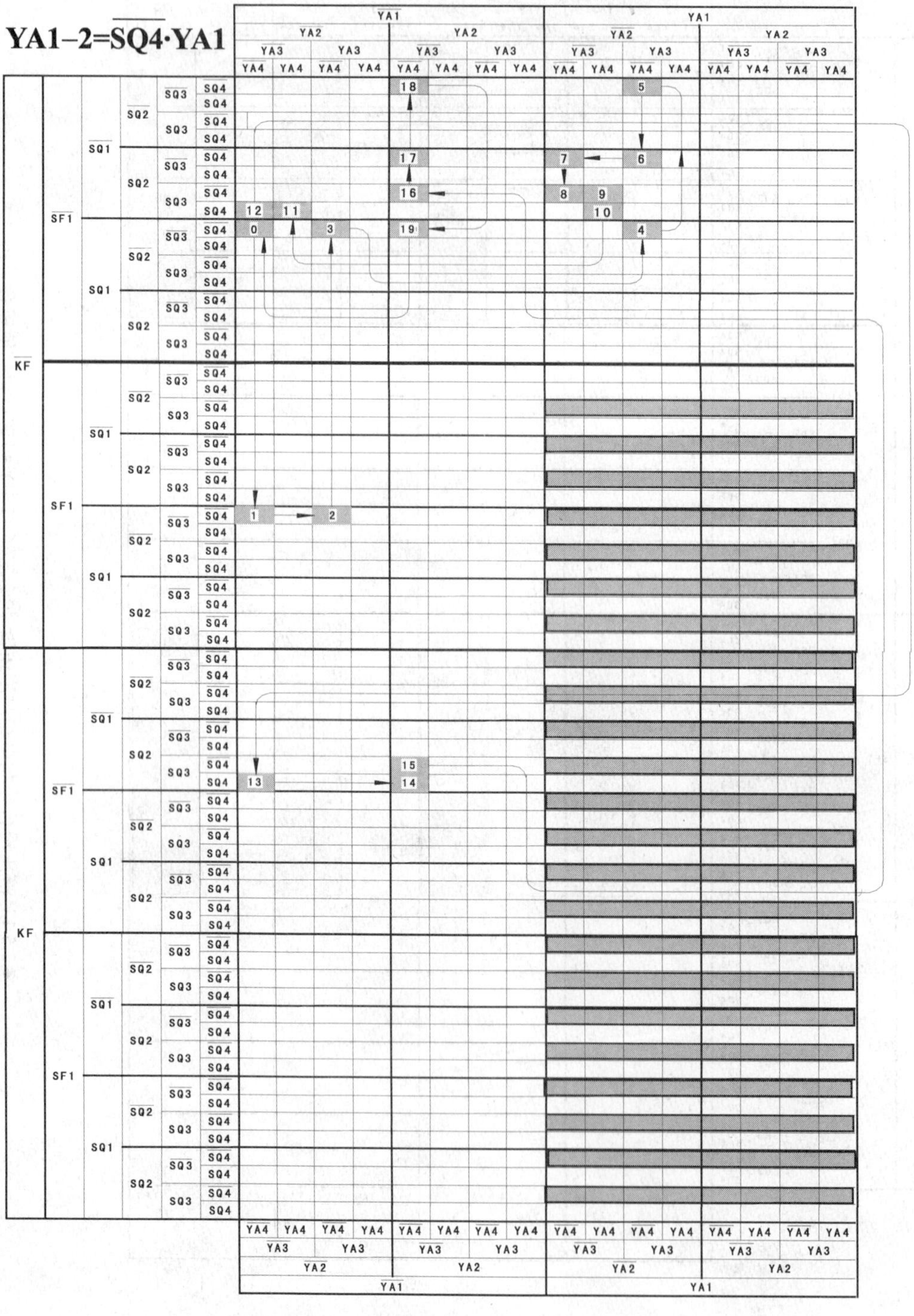

图2.5.14 液压滑台控制电路时序逻辑功能表2.5.12中AY1的逻辑功能链覆盖图

模块二 工业逻辑控制系统的分析与综合

【13】+【14】+【15】

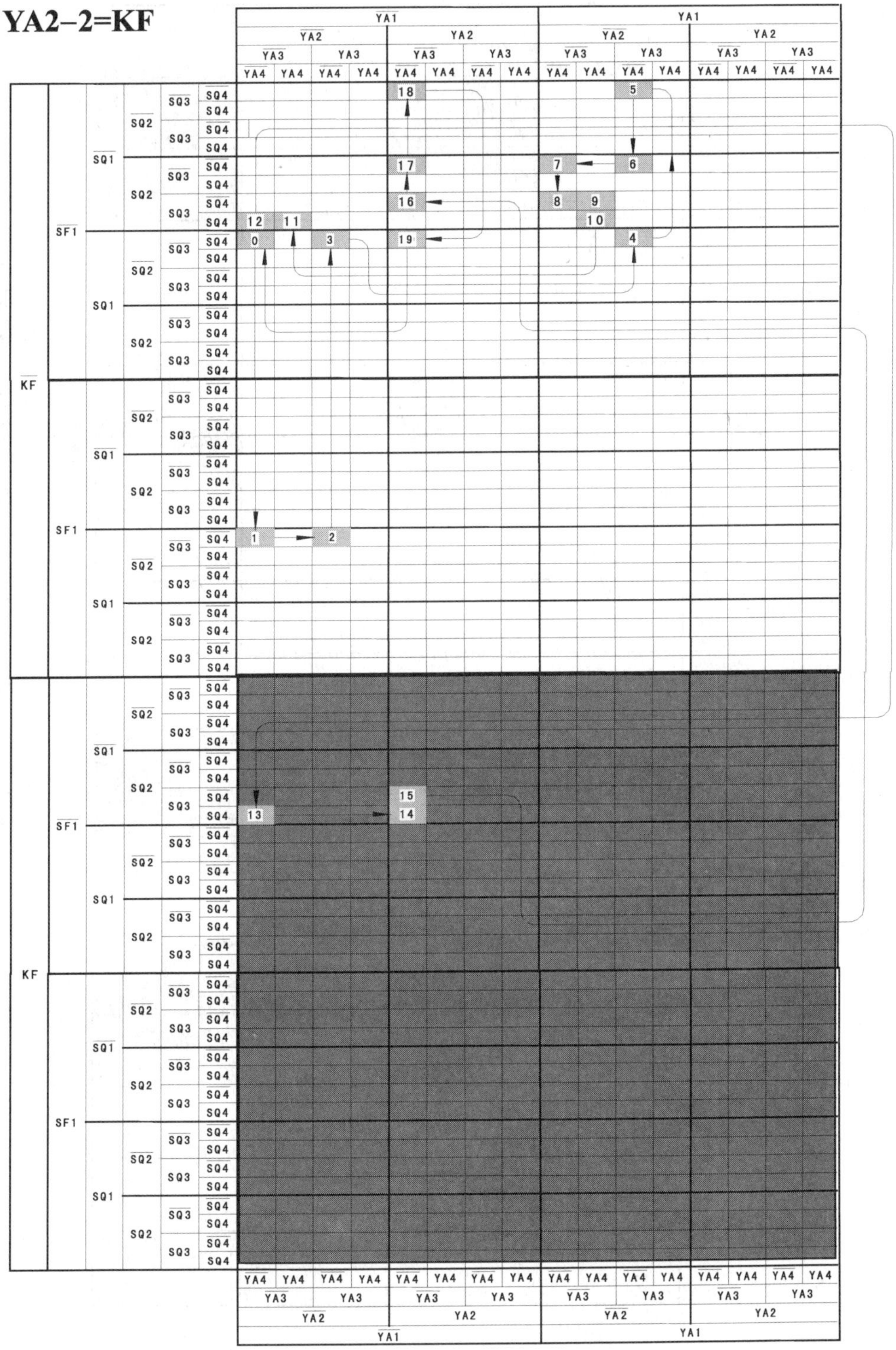

图2.5.15 液压滑合控制电路时序逻辑功能表2.5.12中YA2的逻辑功能链覆盖

【14】+【15】+【16】+【17】+【18】

$YA2-1=\overline{SQ1}\cdot YA2$

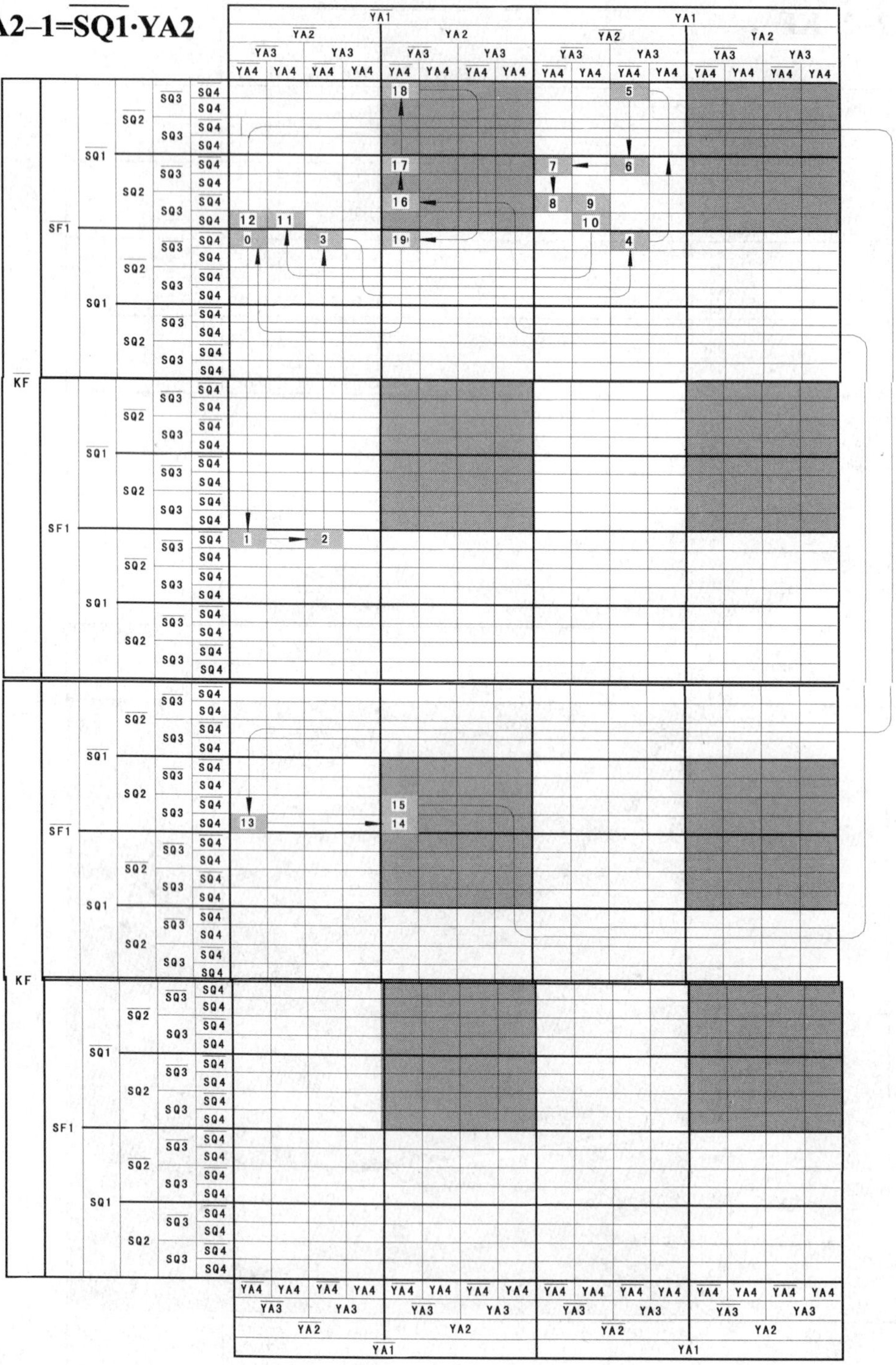

图2.5.16 液压滑台控制电路时序逻辑功能链覆盖图

模块二　工业逻辑控制系统的分析与综合

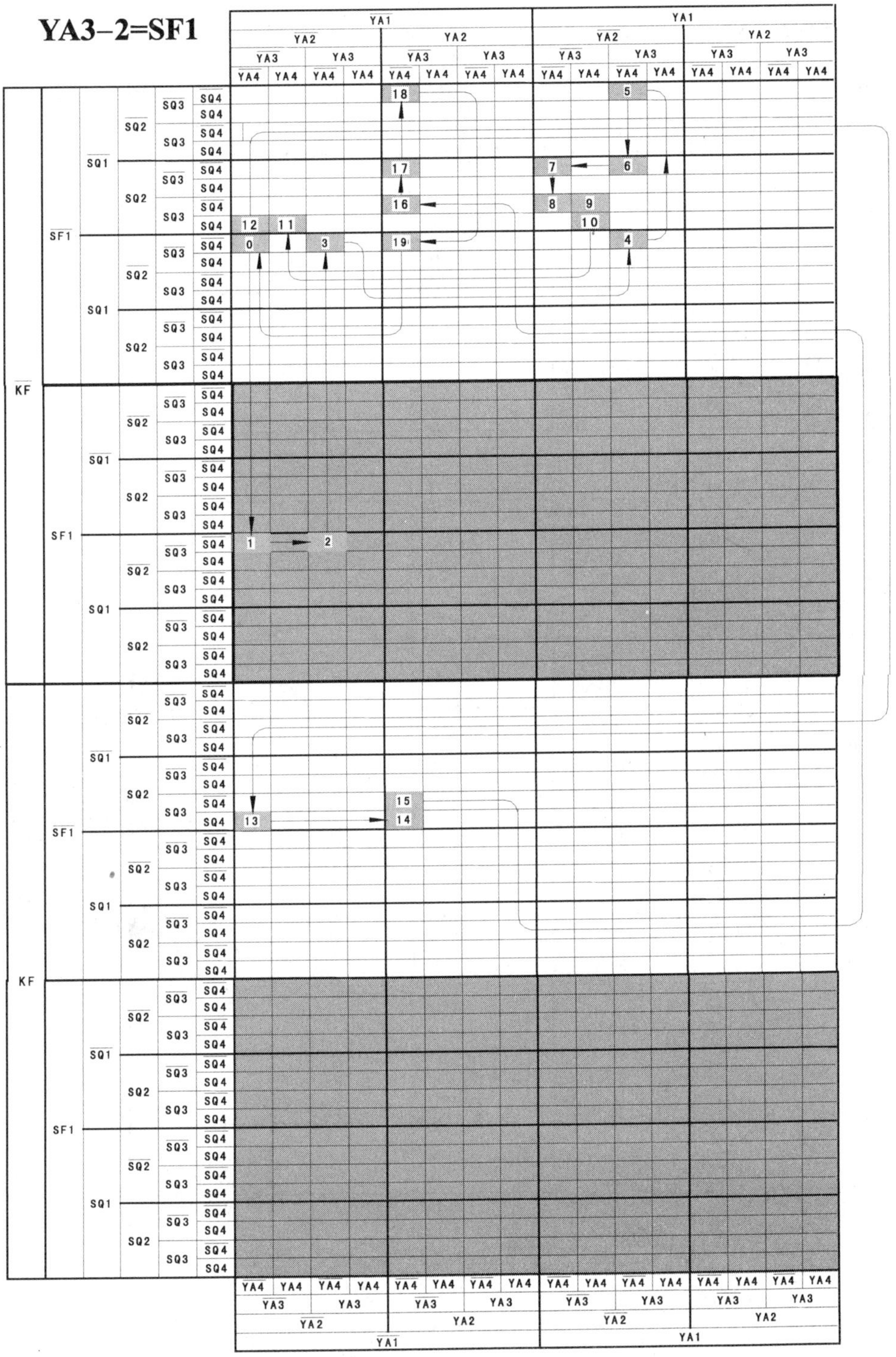

图2.5.17　液压混合控制电路时序逻辑功能表2.5.12　YA3的逻辑功能链覆盖

【2】+【3】+【4】+【5】

$YA3-1=\overline{SQ2}\cdot YA3$

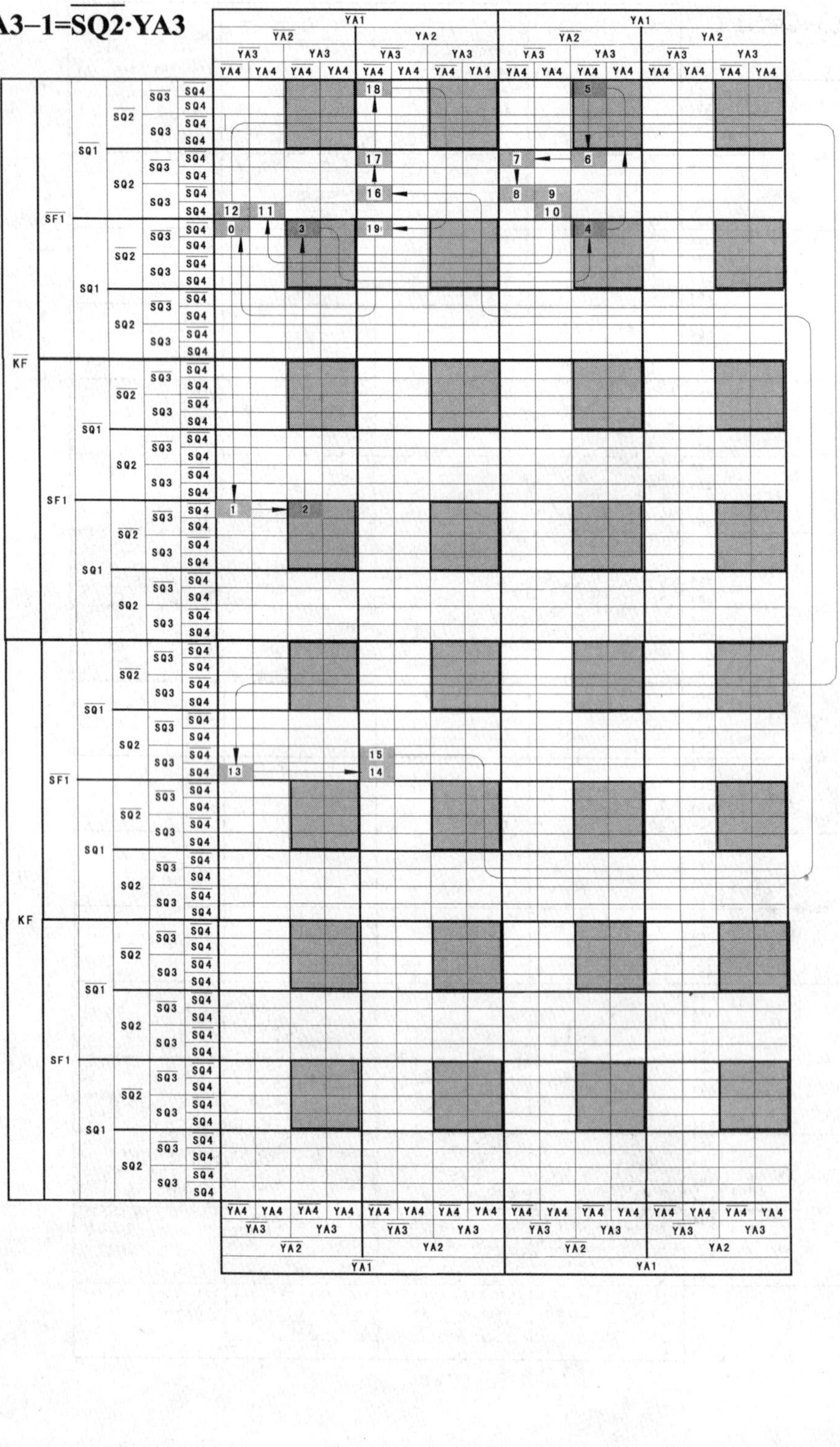

图2.5.18 液压滑合控制电路时序逻辑功能表2.5.12中AY3的逻辑功能链覆盖图

模块二 工业逻辑控制系统的分析与综合

【8】+【9】+【10】

YA4=SQ3·YA1

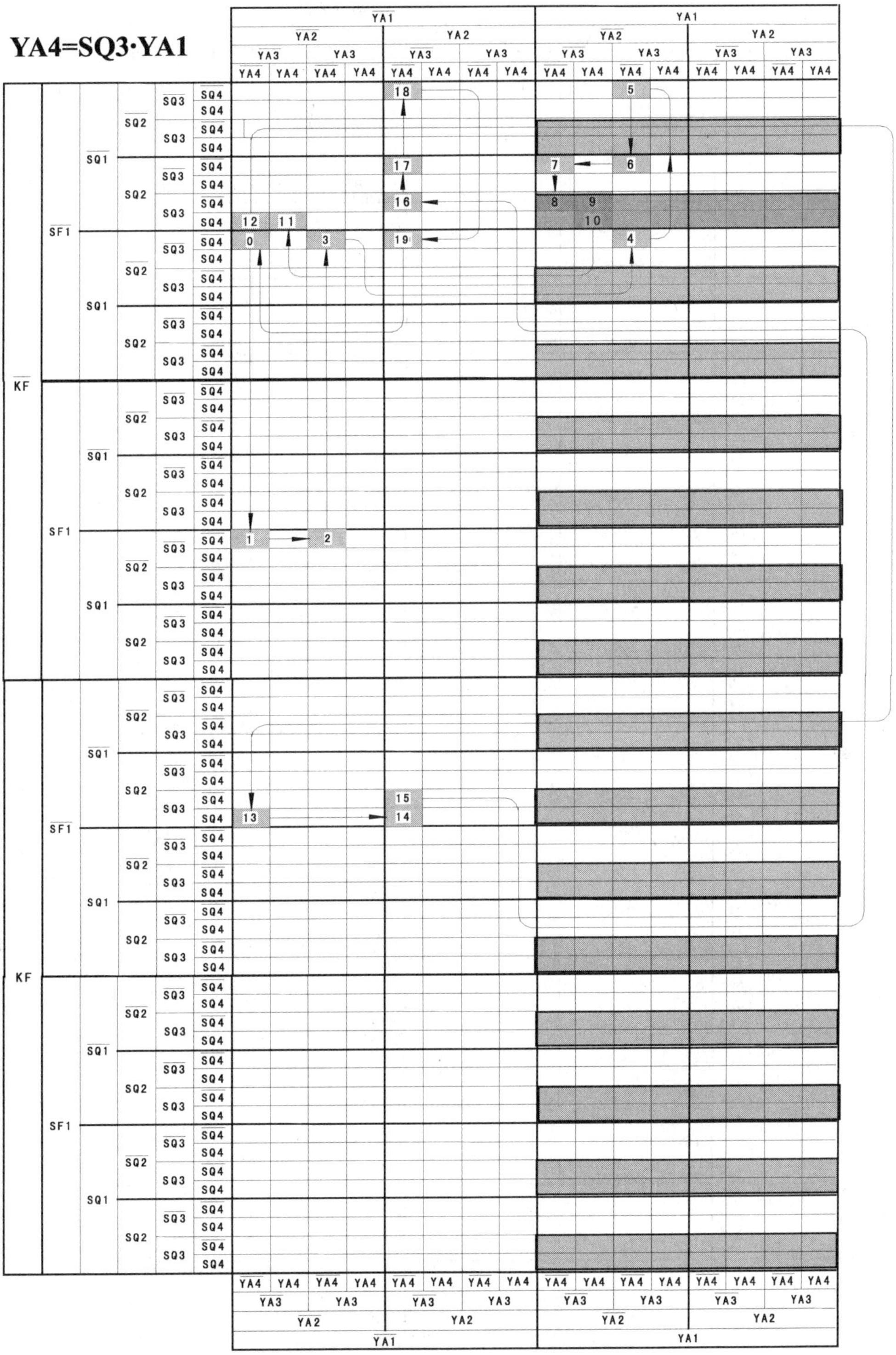

图2.5.19 液压滑台控制电路时序逻辑表2.5.12中YA4的逻辑功能链覆盖图

工业电能变换与控制技术

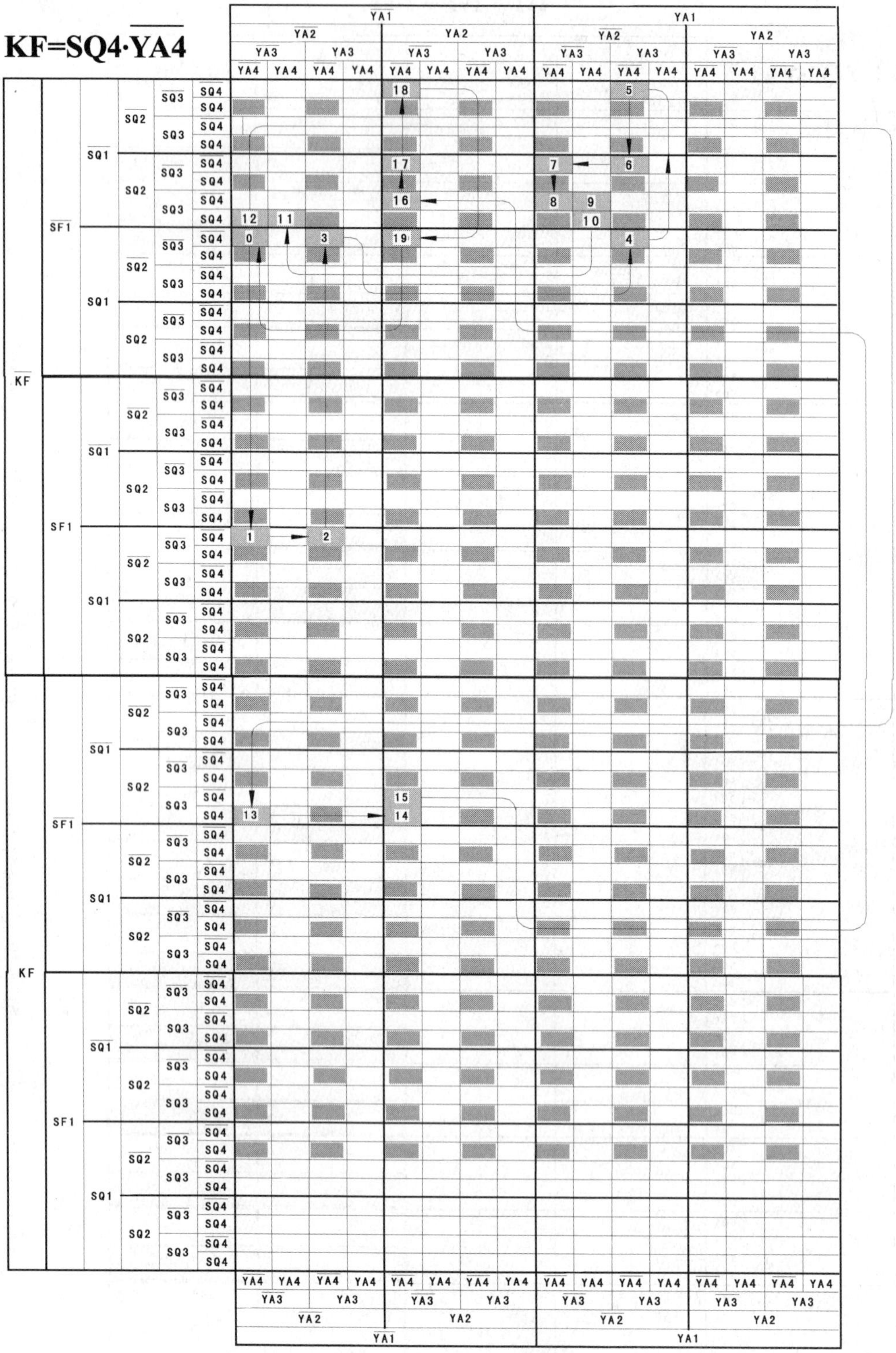

图2.5.20 液压滑台控制电路时序逻辑功能表2.5.12中KF的逻辑功能链覆盖图

6. 根据控制电路逻辑结构式综合控制电路逻辑结构表和求得控制电路图

将式（2.5.9）～式（2.5.13）5个组合逻辑控制结构式整合到一个表中，就得到整体的时序逻辑控制电路结构表，如图 2.5.21 所示。

	$\overline{SQ4}$	$\overline{SF1}$	$\overline{SQ1}$	KF	SF1	SQ2	SQ3	SQ4
YA1		YA3	YA3					
YA2			YA2	1				
YA3					1	YA3		
YA4							YA1	
KF								$\overline{YA4}$

图 2.5.21　（初步得到的）液压滑台时序逻辑控制电路结构表

根据电路结构表画出控制电路图如图 2.5.22 所示。

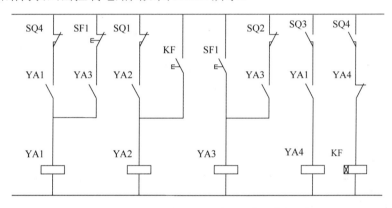

图 2.5.22　根据电路结构表画出的时序逻辑控制电路

为了不打断设计过程的主要思路，在前面留下了一个漏洞。现在该把它解决了。这个漏洞就是电磁换向阀的线圈 YA1、YA2、YA3、YA4 是用来实现电信号/液压信号转换的元件，对控制电路而言，只能接收并执行电信号指令，而不能发出或转发电信号。因为它只有线圈，没有触点。可是式（2.5.9）～式（2.5.13）5 个组合逻辑控制结构式的等号左边是线圈，右边是触点，其中包括 YA1、YA2、YA3、YA4 的 6 个触点。所以这 5 个逻辑结构式和后面的逻辑结构表是无法实现的。电路图（见图 2.5.22）也是不能成立的。

只要用 4 个中间继电器 KF1、KF2、KF3、KF4 作为指令元件与执行元件之间的桥梁，承当指令传达与转发的任务，问题就解决了。为此，可用 KF1、KF2、KF3、KF4 代替式（2.5.9）～式（2.5.13）和图 2.5.21、图 2.5.22 中的 YA1、YA2、YA3、YA4，并建立 YA1、YA2、YA3、YA4 与 KF1、KF2、KF3、KF4 之间对应相等的关系就可以了。这样得到 9 个组合逻辑控制结构式，即

$$KF1 = \overline{SF} \cdot YA3 + \overline{SQ4} \cdot YAl \tag{2.5.14}$$

$$KF2 = KF + \overline{SQ1} \cdot YA2 \tag{2.5.15}$$

$$KF3 = SF + \overline{SQ2} \cdot YA3 \tag{2.5.16}$$

$$KF4 = SQ3 \cdot YA1 \tag{2.5.17}$$

$$KF = SQ4 \cdot \overline{YA4} \tag{2.5.18}$$

$$YA1 = KF1 \tag{2.5.19}$$

$$YA2 = KF2 \tag{2.5.20}$$

$$YA3 = KF3 \tag{2.5.21}$$

$$YA4 = KF4 \tag{2.5.22}$$

这 9 个组合逻辑控制结构式整合到一个表中，得到整体的时序逻辑控制电路结构表，如图 2.5.23 所示。

	$\overline{SQ4}$	$\overline{SF1}$	$\overline{SQ1}$	KF	SF1	$\overline{SQ2}$	SQ3	SQ4	KF1	KF2	KF3	KF4
KF1	KF1	KF3										
KF2			KF2	1								
KF3					1	KF3						
KF4							KF1					
KF								$\overline{KF4}$				
YA1									1			
YA2										1		
YA3											1	
YA4												1

图 2.5.23　（最终得到的）液压滑台时序逻辑控制电路结构表

根据电路结构表画出控制电路图如图 2.5.24 所示。电路设计至此完成。

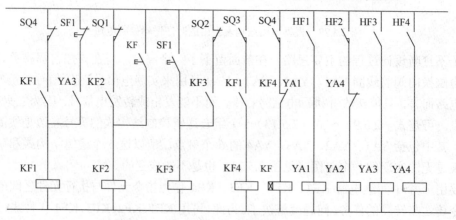

图 2.5.24　控制电路图

7. 逻辑综合结果的分析检验

逻辑综合所得到的控制电路是否符合液压滑台循环工作过程的要求，可以通过对逻辑式或逻辑表进行迭代计算来分析检验。为此，先画出一个控制电路时序逻辑值分析计算表。表的第 1 列由上到下依次填上电路元件的代号。对有线圈的元件，还要写出线圈的组合逻辑控制式，据以计算线圈的逻辑值。表的第一行由左到右依次标出列的时序节拍号 0,1,2,…。在每一列中分别填出在当时节拍下各元件的逻辑状态。元件的逻辑状态取值为 1 时填 1，取值为 0 时不填。填写从第 0 列开始。这时除 SQ1=1 外，其他元件的逻辑值均为 0。将这些逻辑值代入到位于第一列的各元件的控制逻辑式中进行计算，结果各元件的逻辑值都没有变化。说明电路处于静止状态。这时若按下启动按钮 SF，则 SF=1，其他各元件的状态不变。电路的逻辑状态进入第 2 列。把第 2 列的逻辑值代入控制式计算，得到 KF3=1，其他各元件的逻辑值不变。这时电路的逻辑状态进入第 3 列。如此一步一步的迭代计算，由一列的逻辑值算出下一列的逻辑值，直到某一列的逻辑值又回到了第 0 列。这时就得到了控制电路的时序逻辑值表，见表 2.5.3。这个表拿来检验设计的对错，分析电路的工作，查找电路的故障，都是很有用的。这个表本质上与设计的起点——时序逻辑功能图 2.5.12 是一致的。如果得到的表 2.5.3 与图 2.5.12 仍然吻合，就说明逻辑综合过程中没有发生错误。否则，就要查找原因了。

表 2.5.3 时序逻辑功能表的另一种形式——时序逻辑值分析计算表

元件	时序节拍																				
	0	1	2	3	4	5	6	7	8	9	10	11	12	13	14	15	16	17	18	19	20
SF		1	1																		
SQ1	1	1	1	1	1															1	1
SQ2							1	1	1	1	1	1	1	1							
SQ3									1	1	1	1	1	1							
SQ4											1	1	1	1							
KF=SQ4·$\overline{YA4}$																					
KF1=$\overline{SF}$·YA3+$\overline{SQ4}$·YA1				1	1																
KF2=KF+$\overline{SQ1}$·YA2															1	1	1	1	1		
KF3=SF+$\overline{SQ2}$·YA3			1	1	1	1															
KF4=SQ3·YA1									1	1											
YA1=KF1					1	1	1	1													
YA2=KF2																1	1	1	1		
YA3=KF3				1	1	1	1														
YA4=KF4										1	1	1									
说明 将第n节拍的元件逻辑值代入元件逻辑式中，即可算出第n+1节拍的元件逻辑值，并将结果填入第n+1列中。从n=0开始做，一直做到n=19	起点	按下SF1，起动	KF3接通	松开SF3	KF1接通	快进SQ1，复位	快进毕，SQ2动作	一工进，SQ3动作	KF4动作，一工进	KF4释放，二工进	挡停，SQ4动作	KF1释放，停止供油	KF4释放，换向阀全停	计时	计时到，快退	SQ4释放	KF释放	SQ3释放	SQ2释放	退到位，SQ1动作	KF2释放，恢复初始态

2.5.3 由继电器控制电路到 PLC 控制电路

机床采用模块方式组合，液压系统采用模块方式组合，电控系统也采用模块方式组合，这是非常理想的。所以 PLC 在组合机床的控制中有很大的空间。

在 2.4.1 节中就已经讨论过逻辑实现问题。不管用什么具体方式来实现逻辑控制，本质上都有相似的地方。继电器控制、电子开关控制、PLC 控制、液压控制、气动控制，本质上都是逻辑控制。只不过逻辑载体、实现手段不同罢了。设计逻辑控制系统，首先要抓住逻辑本质，把逻辑线路、逻辑程序设计出来，然后再解决具体实现方式所遇到的具体问题。这里先来讨论液压系统控制逻辑的实现问题。

1. 液压电磁换向阀的电气技术参数选择

液压电磁换向阀的电磁铁，线圈电压有 AC220V、110V 和 DC24V、12V 等多种。控制电路的设计和电磁铁线圈的电压有关系，设计前先要搞清楚。如果液压系统设计都是自己做，则要进行适当的选择。这里选 DC24V，电流 0.92A。如果所用 PLC 的输出触点的电流容量不足,则可以选 DC205/0.08A 的线圈。

2．PLC 的选择

① PLC 的输出方式,应该选继电器输出方式,可以得到更大的电压/电流容量。

② PLC 的 I/O 点数:不能少于 5/4 点,还要考虑适当留一些备份。

③ PLC 的品牌:选常用的品牌,有利于学习,有利于备份。

根据这些原则,选择三菱 PLC。型号选 F_{X1S}-14MR,继电器输出,I/O 点数为 8/6。

3．I/O 地址设置

用"="号表示映射。将继电器控制电路图(见图 2.5.22)中的元件代号按表 2.5.4 映射到 PLC 中。

表 2.5.4 继电器控制电路到 PLC 的 I/O 元件映射

输入元件映射	输出元件映射
SF——X1	YA1——Y2
SQ1——X2	YA2——Y3
SQ2——X3	YA3——Y4
SQ3——X4	YA4——Y5
SQ4——X5	

4．I/O 电路设计

输入/输出电路设计如图 2.5.25 所示。注意电磁铁是感性负载,一定要在线圈两端逆电流方向并联续流二极管,防止断流过电压的发生。在 PLC 的电源端和输出端都要设置适当的熔断器做短路保护。

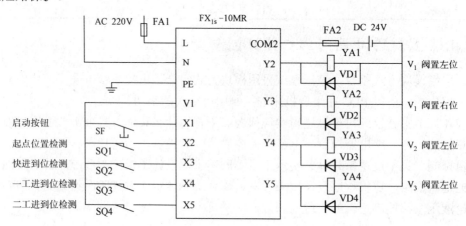

图 2.5.25 输入/输出电路设计图

5．控制程序设计

控制程序的设计问题,实际上是时序逻辑控制线路的主题,在前面已经解决了。只不过是按照继电器控制电路的特点来表达罢了。PLC控制的程序，只需要把继电器控制程序"翻译"过来就可以了。所以最方便的程序表达方式是梯形图。要保证"翻译"简便准确，可按以下步骤进行：

1）文字代号翻译

先进行I/O代号的翻译。只要根据I/O"字典"（见表2.5.4），把图2.5.22中的继电器电路的指令元件和执行元件代号改为PLC的I/O继电器代号就可以了。然后再进行中间元件代号的翻译。可以自设一个适当的"字典"。图2.5.22中只有一个延迟传送指令的中间元件——时间继电器KF。设工进终点的停留时间为2s，可以选时间尺度为100ms的计时器T1，取设定常数$K=20$，则$t=100ms×20=2s$。

2）图形符号翻译

先把图2.5.22中的继电器电路图形符号改为对应的PLC图形符号，再把电路图按梯形图的规则重画一遍得到梯形图程序（见图2.5.26）。

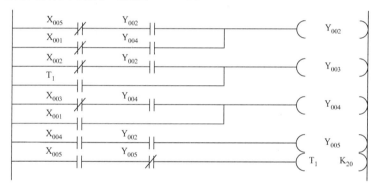

图2.5.26 液压滑台循环工作的PLC控制T形图

2.5.4 由继电器控制电路到数字集成电子控制电路

同一个问题，可以有不同的解决方法。继电器控制电路、PLC控制电路、数字集成电子控制电路各有所长和所短。采用什么方法，应该权衡利弊，具体分析，具体解决。用集成数字电子控制电路控制液压系统，应该怎样设计呢？

1. 时序逻辑控制电路赖以形成的两种基本的逻辑功能

无论用什么方法实现时序逻辑控制，都离不开两个基本的逻辑功能。这两个基本的逻辑功能，在组合逻辑控制中是没有的。这就是① 记忆功能：如何记住（和忘掉）某个电路元件及整个电路的某个状态？② 控制功能：如何改变某个电路元件及整个电路的某个状态？在任务4中，曾经阐述过逻辑记忆问题，并提出了记忆器的概念和相应的数字集成电子电路。只有组合、没有记忆，电路就无法保持其已经形成的某种状态。一旦控制信号消失，相应的电路状态也随之消失，也就谈不上转入"下一个"状态了。连"这一个"都没有，哪里还有"下一个"呢？所以记忆是时序逻辑电路得以存在的基础。

记忆如此重要，但只有记忆、没有控制还是不够的。记住某种状态的前提是出现了某种状态——这是电路状态的改变；忘掉某种状态的实质是进入到另一种状态——这也是电路状态的改变。实现电路状态的改变，靠的就是控制。记忆是"自保"，是"自锁"，是"自己控制自己"——是电路元件把自己的输出信号反馈到自己的输入端作为自己的控制信号，是一种具有"正反馈"的逻辑控制；而要改变电路的状态，必须有"他控"、"他锁"、"别人控制自己"——一个电路元件接收其他电路元件的输出信号送到自己的输入端作为自己的控制信号。

所以时序逻辑控制电路能够依次出现电路状态的变化，靠的就是记忆和控制两种作用相辅相成。掌握这两个基本概念，更容易把控制逻辑结构表或继电器控制逻辑电路转化为数字集成电子控制逻辑电路。

2．按照电路元件的"邻近关系"整理时序逻辑控制电路结构表

一个逻辑控制电路，无论怎么画，怎么做，只要元件之间的连接关系保持不变，这个电路的功能就不变。元件之间的连接关系，是电路的本质特征。同样的，一个逻辑控制电路的结构表，例如，图 2.5.21 或图 2.5.23，可以把它的行与行任意对调，或列与列任意对调，只要不改变格中的文字符号，这个结构表的本质就不会变化。结构表及其对应控制电路的外形变了，但电路的逻辑控制功能保持不变。这称为逻辑控制电路结构表的等效变换。

为了画出数字集成电子时序逻辑控制电路图，可以先对逻辑控制电路结构表图 2.5.21 进行适当的等效变换，使各个元件控制子电路按照"邻近关系"重新排列。也就是使具有相同输入控制信号的元件控制子电路相邻排在一起。这样就得到了与图 2.5.21 等效的结构图 2.5.27。

	$\overline{SQ1}$	KF	SQ4	SQ3	$\overline{SQ4}$	SF14	$\overline{SQ2}$	SF11
YA2	YA2	1						
KF			$\overline{YA4}$					
YA4				YA1				
YA1					YA1	YA3		
YA3							YA3	1

图 2.5.27 按"邻近关系"排列的图 2.5.23 的等效结构表

从图 2.5.27 的下部看起。线圈 YA3 与 YA1 具有相同的输入控制信号 YA3。这个信号是线圈 YA3 的记忆信号，又是线圈 YA1 的控制信号。它们必须要分别送到 YA3 的控制电路的输入端和 YA1 的控制电路的输入端。这两个输入端必须连接在一起。所以要把线圈 YA3 的行和线圈 YA1 的行调到相邻的位置，才有利于画图。电子电路图与继电器电路图不同，连接线很多，不注意这一点，画起来、读起来、做起来都会增加很多困难。

同样的道理，线圈 YA4 与线圈 YA1 具有共同点输入控制信号 YA1。它既是 YA1 的自锁信号，又是 YA4 的它控信号。所以 YA4 行必须紧接着排在 YA1 行之上。

再看 KF 行与 YA4 行。线圈 KF 行中有 YA4 的输出常闭信号作为控制信号 $\overline{YA4}$，所以 KF 行必须紧接着排在 YA4 行的上面。

最后看 YA2 行与 KF 行。在 YA2 行中，只有自锁信号 YA2 和常数 1 两个信号，似乎与 KF 无关。但在 1 格转 90°向上走，却找到了线圈 KF 的输出信号 KF，这是 KF 的他控信号。

YA2 是受 KF 控制的。YA2 行必须排在 KF 行之上。

3. 根据结构表绘制数字集成电子时序逻辑控制电路图

由逻辑结构表到电子逻辑控制电路图，也跟由逻辑结构表到继电器逻辑控制电路图一样，是一种一一对应的映射关系。只要细心做，就可以画得出来。当然要牢记"串联为与，并联为或"这 8 个字。由于结构表调整的好，电路图画起来很容易。结果如图 2.5.28 所示。

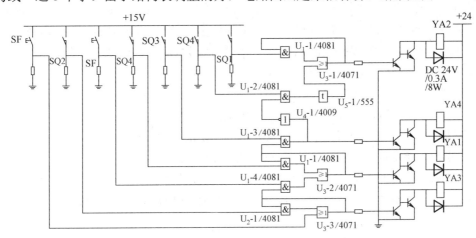

图 2.5.28　根据电路结构表画出的液压滑台集成数字电子时序逻辑控制电路图

要完成全部电路图，还必须在逻辑控制电路之外，加上信号输入电路和功率输出电路，这里不再多说。

4. 数字集成时序逻辑控制电路的性能/成本考量

性能考量，主要看运行的稳定性、可靠性和使用寿命。只要元器件选择正确，进货质量有保证，电路电源可靠，散热设计合理，电子控制电路的稳定性、可靠性和使用寿命是不成问题的。继电器控制电路和 PLC 控制电路都使用了继电器，继电器可以使用数十万次，而质量优良的电子元件，理论寿命是半永久性的。PLC 的优点是灵活通用，纯硬件控制电路不具备这种性能。但对于比较固定的用途，这个优点就不那么重要了。

成本考量，电子控制远低于 PLC 控制。PLC 的采购价格不止 1000 元，电子控制的成本价格不到 100 元，相差悬殊。数字集成电路芯片和晶体管的价格都非常便宜，开关电源是主要的成本项目，也不是很贵。

本模块参考文献

[1] 陆益寿.《继电器接点电路逻辑基础》.上海：科技卫生出版社， 1958.11.

[2] 复旦大学数学系.《数理逻辑与控制论》.上海：上海科技卫生出版社， 1960.5.

[3] 蒋孝良,胡铭发,臧亨.《继电器接点控制线路的逻辑设计》.上海：上海科学技术出版社,1979.11.

[4] 大连组合机床研究所.《组合机床设计》,第三册,电气部分.北京：机械工业出版社,1976.3.

[5] Н.И.沙弗留加,杨曾焘.《金属切削机床的传动系统》.北京：机械工业出版社， 1953.12.

[6] 劳动和社会保障部教材办公室组织,王兵.全国高等职业技术院校电工类专业教材,《工厂电气控制技术》.北京：中国劳动社会保障出版社， 2004.6.

[7] 张宗雪.《或记论》.北京：科学出版社， 1998.9.

[8] 王雨新.《多端接点网络综合的图解法》.自动化学报,1964,2（1）.

[9] 宋瑞麒.《只用一般号码组综合多端接点网络》.自动化学报,1965,3（1）.

[10] 王芳雷.《多端接点网络的综合的码子图解法》.1965,3（4）.

[11] 戴木权.《开关量自动控制系统状态图及其应用》.信息与控制,1981（1）.

[12] О.Плехль.《ЭЛКТРОМЕХАНИЧЕСКАЯ КОММУТАЦ-ЦИЯ ИКОММУТАЦИОННЕ АППАРАТЫ》, 1959.

[13] М. А. ГАВРИЛОВ. 《ПОСТРОЕНИЕ СХЕМЫ С МОСТИ-КОВЫМИ СОВДИНЕНИЯМИ》, Промышленная теле-механика, 1960.

[14] РОГИНСКИЙ. 《РАЗВИТИЕ ТЕОРИЙ РЕЛЕЙНЫХ УС-ТРОЙСТВ В СССР》. Труды I международногоконгресса международной федерации по автоматическому уравлению, 1961.

模块三　电力电子变换的逻辑控制与连续调节

引子：从电气到控制

自动控制这个词，几乎无人不知，但若问什么是自动控制，能讲清楚的人又有几个？有的人会以为，搞电的就是搞自动控制的，搞自动控制的就是搞电的，这实在是一个很大的误解。电是能量，控制是信息，两者虽然密切相关、相互依存，但却有本质的不同。合上开关，接通电路，把电能送到灯泡中，电灯就被点亮了，这是手动逻辑控制。控制的对象是电能。但促使人去开灯的原因是光线太暗，看不见了，这是信息，是"测控信息"。烧锅炉的工人发现蒸汽压力过高时，便关小风门，减少供风量，降低燃烧强度，使蒸汽压力降下来。这是手动连续控制。供风量是可以连续控制的。蒸汽压力是连续变化的。这个控制的"驱力"，也是测控信息。对能量的变化过程或状态进行观测，从观测中获得信息，根据获得的信息作出控制决策，根据决策发出控制信息指令，采取控制行动，并观测结果。这整个过程中，起主导作用的都是测控信息。如果这些测控是靠人的眼、手、脑来完成的，就是人工控制或手动控制。如果这些测控是靠自动装置来完成的，便是自动控制。自动装置可以是电气的，也可以是非电气的；可以是计算机的，也可以是非计算机的。技术发展到今天，电气自动控制、计算机自动控制，已经成为控制技术、控制装置的主流。所以搞电气技术的人，要认识到两点：一是不要以为自己学了电就是学了自动控制了，二是必须认识，学了电还不够，还要学会自动控制。

在现在的工业生产中，小型的厂子，动力与测控是不可分的。其有专门的动力部门，但不一定有专门的测控部门。这样，搞动力的人也就要能够兼搞测控。工厂中有自动测控功能的电子设备或系统会越来越多，必须学会；非电量的测控，也必须学会，所以光懂电气还不够，还要懂测控。

大、中型的工厂中，有专门的计量与测控部门。计控部门与动力部门是分开的。动力部门专门管供电与拖动，计控部门管计量与测控。但实际的设备或系统是一个整体，有动力也有测控，不可分割。两个部门，两套人马来搞同一套设备或系统。配合得好，可以各司其职，各取所长；配合不好，就会出现争执、遗漏。系统技术与系统方法强调从整体上来观察问题、分析问题和解决问题，使系统的构成、状态、调试、运行、维护达到最优化。"分而治之"的办法很难做到这一点，如果做事的人两者都懂就要好得多。可以尽显其效，也可能力避其弊。

控制只是一种手段，使受控量优化运行才是目的。搞控制要从受控设备或系统的特性和要求出发，才能达到目的。在现代工业生产中，控制技术正成为覆盖生产工艺技术、动力技术和控制理论的综合性、核心性、主导性的新技术。能够兼通这多个领域的人才是很宝贵的，又是很缺乏的。到工厂计控部门工作的人，可能是从工艺领域、动力领域中"转战"而来的。这也说明，学习电气技术的人，要在控制技术上多下功夫。在大学里，控制理论和控制技术是电力技术、电子技术、电力电子技术的后续重要课程。在职业教育体系中，对控制技术的学习还应该得到更多的重视。所以，学习控制技术是《工厂电气控制——工业电能变换与测控技术》的一项重要内容。

在跨进控制技术领域之时，你应该保持一种什么样的心态呢？请设想，你在工厂面对着具有自控功能的一台设备，或一个系统，需要你去调试、操作、运行或维修。你该怎么办？首先应该学会，怎么去认识、理解它，然后怎么在实践中运用、掌握它。理解控制系统，需要较多的数学知识。你可能还不完全具备这些知识。碰到抽象的数学符号，你可能心生畏惧。那怎么办呢？我们可以尽量避开抽象的数学推理演算，而从具体物理概念开始，先定性，再定量。

任务1　系统与控制的定性认识

3.1.1　系统与控制

系统与控制，是认识控制系统时遇到的两个概念。首先要把这两个基本概念搞清楚。

什么是系统？按钱学森的说法："系统是控制论的研究对象。"系统，是由相互制约的各个部分组织成的具有一定功能的整体。一台设备，一个电路，一套生产流程，我们都要从控制其功能的角度出发，用系统的眼光来理解。

有系统就有控制，就要控制。什么是控制？控制就是对系统施加影响，使其达到所需要的功能状态。例如，一个电路，调节其中某个电位器或电容器，使电路具有一定电流或电压。如一台设备，调节其中某个手轮使设备具有一定转速等。

影响系统功能的因素有两种，一种是可以按人的意思加以改变的因素，通过改变这种因素去影响系统的功能状态就是控制。直接由人去改变的，称为人工控制。按人事先设定好的程序去自动改变的，称为自动控制。另一种是人无法预知、无法影响的因素，例如，电网电压的波动、负载的变化、环境湿度的变化等。这些因素变化时，会影响系统的功能状态发生变化。这类因素称为干扰或扰动。例如，电网电压升高，电动机转速会加快。负载增大，电动机转速会减慢等。

例1　如图 3.1.1 所示的手控供电电源系统

为了向负载 R_L 输出一定的电压 U_o 和电流 I_o，可以手动改变调节电阻器 R_P 的位置，

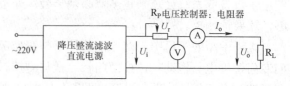

图 3.1.1　手控供电电源系统

模块三 电力电子变换的逻辑控制与连续调节

即改变电阻器上的压降，从而得到

$$U_o = U_i - U_r = U_i - I_o r$$

这时整个电路是一个系统，电位器就是一个控制器。改变电阻器的位置，以获得所需要的输出电压就是控制。而网压的波动，负载的变化，都在不断干扰这种控制，使输出电压偏离目标值。

例2 手控直流调速系统

如图 3.1.2 所示的是一个手动控制直流电力传动系统。我们希望工作机以某个恒定转速运行。为此对系统进行手动控制。办法是改变给定值调节器（即电位器）的位置，使其输出一个适当的控制电压，这就是转速的给定电压，是系统的输入控制信号。这个信号会使晶闸管触发电路生成的触发脉冲相位移相到某个位置，从而使晶闸管整流器输出一定的直流电压加到直流电动机的电枢上，电动机以转速 n 拖动工作机运行，n 就是系统的输出。

上面举的两个例子，就是开环控制系统。开环控制系统的输出由输入决定，而输入不受输出的影响。

开环系统可以用时域函数描述为

$$r(t) \longrightarrow \boxed{g(t)} \longrightarrow c(t)$$

其中 $r(t)$、$c(t)$、$g(t)$ 都是以时间 t 为自变量的实函数，即时域函数。在例 1 中，$r(t)$ 是电位器调节旋钮的转角，$c(t)$ 是输出电压，$g(t)$ 则是该手控供电电源系统。在例 2 中，$r(t)$ 是速度给定手动输入（电位器）的转角，$c(t)$ 是电动机轴的转速，$g(t)$ 则是该手控直流传动系统。$g(t)$ 可以看成是系统的一种运算。通过这种运算，系统把输入信号 $r(t)$ 变成了输出信号 $c(t)$。这种运算通常包含微分和积分运算，研究起来非常麻烦。如何化繁为简，寓思于算，是一个大问题。

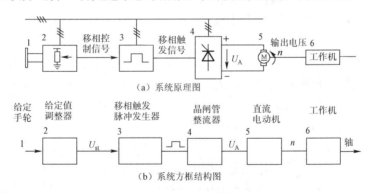

图 3.1.2 手动控制直流电力传动系统

在学习电工基础时，已经遇到过这类问题。用正弦函数来表示交流电量，虽然是很准确的，但运算起来却很麻烦，思考起来也很费周章。为了化繁为简，寓思于算，我们建立了一个变换，将时域中的三角函数映射为复域中的复数——三角函数的"象"，即

$$\sqrt{2} U \sin(\omega t + \Phi) \rightleftarrows U \cos \Phi + jU \sin \Phi \rightleftarrows (U, \Phi)$$

$$\sqrt{2} I \sin(\omega t + \Psi) \rightleftarrows I \cos \Psi + jI \sin \Psi \rightleftarrows (I, \Psi)$$

用对复数的运算来代替对三角函数的运算，结果立竿见影，化难为易。现在也有类似的

办法来处理控制系统研究中遇到的问题。办法就是利用拉普拉斯变换,把时域函数 $r(t)$、$c(t)$、$g(t)$ 映射为复域中的映象,即

$$r(t) \rightleftarrows R(s)$$
$$c(t) \rightleftarrows C(s)$$
$$g(t) \rightleftarrows G(s)$$

用对映象的运算来代替对原函数的运算,这时时域中的控制系统模型变成了复域中的映象,即

$$R(s) \longrightarrow \boxed{G(s)} \longrightarrow C(s)$$

同样也可以达到化繁为简,化难为易,寓思于算的目的。

在数学上,拉普拉斯变换是怎么进行的?在物理上,拉普拉斯变换的真实含义要怎么理解?搞清这些问题很不容易。这也不是我们的主要目的。碰到这类问题,我们先承认,用了再说,边用边体会,日后再学习。

3.1.2 系统的扰动与调节:由开环控制到闭环控制

在控制系统中,控制与干扰是一个基本的矛盾。对于一个系统,干扰无处不在,无时不在,它常常是系统调试和运行中遇到的最头痛的问题之一。

对于例 1,网压是时时在波动的,负载也是经常在变化的。要保持输出电压或电流的稳定很不容易。在手控系统中,怎么对付这些扰动呢?只有盯着电压表或电流表,一旦发现输出电压或电流偏离了给定值,就赶快调节电阻器,改变电阻器上的电压降 U_r,抵消扰动引起的输出电压 U_o 或输出电流 I_o 偏离给定值的变化,把输出量拉回来,或至少拉回到允许的范围中来。这种针对扰动而采取的操作控制,称为调节。这里进行的是手动调节,这是一种很粗糙的调节。

为了进行调节,操作者要看输出电压表或电流表。一边看表,一边调节电阻器,这就是测控。调节就是测控。虽然这是很简单的测控,是人工调节,但测控的要素、调节的要素一个也没少。根据测量结果进行调节,这就是反馈控制,是测控。

反馈就是用输出量返回去影响输出量。使输入量得到增强的反馈是正反馈。使输入量受到削弱的反馈是负反馈。系统受到扰动时,输出量偏移给定值。如果输出量变大了,应该减小输入量;如果输出量变小了,应该增大输入量;这样才能把输入量拉回来。这种反馈就必须是负反馈。只有负反馈才能对抗系统的扰动,把输出量拉回来。正反馈不但不能稳定系统,而且还会"火上浇油",使输出偏离越变越大,直至"飞车"。

没有测量,就没有控制。没有反馈,就没有调节。开环控制系统是没有反馈,没有自动调节的系统。但人工调节还是要的。如果扩大开环控制系统的范围,把操作者与系统看成一个整体,一个更大的系统,人的眼、脑、手参与系统的测控调节,那就仍然是一个负反馈控制系统。所以,绝对意义上的开环控制系统是没有的,是无法使用的。

这些概念和道理,也可以从例 2 中引出。在工程技术和工业生产中,类似的例子很多。能说明的例子越多,对控制系统、控制原理的理解就会越深刻。把人也包含在内的一个广义的测控系统,由人来担任测量与反馈控制这样重要的角色,必然使系统的性能大打折扣。人不适合做这种事,也做不了这种事。人适合做的,是机器无法做的事情。机器能做的事情,

模块三　电力电子变换的逻辑控制与连续调节

不该由人做。如果用自动装置来代替人的眼、脑、手进行系统的测控调节，人工控制系统就变成了自动控制系统。这才是真正的闭环控制系统，或负反馈控制系统。

例3　自控供电电源系统

把图3.1.1的手控调压电源改为自控稳压电源，就得到了自控供电电源系统，如图3.1.3所示。

图3.1.3所示是电压闭环自动控制系统。这个系统用电压采样器代替开环控制系统运行时人的眼睛；用比较放大器来代替开环控制系统运行时人的大脑；用工作在线性放大状态的晶体管作为自动电压调节器来代替图3.1.1中的手控电阻调压器，从而使自动稳压供电性能大大高于手控调压供电性能。系统的自动调节稳压过程如下。

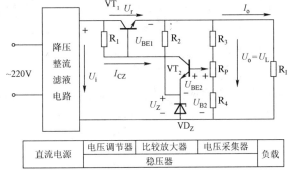

图3.1.3　自控供电电源系统

① 采样：由采样器按一定比例采出输出电压 U_o 的变化量 U_{B2}，即输出电压的变化信息。

② 误差检测：采样电压 U_{B2} 与给定电压 U_Z 相比较，得出误差电压 $U_{BE2}=U_{B2}-U_Z$。这个电压的极性和大小代表了输出电压偏离给定值的方向和程度。这是检测获得的信息，是进行自动调节的依据。

③ 误差放大：要得到很好的调节性能，就要将检测到的误差放大，使得哪怕很微小的输出电压变化，也会得到及时有效的调节。使调节的精度和输出的稳定性大大提高。误差放大由电压放大管 VT_2 来承担。VT_2 将电压信号 U_{BE2} 放大，转化为集电极电流信号 I_{C2}，然后用 R_1 进行 I/U 转换，将电流信号变为电压信号，即驱动调整管 VT_1 的电压信号 U_{BE1}。U_{BE1} 的变化量 $\triangle U_{BE1}$，代表了为了应对扰动，应该施加于调整管 VT_1 的控制信息。

④ 电压调节：U_{CE1} 随着 U_{BE1} 的变化而变化，其变化的大小和方向恰好抵消扰动引起的输出电压变化，把 U_o 拉回原位，即

$$U_o=U_i-U_{CE1}$$

全部测控调节的过程，可以用下式来描述，即

$$U_L\uparrow \to U_{B2}\uparrow \to U_{BE2}\uparrow \to I_{B2}\uparrow \to U_{C2}(U_{B1})\uparrow \to U_{CE1}\uparrow \to U_L\downarrow$$

这是一个闭合的自动调节回路，是用一个一个的因果关系串联起来的测控信息回路。这个信息回路隐藏在电路图3.1.3中，我们读懂了电路图，才把它挖出来，画成控制系统方框图，如图3.1.4所示。

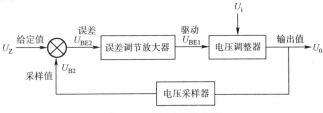

图3.1.4　控制系统方框

例4 转速负反馈直流传动系统（把例2加上转速负反馈）

要使图 3.1.2 中手动控制的直流电动机以恒定的速度运行是非常困难的。电网电压的波动、工作机负载的变化，都会使直流电动机的速度改变。操作者根据所看到的速度变化去操作给定值调节器，力图使速度恢复原来的值，但由于速度测不准，眼睛看不清，手脚反应慢，实际上很难达到目的。只有改用自动调节装置来代替人的操作，构成一个自动控制直流电力传动系统，才可能解决问题。如图 3.1.5 所示，增加了一个测速发电机对转速进行自动测量来代替人的眼睛，增加了一个调节偏差比较器将测得的转速与给的转速进行比较，求出调节偏差，以代替操作者的估计；又增加了一个具有比例特性和时间特性的调节器，根据求出的调节偏差来发出调节指令，实时改变触发脉冲的相位，从而改变晶闸管整流器的输出直流电压，以使转速返回原值。这个自动调节系统如图 3.1.5 所示，调节过程如图 3.1.6 所示。

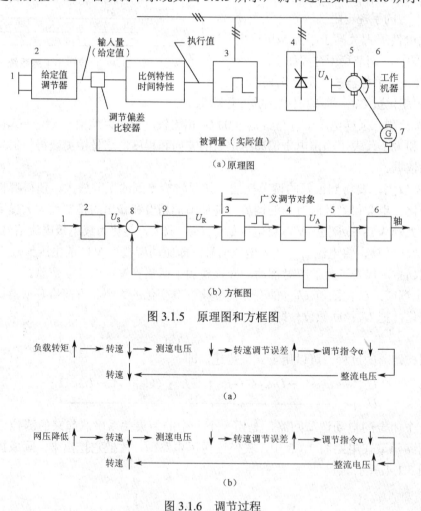

图 3.1.5 原理图和方框图

图 3.1.6 调节过程

3.1.3 闭环控制系统的基本结构和功能

与前面的开环控制系统不同，图 3.1.6 的系统引入了负反馈，是一个闭环控制系统。

闭环控制系统是在只有前向通道的开环控制系统上加上了反向通道。图 3.1.7 是闭环控制系统的基本结构框图。

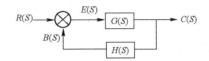

图 3.1.7 闭环控制系统的基本结构框图

如前所述，我们不用时域函数来表达控制系统的结构，而用时域函数在复域中的映象（即拉普拉斯变换）来描述控制系统，是为了使问题变得更容易、更简单。

开环系统的结构框图如图 3.1.3 所示，输出信号 $C(s)$ 与输入信号 $R(s)$ 之比就是 $G(s)$，我们称 $G(s)$ 为开环控制系统的传递函数，即

$$G(s)=\frac{C(s)}{R(s)}$$

有了传递函数 $G(s)$，便可由输入信号 $R(s)$ 求输出信号 $C(s)$：

$$C(s)=G(s)R(s)$$

加上反馈通道之后，系统的传递函数，即输出信号 $C(s)$ 与输入信号 $R(s)$ 之比会怎么变化呢？由输入信号 $R(s)$ 怎么求输出信号 $C(s)$ 呢？为了弄清这个问题，首先根据图 3.1.8 中所显示的因果关系，列出三个基本方程，即

$$C(s)=G(s)E(s)$$
$$B(s)=H(s)C(s)$$
$$E(s)=R(s)-B(s)$$

联解三个方程，便可求得输出信号 $C(s)$ 与输入信号 $R(s)$ 之比，即闭环控制系统的传递函数为

$$\frac{C(s)}{R(s)}=\frac{G(s)}{1+G(s)H(s)} \tag{3.1.1}$$

根据闭环系统的传递函数，可以由输入信号 $R(s)$ 求输出信号 $C(s)$，即

$$C(s)=\frac{G(s)}{1+G(s)H(s)}R(s)$$

当 $G(s)H(s)\gg 1$ 时，即

$$C(s)=\frac{R(s)}{H(s)}$$

这是关于闭环控制系统的两个基本公式。这两个公式说明，由于加入了负反馈通道，确实改变了控制系统的特性。控制系统的性能能否满足控制的要求？向系统加上输入信号 $R(s)$ 时，输出信号 $C(s)$ 是否会如我们所期望的那样变化？受到扰动时，系统会如何响应？能不能进行我们所要求的调节？等等。根据这两个公式，便可以对这些至关重要的问题进行研究、判定和设计了。

3.1.4 控制系统的调节品质

调节是一个动态的过程。在受到干扰时，调节是使系统向原有状态恢复的动态过程。在改变给定信号时，调节是使系统由原有状态进入新状态的动态过程。

总之，调节使系统向一个新的目标前进。这个目标是否是我们所期望的，是否符合我们的要求？这个前进的过程是否也满足我们的要求？等等。这都涉及系统的特性，涉及系统的调节品质的问题，需要进行分析、衡量和判断。

首先要考虑的是系统的稳定性。在新的目标处，系统的输出是不是稳定的？调节能不能使系统进入一个新的、稳定运行的状态？如果能够进入这种状态，系统才有可能应用，调节才有可能进行。如果系统进入一个振荡的状态，或进入一个发散的状态，这系统还能用吗？

其次是调节的快速性和平稳性。如果系统能够进入一个新的目标状态，并稳定的运行，但进入的过程却太慢了，太不平稳了，那系统的调节品质是不好的。什么是不平稳？就是调节太过头了，称为过度超调。然后又返回来，出现不足。系统在超调与不足之间多次振荡，自然是不平稳了。要等到振荡消失，需要很长时间，自然是太慢了。如果系统在运行中频繁地受到干扰，或需要频繁的进行操作，这种不好的调节品质还能令人容忍吗？良好的调节应该是适度的、平稳的、快速的调节。

再次是调节的精确性。也就是调节过程终了时，系统的实际状态离目标状态还有多远？如果是对抗扰动的调节，系统的状态能完全回到扰动前的状态吗？如果不能完全返回，离原来的状态还有多远？如果是改变给定状态的调节，则调节完成之后，能完全到达新的目标状态吗？如果不能完全到达，距离又有多远？这些都是调节的精确性问题。很明显，调节的精确性越高，调节品质便越好。

调节是一个复杂的过程，对调节品质的衡量是多方面的。这种衡量还应该是定量的，可以测量，可以通过调试来改善的。不过作为初步的定性的认识，我们只是从上面三个基本方面论述了对调节品质的衡量与要求。这三方面的要求是互相关联、彼此制约的要求。首先要保证系统的稳定性，在系统稳定的前提下，力求提高调节的平稳性、快速性和精确性，最后做到综合满意，整体优良。

3.1.5 认识调节对象的各种传递特性

控制系统是由调节器与调节对象两部分组成的。调节与被调节，是控制系统的一个基本矛盾。认识与掌握控制系统，要把握住这个基本矛盾。调节对象，就是系统中进行能量变换的子系统，包括进行电能/电能变换和电能/非电能变换的子系统。这种变换，要求进行严格的控制。调节器，就是系统中对能量变换进行测控的子系统，包括进行非电信息/电信息变换及电信息变换的子系统，或者包括反馈通道中的信号传感器、信号调理器、信号转换器、信息采集器等，也包括前馈通道中的信号合成器、信号放大器、信号补偿器等调节器。

调节对象的变换功能是构成系统的基础，调节器的测控功能是系统的主导。基础与主导的结合、变换与测控的结合就构成了控制系统的完整功能。要处理好调节器与调节对象的关系、构成一个优良的调节系统，应该以调节对象的特性为依据，从分析认识调节对象的特性入手。

调节对象的特性，就是能量流、信息流在调节对象中进行变换传递的特性。调节对象是由一些能量变换环节，如电能变换中的电动机、发电机、整流器、变频器、电阻、电容等，以及非电环节如管道中的流体、贮槽中的液位、气体或液体的压力等等组成的。这些环节的传递特性各有特点，组合在一起，就构成了调节对象的特性。

所以，要认识系统，必须认识系统中调节对象的特性。要认识调节对象的特性，必须认识组成调节对象的各个传递环节的特性。具体问题要具体分析、具体解决。

在工业调节对象中，典型的传递环节如下。

① 比例传递环节：输出量与输入量成正比。例如，分压器，测速发电机等。

② 积分传递环节：输出量是输入量对时间的积分。例如，电力拖动系统中转速是加速转矩对时间的积分。

③ 一阶惯性传递环节：输出量按指数规律随输入量上升，例如，RL 串联电路中通过电感的电流、RC 串联电路中电容上的电压、直流电动机励磁绕组中的磁通、直流电动机电枢电路的电流。

④ 二阶振荡传递环节：输出量跟随输入量增加，并通过衰减振荡延迟。例如，RLC 串联电路中电容器上的电压、直流电机等。

⑤ 超前传递环节（理想微分环节或 PD 环节）：输出量与输入量的变化速率成正比。例如，直流电机励磁绕组的电流。

⑥ 缓冲环节（实际微分环节）：输出量与输入量及输入量的变化速率成正比，并随时间衰减。

⑦ 延迟传递环节：输出量与输入量成正比，但在时间上有一个固定的延迟。例如，晶闸管相控整流器。

各种实际设备的传递特性，要进行准确的定量分析是比较复杂的。这里我们只作一个定性的理解，并记住实际存在的几种输入—输出关系：比例（P），积分（I），微分（D），惯性（P-T），以及延迟（P-T）。

经过以上这些分析我们可以明白，在调节对象中进行的电能/电能变换或电能/非电能变换并不是那么简单的。被变换的能量每经过一个传递环节，都要打上这个环节的印记，带上这个环节的特性。从信息传递的角度来看，传入的控制信息也会随之发生变形。输出信号与输入信号相比，不仅比例会发生变化，相位和波形也会发生变化——可能产生了误差，也可能发生延迟或超前，还可能发生波形畸变，甚至还会出现振荡等。实际的输出量可能不是我们所期望的输出量。

3.1.6 对调节过程进行信息采样

要使调节过程的相关变量特别是输出量符合调节的要求，就要进行信息采样，将变量的实际大小、相位、波形信息都采出来，才能进行有的放矢、对症下药的调控。

首先要解决的是采什么，采哪里。这要从分析能量变换的过程和原理来选择和确定。基本原则是控什么，采什么；控哪里，采哪里。其最重要的是输出量的信息采样。输出量是电压，就要采电压；是电流，就要采电流；是转速，就要采转速。输出量有多个时，要控制哪一个？要稳压，采电压；要稳流，采电流；要调速，采转速。除了输出量外，有些中间环节、中间变量，如果需要控制，也需要采样。

采样的对象各不相同，但采样目的和要求是一样的。把目的要求搞清楚了，才能正确的进行采样，理解采样。

采为控，控要采。采样的目的，是要采集控制过程中的信息，即能量变换过程中的信息。稳压电源要采集的是电压波动的信息；稳流电源要采集的是电流波动的信息。调速系统要采集的，是转速变化的信息。采集这些波动与变化的信息，以便抑制和消除波动与变化。这些信息总附着在电压中、电流中、转速中，为了调控，要把它们采出来。因为采样的目的是为了获得调控所需要的信息，所以采样的共同要求是，不管用什么方法进行采样，都要保持信息的完整性、真实性、准确性、实时性。离开了这些要求，采样就没有意义了。要采样的信息存在于采样信号中，对采样信号的获得、变换、处理和传送，都必须记住这些要求。

采样的目的要求都一样，采样的方法却各有不同。首先要分清连续采样和离散采样这两类不同的采样方法。如果是连续量模拟控制系统，需要的是连续采样。设系统的输出量为 $y=y(t)$，即 y 是时间的函数。由于扰动的原因或调控的原因，$y(t)$ 随时间而变化。我们希望通过调控使 $y(t)$ 保持不变，就要对 $y(t)$ 进行采样，采出 $y(t)$ 变化的信息。这 $y(t)$ 可能是电压、电流、功率、频率、相位、转速、压力、温度、流量、液体等。通过采样，应得到与 $y(t)$ 按一定比例 k_1 或 k_1 相似的电压信号 $y_1(t)$ 或 $y_2(t)$。图 3.1.8 是采样信号与采样对象的关系图。

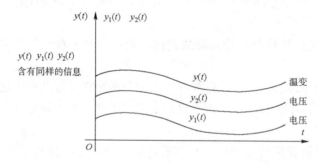

图 3.1.8　采样信号与采样对象的关系图

$y_1(t)$ 与 $y(t)$ 的关系应该为

$$y_1(t)=k_1 y(t)$$

如果 $y(t)$ 是温度，用温度传感器采样后得到的 $y_1(t)$ 变为电压信号。电压信号中的信息与温度的信息应该是相同的。若电压太低，如果是 mv 级的，则不能直接使用，就要经过调理放大器放大后再使用。调理放大器的输入信号是 $y_1(t)$，输出信号是 $y_2(t)$，设调理放大器的放大倍数为 k_2，则

$$y_2=k_2 y_1(t)=k_2 k_1 y(t)$$

经过调理放大后的信号，才能送入温变控制系统中。这就是模拟控制系统的采样过程，如图 3.1.9 所示。这个可以表示为

$$y(t) \rightarrow y_1(t)=k_1 y(t) \rightarrow y_2(t)=k_2 k_1 y(t)$$

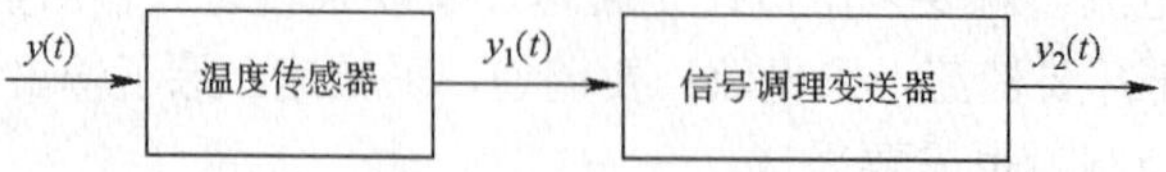

图 3.1.9　模拟控制系统的采样过程

由 $y(t) \to y_1(t)$，是温度信号到电信号的变换；由 $y_1(t)$ 到 $y_2(t)$，是微弱电信号到规范电信号的变换。这些变换由变换系数 k_1 和 k_2 来描述。k_2 是一个无量纲数，k_1 则是一个有量纲数，量纲是℃/V。无论怎么变换，有一个东西应该保持不变，那就是调节对象温度变化的信息。我们要求这个采样信息保持完整性、真实性、准确性、实时性。但实际情况是信号在变换过程中会发生失真，也同样会打上信号所经历过的各个传递环节的印记，发生相位、波形等的畸变。

如果是连续量计算机控制系统，则要求采用离散采样。离散采样过程示意如图 3.1.10 所示。

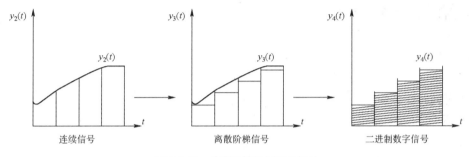

连续信号　　　　　离散阶梯信号　　　　二进制数字信号

图 3.1.10　离散采样过程示意图

离散采样与连续采样有共同之处。实际上，离散采样时，信号也要经过传感器—信号调理变送器的信号变换过程。如果是模拟控制系统，这样得出的信号 $y_2(t)$ 就可以用了。但对数字控制系统，这个信号还不能用。还要经过两道工序，一道是把连续变量 $y_2(t)$ 按一定的采样频率进行离散采样，变为与连续变量 $y_2(t)$ 接近的阶梯变量 $y_3(t)$。由于 $y_3(t)$ 仍然是实数，即只在采样时刻才跳变的连续实数，所以还要把这个由十进制表示的实数转化为相近的二进制数。显然这两道工序都造成了一些信息损失。但以此作代价，换来数字控制系统的智能性、灵活性、易扩展性、可联网性和抗干扰性，还是很合算的。

3.1.7　传感器的特性测量

传感器是整个闭环中的一个重要环节。它的特性是系统控制特性的一部分。为了准确的了解系统和调试系统，需要对传感器的传递特性进行测量。

根据传递函数的含义，传感器的特性测量就是要测定传感器输出与输入的关系。测量方案图如图 3.1.11 所示。

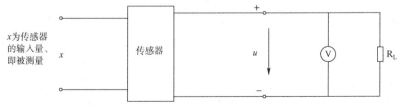

图 3.1.11　测量方案图

图 3.1.11 中 x 表示传感器的输入信号，即需要传感的物理量，如温度、压力、流量、液位、转速、位移、电压、电流、功率等。u 表示传感器的输出信号，通常都是电压信号。输

入端的画法是示意的。如果 x 是电量，传感器便有两个端子，画法如图 3.1.11 所示。如果 x 是非电量，就没有电信号输入端子了，而是以接收非电量输入信号的传感头代之。

要按图 3.1.11 选择好输入信号 x 的调整给定方法。如果 x 是电信号，用调压器，分压器就可以办到。如果是非电信号，就要根据实际情况确定。例如，如果 x 是温度，可以用水作热源，通过加热来改变温度信号。然后，在输出端要接上一个适当的假负载，用来模拟传感器下一个传递环节的输入电阻。例如，如果后续环节是信号调理器，就用信号调理器的输入电阻作负载，这样测出的特性才切合实际。

再次，要选择适当的、合格的、经过校验的测量仪器，包括输入端和输出端的测量仪表。准备好数据记录和处理的表格和画图的坐标纸，测量就可以开始了。

给定 x 的一个值，记下 u 的对应值。x 的变化范围，应该是传感器实际使用时被测量的变化范围，或传感器的额定检测范围。

测量完成之后，对数据进行处理。剔除疏失数据，将有效数据画到坐标图上，即得到传感器输出量/输入量的关系曲线，如图 3.1.12 所示。

这根曲线应该是一条直线。如图 3.1.12 所示的那样，如果不是直线，这个传感器就不好用了。

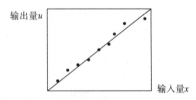

图 3.1.12　传感器输出量/输入量的关系曲线

在数据处理表中或在坐标图上，可以计算输出量与输入量的比值 $\dfrac{U}{X}$ 或 $\dfrac{\Delta U}{\Delta X}$，这个比值表征了传感器的特性。

3.1.8　电压采样和电流采样

应用最多的电压采样方法是分压电路采样，电流采样方法是分流电路采样。这两种采样方法最简单、最便宜。

分压采样电路中可以设电位器，以便于调节采样电压信号的大小。分压采样电路应与负载并联。要注意把采样电阻放在 GND 端，而不能放在电源端。其原因是，所有的电压信号都是以 GND 为参考点来计算的。采样电阻放在电源端，或放在分压电路的中段都不可能与电路的其他部分有共同的电位参考点。此外，在远离 GND 处取采样电压，还可能使信号调理器输入端被传入过高的共模电压而损坏。分压采样电路的正确接法如图 3.1.13 所示。分压电阻选用精密电阻，最好用锰铜丝绕制。

电流不大时，采样分流电阻应该用锰铜丝制作。电阻值要用电桥精确量出。电流大于 30A 以上的分流电阻，应选用标准分流器。标准分流器并不标电阻值，而是标示分流器的额定电流与额定电压两个参数。要按照这两个参数来选择和使用分流器。额定电压就是通过额定电流时分流器两个电位端钮的电压，有 30mV、45mV、75mV、100mV、150mV、300mV 六种规格供选用。分流器实际上是一个电流/电压变换器，它把流过分流器的电流转变为电压信号。作为一个电流传感器，分流器有两个输入端钮和两个输出端钮。两个做在外端的较大的端钮就是电流信号输入端钮，应该与被检测电路串联连接。两个做在内端的较小的端钮是电压信号输出端钮，用于输出代表电流大小的电压信号。分流器与被测电路串联时，不能在电路中任意处随意串联接入，只能在电路的 GND 端串联接入。否则，分流器的两输出端可能将集成运算放大器承受不了的高共模电压传到运放上，造成损坏。分流器采样电路的接线方法如图 3.1.14 所示。

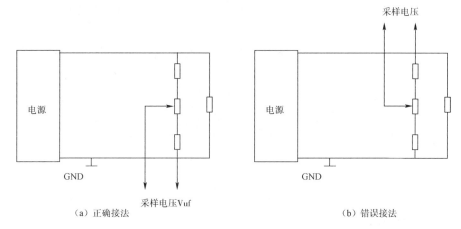

图 3.1.13　分压采样电路的正确接法

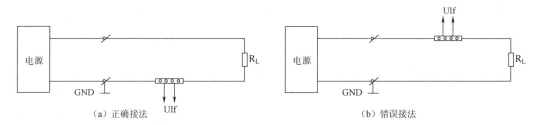

图 3.1.14　分流器采样电路的接线方法

分流器的外形有明显的特征，查看设备电路时很容易找到。对于一台自己不熟悉的设备，查看电路时，先找到分流器，会对自己查清电路有帮助。因为找到了分流器，就找到了反馈信号线，反馈信号线的另一端，就是控制电路。设备的电路中，最难理清也最需要理清的，就是控制电路。

3.1.9　信号调理变送器和信号的规范化

控制信号的规范化，就是用于传送信息的信号必须符合电信号的相关标准。

电信号标准化是一个非常重要的问题。控制系统中有各种各样的设备，控制系统还可以连成网络。所有设备都按标准化信号来设计、制造和使用，才能实现设备的互相连接和协同工作。如果没有信号的标准化，要把设备组成系统，连成网络，简直是不可能的。

电信号分为电压信号和电流信号两类。两类信号各有特点，各有用途。电压信号适合设备内部传送信息。一般设备采用的都是电压信号，以电压信号形式来输入信息。输入计算机的电压信号，以及在控制检测仪表中的电压信号，早期用的是 DC0～5V。如果以这种信号来表示 0～100℃ 的温度，则 0℃ 应该用 0V 来表示。100℃ 应该用 5V 来表示。如果温度的检测范围是 0～200℃，则应以 5V 代表 200℃。这种信号标准有一个缺点：在 0 点附近检测或传送的量误差大、不可靠。这是由二极管、晶体管的非线性特征引起的。PN 结有一个死区电压，硅管约为 0.5V，锗管约为 0.2V。靠近死区的一段特性线，是曲线而不是近似直线。以 0V 来代表 0 点，信号的误差便很大。所以，为了避开这段非线性区，后来就将控制信号的标准由 0～5V 改为 1～5V。若采用这个标准来表示 0～1000r/min 的转速，则 1V 表示 0，5V 表示转速为 1000r/min。

除了计算机外，控制系统中还有各种电子器件，使用这些器件时，也要注意它们的电源电压。例如，DTL、TTL、STL、LSTTL 器件的电源电压为+5V，HTL 的电源电压为+15V，ECL 器件的电源电压为-5.2V，-4.5V，CMOS 器件的电源电压为+5V，+10V，+15V，+18V。微型继电器的电源电压为 12V，24V 等。各自的信号电平随其电源电压而变。用各种器件传送电压信号时，必须考虑其电压范围。把信号电平不同的电路连接起来时，必须进行电平隔离和转换，为此要选用相应的电平转换器。

电压信号、电平信号的缺点是抗干扰性能不强。厂区、车间里的干扰信号是很强的。烧电炉，拉开关，启动或切除大电机或重负荷，变频器、电焊机的工作，都会在电网中造成严重的干扰，并通过电网或空间传播，影响用电设备的运行。信号传输越远，影响越大，因为信号线上感应的噪声电压是与线的长度成正比的。有用的电压信号很容易被噪声淹没。尤其是反馈信号对干扰特别敏感。所以，传送电压信号要采取系统的抗干扰措施。例如，采用屏蔽双绞线作信号线，让两线上感应出相同的共模干扰，互相抵消；采用屏蔽线传送信号，并将屏蔽层接地；信号线穿管敷设；信号线远离动力线；避免信号线与动力线平行等。

电流信号与电压信号的特点相反。电流信号用于设备内部的工作不方便，但用于外部的信息传输却较电压信号更理想。因为电流信号是用电流的大小来代表信息。而干扰信号是以电平形式出现的。它们不能直接影响电流的大小。所以在工业控制中，用电流信号来载送测控信息是更好的选择。早期采用的电流信号标准是 0～20mA。例如，如果用 0～20mA 电流信号来传送 0～20MPa 的压力信号，则 1mA 就代表 1MPa，20MPa 就对应于 20mA。由于零点附近误差大，后来就将电流信号的标准改成了 4～20mA，即以 4mA 来表示被检测量为 0。

标准电压信号和电流信号都采用了零点迁移的办法，使信号检测更精确、更可靠。但要注意，零点迁移并没有改变信号中的信息，只是把信息保存得更好了。在控制系统中，传感器都装在现场的设备或管道上，控制装置则放在控制室里，两者的距离近的十几米，几十米，远的成百上千米。信号要传送这么远，是先把信号规范化后再传送，还是传送到控制室再规范？这是一个需要研究的问题。在现场要规范信号困难些，但规范后的信号更强，有利于传送中抗干扰。如果需要传送的是模拟信号，这个问题确实两难。一般是把信号送到控制室后，再规范，这样更容易做到。现在的计算机控制系统，都采用现场总线来传送数字测控信号了。系统的测控点有很多，分布在现场各处，现场总路线却只有两根，用特制的电缆像电话线一样敷设到了每一个测控点。各测控点的数字信号则在计算机或 PLC 的统一指挥下分时有序的轮流跑。这样做使系统大为简单，节省了大量的信号传输成本。按照这种测控模式。检测信号的标准化规范化必须在现场就地制作，就地完成，变成规范的数字信号。

传感器输出的电压信号，有的是 V 级的，有的是 mV 级的，甚至有 μV 级的。mV 级的、μV 级的信号不能直接用，必须先进行放大处理，变成标准化的模拟信号。这在前面已讲了一点。怎样把微弱的电压信号变成标准模拟电压信号呢？办法是用集成运算放大器构成信号放大电路进行放大。例如，LM324 是工业电能变换与测控中广泛使用的一种封装了四个独立运放的集成运算放大器件,只需其中一个就可以构成一个简单的同相放大器,如图 3.1.15 所示。

$$A_\mathrm{u}=\frac{V_\mathrm{o}}{V_\mathrm{IN}}=1+\frac{R_2}{R_1}$$

把四个运放都用完,则可以做成一个精密的并具有很强的射极输出的信号放大器,如图 3.1.6 所示。

上述两个放大器是纯量值的放大器,图 3.1.17 所示的是某控制系统采用的反馈信号调理放大器,结构和功能更复杂,不仅有信号的量值放大,还有量值迁移及相位补偿,这些进一步的功能含义,留待后面再讨论。

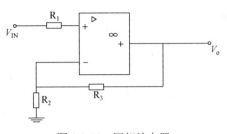

图 3.1.15 同相放大器

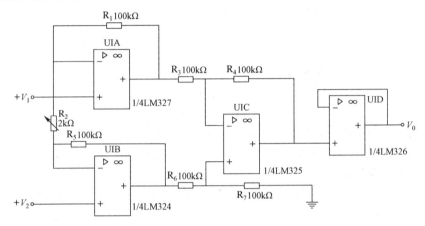

图 3.1.16 射极输出的信号放大器

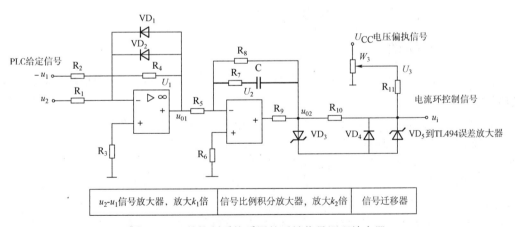

图 3.1.17 某控制系统采用的反馈信号调理放大器

从采样电阻采得的电流信号 u_2,与给定信号 u_1 相减,经过运放 U_1 作加法放大,得到中间信号 $u_{01}=k_1(u_1-u_2)$。u_{01} 又经过运放 U_2 进行比例积分放大,得到中间信号 $u_{02}=k_2k_1(u_1-u_1)+\frac{k_1}{T_\mathrm{i}}\int_0^t(u_2-u_1)\mathrm{d}t$。再用迁移信号电压,将 u_{02} 进行迁移,得到调理器输出信号

$u_i = k_2k_1u_2 - k_2k_1u_1 + u_3 + \dfrac{k_1}{T_i}\int_0^t (u_2 - u_1)\mathrm{d}t$。最后将经调理后的电流信号 u_i 送到 PWM 控制器的误差放大器中,调控 PWM 的脉冲宽变。

反馈通道中的调节信息采样、采样信号调理、信号传输问题,就讨论到这里。从式(3.1.1)可知,输出信号为

$$C(s) = \dfrac{G(s)}{1 + G(s)H(s)}R(s)$$

当 $G(s)H(s) \gg 1$ 时,忽略分母中的 1,可得近似式

$$C(s) \approx \dfrac{R(s)}{H(s)}$$

可见,输出信号由输入信号 $R(s)$ 与反馈通道传递函数

$$H(s) = \dfrac{B(s)}{C(s)}$$

共同决定,基本上不受前向通道传递函数

$$G(s) = \dfrac{C(s)}{E(s)}$$

的影响,这启示我们要认识反馈控制系统的两个重要特点:

① 加入负反馈后,系统输出信号对前向通道中的参数变化的敏感度降低,也就是系统的稳定性、可靠性得到提高。

② 输出信号对反馈通道中的参数非常敏感,调整传感器、信号调理器的参数(如放大倍数)对输出量的影响很大。懂得这个道理,对系统的调试、运行和故障分析非常重要。例如,如果系统在运行中突然变得不稳定,不能调节,输出量急剧增加,出现过载、超速、"飞车",那就要好好检查反馈信号是否正常。

3.1.10 控制信号的给定

给定什么样的控制信号,与控制目的有关。按控制目的来区分,有定值控制和动值跟踪控制两类。

定值控制就是输出量应该是一个固定的输出值,实际输出值围绕这个给定的输出值波动。一旦输出偏离这个定值,系统就进行自动调节。力图尽快尽准回到原定值。给定值可以是某个电压、某个电流、某个转速、某个温度等。

动值跟踪控制,输出量应该跟踪某个变化的给定值变化。例如,给定了一个器件的轮廓和尺寸,切削刀具的运动轨迹应沿这个给定的轮廓走。给定了热处理炉子温度随时间而变化的曲线,实际的炉温度随这条给定的炉温曲线走,这样的系统,是随从控制系统。复杂的情况是,动值是不能给定的,它是按自身的规律而变化的,你不可能改变它,只能检测它,跟着它走。例如,中频感应电炉的负载频率,在熔炼过程中自动变化,中频电炉的逆变频率,必须跟随负载振荡频率的变化而变化,所以称为频率跟踪自动控制。中频感应电炉控制的关键问题就在这里。

如果要求输出的是正弦电压或电流,应该给定所要求的正弦曲线,系统的输出量瞬时值准确地跟着这条给定曲线变化。或者给定正弦量的频率、相位和有效值等,然后让电能变换

装置按一定方式去生成相对应的正弦量。

我们现在主要是学习定值控制系统，这里只讲定值控制系统的给定值如何产生和调试。定值控制系统的给定值要符合几个要求：

① 给定值必须是一个稳定的直流信号，如果不稳定，输出量也会跟着不稳，所以，给定电路必须由稳定的直流电源供电。

② 给定值必须可以调整，所以，给定值电路必须有质量可靠，阻值及功率合适的电位器，碳膜电位器是不可靠的，应该选用绕线式电位器。

③ 给定值必须有一定的变化范围，这个变化范围应该与反馈信号的变化范围一致。例如，如果受控的是炉子的温度，其变化范围是 0～1000°C，如果选用 1～5VDC 来表示 0～1000°C，则 1V 代表 0℃，2V 代表 250℃，3V 代表 500℃，4V 代表 750℃，5V 代表 1000℃。信号调理器的输出范围应该是 1～5V，不能超出，也不能不足。给定信号的变化范围也应该是 1～5V，不能超出，也不能不足。

给定电路如图 3.1.18 所示。

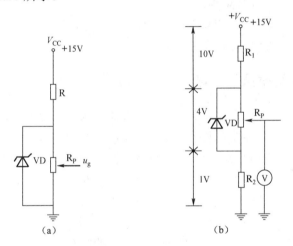

图 3.1.18 给定电路图

图 3.1.18 中，图 3.1.18（a）的给定下限为 $u_{gmin}=0V$，给定上限为 $V_{cc}\times\dfrac{R_P}{R}=15\times\dfrac{R_P}{R}=5V$，所以 $R_P=\dfrac{1}{3}R$。如果选用 $R_P=3k\Omega$ 的电位器，则应选 $R=3\times3=9k\Omega$，并且在调试时应该通过测量来证实给定信号的下限确实是 0V，上限确实是 5V。如果上限不对，应更换电阻 R。

图 3.1.18（b）电路的给定范围是 1～5V。调试时，应在 R_P 的输出端接一合适的电压表，将电位器转到下限位，即

$$\frac{R_2}{R_1+R_2+R_P}=\frac{1}{15}$$

再将电位器转到上限位，即

$$\frac{R_2+R_P}{R_1+R_2+R_P}=\frac{5}{15}$$

这两个方程中选定的量有三个，即 R_1,R_2,R_P，所以有无穷多组解，如果先选定 $R_P=3k\Omega$，

则方程组变为

$$\frac{R_2}{R_1+R_2+3}=\frac{1}{15}$$

$$\frac{R_2+3}{R_1+R_2+3}=\frac{5}{15}$$

剩下的未知数就只有 R_1 和 R_2 了，解方程就可以求得 R_1，R_2。

更简单的办法是直接看图计算，即

$$R_1:R_P:R_2=10\text{V}:4\text{V}:1\text{V}=R_1:3:R_2$$

$$\frac{R_1}{3\text{k}\Omega}=\frac{10}{4}, \therefore R_1=\frac{10}{4}\times 3=7.5$$

$$\frac{3\text{k}\Omega}{R_2}=\frac{4}{1}, \therefore R_2=\frac{3\text{k}\Omega}{4}=0.75\text{ k}\Omega=750\Omega$$

计算值可以作为设计依据，但不能作为调试结果。调试应通过测量来确认 $u_{g\min}=1\text{V}$，$u_{g\max}=5\text{V}$。如果达不到，应改变电阻。

信号给定电路中设有稳压管 VD，以确保 R_P 不会超过设计范围，因为 u_g 要送到运算放大器的输入端，运算放大器对过电压是很敏感的。

3.1.11 给定信号、反馈信号、保护信号的综合

给定信号、反馈信号、保护信号要分别从调节器的入口送进去，经过运算放大，综合成为一个总的调控信号，对受控对象进行调控。所以，总的调控信号中，包含各种调控信号成分。系统正常运行时，保护信号没有输入，只有给定信号和反馈信号输入，调节系统的工作。如果系统出现故障，保护信号立即输入信号综合电路，并成为在总的调控信号中起决定作用的信号，封锁系统中控制信号的传递和电能变换的进行，实时实现对系统的快速保护。

信号综合，通常是采用反相加法运算放大电路，在其反相输入电路中来实现。我们先来看给定信号与反馈信号的综合。在控制系统方框图（见图 3.1.4、图 3.1.5）中，信号综合器称为误差检测器，表示如图 3.1.19 所示。

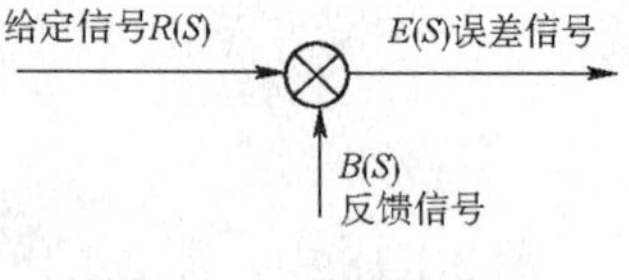

图 3.1.19 信号综合器

在电路图中，给定信号为 u_g，反馈信号为 $-u_f$，误差信号为 $u_e=u_g-u_f$，电路如图 3.1.20 所示。

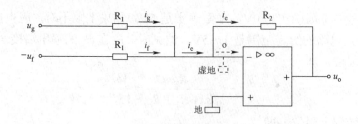

图 3.1.20 电路图

由图 3.1.20 可知

$$i_g = \frac{u_g}{R_1}$$

$$i_f = \frac{-u_f}{R_1}$$

根据 KCL 得

$$i_e = i_g + i_f = \frac{u_g - u_f}{R_1} \tag{3.1.2}$$

图 3.1.20 中，运算放大器同相输入端是接地的，所以反相输入端是接"虚地"的。因为运算放大器的输入阻抗近似为∞，开环电压放大系数也近似为∞，前一个∞使反相端无输入电流 $i_-=0$，后一个∞使反相输入端与同相输入端间的输入电压为 0，即 $u_{-+}=0$，这种特有的"两无"（无输入电流，无输入电压）才导致了"虚地"的产生：似地非地，非地似地。电位为 0，电流为 0。根据虚地概念，可以画出图 3.1.21 的等效电路图如图 3.1.21 所示。

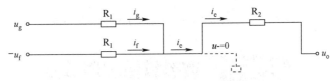

图 3.1.21 等效电路图

由图 3.1.21 得

$$i_e = -\frac{u_o}{R_2}$$

代入式（3.1.2）得

$$-\frac{u_o}{R_2} = \frac{u_g - u_f}{R_1} = \frac{u_e}{R_1}$$

最后得到电压放大倍数，即

$$A_u = \frac{u_o}{u_e} = \frac{u_o}{u_g - u_f} = -\frac{R_2}{R_1} \tag{3.1.3}$$

式（3.1.3）说明什么？说明反相输入反馈运算放大电路的输入端确实得到了一个误差信号 $u_e = u_g - u_f$，它是给定信号 u_g 与反馈信号 u_f 的差。虽然这个信号在图上未画出，但它是确实存在的，并且经过反相放大 $-\frac{R_2}{R_1}$ 倍后输出。

在实际设备中，反馈信号可能不止一个，而且还有各种保护信号。这些信号都并联在反相运算放大器的输入端，根据同样原理进行综合。图 3.1.22 是某中频感应电炉的信号综合与调节电路。

不难想象，每一路信号，都是由具有相应功能的一部分电路产生并传送过来的。可见，信号综合器是各路信号汇聚之所，是关键信号的必经之地。要弄清整个系统的原理，这是关键的地方。抓住这里，对于系统的设计、调试、运行、分析都至关重要。

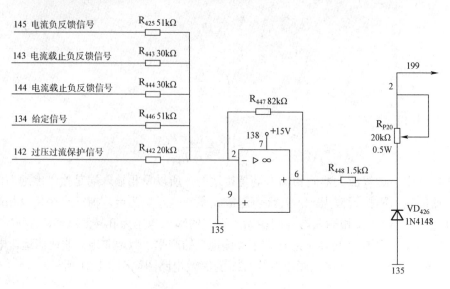

图 3.1.22　某中频感应电炉的信号综合与调节电路

任务2　调节算法和调节器

3.2.1　控制策略与调节算法

综合电路输出的误差信号 $e(t)$，作为输入信号送到调节器的运算放大器中，经过数学处理，产生一个输出信号向下一级输出。如果下一级是调节对象，这个输出信号就是施加于调节对象的调控信号；如果下一级仍是一个调节器，这个输出信号就是下一级调节器的输入信号，调节器输入信号的来源与输出的信号的去向如图 3.2.1 所示。

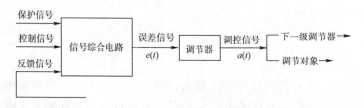

图 3.2.1　调节器输入信号的来源与输出信号的去向

由 $a(t)$ 去调节调节对象的工作状态，最终目的是要使 $e(t) \to 0$。那么什么样的 $a(t)$，能够尽快尽好的使 $e(t) \to 0$ 呢？或者说为了尽快尽好的使 $e(t) \to 0$，$a(t)$ 与 $e(t)$ 应该是什么关系？应该如何由 $e(t)$ 去求得 $a(t)$？这就是控制策略的选择问题。$e(t)$ 不同，选择控制策略也应不同。不同的控制策略将产生不同的控制效果。

选择控制策略（调节策略），也就是选择一种算法，如何由误差信号 $e(t)$ 算出调控指令 $a(t)$。人们花了很多努力来设计有效的控制算法。在工程中已经得到广泛使用的控制策略是 PID 控制策略，或者说控制算法是 PID 算法。

1. 比例调节策略和比例调节算法（P）

这个方法的特点是把误差 $e(t)$ 放大适当的倍数 K_P，得到调控指令 $a(t)$（通常是一个电压）：

$$a(t)=K_P e(t)$$

利用 $K_P e(t)$ 去调节对象的工作，使 $e(t)$ 变小。如果放大倍数选择适当，就可能使 $e(t)$ 变得很小（但不会变为 0，否则 $K_P e(t)=0$，$a(t)=0$，就没有调节作用了）。

作为主要调节策略的比例调节策略，是最基本的一种调节策略。如果反馈信号与给定信号相比，只有大小的误差，没有相位的误差，这个策略是很有效的。把大小的误差大部分抵消了，输出量就比较理想了。

2. 积分调节策略和积分调节算法（I）

比例调节策略是有差调节策略，它是以存在误差才能产生调控指令 $a(t)=K_P e(t)$ 为前提的。$e(t)$ 若为 0，$a(t)=0$，调控指令就没有了。所以比例调节可以减小误差，但不能完全消除误差。

经过及时的比例调节后，大部分误差都立即被校正，但还剩下很小一点余差，对这些余差该怎么办呢？

对付余差，可以加上第二个调节策略——余差调节策略，即积分调节策略。这种策略能够通过积分运算把很小的余差积累起来，完全加以消除。设 $e(t)$ 为误差，则对 $K_P e(t)$ 进行积分求 $a(t)$，即

$$a(t)=\frac{K_P}{T_I}\int e(t)\mathrm{d}t$$

$a(t)$ 是 $e(t)$ 在时间中的积累。用积累起来的误差 $a(t)$ 去调控调节对象，就可以把余差完全消除。式中，T_I 是积分器的时间常数。选择得合适的 T_I，可以使积分调节效果最好。

3. 微分调节策略和微分调节算法（D）

微分调节是针对误差变化趋势进行的调节，其作用是抑制被调节量的突然变化。算法为

$$a(t)=K_p T_D \frac{\mathrm{d}e(t)}{\mathrm{d}t}$$

式中，T_D 是微分时间常数。选择合适的 T_D，可以达到最好的微分调节效果。

4. 比例微分积分综合调节策略和综合调节算法

比例调节是与时间无关的调节，只要有误差，就会有比例调节。积分调节是时间上滞后的调节。误差出现了，它不能马上消除，要积累起来才能消除，并彻底消除。微分调节是时间上超前的调节。针对误差的突然变化采取行动，误差未到，调节先到。误差变化越快调节作用越强。不变不调，一变就调。

把 P，I，D 三种基本调节策略组合起来，可以构成复合的调节策略，如 PI 调节策略（比例—积分调节策略），DI 调节策略（比例—微分调节策略）和 PID 调节策略（比例—微分—积分调节策略）。工业中用得最多的是 PI 调节策略。用 P 即时消除大部分误差，用 I 延迟消除全部剩余误差。

PI 调节算法为

$$a(t) = K_P e(t) + \frac{K_P}{T_I} \int e(t) dt$$

PID 调节算法为

$$a(t) = K_P e(t) + \frac{K_P}{T_I} \int e(t) dt + K_P T_D \frac{de(t)}{dt}$$

3.2.2 调节算法的实现——电子调节器

调节算法的实现有两种办法。

1. 计算法

在计算机控制系统中，把调节算法编成计算程序，作为控制程序的一个子程序来调用。

2. 模拟法

在模拟控制系统中，用电子调节器来模拟实现调节算法，通过集成运算放大电路直接将输入信号 $e(t)$ 变成输出信号 $a(t)$。电子调节器，就是用集成运算放大器构成的模拟计算器。

1）比例调节器（P）

比例调节器是由运算放大器构成的电子调节器，包括反相放大器、同相放大器和差分放大器三种类型，如图 3.2.2 所示。实际使用最广泛的是反相加（减）法运算放大器，同时完成信号综合与调节放大两项任务。

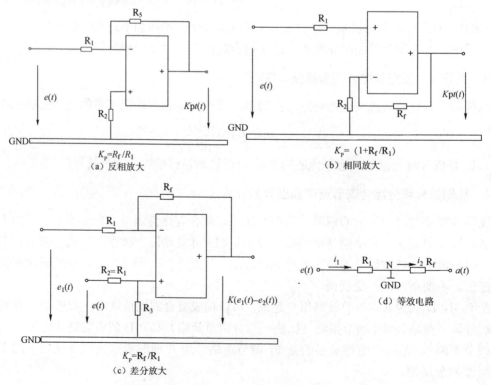

图 3.2.2 比例调节器

$$i_1(t)=i_2(t), \quad i_1(t)=\frac{e(t)}{R_1}, \quad i_2(t)=\frac{e(t)}{R_1}, \quad i_2(t)=\frac{0-a(t)}{R_f}$$

$$\therefore \frac{e(t)}{R_1}=\frac{-a(t)}{R_f}$$

$$\therefore a(t)=-\frac{R_f}{R_1}e(t)=K_P e(t), \quad K_P=-\frac{R_f}{R_1}$$

2）积分调节器（I）

用积分电容 C 作反相输入运算放大器的反馈回路，即得到积分调节器电路如图 3.2.3 所示。积分电容 C 的作用是累计误差，将误差电压 $e(t)$ 积分成为误差电荷 $q(t)$，又将 $q(t)$ 变成反馈电压 $\frac{q(t)}{C_1}=a(t)$。由于 N 点为虚地，电位为 0，反馈电压也就是输出电压。

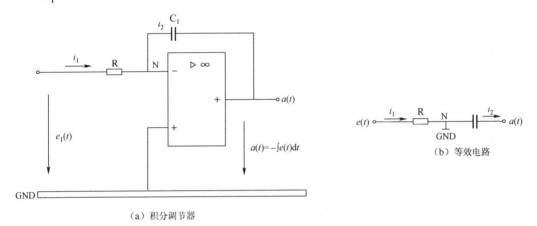

图 3.2.3　积分调节器电路图

由图 3.2.3（a）可知，N 点为虚地 GND，电位为 0，故得等效电路如图 3.2.3（b）所示。按 KCL 有

$$i_1=i_2$$

i_1 可由 $e(t)$ 和 R 求得

$$i_1(t)=\frac{e(t)}{R}$$

电容的特性 $u_C=\frac{q}{C}$, $u_C=0-a(t)$, $q=\int dq=\int i_2(t)dt=\int i_1(t)dt$

故

$$0-a(t)=\frac{1}{C}\int i_1(t)dt=\frac{1}{C}\int \frac{e(t)}{R}dt=\frac{1}{RC}\int e(t)dt$$

即

$$a(t)=-\frac{1}{RC}\int e(t)dt=-\frac{1}{T_I}\int e(t)dt$$

故电路实现了输入电压信号 $e(t)$ 的积分，将 $e(t)$ 变为输出电压信号 $a(t)=-\frac{1}{T_I}\int e(t)dt$，积分

时间常数 $T_I=RC$。

3）微分调节器（D）

用微分电容 C 作反相运算放大器的输入回路，就得到微分调节电路，如图 3.2.4 所示。

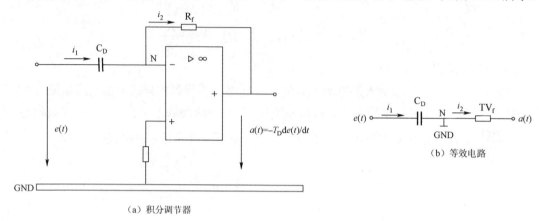

（a）积分调节器

图 3.2.4　微分调节电路

因为 N 点为虚地，电位近似为 0，故可画出等效电路图如图 3.2.4（b）所示，即

$$i_1=i_2$$

电容器的特性是 $u_C=\dfrac{q}{C_D}$，q 为电容器上所充电荷，$\dfrac{dq}{dt}$ 为充电电流，电容电压 $u_C=e(t)-0=e(t)$，于是 $q=C_Du_C=C_De(t)$，而

$$i_1(t)=\dfrac{dq}{dt}=C_D\dfrac{de(t)}{dt}, \quad 即\ i_2(t)=C_D\dfrac{de(t)}{dt}$$

R_f 上的电压为 $0-a(t)$，故

$$i_2(t)=\dfrac{0-a(t)}{R_f}=-\dfrac{a(t)}{R_f}$$

代入前式即得

$$a(t)=-R_fC_D\dfrac{de(t)}{dt}$$

可见此电路实现了输入电压信号 $e(t)$ 的微分运算，将误差信号 $e(t)$ 变为输出电压信号 $a(t)=-T_D\dfrac{de(t)}{dt}$，微分常数 $T_D=R_fC_D$。

4）比例积分调节器（PI）

这是工业中应用较广的调节器，由比例调节与积分调节两个功能合成。比例调节可以立即消除大部分误差，积分调节则消除比例调节无法消除的其余误差。两者相结合，构成无差调节器，因此获得广泛应用。PI 调节器的反馈回路既包含比例元件 R，又包含积分元件 C，如图 3.2.5 所示。

因为 N 点为虚地，电位为 0，故可画出等效电路图如图 3.2.5（b）所示，即

$$i_1(t)=i_2(t)$$

模块三 电力电子变换的逻辑控制与连续调节

$$i_1(t)=\frac{e(t)-0}{R_1}=\frac{e(t)}{R_1} \qquad \therefore i_2(t)=\frac{e(t)}{R_1}$$

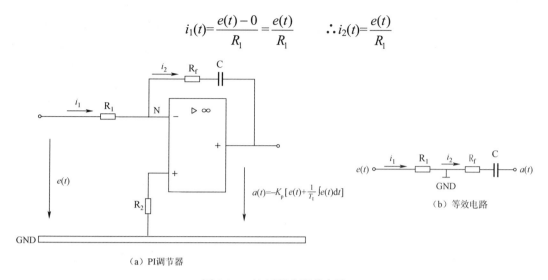

图 3.2.5 比例积分调节电路

又

$$0-a(t)=R_f i_2(t)+\frac{1}{C}\int i_2(t)\mathrm{d}t$$

即

$$-a(t)=\frac{R_f}{R_1}e(t)+\frac{1}{R_1 C}\int e(t)\mathrm{d}t$$

$$=\frac{R_f}{R_1}[e(t)+\frac{1}{R_f C}\int e(t)\mathrm{d}t\,]$$

$$=K_P[e(t)+\frac{1}{T_I}\int e(t)\mathrm{d}t\,]$$

故

$$a(t)=-K_P[e(t)+\frac{1}{T_I}\int e(t)\mathrm{d}t\,]$$

可见 PI 调节器实现了对输入电压信号 $e(t)$ 进行比例—积分运算。

一个控制系统的性能好不好,取决于系统的设计与调试。系统的每一个组成环节都需要精心调试。如传感器、调理变送器,都要逐一先测定好传递特性,确认正确后,再连入系统。但在系统调试中,关键的调试是对调节器的调试。调节器的三个参数 K_P,T_I,T_D,如何整定,决定系统的性能。比例放大倍数 K_P 是由电阻之比 $\frac{R_f}{R}$ 决定的。时间常数 T_I,T_D 是由电阻和电容的乘积 RC 决定的。实际的调节器,远比上面讲的基本线路复杂。在众多的电阻、电容中,该调哪个,不能盲目瞎猜。要在看懂线路,理解工作原理的基础上小心的进行。需要调节的元件,通常是电位器、可调电阻、可调电容。调整好了的元件,都用红油漆打点、封定。如果必须重调,要记住其原来的位置和电阻值。调不好可以返回原地,再找办法。切忌越调越乱。调试也要运用负反馈原理。用示波器显示出给定信号与输出信号,有意改变一下给定信号，看看输出信号是如何响应的？就可以判断调对了，还是调错了，调多了还是调少了，由此决定下一步应该怎么调。这样一步一步接近目标，直到符合要求为止。由于比例调节策略是主要策略，积分、微分调节策略是辅助策略，所以调节时可以先调比例，调好比例后再调积分和微分。如果调节器是由两个或多个调节器组合起来构成的，这样做比较方便，可以先调前面的比例调节器。图 3.2.6 所示的是由比例调节器、积分调节器、差分放大器组成的一个 PI 调节器。

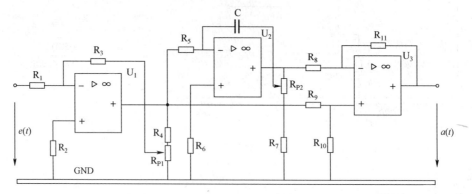

图 3.2.6　PI 调节器

3.2.3　调节器的串联——多环反馈、主从调节

如果对调节的品质要求不是很高，则用一个反馈回路、一个调节器来进行调节就可以了。这个调节器可能只包含一个简单调节器，也可能由多个简单调节器组成，但反馈回路只有一个，被调节的参数也只有一个。这是单回路调节系统，比较简单。

如果一个调节对象有多个调节参数需要调节，这些被调节参数之间存在着相互影响，对调节品质的要求又较高，这时应该选定一个参数作为主要调节参数，其他参数为辅助调节参数，采用多个闭环、多个调节器进行调节。调节主参数的闭环称为主环，其他闭环称为副环。主环总是在副环的外面，所以又称外环，其他环则为内环。主环的调节器称为主调节器，起主要和主导的调节作用。其他调节器则为从调节器，起随从和辅助的调节作用，配合主调节器工作，使主调节器达到更好、更快的调节效果。主调节器总是第一个调节器，其他调节器一个接一个，依次串联于主调节器的后面。

以直流电动机为例，可调节的参数有转速、转矩、电压、电流、磁场等。这些参数是相互关联的。根据负载的需要，可以选择转速为主要调节参数或目标参数，而选电流为辅助调节参数。由测速发电机 TG 和速度调节器（主调节器）ASR 构成主环（速度环），电流传感器 TA 和电流调节器（从调节器）ACR 构成副环（电流环），从而构成转速、电流双闭环自动调速系统，以获得比较理想的速度调节性能，如图 3.2.7 所示。

在这个双环主从调节系统中，主调节器 ASR 与电流调节器 ACR 串联连接，主调节器的速度给定信号由操作者输入，输出的是转速调控指令，此指令传给从调节器 ACR，作为 ACR 的给定信号要求 ACR 执行。ACR 将转速指令与电流反馈信号综合，构成电流调控指令，下达给晶闸管整流器的控制电路执行。根据系统电路图（见图 3.2.7），可以画出系统方框图（见

图 3.2.8）。两种图对照阅读，更加容易理解。

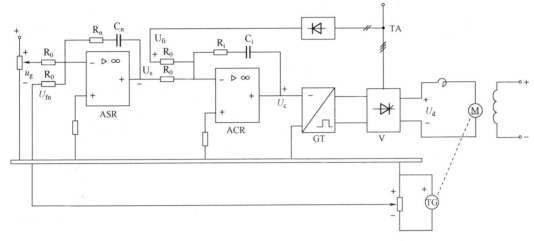

图 3.2.7　系统电路图

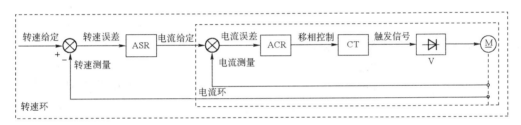

图 3.2.8　系统方框图

图 3.2.9 所示的是一个包含位置环、速度环、电流环的直流电动机位置伺服控制系统。最终调节对象是直流伺服电动机所驱动的伺服机构的运行位置。位置控制是主要的目标控制。位置控制目标要求以尽快的速度实现，所以速度调节紧接在位置调节之后。速度目标又要求以尽可能大的电流快速实现，所以电流调节又紧接在速度调节之后。多个调节器串联调节，前级为主，后级为辅。前级指挥后级，后级实现前级的要求。

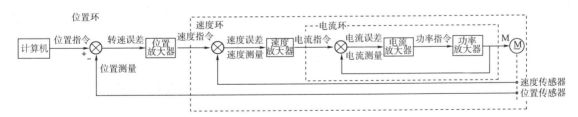

图 3.2.9　直流电动机位置伺服控制系统

3.2.4　调控指令——指向电力电子变换装置

各种控制信息，经过多个环节的变换、传递，最后以调控指令信号的形式从最末一级调节器输出，向电力电子变换装置传送。此前的变换是在弱电下进行的信息变换，此后的变换，是强电系统中的功率变换。电能变换在电力电子变换装置中进行，电能/非电能变换则在电动机、电解槽、电镀槽等用电设备中进行。

电力电子变换，是以电力电子开关方式实现的电能形态和量值的变换，是把复杂信息注入电能中，将低品质电能转化为高品质电能，将普通形态电能转化为特殊形态电能的变换。实现电力电子变换的设备或系统，称为电力电子装置或电力电子系统。

电力电子系统越来越复杂，电力电子变换种类越来越多，但最基本的电力电子变换还是四大类，即AC/DC变换（整流器），DC/AC变换（逆变器），AC/AC变换（变频器），DC/DC变换（直流变压器）。更复杂的变换链，都由这四种变换组成，如AC/DC/AC/DC变换（逆变电焊机），AC/DC/AC变换（高，中频感应电炉），AC/DC/DC变换（脉冲电镀电源，脉冲电化电源，开关电源等），AC/DC/AC变换（变频变压电源，UPS电源），DC/AC/DC/AC变换（车载电源）等。

电力电子系统或电力电子装置本身也由两部分组成，即变换部与控制部。变换部即电力电子系统的主电路，主电路承担电力电子变换的任务。控制部包括测量电路、控制电路、保护电路、显示电路、操作电路。控制电路承担对电力电子变换的测控任务。这两部分用框图描述如图3.2.10所示。

控制部的主体，是控制器和驱动器。

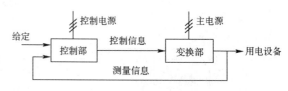

图3.2.10 电力电子系统框图

变换部由两类元件组成，一类是储/放能元件，即电感与电容。另一类是电力电子开关，如二极管、晶闸管、IGBT、MOSFET等。这些元件组成特定的拓扑网络来实现电能/电能变换。L、C元件在变换中起基础作用，通过特定的充电/放电、充磁/放磁实现所需的电能变换。电力电子开关在变换中起着主导作用，通过对拓扑网络进行准时、快速、高效的切换，来主导L、C元件充/放电和充/放磁有条不紊的进行。因为L、C元件在变换中的基础作用，对网络拓扑的结构和L、C元件的参数进行精确设计是至关重要的。因为电力电子开关对变换的主导作用，对电力电子开关进行实时、精确、可靠的控制也是至关重要的。

电力电子变换的强大功能，全都是电力电子开关赋予的。只因有了电力电子开关的发明，才有电力电子变换的产生。所以要弄清电力电子变换与控制的原理，必须把电力电子开关的工作方式和控制方式搞清楚。

电力电子变换装置的调控指令通常以直流控制电压的形式出现。末级调节器所发出的这一调控指令，发送到电力电子变换装置的控制部中。控制部依据调控指令，生成控制电力电子开关的控制脉冲信号，去控制电力电子开关的工作。

任务3　半控型电力电子变换和移相控制

3.3.1　三类电力电子开关

用于接通或断开电功率传送的电子开关，称为电力电子开关。电力电子开关是电力电子技术的基础,是实现电力电子变换的关键元件。根据电力电子开关的功能不同,我们可以将电力电子开关分为三类。

1. 自控型(不可控型)电力电子开关

能够通过较大电流,传送一定功率的二极管,是不可控型或自控型的电子开关。二极管是正向开通、反向阻断的元件,所以是一种开关元件。无论开或关,都不能人为控制,但能自动控制,所以是不可控型或自控型元件。

在电力电子变换中,这种自控开关在某些场合起着不可替代的作用。一个电力电子电路中,可以没有晶闸管,但不能没有二极管。特别值得一提的是,二极管的续流的作用。当一个电感电路被开关管 VT_1 突然切断时,与之逆向并联的续流二极管 VD_2、VD_3 自动正向开通,让续流电流通过,以保护开关管不被电感 L 或变压器 T 的感应高压击穿。而当开关管 VT_1 突然接通时,续流二极管又自动反向关闭,让电流流过 L 和 T。如图 3.3.1 所示为控制感性负载时如何用续流二极管自动保护开关管。

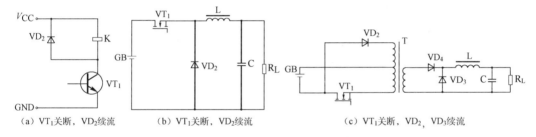

(a) VT_1关断,VD_2续流   (b) VT_1关断,VD_2续流   (c) VT_1关断,VD_2、VD_3续流

图 3.3.1　控制感性负载时如何用续流二极管自动保护开关管

VD_2 和 VD_3 总是紧随 VT_1 而动作,你关我开,你开我关。虽然是自动的开、关,但总还是要时间的。如果二极管的开、关时间跟不上开关管,跟不上 L、T、C 元件的充/放电、充/放磁的速率,电路就无法正常工作了。当电力电子变换的速度很高时,这个矛盾就会显现出来,于是就找不到这样高速的二极管了。

二极管的又一个重要作用是保护全控桥的开关管,如图 3.3.2 所示。

在四个开关管(MOSFET 或 IGBT)上反并联了四个二极管。开关管承受正向电压,或流过正向电流。开关管是按正方向来开通或关断电能的。开关管不能通过反向电流。反向电压对开关

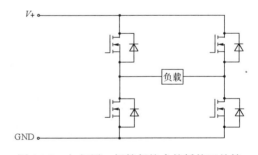

图 3.3.2　如何用二极管保护全控桥的开关管

管的作用是有害的,甚至危险的。为了保护开关管,并提供感性负载的续流通路,就用二极管与开关管反并联,使反向电压加不到开关管上。这项任务对二极管的要求也是很高的。如果开关管的工作频率很高,二极管的速度跟不上,也没法起保护作用。

虽然二极管有很重要的作用,但这些作用仍然是有跟随性和辅助性的。在四种基本的电力电子变换中,二极管能独立起作用的只有不可控的 AC/DC 变换一种。在其他场合,它只能当配角,不能当主角。所以二极管尽管出现最早,但未能打开电力电子时代的大门。

2. 半控型电力电子开关

晶闸管是人类发明的第一个可控电力电子开关。晶闸管的发明,使电力技术与电子技术得以结合,进入了电力电子技术时代。尔后出现了一系列电力电子开关都是晶闸管的后代。

晶闸管是一个半控型开关器件,反向是自动阻断的。正向能用触发脉冲控制开通,但不能控制关断。在一定的条件下,正向可以由开通转化为关断,恢复阻断能力。

在电力电子技术发展的初期,晶闸管唱主角。以晶闸管为主角的电力电子变换装置在直流传动、矿井提升、电化冶金领域中获得了广泛应用,然后又扩展到中、高频感应加热,电焊,交流调压,直流高压输电等广大领域,至今仍在生产中担当着重任。

3. 全控型电力电子开关

全控型电力电子开关是开通和关断都可控的开关。全控型开关的出现,使电力电子技术突飞猛进。在各个领域都获得了卓有成效的作用。全控型开关的家族有不少成员。现在应用最广泛的是两种,一种是功率场效应管 MOSFET,另一种是绝缘门极晶体管 IGBT。新的优良器件仍在涌现,值得每一个电气人密切关注。

当前我们要学会的,是晶闸管的控制驱动技术和 MOSFET 与 IGBT 的控制驱动技术。

3.3.2 晶闸管移相控制

1. 晶闸管的开通

晶闸管是基于两个晶体管相互正反馈作用构成的电力半导体开关器件。晶闸管依靠内部 PNP 和 NPN 的正反馈联结,具有正向开通自锁功能,因此,可采用触发脉冲控制其正向开通。

2. 晶闸管的关断

由于维持晶闸管正向开通是依靠其内部的电流正反馈实现的,因此,无法用脉冲控制其关断。只有在电流降到 0 或施加反向电压时,晶闸管才能被迫关断。所以晶闸管可用于交流控制,不能用于直流控制,直流电流不会过零,也没有反压。

3. 晶闸管的移相控制

利用晶闸管正向阻断、触发开通的特性,控制通过晶闸管的电流,或控制晶闸管整流输出的电压,采用移相控制技术。移相控制,就是通过移动触发脉冲的相位,改变正向触发开通的时刻 t_1,控制一个交流周期中正向导通的时间段(t_1, t_2),从而控制流过晶闸管的电荷 $q=\int_{t_1}^{t_2} i dt$ 或晶闸管输出的磁链 $\Psi=\int_{t_1}^{t_2} u dt$,最后达到控制平均电流 $I=\dfrac{2q}{T}=\dfrac{2}{T}\int_{t_1}^{t_2} i dt$ 或平均电压 $U=\dfrac{2\Psi}{T}=\dfrac{R}{T}\int_{t_1}^{t_2} u dt$ 的目的。

4. 移相控制的参考点

确定触发脉冲的相位,必须首先确定计算脉冲相位的起点。这个起点就是用二极管代替晶闸管时电路的自然换相点。

5. 单相全波整流的移相控制

单相全波整流每周期输出两个正弦半波"波头",所以,每周期有两个自然换相点,即正弦电流或电压的过零点。为此每周期需要两个触发脉冲,每个脉冲都分别以对应的自然换相点为计算脉冲相位的起点,如图 3.3.3 所示,$\alpha=0$ 时,u_d 最大。随着 α 增加,u_d 减小。α 的移相范围为(0, 180°)。

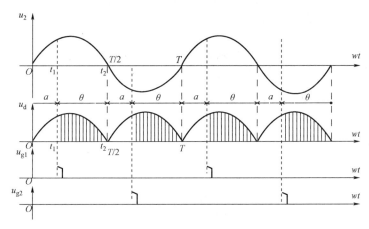

图 3.3.3 单相全波整流的移相控制

当 $\alpha=180°$ 时,$u_d=0$。u_d 与 α 的关系,还与负载有关,对电阻负载为

$$u_d = 0.9 u_2 \frac{1+\cos\alpha}{2}$$

6. 三相全波整流的移相控制和触发脉冲定相

三相全波整流,每周期共生成 6 个正弦半波。这 6 个半波,只有电位最高的部分可以"出头"输出,因此共有 6 个"波头"。波头与波头交接之处为自然换相点。每周期共有 6 个自然换相点。每个自然换相点都是一个对应的触发脉冲的移相起点。每个周期有 6 个触发脉冲。6 个触发脉冲都由同一个移相控制信号来移相,以确保 6 个触发脉冲的对称性,即任意两个相邻脉冲之间的相位差都是 60°。6 个依次出现的触发脉冲,必须正确连接到其对应的晶闸管的门极上。晶闸管在主电路图上的编号不是随意的,而是根据电路的工作原理和晶闸管导通的先后顺序严格确定的。如果晶闸管的编号弄错了,或者触发脉冲与晶闸管的对号连接错了,电路都不能正常工作。这是系统安装和调试中要特别注意的,因为这是很容易搞错的关键问题。晶闸管在主电路图上,触发器在控制电路图上,两者离得可能很"远",看图时两者"接"不起来。图上都"接"不起来,安装时自然更接不起来,不知道如何才能"顺着接口转"了。在设备上,触发器与晶闸管可能各在各的柜子里。安装时,两个柜子各在各的地盘上。要找到对方,正确接线确实要小心再小心。

上面讲的原理,对三相桥或双反星晶闸管整流电路都是一样的。图 3.3.4 以三相桥为例对这些原理进行了解释。请认真读懂这张图,仔细体会晶闸管三相桥的换流规律,在此基础上,进一步搞清楚移相触发控制的道理和规律。要做好事情,既要有法,更要知理。方法很重要,原理更重要。原理懂透了,没有方法也可以想出方法来。

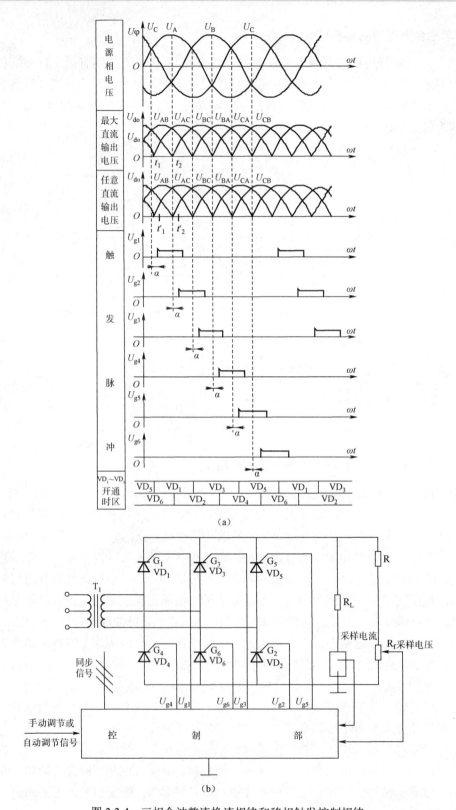

图 3.3.4 三相全波整流换流规律和移相触发控制规律

模块三 电力电子变换的逻辑控制与连续调节

和单相全波可控整流一样,三相全波可控整流的输出直流平均电压 U_d 可随控制角 α 的变化而变化。当 $\alpha=0$ 时,电路在自然换相点换流,输出的直流电压 $U_d=U_{dmax}$。随着 α 的增加,U_d 减小。对于电阻负载,α 的移相范围是(0, 90°)。当 $\alpha=90°$ 时,$U_d=0$。U_d 与 α 角的关系为

$$U_d = 2.34U_2\cos\alpha$$

7. 六脉波晶闸管整流器锯齿波移相触发电路的分析和调试

上面的原理搞清楚之后,问题就集中到,怎么来改变 α 角的大小?怎么来给定 α 角的大小?进而怎么根据调节器输出的调控指令信号 $a(t)$ 自动控制角 α 的大小?

实现移相的方法和电路多种多样。从大的方面来说,分为软件式与硬件式,硬件式又分为数字式和模拟式。模拟式又分为分立元件式和集成元件式。在这里,我们只限于模拟式的触发电路。我们首先来解剖一个典型的分立元件电路,目的是弄清它的原理。其他类型的电路,虽然更进步了,但原理都是从分立元件电路演变而来的。解剖分立元件电路,更有利于把原理搞清楚。原理搞清楚了就好办了。

模拟式触发电路,常见的有阻容移相触发电路、单结晶体管移相触发电路、正弦波移相触发电路和锯齿波移相触发电路等。无论是用哪一种方法产生移相触发脉冲,首先都要解决触发脉冲与主电路同步的问题。更具体的说,是要使移相角 $\alpha=0$ 的触发脉冲恰好出现在主电路自然换相点的时刻。

由分立元件组成的各种模拟式触发电路中,以锯齿波移相触发电路最为完善。这种类型的触发电路在重要的设备中得到了广泛的应用。随着技术的发展这类电路已有了集成化的产品,于是应用十分方便。所以我们就以国内最先定型生产的一台 6000A 六脉波晶闸管整流器使用的锯齿波移相触发系统来进行讨论。每个三相桥有 6 块结构相同的触发板,我们只需用 +A 相触发板来分析就可以了。触发器电路图如图 3.3.5 所示。这里我们只讨论移相信号是如何生成和控制的,这是研究控制系统时问题的关键。至于得到移相信号后,如何据以生成,放大和输出触发脉冲,在这里不加讨论,读者可以自己研究。

为了进行移相控制,首先要制成一个锯齿波,然后通过控制锯齿波垂直移动,改变其与 ωt 轴的交点位置来获得所需要的移相信号。图 3.3.6 所示的是说明 +A 相移相控制信号如何生成、移相控制范围如何整定、移相自动控制如何实现的电路关键点波形原理图。为此要求锯齿波:

① 与主电源同步。

② 锯齿波的起点,要超过电路自然换相点一个适当的角度。虽然,从理想情况来看,锯齿波可以从自然换相点为起点,但实际却不行。因为晶体管有过零开通死区,硅管约为 0.5V。如果以自然换相点的时刻为锯齿波起点,则在这个起点晶体管是不会触发的。所以,锯齿波起点必须比自然换相点超前。超前多少呢?能够得到的超前点只有一个,就是超前 30° 的点。如果超前如 60°,则太多了。其他角度做不出来。因为超前只能通过 Y/△ 变换来实现。

③ 比自然换相点超前30°的点，就是U_A的过零点。但U_A不能用，因为U_A是主电源。控制电路与主电路的电压不同。即使相同，也必须隔离，不能直接连接。所以只能找一个与U_A同相的控制电源，称为U_{A11}。可以用控制变压器来产生U_{A11}。控制电源由三只控制变压器连接成Y形或△形，得到6个交流出线端，其中必有一个而且只有一个出线端与U_A同相，这个出线端就用作U_{A11}。

④ 脉冲的宽度要求≥60°且≤120°。从图3.3.4可以看到，i_{g2}（U_{g2}）"上班"时，i_{g1}（U_{g2}）还没有"下班"。这时刻i_{g2}的任务是触发VD_2开通，让VD_6"交班"给VD_2。而VD_1还得继续上半个班，还不能"下班"。但在这"交接班"时由于法拉第电磁感应定律的作用，会产生很大的干扰，可能使VD_1没能保持开通，也跟着误关断了。为了确保不会发生这种情况，要求i_{g1}（U_{g2}）稍晚一点再"下班"，保住V_1不会因为没有触发电流了而误关断。这就是每个触发脉冲的宽度不能小于60°的原因。但脉冲宽度又不能超过120°。因为晶闸管的导通时间必须是120°，到了120°必须"交班"。总之，第一个脉冲应该在第二个脉冲到来之后，第三个脉冲到来之前结束。实践证明，取脉冲宽度为75°是比较合适的。

⑤ 以自然换相点为参考，锯齿波提前30°开始，加上最大移相角$α_{max}$=90°，再加上脉冲宽度75°，共计195°。而U_{A11}的半周只有180°，产生不了这个宽的锯齿波，所以再加上另一相同信号电压U_{C12}与U_{A11}并联。由图3.3.6可以看出，U_{C12}滞后U_{A11}60°，与主电源电压$-U_C$同相。这样，U_{C12}与U_{A11}的正半周共宽180°+60°=240°，生成的锯齿波有可能宽到210°，问题就解决了。

⑥ 从图3.3.5和图3.3.6可以看到，U_{C12}与U_{A11}在23点形成了一个双峰正半波电压，宽240°。这段时间，VD2被此双峰电压阻断。由405点供入的+24V电压，经过VT_1管产生近似恒定的电流，在此期间对电容C_3充电。于是在24点形成了一个宽度约为210°左右的锯齿波U_{24}。此锯齿波经过VT_2射极输出，成为U_{27}。U_{27}比U_{24}略低零点几伏。但为了后面的问题容易看清楚，图3.3.6中把U_{27}的高度放大了。

⑦ 锯齿波电压U_{27}与410点的负偏置电压U_{410}及409点的给定信号电压U_{409}通过电阻R_8、R_5、R_6在29点进行综合。在调试时，先断开409，由U_{410}对锯齿波U_{27}进行偏置。要求将锯齿波的过0点由锯齿波的生成零点（坐标原点）偏置到$α=α_{max}$=90°的点。为此可以用示波器接在28点与O_2点之间观察，调动410点的偏置电位器，使锯齿波与$ωt$轴的交点距离坐标原点（U_{A11}与$ωt$轴的交点）30°+90°=120°，或者令此交点与U_{A11}和U_{C12}的交点在一条垂直线上。这时将偏移电位器锁定，并记下偏移电压的大小。以后作全电压小负载试验时，可进行更精确的复核。

⑧ 锯齿波偏置锁定后，接入给定信号U_{409}。当给定电位器调到下死点时，锯齿波的偏移位置应不受影响，保持原整定位置。然后将电位器调到上死点，这时锯齿波应恰在$α$=0°处（距坐标原点30°处）过零。如果是这样，就是最大输出电压的给定点。如果不是，就要调整与给定电位器串联的阻值，直到符合要求。

⑨ 上、下限的整定如果互相牵连，互相影响，就要设计一个调试程序，反复调试，验证多次，直到上下限都符合要求。上下限的整定，就是移相范围0～90°的整定，对系统的运行性能很有影响，要小心进行。上下限是否调好了，最后的标准，还要求运行试验能否得到0压输出和满压输出。试验时可通过看电压表和输出波形来判断。

模块三 电力电子变换的逻辑控制与连续调节

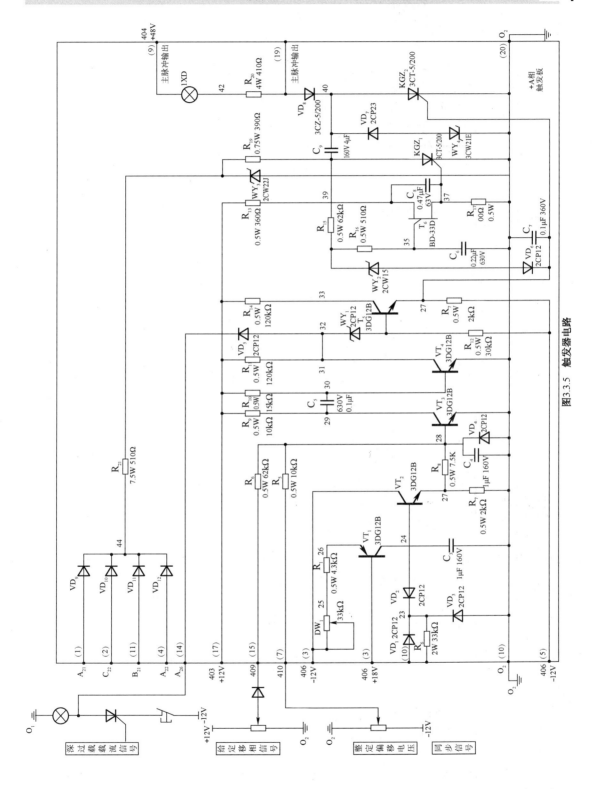

图3.3.5 触发器电路

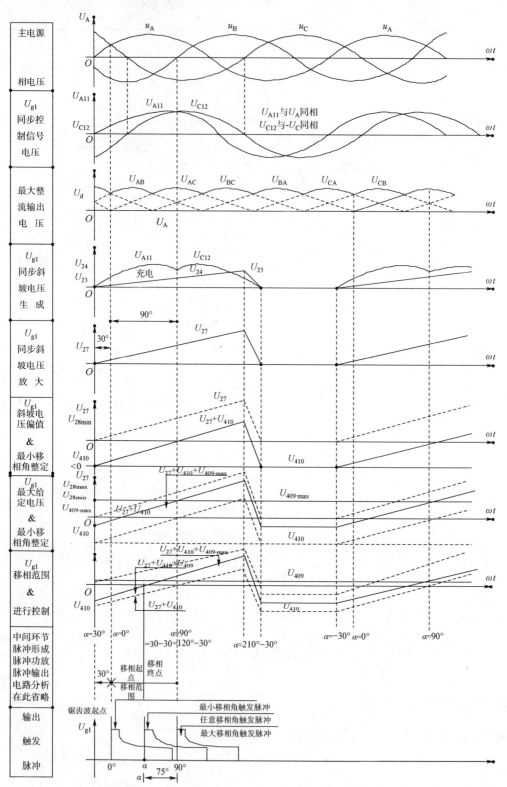

图3.3.6 电路关键点波形原理图

+A,根据齿波移相控制信号生成,移相范围整定和移相自动控制原理

模块三 电力电子变换的逻辑控制与连续调节

8. 6个触发脉冲调到高度的对称是高质量调试的关键

我们以+A 相的晶闸管 VT_1 的触发脉冲为例，详细解释了移相信号如何生成和控制的原理。因为6个脉冲共用同一个偏置电压 U_{410} 和同一个给定信号 U_{409}，这就同时完成了其余5个脉冲相位的偏置与给定调试。但是，移相值还与每块触发板的锯齿波的斜率有很大关系。如果6块板的锯齿波斜率彼此不同，各板的移相角就不同了。相邻两脉冲的间隔就不再都是60°，而会参差不齐。这将打乱主电路的换流时间，大大增加主电路中的谐波成分，对系统自身的运行和对电网的运行都会造成严重的干扰。这是决不允许出现的问题。所以，6相脉冲的移相角必须一致，要从设备的设计、制作、调试上采取系统的措施予以保证。在调试时，一定要把6块板的锯齿波调得高度一致，这可是关键的关键。调锯齿波斜率，就要调 VT_1 管的电流。调节的元件是可变电阻 DW（即 $DW_1 \sim DW_6$）的阻值。如果 DW 调节后斜率仍达不到要求，还要更换电阻 R_1。R_1 与 DW 的值调好后，要用电桥测量并记录下来，并可靠地锁定。具体调法是，以一块板为基准，将其余5块板逐一与其相比对。比对采用双线示波器。垂直移动两块板的锯齿波，与其完全重合。如果不一致，就要调被比对的板。为了能进行重合比对，两块板的（2）号（3）号口应输入同一组同步控制电源。如果以 VT_1 的触发板为比对基准，就以 A11、C12 为两板共用的网步控制电源。6块都调好后，还要进行总的检验。检验的方法是用示波器显示直流输出电压，并调动 U_{409} 的给定电位器，观察6个波头是否在任何时候都完全一致。如果做到了这一点，调试就达到了很高的质量。这时，设备的运行噪声会降到最小，干扰会减少。

9. 用调节器输出的调控信号来实现移相控制

回到开始时的问题：由调节器输出的调控信号是如何调节电力电子变换装置的工作状态的？对于晶闸管相控系统，我们可以回答这个问题了。调控信号是以控制电压 u_{409} 的形式输入触发板，对负偏置了的锯齿波进行垂直移动，从而水平移动锯齿波的过零点，以实现移相控制的。控制关系可以表示为

$$U_d \downarrow \longrightarrow 调 \; U_{409} \uparrow \longrightarrow a \downarrow \longrightarrow U \uparrow$$

$U_{409} \uparrow$ 则 $U_d \uparrow$，$U_{409} \downarrow$ 则 $U_d \downarrow$，两者方向一致。调试时，是用手来调 U_{409}。开环运行时，也是用手来调 U_{409}。闭环自控时，只要用调节器的输出指令电压 $a(t)$ 来作控制电压 U_{409} 就可以了。原理是这样，做起来还是应该谨慎从事，步步为营，保证不出问题。系统调试要讲究方法，注重程序。一般的要求是从局部到整体，从元件到电路，从单元到系统，从静态到动态，从低压到全压，从小电流到大电流，从空载轻载到重载，从手控到自控，从开环到闭环，等。所以在静态调试之后，正式投运之前，应该有一个试运行、试生产的阶段。对于没有运行实践经验的系统，尤其应该这样。尽可能先手控运行，积累经验，再转入闭环自动运行。由开环到闭环，要看作一次重要的跨越，唯谨唯慎。在手控运行时，可以测定 U_{409} 的手控给定值范围和没有使用的调控指令 $a(t)$ 的变化范围，两者比对，如果比较一致，用自控代替手控就不会出大问题。如果两者相差较大，就要找出原因，加以消除。决不可盲目将自控信号接入。比对自控信号与手控信号的变化范围时，不仅要比对信号的大小，也要比对信号变化的方向。如果变化方向相反，自控信号就不是负反馈而是正反馈了。那是决不能接入的。

3.3.3 TC 787/TC 788 集成移相触发器

经过几十年的发展，晶闸管移相控制技术日趋完善。分立元件触发器已经逐渐被集成触发器所取代。在触发电路中，除了在功放输出级仍须使用晶体管以外，其他地方晶体管的身影越来越少。锯齿波过零点的判断，由晶体管变为更准确的电压比较器。集成触发器把触发电路中各种先进技术集于一身，封装到一个芯片里。由于功耗低，功能强，输入阻抗高，可靠性高，抗干扰性能好，移相范围宽，脉冲对称性好，电路简化，外接元件少，占用PCB面积小，体积小，装调简便等一系列优点，集成触发器已经将分立元件触发器取而代之。在晶闸管控制中，集成触发器的使用，成为必修技术。讲分立元件触发器主要是为了学道理、学方法。讲集成触发器主要是为了学应用。

集成触发器的种类很多。国内流行的有 KJ，TH，TC，KM，KC，LZ，KTM，ZF，CF 等型号系列。当前性能最好的三相集成触发器是 TC787/TC788 集成触发器，这里作一个简略介绍。

TC787/TC788 是一款三相集成触发器。一块芯片，配上少许外接元件，即可构成用其他集成触发器需要多块芯片的触发控制系统，更不用说分立元件电路了。TC787/TC788 既可用于晶闸管移相控制，也可用于大功率晶体管（GTR）、功率场效应晶体管（MOSFET）、绝缘栅双极晶体管（IGBT）、MOS控制晶闸管（MCT）等电力电子开关的PWM控制。既可单电源工作，又可双电源工作。既可输出单脉冲列又可输出双脉冲列。可以移相 0～180°，可以进行脉冲封锁。

图 3.3.7 所示的是 TC787/TC788 的引脚编号与功能图（顶视图）。

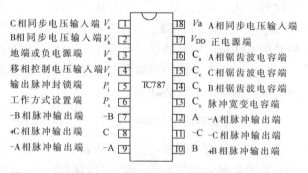

图 3.3.7 TC787/TC788 的引脚编号与功能图（顶视图）

1. TC787 的引脚识别与用法

使用芯片，首先要认真研究引脚的功能和用法。

① 电源端：pin17，pin3。

单电源工作：pin3 V_{ss}=0，接地；pin17 V_{DD}=8～18V

双电源工作：pin3 V_{ss}= –4～–9V；pin17 V_{DD}=+4～+9V

② 同步信号输入端：pin1（V_c），pin2（V_b），pin3（V_a）。

要求：信号滤波后再输入，信号峰值电压不大于 V_{DD}；输入同步电压有效值不大于 $\frac{1}{2\sqrt{2}} V_{DD}$。

③ 移相控制信号输入端：pin4（V_r），移相角 $\alpha \propto V_r$；$V_r \leq V_{DD}$。

④ 脉冲输出端：pin 号　12　11　10　9　8　7

　　　　　　　　SCR 号　+A　-C　+B　-A　+C　-B。

⑤ 输出方式选择端：pin6（P_c）。

　　pin6 设置　　　　　　P_c=高电平　　　　P_c=低电平

　　脉冲输出方式　　　　输出双脉冲列　　　输出单脉冲列

⑥ 脉冲封锁端：pin5（p_i）

pin5 设置	P_i=高电平	P_i=低电平
脉冲输出封锁	有效	无效

⑦ 锯齿波斜率和幅值整定电容端：pin14（C_b），pin15（C_c），pin16（C_a）。

取值范围：0.1～0.15μF，电容大小决定锯齿波斜率和幅值。

三个电容容量要严格一致。

电容一端接地。

⑧ 脉冲宽度电容端：pin13（C_x）。

取值范围：3300PF～0.01μF。

2. TC787/TC788 的内部功能/结构框图

TC787/TC788 的内部功能/结构框图如图 3.3.8 所示，其工作原理如下：

① 经过滤波后，三相同步电压 V_a、V_b、V_c 分别输入三个过零和同步检测单元。

② 检测出零点和极性后，输出三个控制信号给内部的三个恒流源。

③ 三个恒流源对三个外接电容器 C_a、C_b、C_c 进行恒流充电，形成三个斜率相等的锯齿波。

④ 三个锯齿波分别与三个比较器中的同一个移相控制电压比较得到三个交相点。

⑤ 三个交相点进入抗干扰锁定电路被锁定，保证交相点唯一且稳定，不受此后锯齿波和移相电压波动的影响。

⑥ 交相点与脉冲发生器输出的脉冲（对 TC787 为调制脉冲，对 TC788 为方波）信号经过脉冲形成电路处理后，变为与三相输入同步信号的相位对应且与移相电压大小适应的脉冲信号，送到脉冲分配及驱动线路。

⑦ 在系统无过流过压或其他故障的情况下，pin5 为低电平，允许脉冲分配器按 pin6 设定的输出方式（pin6=H 时，输出双脉冲，pin6=L 时，输出单脉冲）输出脉冲。

⑧ 分配的 6 个脉冲列经输出驱动电路功放后输出。

⑨ 一旦系统出现过流、过压或其他非正常情况，pin5 为高电平，禁止信号有效，脉冲分配器和驱动电路的内部逻辑动作，封锁逻辑输出，使 pin12、pin11、pin10、pin9、pin8、pin7 均为低电平。

3. 晶闸管三相桥 DIY

Do it yourself（DIY）！自己动手做，这是最好的学习方法。本模块有三个东西最值得 DIY。第一个是用运算放大器做 P、I、D、PI 调节器。第二个是用 TC787/TC788 做晶闸管六脉波整流器。第三个是用 3525 做 PWM 控制的逆变器。这三个 DIY 都很基本、很典型、很实用，成本也很低，值得做。

六脉波整流器的 DIY 包括以下这些内容：

线路设计 DIY；线路组装 DIY；线路调试 DIY；线路实验 DIY； PI 调节器 DIY；

在 DIY 之前，先把 TC787/TC788 的内部功能结构、外引脚功能和用法及三相桥式六脉波晶闸管整流器的主电路图和控制电路图熟悉一下，如图 3.3.8 所示。

晶闸管三相桥是很多电力电子系统的重要组成部分。掌握晶闸管三相桥的设计、组装、调试技术，对学习电能变换与测控技术有重要意义 "纸上得来终觉浅，绝知此要躬行"。

DIY 是一个好办法。

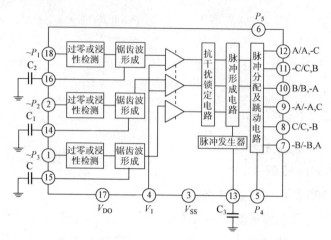

图 3.3.8　TC787/TC788 的内部功能/结构框图

参考电路如图 3.3.9 所示。

如何将晶闸管三相桥接入闭环系统中？把调节器的输入调控信号 $a(t)$ 接到 TC787 的 pin4 就可以了。

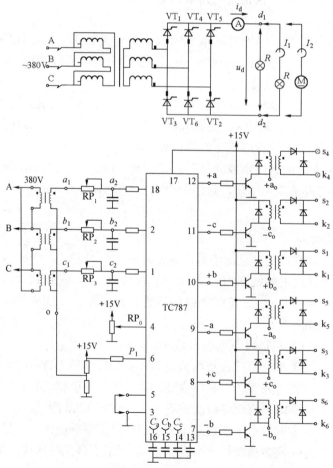

图 3.3.9　参考电路图

任务4 全控型电力电子变换和PWM控制

3.4.1 全控型电力电子变换

由晶闸管实现的电力电子变换是半控型电力电子变换,即基于移相开通控制的电力电子变换。这种电力电子变换主要应用于 AC/DC 变换。在 DC/AC 和 DC/DC 变换领域,晶闸管的应用受到很大的限制。只是在 AC/AC 变换、频率较低的 DC/AC 变换中获得一些应用。

由 IGBT、MOSFET 等全控型电力电子开关实现的是全控型电力电子变换,即基于电平开通控制和关断控制的电力电子变换。这种电力电子变换在 DC/AC、DC/DC 变换中起着关键作用,在 AC/DC 变换中的应用也正在崭露头角。

可以这样说,不懂得晶闸管相位控制,就不懂得传统电力电子技术。不懂得 IGBT、MOSFET 和 PWM 控制,就不懂得现代电力电子技术。

IGBT、MOSFET 等采用的是电平控制,控制端为晶体管的栅极 G。简单说来就是"高电平开,低电平关",图 3.4.1 所示的是 IGBT、MOSFET 等器件的控制波形图。输出的脉冲波形,如配合二极管,电感、电容电路充、放磁,充、放电的处理,可以获得平均输出电压 V_{oav},如虚线所示。这就是 DC/DC 电力电子变换。

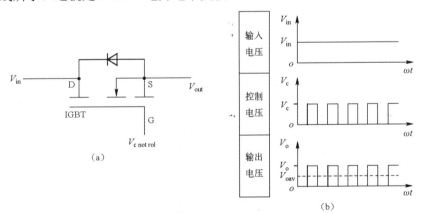

图 3.4.1 IGBT、MOSFET 等器件的控制波形图

对于矩形脉冲波,有一个很重要的技术参数,称为脉冲占空比,简称占空比,用 D 表示。占空比的定义是,在一个周期中,导通时间 t_{on} 与周期 T_p 之比,即

$$D = \frac{t_{on}}{T_p}$$

这个参数用来表示输出与输入的关系。在图 3.4.1 中,即

$$V_{oav} = DV_{in}$$

这个公式说明,只要控制 IGBT 或 MOSFET 的占空比,就可以控制输出电压 V_{oav}。

晶闸管无法控制关断,所以无法控制占空比。全控器件则可以控制占空比。现在控制占空比的方法中,应用最广泛、最成熟的控制技术是 PWM(Puls Width Modulation)控制技术,即脉冲宽度调制技术。已经有大量的 PWM 集成控制器支持这种技术。由闭环控制系统中输出的调控信号 $a(t)$ 是一个模拟电压信号,而 PWM 控制信号是占空比可调的脉冲信号。这两者是什么关系呢?

如果把模拟调控信号 $a(t)$ 直接接到图 3.4.1 中 IGBT 的栅极 G 上,显然是不行的。正确的做法是,把 $a(t)$ 接到 PWM 控制器的控制信号输入端,PWM 内部自动生成与 $a(t)$ 相对应的 PWM 信号,再用此信号去控制 IGBT 的开关。图 3.4.2 所示的是用 $a(t)$ 对 IGBT 或 MOSFET 进行 PWM 的控制方法。

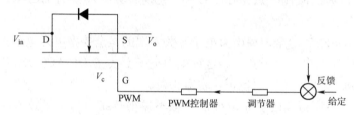

图 3.4.2　用 $a(t)$ 对 IGBT 或 MOSFET 进行 PWM 的控制方法

3.4.2　全控型 DC/DC 变换拓扑

将图 3.4.1 配上二极管、电感和电容,可以组成三种基本的 DC/DC 变换拓扑,即降压变换拓扑、升压变换拓扑和升降压变换拓扑。在这些变换拓扑中,电感的作用是充、放磁,电容的作用充、放电,二极管的作用是续、断流。三者的主导则是变换控制开关 IGBT 或 MOSFET 。

1. 降压型 DC/DC 变换拓扑(BUCK 电路)

BUCK 电路如图 3.4.3 所示。变换开关 S 根据控制信号的要求,以一定的占空比 D 按 PWM 方式开/闭。直流电源经过 S 将电能送到电感 L 上。L 在 Q 和 V_D 的配合下,按照惯性规律充放磁,将电能转送到负载或电容 C 中,电容 C 配合电感 L 进行充放电,对负载电压进行自动调节。

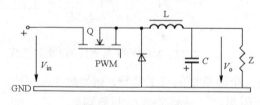

图 3.4.3　BUCK 电路

输出与输入及控制的关系如图 3.4.4 所示。

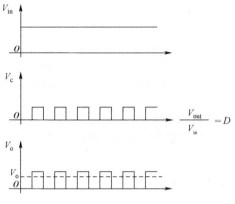

图 3.4.4 输出与输入及控制的关系

2. 升压型 DC/DC 变换拓扑（BOOST 电路）

BOOST 电路的特点是，在开关 Q 闭合时，直流电源中的电能先转移到电感 L 中。开关 Q 断开时，L 与电源电压串联，经过二极管 VD 向电容 C 充电或与 C 并联向负载供电。因此是升压型变换器。图 3.4.5 所示的是 BOOST DC/DC 升压变换器电路原理图。

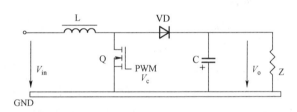

图 3.4.5 BOOST DC/DC 升压变换器电路原理图

输出与输入及控制的关系如图 3.4.6 所示。

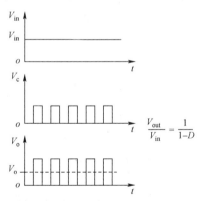

图 3.4.6 输出与输入及控制的关系

3. 升降型 DC/DC 变换拓扑（BUCK-BOOST 电路）

BUCK-BOOST 电路如图 3.4.7 所示。变换开关 Q 导通时，电源将电能转入电感 L 中。Q 断开时，二极管导通，电感将电能转入电容 C 及负载中。如果占空比 D 较小，L 中储存的电能不多，由 L 转到 C 中的电能也较少，就是降压变换；如果 D 较大，L 中储存并转移到 C 中的电能较多，就是升压变换。

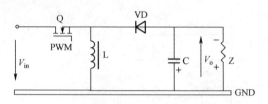

图 3.4.7 BUCK-BOOST 电路图

电容 C 及负载上的电压方向与电源电压的方向相反。电源电压并不能直接作用于电容 C 和负载。

输出与输入及控制的关系如图 3.4.8 所示。

3.4.3 DC/DC 变换的 PWM 控制器原理

用于控制 DC/DC 变换的 PWM 控制器，其结构和工作原理如图 3.4.9 所示。

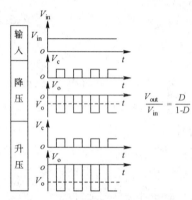

图 3.4.8 输出与输入及控制的关系 2

工作原理：给定信号 V_g 与反馈信号 V_f 送入误差放大器（调节器），输出调控信号 $a(t)$。$a(t)$ 与锯齿波电压 V_{st} 相比较，若 $a(t) > V_{st}$，则 PWM=on；若 $a(t) < V_{st}$ 则 PWM=off。按这一逻辑，$a(t)$ 越大，t_{on} 越大，t_{off} 越小，即 D 变大，输出电压增加。由于调节器是负反馈放大器，实测信号 $V_f < V_g$ 时，$a(t) > 0$，将有 PWM 信号输出；而 $V_f > V_g$ 时，$a(t) < 0$，将无 PWM 信号输出。$V_f < V_g$ 的差距越大，$a(t) > 0$ 的线越高，使 t_{on} 越大，D 越大，V_{out} 越大，所以是负反馈调节。

现在广泛使用的 DC/DC 变换集成 PWM 控制芯片有 SG3525、TL494、UC3842～3846，UC3875～3895。

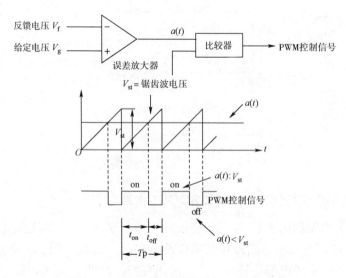

图 3.4.9 PWM 控制器结构和工作原理图

3.4.4 全控型单相 AC/DC 变换拓扑

PWM 全控型电力电子变换不仅可以用在 DC/DC 变换中,也可用于 AC/DC 或 DC/AC 变换中。先来看 AC/DC 变换,以单相整流为例。

我们已经熟悉了不可控型和半控型的单相 AC/DC 变换,这种变换是由单相桥实现的。图 3.4.10 所示的是单相不可控型 AC/DC 整流器原理电路图和波形图。

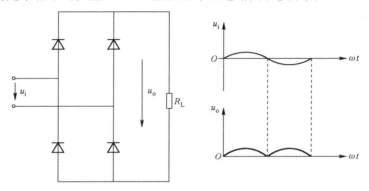

图 3.4.10　单相不可控型 AC/DC 整流器原理电路图和波形图

不可控型整流波形完整,功率因数最高,谐波最少,但输出电压不能控制,不能调节。半控型整流电路通过牺牲波形而换来输出电压可控可调,但代价不小:功率因数变低,谐波增多,"公害"严重,效率降低。

仍然是桥或电路,采用全控型电力电子变换后,可以实现 PWM 调制的脉控整流,既有输出电压可控可调的宝贵特性,又可保持功率因数为 1,波形完整,谐波减少。图 3.4.11 所示的是单相 PWM 的控制 AC/DC 整流器原理电路图和波形图。

在可控型整流领域中,相控整流已经无所不在,占有了绝大部分地盘。不过,PWM 整流正在异军突起,前途未可限量。

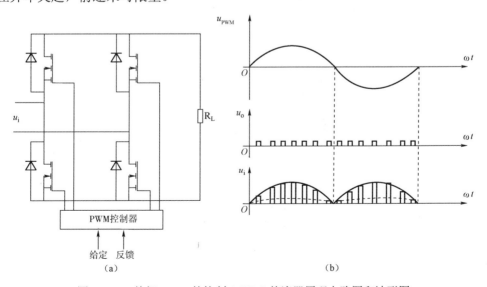

图 3.4.11　单相 PWM 的控制 AC/DC 整流器原理电路图和波形图

3.4.5 全控型单相 DC/AC 变换拓扑

在全控型电力电子变换出世之前,DC/AC 变换技术是非常困难的。用晶闸管制成的 DC/AC 变换装置,只能工作在比较狭窄的低频段,无法适应工业上对 DC/AC 变换的广泛要求。IGBT 和 MOSFET 的出现,完全改变了这种局面。由于 DC/AC 变换技术的发展,变频调速、感应加热和熔炼等现代技术已经在工业中得到了普遍的应用。

PWM 调制技术不仅可以用于 DC/DC 和 AC/DC 变换,也可以用于 DC/AC 变换,而这是变频调速技术得以成功的一个关键。

在 DC/DC 变换中,控制/驱动信号是频率不变、宽度相等、占空比可调的 PWM 矩形波信号。产生这种 PWM 信号的办法是把给定的水平直线信号与周期的锯齿信号相比较,在交点处发出控制信号。这样的做法比较简单。其效果是把直流电压仍变成直流电压。对于 DC/AC 变换,这样做不理想。因为通常要得到的是正弦交流波而非矩形交流波。

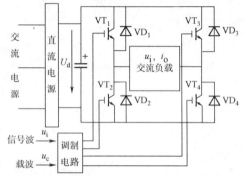

图 3.4.12 用 PWM 控制全控器件 $VT_1 \sim VT_4$ 构成的 DC/AC 单相逆变桥

如何把直流波变为正弦波?可以把这个变换分解为两部分来考虑。一是变直为交,二是大小可调。先为矩形波,再为正弦波。

1. 把直流变为矩形交流

办法是用一个全控型单相桥来实现。图 3.4.12 所示的是用 PWM 控制全控器件 $VT_1 \sim VT_4$ 构成的 DC/AC 单相逆变桥。$VT_1 \sim VT_4$ 是 IGBT,$VD_1 \sim VD_4$ 是续流二极管。桥的输入端是直流电源,桥的输出端是交流负载。VT_1、VT_2 通断互补,VT_3、VT_4 通断互补。

输入、输出波形及调制信号如图 3.4.13 所示。

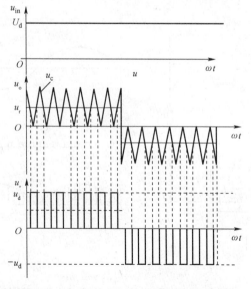

图 3.4.13 输入、输出波形及调制信号图

模块三 电力电子变换的逻辑控制与连续调节

怎样对图 3.4.12 施行控制以得到图 3.4.14 呢？

如果对 VT_1，VT_2，VT_3，VT_4 实行表 3.4.1 所示的控制逻辑。

表 3.4.1 控制逻辑表

时区	控制逻辑				输出 U_o
	VT_1	VT_2	VT_3	VT_4	
1	1	0	0	1	U_d
2	0	1	1	0	U_d
3	1	0	0	1	U_d
4	0	1	1	0	U_d
…	…	…	…	…	…

得到的输出电压将是不可调制的交流方波，其波形图如图 3.4.14 所示。

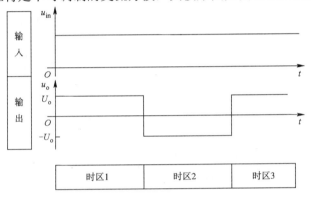

图 3.4.14 波形图

为了得到图 3.4.13 那样可调制的交流方波，必须将调制要求加进去，对 $VT_1 \sim VT_4$ 实施表 3.4.2 所示的控制逻辑。

表 3.4.2 控制逻辑表

时区	判断 $U_r \sim U_c$	控制逻辑						输出 U_o	说明
		控制							
		VT_1	VT_2	VT_3	VT_4	VD_3	VD_4		
正半周	$U_r > U_c$	1	0	0	1	0	0	U_d	供电
	$U_r < U_c$	1	0	1	0	1	0	0	续流
负半周	$U_r > U_c$	0	1	1	0	0	0	$-U_d$	供电
	$U_r < U_c$	0	1	0	1	0	1	0	续流

VT_1，VT_2 用来解决"变直为交"的问题。VT_3，VT_4 用来解决"大小可调"的问题。解决大小可调的问题，需要生成 PWM 波。在图 3.4.9 中生成 PWM 波是用锯齿波与水平直线相交，在交点发出控制脉冲。交点由电压比较器来判断。在图 3.4.12、图 3.4.13 中生成 PWM 波是用三角波与水平直线相交，在交点发出控制脉冲。三角波也是一种锯齿波。判断交点都是用电压比较器。三角波是频率和幅值都固定的周期波，由三角波发生器产生，称为信号的载波，用 u_c 表示。用于与三角波相交的水平线，代表调控信号的大小，是由调节器输出的，用 u_r 表示，称为调控信号。所以

$$\text{三角载波 } u_c + \text{调控信号 } u_r = \text{PWM 信号 } u_{PWM}$$

当我们使用 PWM 集成控制器时，需要抓住的关键，就是调控信号从哪里送进去？应该送进去什么样的调控信号？PWM 集成控制器往往内置了误差放大器，这时只要把误差信号送到相应的控制输入端子上，就可以得到输出 PWM 信号。

2. 把直流变为正弦交流

明白了图 3.4.12 后，把直流变为正弦交流这个问题就容易解决了。变换与控制电路与图 3.4.12 是一样的。控制逻辑与表 3.4.2 是一样的。直流电源也是一样的。唯一的区别是改变了调控信号的波形。在 DC/AC 单相逆变桥（见图 3.4.12）中，调控信号 u_r 是图 3.4.13 中的一条水平直线。而在 DC/AC 单相逆变桥（见图 3.4.15）中，调控信号 u_r 换成了图 3.4.16 中的一条正弦曲线。但两者都是变换要达到的目标。用直线调控可以得到直线。用正弦曲线调控可以得到正弦曲线。对任意的曲线呢？你找到什么规律了吗？种瓜得瓜，种豆得豆。给定什么，得到什么。

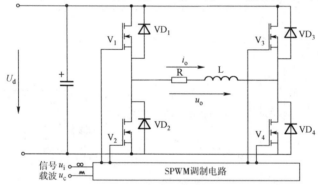

图 3.4.15　DC/AC 单相逆变桥

调控信号由水平直线改为正弦波之后，正弦波与三角载波的交点，是发出通断控制的时间点，这些点还是由电压比较器来判定。与图 3.4.13 对应的调制波形如图 3.4.16 所示。两者的 PWM 生成方法没有什么区别，但由于调控目标不同，所得到的 PWM 波也不同。

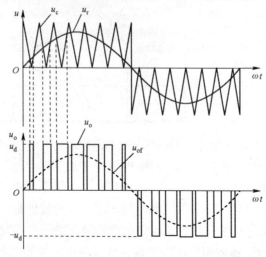

图 3.4.16　调制波形图

模块三 电力电子变换的逻辑控制与连续调节

图 3.4.13 中的 PWM 波是等宽的矩形波。图 3.4.16 中得到的 PWM 波则是不等宽的，各矩形脉冲的宽度与其所对应的正弦波的高度成正比。

3. 单极性调制与双极性调制

图 3.4.15、图 3.4.16 的调制方法，把每一个周期分为正、负两个半周，分别进行 PWM 调制。$V_1 = \bar{V}_2$，$V_3 = \bar{V}_4$。接通 V_1，关闭 V_2 后，由 V_4 进行正半周 PWM 调制。接通 V_2，关闭 V_1 后，由 V_3 进行负半周 PWM 调制。这种调制方法，称为单极性调制：接通一极，调制另一极。

如果+、−两极同时调，就是双极性调制。双极性调制仍然可以在图 3.4.17 所示的电路上进行，但控制逻辑需要设计。这只要在表 3.4.1 的控制逻辑中加上调制要求就可以了，见表 3.4.3。

表 3.4.3 控制逻辑表

判断 $U_r \sim U_c$	控制逻辑				输出 U_o
	控制				
	V_1	V_2	V_3	V_4	
$U_r > U_c$	1	0	0	1	U_d
$U_r < U_c$	0	1	1	0	$-U_d$

单极性调制时，正负半周使用相位不同的三角载波。双极性调制时，只需要一个载波。单相双极性调制的波形图如图 3.4.17 所示。

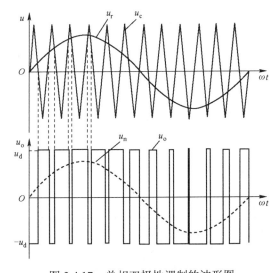

图 3.4.17 单相双极性调制的波形图

3.4.6 全控型三相 DC/AC 变换拓扑

全控型单相 DC/AC 变换，是全控型三相 DC/AC 变换的基础。实现全控型三相 DC/AC 变换的三相逆变桥电路如图 3.4.18 所示。桥路由 6 个开关管 $VT_1 \sim VT_6$ 和 6 个续流二极管 $VD_1 \sim VD_6$ 组成。N 是输出三相电压的中性点，N′是输入直流电压的中性点。

线电压是对应相电压之差。只要逆变出三个相电压 u_{UN}、u_{VN}、u_{WN}，也就得到了 $u_{UV} = u_{UN} - u_{VN}$，$u_{VW} = u_{VN} - u_{WN}$，$u_{WU} = u_{WN} - u_{UN}$。所以只要研究相电压的逆变就可以了。又因为三个相电

压波形、幅值完全相同，仅相位相差 120°，所以只要研究 U 相的逆变就可以了。这样，三相逆变问题就化成了单相逆变问题。

对 U 相开关的控制，要禁止 $VT_1 VT_4=1$，以防直通短路的出现。对 VT_1 和 VT_4 两个开关，理论上应该只有两种状态，即 $VT_1\overline{VT_4}=1$ 或 $\overline{VT_1} VT_4=1$。但由 $VT_1\overline{VT_4}=1$ 切换到 $\overline{VT_1} VT_4=1$ 时，要同时切换两个开关，存在着两个开关的竞争，竞争的结果可能是

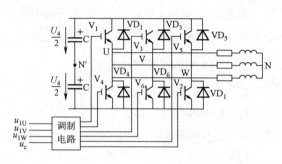

图 3.4.18　三极逆变桥电路

$VT_1 VT_4=1$ 或 $\overline{VT_1}\,\overline{VT_4}=1$。这种情况是绝不允许出现的。为了避免出现 $VT_1 VT_4=1$，不允许采用"一步法"切换，而必须采用"两步法"切换。$\overline{VT_1}\,\overline{VT_4}$ 是一个过渡状态。为了避免竞争和直通短路，这个过渡状态是必须的。过渡状态的时间很短，称为"死区时间"。任何逆变电路，都必须有死区时间，才能确保安全。对 VT 相、W 相也是同样的道理。

$$VT_1\overline{VT_4} \to \overline{VT_1}\,\overline{VT_4} \text{ 或 } \overline{VT_1} VT_4 \to \overline{VT_1}\,\overline{VT_4}$$

$$VT_1\overline{VT_4} \to \overline{VT_1}\,\overline{VT_4} \to \overline{VT_1} VT_4 \text{ 或 } \overline{VT_1} VT_4 \to \overline{VT_1}\,\overline{VT_4} \to VT_1\overline{VT_4}$$

当 $VT_1\overline{VT_4}=1$ 时，$VT_1=1$，$VT_4=0$。这时三相输出端 U 接到了直流电源的正极。在 U 端接电源正极时，V 端和 W 端至少有一个会通过 VT_6 或 VT_2 接电源负极，而另一个可能接电源正极，也可能接电源负极。不管是哪一种情况，只要 $VT_1=1$，$VT_4=0$，U 端到中性点 N 的电压都是 $u_{UN}=\dfrac{U_d}{2}$。

类似的，当 $VT_1=0$，$VT_4=1$ 时，U 端接直流电源的负极。不管此时 VT_3、VT_5、VT_6、VT_2 如何通断，U 端到中性点 N 的电压都是 $-\dfrac{U_d}{2}$。

对 V 相、W 相也是同样道理。

于是可以设计出双极性调制三相 DC/AC 的控制逻辑见表 3.4.4。

表 3.4.4　控制逻辑表

控制逻辑								变换					
判断		控制						输入	输出				
$u_{RU}\sim u_C$　$u_{RV}\sim u_C$　$u_{RW}\sim u_C$		U 相		V 相		W 相			相电压			线电压	
		VT_1	VT_4	VT_3	VT_6	VT_5	VT_2	U_d	u_{UN}	u_{VN}	u_{WN}	u_{UV}	U_{VW}	u_{WU}
U 相	$u_{RU}>u_C$	1	0	ϕ	ϕ	ϕ	ϕ	U_d	$U_d/2$					
	$u_{RU}<u_C$	0	1	ϕ	ϕ	ϕ	ϕ		$-U_d/2$					
V 相	$u_{RV}>u_C$	ϕ	ϕ	1	0	ϕ	ϕ			$U_d/2$				
	$u_{RV}<u_C$	ϕ	ϕ	0	1	ϕ	ϕ			$-U_d/2$				
W 相	$u_{RW}>u_C$	ϕ	ϕ	ϕ	ϕ	1	0				$U_d/2$			
	$u_{RW}<u_C$	ϕ	ϕ	ϕ	ϕ	0	1				$-U_d/2$			

于是将三条指令曲线，即三相正弦调控信号线（u_{RU}、u_{RV}、u_{RW}）和一个载波信号 u_c 送入三相逆变桥的 SPWM 调制电路中，执行表 3.4.4 的控制逻辑，就得到了三相电压（u_U、u_V、

u_W）的输出。如果把直流电源设计成三相整流桥，就是一台三相变频器了。三相变频器的波形如图 3.4.19 所示。

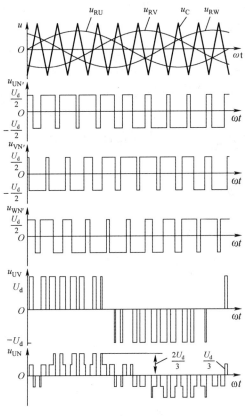

图 3.4.19 三相变频器的波形图

3.4.7 PWM 控制逻辑的实现

实现全控型 DC/DC、DC/AC、AC/DC 电力电子变换，都需要采用 PWM 的控制逻辑。这些控制逻辑的原理，前面都已经作了研究。现在来考虑如何实现 PWM 控制逻辑的问题。

从总的方面来说，可以有两种实现方法，即软件实现法和硬件实现法。当然软件和硬件是不可分割的。硬件实现法，其实是按照控制逻辑的要求来设计和制作特定的硬件系统，这种系统是专用的。软件实现法是在单片机的平台上编制和运行能实现控制逻辑的程序。两种实现方法各有优、缺点。采用何种方法最好，要结合实际情况具体分析。硬件方法出现得早些，现在的应用已经很普遍，技术也比较普及了。软件方法正在迅速发展，前途不可限量。我们在这里只讨论硬件方法。

最早的硬件实现，是利用分立元件电路。但现在分立元件已经被性能更完善、更可靠、掌握更容易、成本也更低的集成电路所取代。现在已经有各种类型的集成 PWM 控制器供我们选用。我们已经没有必要去研究如何构成一个分立元件 PWM 控制电路。我们需要做的是在掌握了 PWM 控制逻辑原理的基础上，如何去选择和使用集成 PWM 控制器。

在开始介绍 PWM 控制器时，我们是把它作为调节器输出的调控指令的执行者来讲的。

在很多控制系统中,情况也确实是这样。但还有另外一面,那就是集成控制器电路本身也集成了误差放大器,也就是调节器。其实这也是很自然的。因为集成控制器、调节器都属于弱电控制部分,其中运行的都是信息,所以集成在一个芯片中,也就顺理成章了。所以,在实际应用中,只需一块控制芯片,接入反馈与给定信号,就可以实现闭环控制了。

集成 PWM 控制器的种类繁多,我们没有必要去一一剖析。对于初学者来说,这样做更不可能。我们应该从基本结构和工作原理上去掌握它们,学会举一反三,触类旁通。所以,我们在以下内容中只介绍应用较普通的两种集成控制芯片——TL494 和 SG3525。

任务5 集成PWM控制器及其应用

3.5.1 TL494 集成 PWM 控制器

1. TL494 的结构和工作原理分析

TL494 是为开关电源控制而设计的一款定频脉宽调制集成控制器,其内部功能框图和引脚功能图如图 3.5.1 所示。

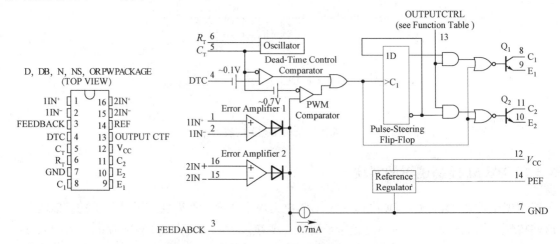

图 3.5.1 TL494 的内部功能框图和引脚功能图

TL494 是一种模拟—数字混合集成电路。内部集成了一只振荡器 OSC,两个误差放大器,两个电压比较判断器,一个 5V 基准电源,一个 T 触发器 FF,一个或门,两个与门,两个或非门及两个输出晶体管。其工作原理,可以用时序图(见图 3.5.2)来解释。

振荡器 OSC 用于产生频率稳定的锯齿波振荡信号。振荡频率 F_{OSC} 由外接的定时电阻 R_T 和定时电容 C_T 按下式决定

$$F_{OSC} = \frac{1.1}{R_T \cdot C_T}$$

模块三 电力电子变换的逻辑控制与连续调节

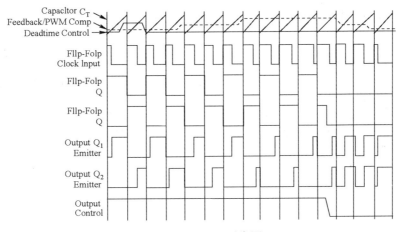

图 3.5.2 TL494 时序图

两个比较器一个用来决定死区时间，另一个用来决定 PWM 脉冲的宽度。

死区时间比较器（Deadtime Comparator）的反相输入端是由振荡器提供的锯齿波信号，这是被判断的变动信号。同相输入端是一个稍大于 0（约 0.12V）的固定门限电压信号。这个门限值决定死区的宽度，在保证换流可靠的前提下，当然是小比大好。门限值的大小，可以由 4 引脚的电压来控制。这个电压可以在 14 引脚输出的 5V 基准电压与 GND 之间接一个串联电阻分压电路来获得，如图 3.5.3 所示。当锯齿波电压下降到 0 点时，死区时间开始。当锯齿波电压上升到 4 引脚设定的门限电压时，死区时间比较器翻转，死区时间结束。

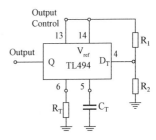

图 3.5.3 串联电阻分压电路

PWM 比较器（PWM Comparator）的反相输入端也是由 OSC 提供的一个锯齿波信号，不过要加上 0.7V 的正偏移量。同相输入端则是由误差放大器输出的误差信号。当锯齿波由下向上变到与误差信号相等时，PWM 比较器翻转，向数字逻辑电路发出输出 PWM 脉冲（前沿）的指令。而锯齿波由上向下再次等于误差信号时，比较器又翻回来，并向数字逻辑电路发出结束 PWM 脉冲的指令（后沿指令），并使 T 触发器 FF 翻转一次。

两个误差放大器通过二极管在输出端并联工作，误差信号电平高的封锁了误差信号低的，在每一个瞬间，只有信号电平高的信号可以输入 PWM 比较器执行控制作业。在系统设计和调试时，可以把这两个放大器设置为主调节器和辅调节器，正常情况下由主调节器主导控制，特殊情况下由辅调节器主持控制。

两个误差放大器分别承担不同的反馈控制任务。例如，让主调节器管电流、辅调节器管电压。又如，让主调节器管转速、让辅调节器管电流等。无论是主调节器，还是辅调节器，都可以把给定信号放在反相输入端，把反馈信号加在同相输入端。信号极性是否加对了，最后要通过调试来验证。在调试时通过示波观察或仪表测量，可以判断是不是负反馈。如果不是，可以将极性对调后再测试。为了完成调节器的接线，还要根据选定的控制策略，把反馈回路接入到误差放大器上。工业中用得最多的是 PI 调节器。如果选用 PI 调节器，就需要将一个适当的 R-C 串联电路接在误差放大器的输入端（pin3）和反相输入端（pin2 或 pin15）之间。图 3.5.4 所示的是把 TC494 的两个误差放大器分别接成电流 PI 调节器和电压 PI 调节器的例子。

TL494 中既包含处理输入信号的模拟电路，也包含生成输出信号的逻辑电路。由一个或门，两个或非门，两个与门，一个 T 触发器组成的时序逻辑电路，构成输出信号的逻辑生成电路，如图 3.5.5 所示。

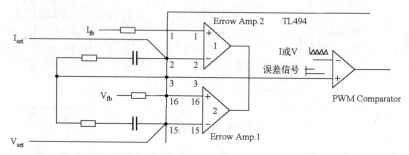

图 3.5.4 把 TC494 的两个误差放大器分别接成电流 PI 调节器和电压 PI 调节器

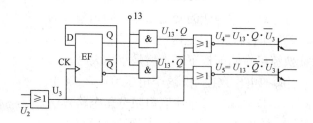

图 3.5.5 输出信号的逻辑生成电路

图 3.5.1 中的触发器 FF 是一个 T 触发器。把一个 D 触发器的反相输出端反馈到 D 端，就是一个 T 触发器，如图 3.5.5 中所画的那样。触发器的特性式为

$$Q_{n+1}= C_p Q_n + \overline{C_p} \overline{Q_n}$$

其中 Q_n、$\overline{Q}_n$ 是前一时刻的状态，Q_{n+1}、$\overline{Q}_{n+1}$ 是现在时刻的状态。C_p 是时钟脉冲，在这里就是锯齿波下降沿到来时通过两个比较器发出的脉冲。由特性式可以看到，在锯齿波下降沿到来之前，$C_p=0$，$\overline{C}_p=1$，所以 $Q_{n+1}=Q_n$，$\overline{Q}_{n+1}=\overline{Q}_n$，触发器输出端的状态保持不变。当锯齿波下降沿到来之时，两个比较器几乎同时翻转，通过或门向触发器的 CK 端送出一个脉冲。这时 $C_p=1$，$\overline{C}_p=0$，故 $Q_{n+1}=\overline{Q}_n$，$\overline{Q}_{n+1}=Q_n$，触发器两个输出端的状态相互对调。于是，两个与门所收到的触发器输出信号是与锯齿波同步的、互补的信号。

两个与门的另一个输入端的信号由引脚 13 供给。pin13 为输出控制端（Output Control）。其电压的逻辑值可设为 $H=5V$，$L=0V$。我们用 U_{13} 来表示这个逻辑值，则两个与门的输出信号便是 $U_{13}Q$ 和 $U_{13}\overline{Q}$。又用 U_3 来表示或门输出端的逻辑值，则两个或非门输出端的逻辑值分别为

$$U_4=\overline{U_{13}Q + U_3}=\overline{U_{13}Q}\ \overline{U_3}$$

$$U_5=\overline{U_{13}\overline{Q} + U_3}=\overline{U_{13}\overline{Q}}\ \overline{U_3}$$

由此可算出 U_4 与 U_3、$U_{4=13}$ 的逻辑函数关系见表 3.5.1。

模块三　电力电子变换的逻辑控制与连续调节

表 3.5.1　逻辑函数关系表

输出控制	触发状态		比较器输出	或非门输出	
U_{13}	Q	$\bar{Q}$	U_3	$\overline{QU_{13}}\,\overline{U_3}$	$\overline{\bar{Q}U_{13}}\,\overline{U_3}$
0	0	1	0	1	1
0	0	1	1	0	0
0	1	0	0	1	1
0	1	0	1	0	0
1	0	1	0	1	0
1	0	1	1	0	0
1	1	0	0	0	1
1	1	0	1	0	0

分析表中的逻辑值，可以看出以下的逻辑关系。

1）输出控制端 pin13 的作用

当 pin13 接 GND 时，$U_{13}=0$，这时两个或非门的输出完全相同。两个输出晶体管可以单端工作，也可以并联工作。

当 pin13 接 $V_{REF}=5V$ 时，$U_{13}=1$。如果这时比较器的输出都为 1，则两个或非门的输出都是 0；如果这时比较的输出都为零，则两个或非门的输出就恰好是相反的，彼此是互补的。这种输出称为推挽输出或推拉式输出。在全桥或半桥式 DC/AC 变换中，上、下桥臂两个开关管的工作就是推挽的，需要的就是这种推挽输出控制。所以为了控制全桥或半桥电路，应将 pin13 接 V_{REF}。

2）死区时间比较器的作用

单端控制时，不存在死区问题。只有推挽控制，才需要设置死区时间。所以只要分析表 3.5.1 中 $U_{13}=1$ 的情形。在这种情况下，$U_3=0$ 时才有推挽输出。在 $U_3=1$ 时，是没有推挽输出的。对照波形图 3.5.2 可以看到，在死区时间内，即在锯齿波开始上升的区间，死区时间比较器会输出一个正脉冲。这个正脉冲通过或门输出后，就是 $U_3=1$。这说明在死区时间内，或非门输出为零，即两个输出晶体管截止，没有控制输出。等死区时间一过去，且 PWM 比较器尚未动作之前，U_2 是高电平，U_3 也是高电平，所以输出晶体管仍然截止。只有当锯齿波电压起过 U_1 时，PWM 比较器才翻转，输出低电平，$U_2=0$。因为两个比较器都输出低电平，所以 U_3 为低电平，按表 3.5.1 便输出推挽信号了。以上说的，是锯齿波电压上升过程中，门限电压低的死区定时比较器先翻转，门限电压高的 PWM 比较器后翻转的情形。如果 PWM 比较器的门限电压较死区定时比较器的低，则 PWM 比较器先翻转，使 $U_2=0$ 先发生。由于这时死区电压比较器尚未翻转，仍然是 $U_2=1$，所以 $U_3=1$，输出晶体管便没有输出。这就说明在死区定时比较器确保了在死区时间内不会有信号输出。

2. TL494 的典型应用

TL494 的输出电路由互不相连的两个晶体管组成。每一个晶体管都可以有两种信号输出方式。一种是按共发射极接法，从集电极输出信号，如图 3.5.6 所示。另一种是按共集电极接法，即射极输出器接法，从发射极输出信号，如图 3.5.7 所示。

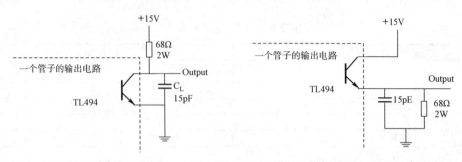

图 3.5.6 共发射极接法　　　　图 3.5.7 共集电极的接法

每一个管子的最大输出电流是 500mA。使用时应该留有余地，推荐的最大输出电流为 200mA。两个管子可以串联或并联使用。可以直接驱动功率变换器的开关管。如果驱动电流和功率不足，则需要增加驱动功放后再驱动开关管。图 3.5.8 所示的是 VT_1 和 VT_2 两个输出管串联连接后，直接驱动一个功率开关管 VT_3 的电路原理图。这时两个管子按推挽方式轮流工作，VT_1 对 VT_3 给电流，VT_2 对 VT_3 吸电流。

图 3.5.9 所示的是 VT_1 和 VT_2 两个输出管并联连接后，直接驱动一个功率开关管 VT_3 的电路原理图。这时两个管子按单端方式同时向负载供给电流。虽然这种方式将输出电流增大了一倍，但失去了抽汲电流的能力。对于大功率的开关管，为了可靠关断，抽汲电流也很重要。

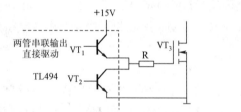 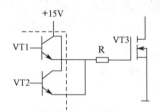

图 3.5.8 功率开关管 VT_3 的电路原理图　　　　图 3.5.9 功率开关管 VT_3 的电路原理图

如果开关管比较大，控制器输出的电流驱动不了开关管，或者勉强驱动，开关管容易损坏，控制器容易发热，就必须在控制器与开关管之间增加一个桥梁——驱动功放级或驱动器。图 3.5.10 所示的是增加了驱动功放级后的控制/驱动电路。

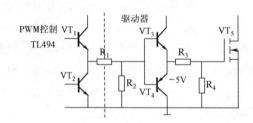

图 3.5.10 增加了驱动功放级后的控制/驱动电路

图 3.5.11 所示的是 TL494 在直流电动机速度控制中的应用电路。误差放大器 1 用作速度调节器。速度给定信号由速度给定电位器将 U_{REF}=+5V 分压获得，送入反相输入端 pin2。转速反馈信号从测速发电机取出后，送入同相输入端 pin1。在反馈端 pin3 与反相输入端 pin2 之间接入 RC 反馈网络，构成 PI 调节器。误差放大器 2 用作电流调节器。电流给定信号由基

准电压 $U_{REF}=+5V$ 经 R_5、R_6 分压获得，经过输入电阻 R_7 送到反相输入端 pin15 中。电流反馈信号由电动机电流传感器获得，经电阻 R_8 送入同相输入端 pin16 中。将反馈电容 C_2 接在调节器的反馈端 pin3 与反相输入端 pin15 之间，构成积分调节器。两个调节器应以转速调节器为主，电流调节器为从。两个输出晶体管的发射极 pin9 和 pin10 均接地。两个晶体管输出端互不相联，接单端方式工作，所以将输出控制端 pin13 接地。只使用了一个晶体管，其集电极 pin11 接电源。未用晶体管的集电极 pin8 悬空。pin11 输入的 PWM 信号经过反相器反相后送到开关管进行直接控制，或送到驱动器对开关管进行控制。

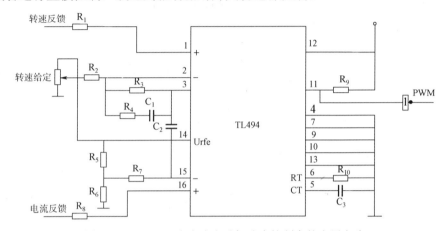

图 3.5.11　TL494 在直流电动机速度控制中的应用电路

图 3.5.12 所示的是 TL494 用作电流调节器的应用电路。两个误差放大器用于电流调节。pin4 的死区门限电压调到 −0.3V。输出控制端 pin13 接地。只用了一个输出晶体管，通过集电极 pin8 输出 PWM 脉冲。

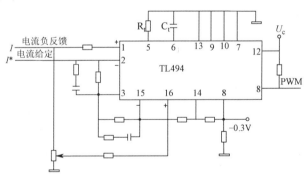

图 3.5.12　TL494 用作电流调节器的应用电路

3.5.2　TC25C25/35C25 集成 PWM 控制器

和 TL494 一样，1525/2525/3525 集成 PWM 控制器也获得了广泛应用。最先开发出来的是 SG1524/2524/3524。经过改进后，又推出了第二代产品 SG1525/2525/3525。这是基于晶体管的电流型集成 PWM 控制器。然后又出现了基于场效应管的电压型 CMOS 集成 PWM 控制器 TC25C25/35C25。这是一款采用 BICMOS 工艺的电压型集成 PWM 控制器，其性能是

1525/2525/3525 家族中最好的。它的功耗更低，电流更小，工作更可靠，输出更稳定，频率更高，吸收输出端反冲电流的能力更强。

1525/2525/3525 属于同一系列产品，适用于不同的环境和要求。1525 可以在–55 ～+125°C 环境下工作；2525 可以在–40 ～+85°C 下工作；3525 可以在 0 ～+70°C 下工作。

1．内部工作原理框图

TC35C25 由振荡器 OSC、基准电源稳压器、误差放大器 EA、PWM 比较器、PWM 锁存器、分频触发器、推挽输出器、软启动、延时欠压封锁、关断控制等电路组成，是一款模拟/数字混合集成电路，其内部工作原理框图如图 3.5.13 所示。

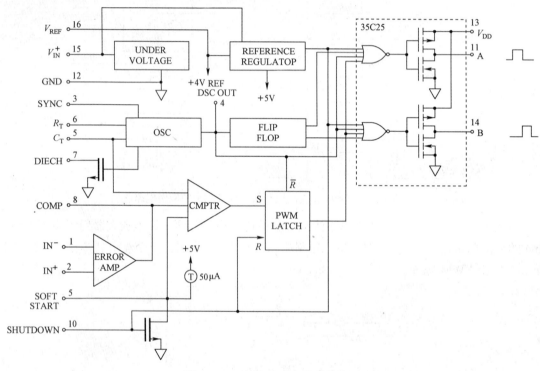

图 3.5.13　TC35C25 内部功能框图

学习 TL494 时，我们是通过分析电路各部分的作用和工作原理，逐步弄清各引脚的用法。这是从原理到应用。现在，对 3525，我们可以反过来做，从应用到原理。这是两种不同而又不可分割的方法。原理和应用，二者缺一不可。学会应用，是我们的最终目的。但应用是在原理的指导下的应用，而不是盲目的应用、呆板的应用、死记硬背的应用。而原理是在应用基础上的归纳整理，是对应用更深刻的、真正的理解。要成功地认识世界和改造世界，需要将原理和应用紧密结合，反复下功夫。

2．引脚识别、功能和用法

引脚识别就是识别每一个引脚的编号，这是正确使用器件的前提。一般是从顶视图上来看引脚的排列。首先找到 1 号引脚在哪里。1 号引脚的旁边是有标记的。最常用的标记是一个半圆形的缺口。也有的是一个印出的圆形。找到 1 号引脚后，要确定按什么顺序去数 1，2，

3…。按照规定,必须是反时针方向的顺序。一般书上都不交待这个规则,到应用的时候就不知从何下手了。图 3.5.14 所示的是 TC35C25 的引脚排列和功能图。

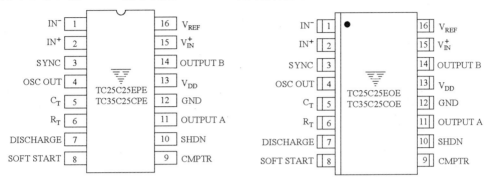

图 3.5.14　TC35C25 引脚排列和功能图

各引脚的名称、功能、用途和用法如下。

PIN（1）：IN⁻　误差放大器的反相输入端（INVE TING-INPUT）。用来输入与输出信号反相的输入信号和设置放大器增益。

误差放大器就是一个运算放大器。这个反相输入端在应用电路中有两个连接都很重要。一个是与片内的 PIN（9）的反馈连接,通常是将一个 RC 反馈网络将误差放大器 EA 输出端 PIN（9）接回到 EA 的反相输入端 PIN（1）。最常用的是一个比例—积分反馈网络。这样就将 EA 变成了一个负反馈放大器,这是片内的负反馈。第二个是系统的负反馈连接。这是将功率变换电路输出端输出量（如电压、转速等）的采样信号接到这个反相输入端 PIN（1）,以实现对系统输出量的闭环控制（当然,这个系统反馈信号也可以接到 EA 的同相输入端,这时采样信号必须将极性改变 180°,才能实现负反馈控制）。

PIN（2）：IN⁺　误差放大器 EA 的同相输入端,用来输入与输出端信号同相位的输入信号（NON-INVERTING INPUT）。

如果 PIN（1）用来接反馈信号,PIN（2）就用来接给定信号。给定信号一定要准确、稳定、可靠。所以,给定信号可以以片内的基准电压 V_{REF} 为电源,通过 PIN（16）与 PIN（12）之间的电阻分压电路获得。如果给定信号不要求可调,分压点就取固定点；如果给定信号要求可调,就要在分压电路中接入调节电位器。调试时,必须对这个调节电位器的上死点和下死点进行统调整定,使其恰好能产生要求的给定信号范围。

PIN（3）：SYNC　振荡器同步输入（或输出）端。

PIN（4）：OSC OUT　内部振荡器的输出端。

这两个端子,用于输入和输出振荡信号。如果整个系统需要一个时钟源进行时序控制,就可以把一个 TC35C25 的振荡器作为时钟源,从 PIN（4）输出其频率稳定的矩形脉冲作系统时钟信号。例如,如果系统中有两个 TC35C25 需要同步工作,则可以按主从同步方式连接。主振荡器通过 OSCOUT 端（4）将振荡信号发送给振荡器的 SYNC 端（3）。图 3.5.15 所示的是由两个 TC35C25 按主从同步方式连接构成的系统图。两个 TC35C25 也可以按并列同步方式连接,这时每个 TC35C25 都有自己的定时电阻 R_T 和定时电容 C_T,只需将主振荡器的 PIN（4）接到从振荡器的 PIN（3）,并要求从振荡器的计算频率略低于主振荡器的振荡频率。

图 3.5.16 所示的是由两个 TC35C25 按并列同步方式连接构成的系统图。

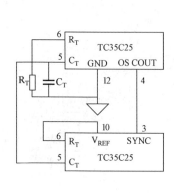
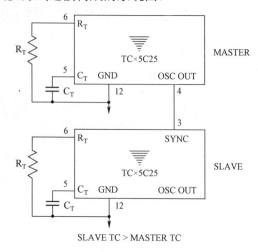

图 3.5.14 是由两个 TC35C25 按主从同步方式连接构成的系统图

图 3.5.16 是由两个 TC35C25 按并列同步方式连接构成的系统图

PIN（5）：C_T 外接定时电容端（在 PIN（5）与 GND 间接电容 C_T）。

PIN（6）：外接定时电阻端（在 PIN（6）与 GND 间接电阻 R_T）。

PIN（7）：DISCH 定时电容的放电端（在 PIN（5）与 PIN（7）间接一个放电电阻 R_D）。

这三个元件 C_T、R_T 和 R_D，按照图 3.5.17 的接法组成 TC35C25 的外接定时电路图，用于设置振荡器的两个时间参数，即锯齿波的上升时间 T_{CHG} 和锯齿波的下降时间 T_G。其用法在后面讲原理时再说。

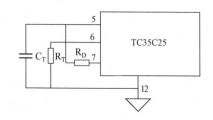

图 3.5.17 组成 TC35C25 的外接定时电路图

PIN（8）：SOFT 软启动端。

当 TC35C25 接电工作时，或解除欠压封锁信号以恢复工作时，或撤除控制关断信号而恢复工作时，都可能产生电冲击。在 PIN（8）与 GND 之间接一个适当的电容，便可以将硬启动变为软启动，使冲击得以避免。软启动时间按 60ms/μF 计算。电容量越大，软启动时间越长。

PIN（9）：CMPTR 误差放大器补偿/输出端。

这是误差放大器的输出端。这个端必须引到芯片外面，才能接通反馈网络，使误差放大器成为负反馈放大器。放大器的性能是受频率影响的，不同频率的信号得到不同的响应。适当的反馈回路可以改善放大器的频率响应。

PIN（10）：SHDN 关断端（SHUT DOWN）。

此端可以控制 PWM 比较器的工作和 PIN（11）引脚与 PIN（14）引脚的输出。如果不需要控制，可将 PIN（10）通过一个电阻接地。也可以让 PIN（10）悬空。如果要使用 PIN（10），可将其接控制或保护电路。当（10）引脚为+2.4V 高电平时，PWM 比较器停止翻转，两个与非门禁止信号通过，PIN（11）引脚和 PIN（14）引脚无驱动信号输出。利用这一特性，可以实现限流控制或故障保护。

PIN（11）：　OUTA 输出端 。最大峰值驱动电流 500mA，占空比 0～49%。
PIN（12）：GND 所有输入、输出信号的公共接地端。
PIN（13）：V_{DD} 驱动输出级的电源端。最大 18V，常用 15V（SG3525 最大 40V，推荐 45～35V）。
PIN（14）：OUTB　输出端，最大峰值驱动电流 500MA，占空比为 0～49%。
PIN（15）：V_{IN}^+ 除输出级外，所有控制电路的电源端。

驱动输出电源 V_{DD} 与控制电源 V_{IN} 分开，可以获得最准确、稳定的工作特性。如果要求不特别高，也可以将两个电源合并一个，PIN（13）与 PIN（15）接在一起。

PIN（16）：V_{REF}　基准电源端。

这个端子可以为控制电路提供准确、稳定的基准电源，例如，提供准确、稳定的给定信号。V_{REF} 的值　TC35C25 为 4V，SG3525 为 5.1V，代换芯片时，应注意。

3. 工作原理分析

1）载波和时钟脉冲的生成

振荡器 OSC 是控制电路的心脏，载波和时钟脉冲是系统的脉博。TC35C25 采用锯齿波为载波，矩形脉冲为时钟脉冲。这两种同频同相的稳定振荡波形在 OSC 中是如何产生的呢？波形参数是如何设置的呢？

振荡电路由振荡器 OSC 及外接定时元件 C_T、R_T 和 R_D 组成，电路及波形如图 3.5.18 所示。

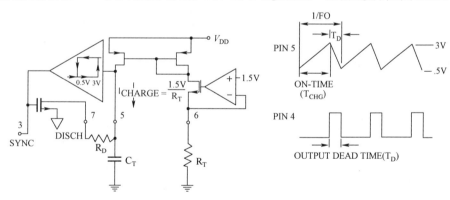

图 3.5.18　电路图及波形图

振荡电路的频率为 f_0，则周期 $T=\dfrac{1}{f_0}$。一个周期分为充电时间 T_{CHG} 和放大时间 T_D 两部分，$T=T_{CHG}+T_D$。

充电过程：运算放大器 U_1 接成射极跟随器（因为反相输入端输入电阻为 ∞），故 N 型场效应管 V_1 的栅极电位为 1.5V，高于 PIN（6）电位，V_1 导通，其漏极电压接近 1V，使 P 型场效应管 V_2、V_3 栅极电位低于源极电位，V_2、V_3 也导通。于是 C_T、R_T 经 V_1、V_2、V_3 和 GND 连接成一个闭合回路，回路中的电压为 1.5V，C_T 开始充电，锯齿开始上升，充电电流为

$$I_{CHARGE}=\frac{1.5}{R_T} \tag{3.5.1}$$

放电过程：当 PIN（5）的电压因充电上升到上门限 3V 时，双门限电压比较器 U_2 翻转，

输出电压由低电平跳到高电平。使 N 型场效应管 V_4 导通,而 V_1、V_2、V_3 截止,C_T 通过 R_D 放电,PIN(5)点的锯齿波开始下降,同时 PIN(4)点出现矩形时钟脉冲的上升沿(图 3.5.18 中没有给出与 PIN(4)点有关的电路)。放电电流决定于 R_D 的大小。当 PIN(5)的电位因放电下降到 U_2 的下门限 0.5V 时,U_2 翻转回到原来状态,输出由高电平跌到低电平,V_4 管因栅极电位过低而关闭,放电停止。同时 V_1、V_2、V_3 又导通(控制 U_1 的同相输入信号的电路在图中未画出),开始第二轮充电,锯齿波由降转升。与此同时,时钟脉冲形成下降沿。

2)载波和时钟脉冲的参数设置。

OSC 输出锯形波和矩形波的频率,根据系统设计要求选择。其计算公式为

$$f_0 = \frac{1}{T_{CHG} + T_D}$$

T_D 是 C_T 的放电时间,在这期间,根据与非门的特性,设计成 PIN(11)、PIN(14)都没有输出,所以 T_D 就是死区时间。TC35C25 这个死区时间最少为 200ns。死区时间选多长,由变换电路和开关管的特性根据安全可靠要求决定。确定频率 f_0 和死区时间 T_D 后,便可计算 C_T 的充电时间为

$$T_{CHG} = \frac{1 - f_0 T_D}{f_0}$$

求得充电时间 T_{CHG} 后,再在 100~1000pF 之间选择电容 C_T 的值,然后按下式计算充电电流为

$$I_{CHG} = \frac{2.5 C_T}{T_{CHG}}$$

求得充电电流 I_{CHG} 后,再根据式(3.5.1)导出定时电阻,即

$$R_T = \frac{2.5}{I_{CHG}}$$

这样,振荡频率和死区时间的设置便完成了。这样设置效果如何,应通过调试来检验和进一步完善。

在以上的计算中,时间的单位为秒,电流的单位为安,电阻的单位为欧姆。电容的单位为法拉第。

如果是 SG3525,则频率按下式计算为

$$f_0 = \frac{1}{C_T(0.7 R_1 + 3 R_D)}$$

C_T 在 0.001~0.01μF 之间选择,R_T 在 2~150kΩ 之间选择,R_D 在 0~500Ω 之间选择。

振荡频率是一个系统参数,也就是决定系统性能的一个参数。系统参数是影响全局的参数,不能随意选择。根据事先确定的频率来计算和选择 R_T、C_T 有公式可循。但若频率选得不合适,这公式也就没有什么用了。

若 $R_T C_T$ 之积选小了,频率必然过高。功率器件的开关损耗必然增大。工作温度升高,甚至被烧毁。频率若过低了,高频变压器特性会变差,输出电压降低,设备的出力下降。所以 R_T、C_T 合不合适,要在系统调试运行中检测。如果系统不正常、不理想,要想想是不是和系统频率有关。每个元件都有它适宜工作的频率范围。控制器也有它的频率范围。要以系

统优化为准则,在频率上进行选择匹配。如果是检修设置,其频率是不能随意更改的。但若 R_T、C_T 已经损坏丢失了,数据无从查起,怎么办呢?不能盲目代换,一定要遵循正确工作程序。先计算估计,得出 R_T、C_T 并标出值 R_TC_T,然后稍加大些,按先低频再高频的顺序调试,这样才比较稳妥。

死区时间的确定也有类似的道理。不是越大越好,也不是越小越好,对于特定的系统、特定的元件,必然有最佳值。

3)误差放大器的作用和连接

在开环控制系统中,误差放大器作为系统给定信号的输入器来使用,用这个给定信号去控制 PWM 调制脉冲的生成,不管系统要控制的输出量是什么,都必须有相应的给定信号据以进行控制。给定信号可用芯片 PIN(16)的基准电压 V_{REF} 作电源,通过适当的电阻分压来产生。如果给定信号需要调节,就要用电位器分压,这时最好装上电压表进行监控。

因为是开环系统,没有系统反馈信号,只需要把给定信号接到误差放大器的同相输入端 PIN(2)就可以了。反相输入端无需接片外输入信号,但 PIN(9)的片内反馈信号还是要接的。这样,误差放大器 EA 就接成了一个射极跟随器,其输出电压 U_9 跟随给定电压 U_2 变化。如图 3.5.19 所示的是开环控制时误差放大器 EA 作为射极跟随器使用的接线原理图。

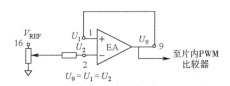

图 3.5.19 开环控制时误差放大器 EA 作为射极跟随器使用的接线原理图

显然,这时 $U_9=U_1=U_2$,$U_2\uparrow \to U_9\uparrow \to$ PWM 脉冲宽度↑。

在闭环控制系统中,误差放大器作为系统控制的调节器来使用。其任务是输入给定信号和反馈信号,求取误差,放大和补偿误差,生成调控信号控制 PWM 电路的工作。与开环时的接法(见图 3.5.19)相比,必须有两个改变。

一是增加反相输入回路,把采样得来的系统输出信号通过一个适当的输入电阻接到反相输入端,构成系统的闭环。二是把 PIN(9)与 PIN(1)之间的直接连接改为用适当的反馈网络连接,构成控制芯片内的闭环。通常是用 RC 串联或并联回路接成比例—积分调节器。在进行这两个改接的时候,首先要注意反馈电阻与输入电阻之比。这个比确定了放大器的电压增益,对调节品质有重要影响。改接后图 3.5.19 变为图 3.5.20。图 3.5.20 所示的是闭环控制时误差放大器 EA 作为系统控制的调节器使用的接线原理图。

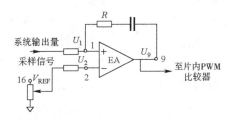

图 3.5.20 闭环控制时误差放大器 EA 作为系统控制的调节器使用的接线原理图

4)PWM 调制信号的生成

PWM 调制信号即脉冲宽度调制信号,这个信号是在 PWM 比较器 CMPTR 中生成的。CMPTR 有三个输入信号,通过对这三个信号电压的比较而输出 PWM 调制信号 U_P。

三个输入信号中,被比较的是随时间而周期变化的锯齿波信号,即从 PIN(5)送来的 OSC 产生的定频锯齿波信号。这个信号送到比较器的同相输入端,所以是同相输入单门限电压比较器。当锯齿波电压低于反相端的门限电压时,输出端为低电平;当锯齿波电压高于门限电压时，输出端为高电平。

作为比较的标准，门限电压 U_- 由两个反相输入端的信号 U_9 和 U_8 组成。U_9 是误差放大器输出的误差信号，这个信号随系统输出量的变化而变化，是决定门限电压的主要部分。U_8 是软启动端 PIN 所接电容上的电压。这个电压在芯片刚刚受电或恢复受电时有一个逐步充电上升的过程，即软启动过程。软启动过程避免了系统受到冲击振动。启动完成后，U_8 就不再变化了。所以 U_8 是门限电压 U_- 的"底"值，U_9 是 U_- 的主导值。PIN（8）上的电容，根据设定的软启动时间来选择，按 60ms/μF 来计算。CMPTR 的接线如图 3.5.21 所示。

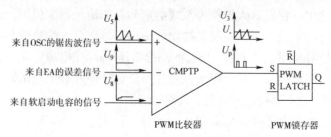

图 3.5.21 CMPTR 的接线图

5）PWM 调制信号的锁存

PWM 调制是按周期进行的。在每一个调制周期中，应该只发出一个确定的 PWM 调制脉冲。但由于干扰、比较器输入信号的不断变化，其输出的调制脉冲的宽度也在不断变化。这必然导致系统运行不稳定。针对这个问题，PWM 比较器输出的调制脉冲并不直接使用，而是送到其后的 PWM 调制信号锁存器的置位端 S 先锁存起来。每个周期中生成的 PWM 调制脉冲一经出现，就被锁存，从而屏蔽了此后信号变化造成的影响。当该周期的时钟脉冲 U_C 从 OCS 选出，到达锁存器的输出控制端时，锁存的信号才被送到输出端，然后开始下一轮的调制信号制作。

6）驱动脉冲的 PWM 控制信号制作

从内部工作原理框图（见图 3.5.13）可以看出，两个四输入或非门各把四个输入逻辑信号制作为一个输出逻辑信号 U_{01}，U_{02}，然后送入各自的输出电路，产生所需的 PWM 驱动脉冲向负载输出。可见，或非门在驱动信号的逻辑制作过程中起承前启后的关键作用。制作驱动脉冲的关键，是制作进入输出电路输入端的驱动脉冲的控制信号。

每个或非门接收的四个逻辑输入信号如下：

每周期由锁存器 Q 端输出的锁存 PWM 调制脉冲信号，逻辑值记为 U_P。

每周期由振荡器 PIN（4）端输出的时钟脉冲信号，逻辑值记为 U_C。

每周期由 T 触发器输出的脉冲信号，逻辑值记为 U_Q 或 $U_{\bar{Q}}$。U_Q 由 Q 端输出，$U_{\bar{Q}}$ 由 $\bar{Q}$ 端输出。Q 与 $\bar{Q}$ 是互补输出端，所以 $U_{\bar{Q}} = \bar{U}_Q$。T 触发器是分频触发器，受 OSC 的 PIN（4）端来的时钟脉冲 U_C 驱动。每个周期来一个 U_C 脉冲，触发器翻转一次，Q 和 $\bar{Q}$ 端信号易值一次，实现系统频率的二分频。

除上面三个每周期都输出的脉冲信号之外，第四个信号是由基准电压调节器输出的稳定的低电平信号,或者说是两个或非门的门控信号。这个信号与 PIN(10)相接,记为 U_{10}。在正常情况下,$U_{10}=0$。两个或非门是打开的,可以对输入的三个逻辑信号进行制作并合成输出。如果需要调制电流,或需要切除故障,就可以在关断端 PIN(10)上加上 2.4V 以上的封锁信号,使两个或非门被封锁,输出信号锁定在 0。

于是,我们可建立两个或非门的输入/输出逻辑关系如下:

$$U_{01}=\overline{U_C+U_P+U_Q+U_{10}}=\overline{U_{10}}\ \overline{U_C}\ \overline{U_P}\ \overline{U_Q} \quad (3.5.2)$$

$$U_{02}=\overline{U_C+U_P+U_{\bar{Q}}+U_{10}}=\overline{U_{10}}\ \overline{U_C}\ \overline{U_P}\ \ U_Q \quad (3.5.3)$$

这是两个"互补的"(更准确地说,是相位相差 180°的)控制信号。把这一对控制信号送入各自的输出电路,就可以得到两列相位相差 180°的驱动脉冲列。

7) IGBT 的驱动要求

IGBT 的驱动,是使用 IGBT 的一项关键技术,对于确保 IGBT 的安全,延长 IGBT 的寿命,保证电路的性能,都关系极大。

IGBT 的驱动要求,与 IGBT 的结构和工作原理密切相关。驱动信号加在栅极 G 与源极 S 之间,称为栅源驱动或栅极驱动。驱动信号要按照栅源极间的特性来设计。概括起来,有下述要求。

① 开通驱动:$U_{GS} \leqslant 18V$,最高不超过 20V,推荐 15V,开通时供给电流。

② 关断驱动:$U_{GS}= -5V \sim -15V$,抽汲电流。

③ 有可靠的检测保护。

8) 单管驱动的控制逻辑

因为驱动要使用晶体管或场效应管,所以要熟悉晶体管和场效应管的图形符号与控制逻辑。

(1) NPN 型晶体管的图形符号与控制逻辑

图形符号:　　　　　控制逻辑:单端控制,反相进出,推而不拉,单向驱动

　　　　　　　　　开通控制:　　　关断控制:

　　　　　　　　　$V_i \to 1$(高电平)　$V_i \to 0$(低电平)

　　　　　　　　　VT→1(开通)　　VT→0(关断)

　　　　　　　　　$V_0 \to 0$(低电平)　$V_0 \to 1$(高电平)

(2) PNP 型晶体管的图形符号与控制逻辑

图形符号:　　　　　控制逻辑:单端控制,同相进出,单向驱动,推而不拉

　　　　　　　　　开通控制:　　　关断控制:

　　　　　　　　　$V_i \to 0$(低电平)　$V_i \to 1$(高电平)

　　　　　　　　　VT→1(开通)　　VT→0(关断)

　　　　　　　　　$V_0 \to 0$(低电平)　$V_0 \to 1$(高电平)

（3）NMOS 场效应管的图形符号与控制逻辑

图形符号：　　　　　　　　　控制逻辑：单端控制，反相进出，单向驱动，推而不拉

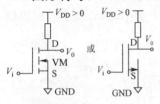

开通控制：　　　　　　　　关断控制：

$V_i \to 1$（高电平）　　　　$V_i \to 0$（低电平）

$VM \to 1$（开通）　　　　$VM \to 0$（关断）

$V_0 \to 0$（低电平）　　　　$V_0 \to 1$（高电平）

（4）PMOS 场效应管的图形符号和控制逻辑

图形符号：　　　　　　　　　控制逻辑：单端控制，反相进出，单向驱动，不推不拉

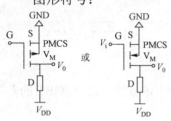

开通控制：　　　　　　　　关断控制：

$V_i \to 1$（高电平（负））　　$V_i \to 0$（地电平）

$VM \to 1$（开通）　　　　$VM \to 0$（关断）

$V_0 \to 0$（地电平）　　　　$V_0 \to 1$[高电平（源电平）]

9）BJT 双管驱动的控制逻辑

上述四种单管驱动结构中任何一种都可以仿照图 3.5.6～图 3.5.9 的电路实现驱动脉冲输出。这些单管驱动模式只能实现供电流驱动，不能实现吸电流驱动，只适合于小功率开关管的驱动。要实现 IGBT 管的全部驱动要求，应该采用对管串联结构和推挽驱动模式。对管可以用 BIPOLAR，也可以用 MOSFET 组成。N 型管，P 型管共有四种组合。

（1）NPN-NPN 串联结构

电路图：　　　　　　　　　控制逻辑：互补控制，同相进出，双管驱动，推推拉拉

开通控制：　　　　　　　　关断控制：

$V_i \to 1$（高电平）　　　　$V_i \to 0$（地电平）

$VT_1 \to 1$（开通）$V_{T2} \to 0$（关闭）　$VT_1 \to 0$（关断）$VT_2 \to 1$（开通）

$V_0 \to 1$（高电平）　　　　$V_0 \to 0$（低电平）

IGBT $\to 1$（开通）　　　　IGBT $\to 0$（关断）

（2）PNP-PNP 串联结构

电路图：　　　　　　　　　控制逻辑：互补控制，反相进出，双管驱动，推推拉拉

开通控制：　　　　　　　　关断控制：

$V_i \to 0$（低电平）　　　　$V_i \to 1$（高电平）

$VT_1 \to 1$（开通）$VT_2 \to 0$（关闭）　$VT_1 \to 0$（关断）$VT_2 \to 1$（开通）

$V_0 \to 1$（高电平）　　　　$V_0 \to 0$（低电平）

IGBT $\to 1$（开通）　　　　IGBT $\to 0$（关断）

（3）NPN-PNP 串联结构

电路图：　　　　　　　　　控制逻辑：单端控制，同相进出，双管驱动，上推下拉

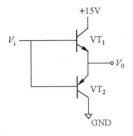

开通控制：
$V_i \to 1$（高电平）
$VT_1 \to 1$（开通）$VT_2 \to 0$（关断）
$V_0 \to 1$（高电平）
IGBT$\to 1$（开通）

关断控制：
$V_i \to 0$（低电平）
$VT_1 \to 0$（关断）$VT_2 \to 1$（开通）
$V_0 \to 0$（低电平）
IGBT$\to 0$（关断）

(4) PNP-NPN 串联结构

电路图： 控制逻辑：单端控制，反相进出，双管驱动，上推下拉

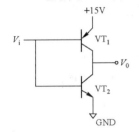

开通控制：
$V_i \to 0$（低电平）
$VT_1 \to 1$（开通）$VT_2 \to 0$（关断）
$V_0 \to 1$（高电平）
IGBT$\to 1$（开通）

关断控制：
$V_i \to 1$（高电平）
$VT_1 \to 0$（关断）$VT_2 \to 1$（开通）
$V_0 \to 0$（低电平）
IGBT$\to 0$（关断）

10）CMOS 双管驱动控制逻辑

双管驱动，NMOS、PMOS 组合，也有四种结构

(1) NMOS-NMOS 串联结构

电路图： 控制逻辑：互补控制，同相进出，双管驱动，上推下拉

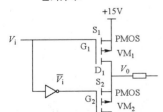

开通控制：
$V_i \to 1$（高电平）
$VM_1 \to 1$（开通）$VM_2 \to 0$（关断）
$V_0 \to 1$（+15V）
IGBT$\to 1$（开通）

关断控制：
$V_i \to 0$（低电平）
$VM_1 \to 0$（关断）$VM_2 \to 1$（开通）
$V_0 \to 0$（-5V）
IGBT$\to 0$（关断）

(2) PMOS-PMOS 串联结构

电路图： 控制逻辑：互补控制，反相进出，双管驱动，上推下拉

开通控制：
$V_i \to 0$（低电平）
$VM_1 \to 1$（开通）$VM_2 \to 0$（关断）
$V_0 \to 1$（+15V）
IGBT$\to 1$（开通）

关断控制：
$V_i \to 1$（高电平）
$VM_1 \to 0$（关断）$VM_2 \to 1$（开通）
$V_0 \to 0$（-5V）
IGBT$\to 0$（关断）

(3) NMOS-PMOS 串联结构

电路图： 控制逻辑：单端控制，同相进出，双管驱动，高推低拉

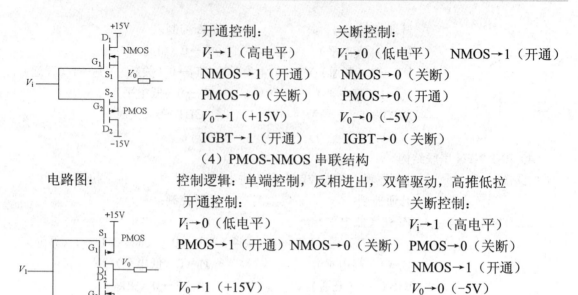

开通控制：
$V_i \to 1$（高电平）
NMOS→1（开通）
PMOS→0（关断）
$V_o \to 1$（+15V）
IGBT→1（开通）

关断控制：
$V_i \to 0$（低电平）　　NMOS→1（开通）
NMOS→0（关断）
PMOS→0（开通）
$V_o \to 0$（-5V）
IGBT→0（关断）

（4）PMOS-NMOS 串联结构

电路图：　　控制逻辑：单端控制，反相进出，双管驱动，高推低拉

开通控制：
$V_i \to 0$（低电平）
PMOS→1（开通）　NMOS→0（关断）

$V_o \to 1$（+15V）
IGBT→1（开通）

关断控制：
$V_i \to 1$（高电平）
PMOS→0（关断）
NMOS→1（开通）
$V_o \to 0$（-5V）
IGBT→0（关断）

11) BJT-CMOS 复合管双管驱动的控制逻辑

BJT（双极型晶体管）的通态电阻很低，MOSFET（金属—氧化物半导体场效应晶体管）栅极控制的阻抗非常高，取长补短，把两者结合起来就产生了复合器件，可以适应高频功率控制的要求。

BJT 与 MOSFET 的结合，有两种类型。第一种类型就是 IGBT（绝缘门极型晶体管），这是 PNP 管与 MOSFET 管的复合管。等效电路如图 3.5.22 所示。

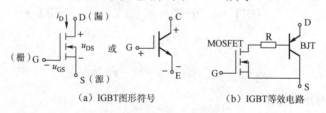

(a) IGBT图形符号　　　(b) IGBT等效电路

图 3.5.22　等效电路图

第二种复合管是 NPN 与 MOSFET 的复合管，其等效电路如图 3.5.23 所示。

这是把晶体管集成电路技术与 CMOS 集成电路技术化合而成的新的集成电路技术，称为 BICMOS 集成电路技术。TC35C25 采用了这种新技术，所以称为 BICMOS PWM 控制器。其性能比 SG3525 更好。采用 BICMOS 复合管的双管驱动结构有以下两种：

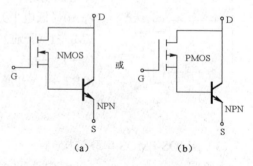

(a)　　　　　(b)

图 3.5.22　等效电路图

（1）BIPMOS-BINMOS 双管驱动及其控制逻辑

电路图：
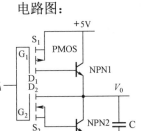

控制逻辑：单端控制，反相进出，双管驱动，高推低拉

开通控制：
$V_i \to 0$（低电平）
PMOS$\to 1$（开通）
NMOS$\to 0$（关闭）
NPN1$\to 1$（开通）
NPN2$\to 0$（关闭）
$V_0 \to 1$（+15V）
IGBT$\to 1$（开通）

关断控制：
$V_i \to 1$（高`电平）
PMOS$\to 0$（关闭）
NMOS$\to 1$（开通）
NPN1$\to 0$（关闭）
NPN2$\to 1$（开通）
$V_0 \to 0$（-5V）
IGBT$\to 0$（关断）

（2）BINMOS-BIPMOS 双管驱动及其控制逻辑

电路图：
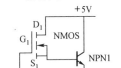

控制逻辑：单端控制，反相进出，双管驱动，高推低拉

开通控制：
$V_i \to 0$（低电平）
PMOS$\to 1$（开通）
NMOS$\to 0$（关闭）
NPN1$\to 1$（开通）
NPN2$\to 0$（关闭）
$V_0 \to 1$（+15V）
IGBT$\to 1$（开通）

关断控制：
$V_i \to 1$（高`电平）
PMOS$\to 0$（关闭）
NMOS$\to 1$（开通）
NPN1$\to 0$（关闭）
NPN2$\to 1$（开通）
$V_0 \to 0$（-5V）
IGBT$\to 0$（关断）

12）3525 的输出电路

由给定信号和反馈信号产生误差信号 U_g，由误差信号 U_g 和载波 U_s 生成 PWM 调制信号 U_P，由 PWM 调制信号 U_P 和时钟信号 U_C 及分频信号 U_Q、$\overline{U_Q}$ 又生成输出驱动脉冲的 PWM 控制信号 U_{01}、U_{02}，如式 3.5.2、式 3.5.3 最后一步，就是把 U_{01}、U_{02} 送到输出电路中，从 PIN（11）和 PIN（14）输出所需要的驱动脉冲。为此，我们系统地分析了 10 种双管驱动电路及其控制逻辑，应该是选用其中的哪一种呢？

比较 SG3525 和 TC35C25 的内部功能框图，发现其输出级之前的电路逻辑都是一样的，因此式 3.5.2、式 3.5.3 所描述的输出控制信号 U_{01}、U_{02} 对两者也应该是一样的。所不同者，SG3525 的输出电路使用 BJT 双管，TC35C25 按图 3.5.13 上所画则使用 PMOS-NMOS 串联结构，根据文字介绍则是使用 BICMOS 复合双管。虽然两者的输出电路有别，但两者的输出 U_A、U_B 的 PWM 控制功能是一样的。所以，同样的输入、同样的输出决定了其输出电路应有相同的控制逻辑。

先分析 SG3525 的 A 路输出电路，如图 3.5.24 所示。

这是互补控制，同相进出的输出结构，与

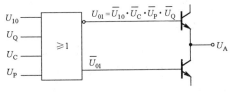

图 3.5.24　A 路输出电路

NPN-NPN 串联结构相同。由此推知，TC35C25 的 BICMOS 输出电路也应有"同相进出"的相同功能，即 U_A 应与 U_{01} 同相。符合这一要求的电路结构只能是（2）BINMOS-BIPMOS 双管驱动及其控制逻辑，由此推出 TC35C25 输出电路结构如图 3.5.25 所示。

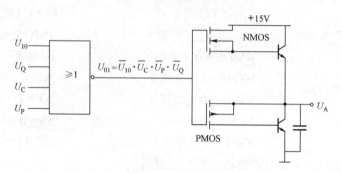

图 3.5.25　TC35C25 的输出电路结构 1

在厂家给出的 TC35C25 的输出电路结构如图 3.5.26 所示。

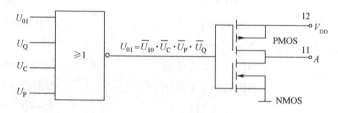

图 3.5.25　TC35C25 的输出电路结构

这是与前述（4）PMOS-NMOS 串联结构相同的单端控制、反相进出的输出结构，产生的驱动脉冲与图 3.5.24 是不同的。不管是无意画错了，还是有意隐藏 BICMOS 技术的细节，这个图看来是错了。

13）欠压封锁

控制电压由 PIN（15）供入，如果控制电源电压过低，将会影响芯片的控制功能，所以 TC35C25 内置了欠压保护器。保护电路是一个双门限电压比较器。上门限电压为 9.2V，下门限电压为 7V。当 PIN（15）的电压降到 7V 时，欠压封锁器动作，通过基准电压器向两个或非门、PWM 锁存器、以及封锁控制 SHUTDOWN 发出 2.4V 以上高电平信号，一则封锁两个或非门不能通过信号，二则通过 PWM 锁存器的复位端 R 将锁存器复位，三则使栅极接在 PIN（10）SHUTDOWN 封锁线上的场效应管导通，将 PWM 比较器反相输入端下拉到低电平，使其输入的 PWM 调制信号 U_P 的宽度达到 80°，从而按式（3.5.2）、式（2.5.3），U_{01}、U_{02} 的宽度被调制到 0。

14）封锁控制

TC35C25 没有内置的过流保护和限流控制，但设置了输出封锁线和封锁控制开关。如果需要过流保护或限流控制，可以在片外设置保护或控制条件判定电路，将其输出接 PIN（10），利用封锁线，通过自动操作封锁开关管。工作原理已于上述。解除封锁后通过软启动自动恢复正常工作状态。

4. 芯片测试和控制器的开环应用

芯片测试是一件很重要的事情，在设计时、组装调试时和故障查找检修时都可能遇到。

厂家在产品技术文件中提供的测试线路和关键点波形如图 3.5.27 和图 3.5.28 所示。仔细阅读这个线路，可以帮助我们把此前逐项学习的知识连贯起来，融会贯通，进一步学会应用。

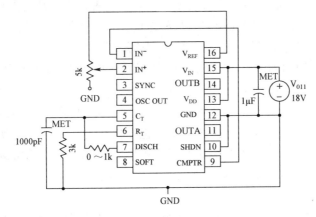

图 3.5.27 测试线路图

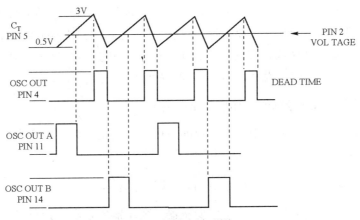

图 3.5.28 关键点波形图

试验电路的特点如下：

① 以 16V 电源线供电，V_{DD} 与 V_{IN}^+ 共用同一个电源。

② 将 PIN（10）接 GND，不使用封锁控制。

③ 用一只 5kΩ 电位器从 PIN（16）分压基准电源 V_{REF}（4V），输入误差放大器同相输入端 PIN（2）作为给定信号，这给定信号就是波形图上与锯齿波相交的一条水平直线，其高度代表输出量给定值的大小，在 0.5~3V 之间可调。反相输入端 PIN（1）没有接片外信号，即没有接系统反馈信号，而是将 PIN（2）与误差放大器输出端 PIN（9）直接相连，接成了射极跟随器。这就是图 3.5.19 的接法。两个输出端 PIN（11）和 PIN（14）均空着不接。没有接上驱动对象，自然没有反馈信号。所以，这是开环测试线路。

④ 在 PIN（5）、PIN（6）、PIN（7）上接了三个定时元件 C_T、R_T 和 R_D，这样作为载波的锯齿波的参数便决定了。不管三个定时元件的值怎么改变，锯齿波的高度是不变的。锯齿波的频率和死区时间是否与预计的相同，可以在测试中验证。

如果有面包板，只要把元件和连接线往板上插，电路很快就会接完。接完后必须逐一仔细检查各元件、各电位点的连接是否正确、可靠。最好用数字万用表的欧姆挡来验证。检测完后，通过试验，用示波器显示各引脚的波形，看看是否正确，是否能解释清楚。一定要使用双踪示波器，显示各波形之间的相位关系和因果关系，并作出正确的解释。如能找到数码相机将波形拍下来，存到计算机中进行分析，那就最好。

试验中唯一可以调动的因素就是 5k 电位器。要把调节给定值和观察分析波形结合起来。首先要显示 PIN（2）和 PIN（5）的电压。把电位器先调到下死点，使给定值接近 0。然后垂直移动给定值水平直线到锯齿的低点处。之后，调节电位器，增加给定值，这时锯齿波不动，给定线则上移。给定线与锯齿波的交点也随之移动，并因此而使输出波形的宽度随之变化。把最宽和最窄的输出波形都观察后，可以算一算占空比的可调范围，这是一个很重要的参数，其值为 0～45%。如果占空比调不动，或调节范围太窄，就有问题了，要查出故障并消除。

PWM 调制最重要且要反复想清的有两个问题，一个问题是水平电压线的高度怎么会变成输出脉冲的宽度？另一个问题是输出脉冲应该在何时出现？是锯齿形低于水平电压线时出现？是锯齿形高于水平电压线时出现？解释这两个问题的道理，在前面多处已经反复讲过了。但"纸上得来终觉浅，绝知此事要躬行"，还是要自己在实践中反复学习、体会。

如果这个试验能够做成，那就说明：① 芯片是好的；② 电路是对的；③ 按这个线路接上控制对象，作开环控制没有问题；④ 但要作闭环应用，还要再进一步。

5．采用 TC35C25 控制的开环控制系统实例

稳定的直流电源，在工业中有着广泛的应用。如何把工频电源变为直流电源，传统的办法是进行 AC/DC 变换，一般要经过四个环节，即

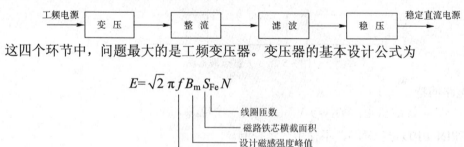

这四个环节中，问题最大的是工频变压器。变压器的基本设计公式为

$$E = \sqrt{2}\,\pi f B_m S_{Fe} N$$

其中各参数含义为：线圈匝数、磁路铁芯横截面积、设计磁感强度峰值、频率。

$$I = S_{Cu} N$$

导线横截面积

$$S = EI = \sqrt{2}\,\pi \underline{f B_m S_{Fe} S_{Cu}} N^2$$

结构参数、电磁参数

模块三 电力电子变换的逻辑控制与连续调节

B_m 决定于硅钢片的特性，基本上是不变的，如 $K=\sqrt{2}\pi B_m$ 为常数，则变压器的容量

$$S = KfS_{Fe}S_{Cu}N^2$$

如果 f 也不变，则

$$S \propto S_{Fe}S_{Cu}N^2$$

即容量决定于结构参数，而结构参数代表的就是铜与铁的用量。由于工频变压器的 $f=50Hz$，太低了，所以 $S_{Fe}S_{Cu}N^2$ 必须很大。工频变压器又大又笨又重，耗材多又意味着耗能多，因为材料的铜损、铁损都与体积或质量成正比。一台 50Hz 的电子设备，变压器的体积、重量、成本和运行费用都占了一大截。要改变这种情况，关键在于改变频率。这就是 20 世纪末兴起的 20 千周革命。先把工频变为 20kHz 高频后再变压，这样就使变压器的铜重、铁重大幅降低，于是，AC/DC 变换被 AC/DC/AC/DC 变换所取代，如图 3.5.29 所示。

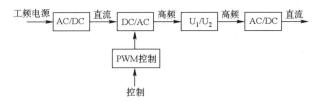

图 3.5.29 开环控制系统方框图

实现 DC/AC 的方案很多。半桥变换器（逆变器）是比较简单的一种，电路如图 3.5.30 所示。

220V 工频交流经桥式整流后，将输出直流电压加在半桥变换器的输入端（电源端）。容量相等的两个分压电容 C_1、C_2 组成变换器的两个电容臂。MOSFET V_{s1}、V_{s2} 组成变换器的两个开关臂。变换器按几十千赫兹工作，高频变压器作为变换器的负载。V_{s1} 和 V_{s2} 按以下的半桥变换逻辑工作。

$\overline{V_{s1}}\,\overline{V_{s2}}=1$ 为死区。死区时间可在电路中设定。$V_{s1}\overline{V_{s2}}=1$ 和 $\overline{V_{s1}}V_{s2}=1$ 为工作区。两个工作区的时间相同，在运行中可以按 PWM 方式调节。在开环控制系统中，采用手动调节。当 $V_{s1}\overline{V_{s2}}=1$ 时，电流路径是 $V_{s1} \to N_1 \to C_2$，电流自上而下通过线圈 N_1；当 $\overline{V_{s1}}V_{s2}=1$ 时，电流路径是 $C_1 \to N_1 \to V_{s2}$，电流自下而上通过线圈 N_1。所以半桥变换器"吃"进去的是直流，"吐"出来的是高频交流。高频变压器可以做得又小又轻。一次侧线圈 N_1 获得的交流变换到二次侧线圈 N_2，经过全波整流再经过 LC 滤波，就是输出直流了。为了改变输出电压，只要调节 V_{s1}、V_{s2} 的开通时间，也就是调节 V_{s1}、V_{s2} 的驱动脉冲的占空比。这就是开环控制的变换主电路。再把图 3.5.27 的电路配上去，半桥变换 AC/DC/AC/DC 开环控制系统的电路图便完成了，如图 3.5.31 所示。

顺便提出，图 3.5.31 要 100%实用，还需要添加一些细节。为了不离变换与控制这个主题，这些细节我们不在此讨论。

① 控制器电源：做测试可以用能够提供 DC16V 的任何直流电源为控制器提供 V_{DD} 和 V_{IN}，做设备则要有从电网取得能源的控制器电源，这电源应是设备的一个部分。

② 保护：对电路和对元件的保护，特别是对功率开关元件的过压吸收保护。

③ 运行状态显示：如主电源信号灯、控制器电源信号灯、直流信号灯、直流电压表等。

④ 控制开关：在电路中设置必要的，供操作控制的开关。

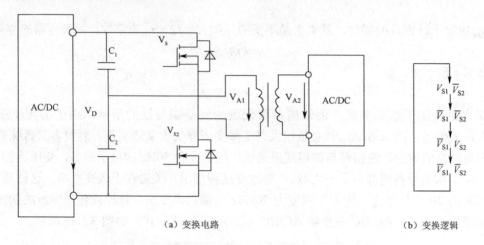

(a) 变换电路　　　　　　　　　　　　(b) 变换逻辑

图 3.5.30　半桥变换器（逆变器）电路图

请把图 3.5.31 与图 3.5.28~图 3.5.30 合在一起对照研究，认真体会"电力电子变换及其控制"这句话的含义，牢牢建立电路的整体观。

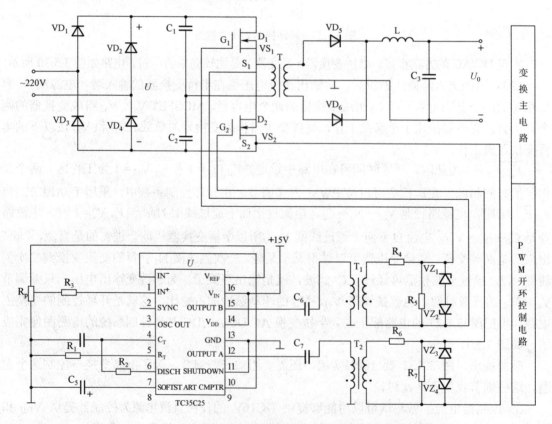

图 3.5.30　半桥变换 AC/DC/AC/DC 开环控制系统的电路图

6. 采用 TC35C25 控制的闭环控制系统实例。

① 开环控制系统可以实现调压，不能实现稳压。要实现稳压，必须采用电压负反馈的

闭环控制系统。为此,在开环控制系统方框图 3.5.29 中加入电压负反馈回路,得到闭环稳压控制系统方框图,如图 3.5.32 所示。

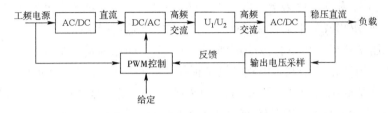

图 3.5.32　闭环稳压控制系统方框图

② 然后,根据闭环控制系统方框图,在开环系统电路图 3.5.31 中,加入输出电压采样环节 R_1/R_2。采样电压信号 $(R_2/(R_1+R_2))U_o$ 的变化范围应恰好符合 TC35C25d 的要求。经过输入电阻 R_3,将采样电压信号接到误差放大器的反相输入端,即 PIN(1)。

③ 将误差放大器输出端 CMPTR,即 PIN(9)与反相信号输入端 IN_- 之间的直接连接改为用 R_5C_4 比例积分反馈网络连接,使误差放大器成为 PI 电压调节器。调节器的电压放大倍数 R_5/R_3 和积分时间常数 $T_I = R_5C_4$ 对系统的静态动态性能影响很大,要通过调试整定。经过这些改变后,开环控制系统变成了闭环控制系统,手控调压变成了自动稳压。修改后的电路图如图 3.5.33 所示。

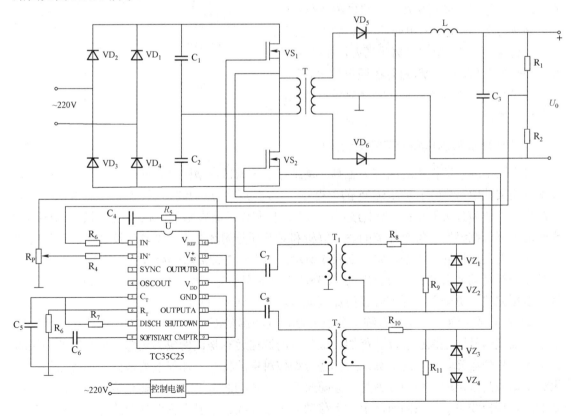

图 3.5.33　修改后的电路图

④ 还要注意一个很重要的问题，控制电路与被控制的变换电路如何连接？如何将电压采样信号传送到 TC35C25 中？又如何将 TC35C25 发出的控制/驱动信号送到 MOSFET 上？

从电路图 3.5.31 和 3.5.33 看到，把电压采样信号送到 TC35C25 上采用的是直接连接，而从 TC35C25 送到 MOSFET 上的控制/驱动信号采用的不是直接连接。

⑤ 输出电压采样信号可以直接连接到 TC35C25 上的原因是，由 VD_5、VD_6、L、C_3 组成的高频 AC/DC 电路是一个低压电路（这是根据 U_0 的要求确定的，一般的直流稳压电源都是低压电源），这个低压电源与一次侧的 AC/DC/AC 电路是通过变压器 T 隔离的。变压器 T 二次绕组的中点作为 GND 与 TC35C25 的 GND 及控制器控制电源的 GND 连接在一起，三个网络组成一个共地的低压网络，输出电压采样信号是取自近地端而非远地端，其值为 $\dfrac{R_2}{R_1+R_2}U_0$，只有几伏，是很小的，所以可以直接连接。

⑥ TC35C25 输出的控制/驱动信号不能直接接到 MOSFET 上的原因是，两个元件所在的网络电压等级不同，没有公共的 GND。MOSFET 所在的系统有几百伏的高电压而 TC35C25 允许的最大供电电压只有 18V。一个强电，一个弱电，两者不能有公共的地，所以不能直接连接，信号只能隔离传送。

凡是电压或电位相差很大的电路之间，都不能直接连接，都不能构成共地系统。凡是不共地的系统，信号都不能直接传送，只能隔离传送。

隔离传送，就是用非电介质来代替电介质进行信号传送。现在常用的隔离传送办法主要有两种，一种是用脉冲变压器，进行磁隔离信号传送。另一种是用光电耦合器进行光隔离信号传送，如图 3.5.34 所示。

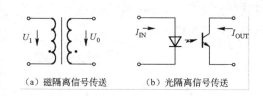

(a) 磁隔离信号传送　　(b) 光隔离信号传送

图 3.5.34　隔离信号传送

7. PWM 波形制作和调控机理全分析

波形图是理解调控机理的有力工具，是进行系统调试和故障分析的指南。在厂家的产品技术说明文件中，给出了 TC35C25 的关键点——起点和终点的波形图，如图 3.5.28 所示。这些波形可以作为分析的依据，但是波形的制作过程和原理被省略了，无法达到对芯片更深刻、全面地理解。在经过对每个环节的逐一解析和对开环与闭环线路的整体解读之后，让我们把波形制作的全过程展示出来，如图 3.5.35 所示，作为对 TC35C25 分析的一个总结。图 3.5.35 就是在分析基础之上通过综合得出的 TC35C25 波形变换与制作过程全图。有了这个图，我们就可以更完整、更全面、更准确、更深刻地理解 TC35C25 的机理与应用了。

① 误差放大器，即闭环系统中的调节器，其作用是制作一根调控线。调控线是由给定信号和反馈信号通过调控运算获得的。最基本的调控运算是比例放大运算。最常用的调控运算是比例积分运算。调控运算算法选择适合调控对象的特性，才能取得最好的调控效果。如果给定信号是恒定的，调控线就是一条随时间上下移动的水平直线。如果给定信号是一条正弦曲线，调控线也是一条随时间上、下移动的正弦曲线。一般来说，只要给定信号是一条连续曲线，都有可能以此曲线为目标，用 PWM 方法实现调控。稳压电源是一个定压控制系线，

调控线是反映误差大小的一条水平直线，如图 3.5.35 中的 U_9。

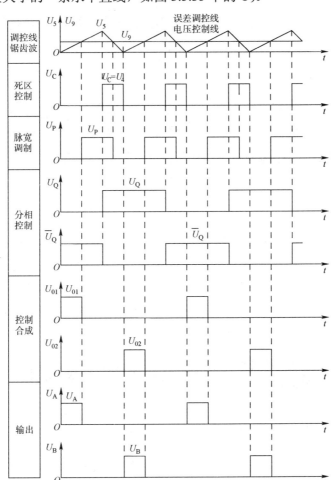

图 3.5.34　TC35C25 波形变换与制作过程全图

② 三个外接定时元件 C_T、R_T、R_D 的取值决定振荡器 OSC 输出的两个定频波——锯齿波和矩形波。矩形波与锯齿波的下降线同步出现。锯齿波的下降线管矩形波即时钟脉冲的生成；锯齿波的上升线管脉宽调制；矩形波 U_C 管死区时间。输出脉冲不能在 U_C 下生成，只能在 $\overline{U_C}$ 下生成。图 3.5.34 就是在分析基础之上通过综合得出的 TC35C25 波形变换与制作过程全图。有了这个图，我们就可以更完整、更全面、更准确、更深刻地理解 TC35C25 的机理与应用了。

③ 锯齿波与调控线的交点决定 PWM 调制脉冲 U_P。误差越大，调控线越高，U_P 变得越窄，$\overline{U_P}$ 变得越宽。误差大要求驱动脉冲宽，IGBT 导通时间更长，所以，输出驱动脉冲不能在 U_P 下生成，而应在 $\overline{U_P}$ 下生成。

④ 输出驱动脉冲要求是两列相差 180° 的脉冲。为此，将时钟脉冲分相，得到两列互补的矩形波 U_Q 和 $U_{\overline{Q}} = \overline{U_Q}$，各管 180°。输出驱动脉冲 A 应在 $\overline{U_Q}$ 下生成；输出驱动脉冲 B 应

在下 $\bar{\bar{U}}_Q = U_Q$ 生成。

⑤ 综合上述要求，输出驱动脉冲的控制信号 U_{01}，U_{02} 应该同时满足②、③、④的要求。

$$U_{01} = \bar{U}_C \ \bar{U}_P \ \bar{U}_Q$$

$$U_{02} = \bar{U}_C \ \bar{U}_P \ U_Q$$

⑥ 输出驱动脉冲的控制信号 U_{01}，U_{02} 中还应包含关断封锁信号 U_{10}。在正常状态下，不实施封锁，即封锁信号应取值 0；在故障时必须实施封锁，即封锁信号应取值为 1。所以应取 $\bar{U}_{10}$ 为封锁信号。应将 $\bar{U}_{10}$ 作为 U_{01}，U_{02} 的组分。

$$U_{01} = \bar{U}_{10} \ \bar{U}_C \ \bar{U}_P \ \bar{U}_Q$$

$$U_{02} = \bar{U}_{10} \ \bar{U}_C \ \bar{U}_P \ U_Q$$

这与式（3.5.2）和式（3.5.3）完全相同。对波形图的逻辑分析和对电路图的逻辑演算达到了相同的结果。

⑦ 输出的控制/驱动脉冲 U_A，U_B 必须与其控制脉冲 U_{01}，U_{02} 完全一致，才能符合上面的各项要求。所以，输出电路应该采用同相进出的双管驱动控制电路，而不能采用反相进出的双管驱动控制电路。

任务6 驱动电路和集成驱动器

3.6.1 驱动电路和集成驱动器

在研究集成控制器的时候，我们已经多次谈及驱动问题。核心在控制，驱动作桥梁。控制是弱电，变换是强电。控制是信息，变换是能量、是功率。要沟通弱电中的信息与强电的能量，必须有桥梁。这桥梁有两座：一座是传感器，另一座是驱动器。传感器从能流中提取信息，驱动器根据控制信息去驱动功率开关，实现能量变换。

驱动电路与控制电路，本来就是一个整体，在其中运行的，是同样的信息，只是功率不同、电压不同罢了。电压较低功率较小的时候，两者是分不开也不必分开的。但是当电压较高、功率较大、系统较复杂的时候，出现了新的矛盾，两者就必须分开也能分开了。这时两者的侧重点是不同的。控制器侧重的是控制信息的加工制作，驱动器侧重的是控制信息的输出和使用。

以 3525 集成 PWM 控制器为例，从误差放大器到两个或非门的输出端都是为了生成控制信号 U_{01}，U_{02}。U_{01}，U_{02} 是满载控制信息的信号，但功率很小，本身是没有驱动能力的。所以由 U_{01}，U_{02} 到 U_A，U_B，还要有功率放大与输出电路，这其实就是驱动电路。所以也可以把 3525 称为集成控制器/驱动器。对于电压不高、要求驱动峰值电流小于 500mA 的系统，3525 是可以直接驱动开关元件的。

但是当电压增加、驱动功率增加时，直接驱动就行不通了。这时，在 3525 与变换电路之间，需要设置驱动电路。在半桥变换器与 TC35C25 控制器之间，用 C_7、C_8、T_1、T_2、R_8、

R_9、R_{10}、R_{11}、$V_{Z21} \sim V_{Z24}$ 架起了两个"驱动电路之桥"。

这两座"驱动电路之桥"有什么作用呢？我们可以从其中找到 5 种作用。

① 驱动：传送驱动信号，由 TC35C25 传到半桥的开关元件。

② 隔离：从电气上隔开两个电压等级不同、没有共地点的系统。

③ 分配：为没有公共点的被驱动元件 VS_1、VS_2 分配没有共地点的两个驱动源。源 OUTPUT B 和源 OUTPUT A 是有共地点的，但是通过 T_1、T_2 隔离之后，两个源没有公共点了。因为 VS_1 和 VS_2 不允许有公共点，所以，不能用一只脉冲变压器，必须用两只脉冲变压器。

④ 限制：用 $R_8 \sim R_{11}$ 来制约 VS_1、VS_2 的栅极—源极所获得的驱动电压和电流，达到驱动源与驱动负载的最佳匹配。

⑤ 测量与保护：用 $VZ_1 \sim VZ_4$ 来实现对 VS_1、VS_2 栅极—源极的过压保护。

当驱动电路作为一个专门的问题来研究、设计和解决时，这 5 大功能都被提出来了。每个驱动电路都可能含有这 5 种甚至更多的功能。普遍性隐藏在特殊性之中。"举一反三"，"触类旁通"，就是要学会从特殊性中抽象出普遍性的学习方法。

早期的驱动电路是用分立元件构成的，"非标的"电路。分立式驱动电路复杂、不规范、占用多、成本高、故障多、维修麻烦，难以满足电力电子变换技术向高频、高压、高功率、高复杂性方向发展的要求，已经被专用的驱动集成电路，驱动模块所取代。要想解决驱动问题，必须学会使用集成式的、模块式的驱动器。

正像集成控制器一样，集成驱动器也是种类繁多，该如何去学习和掌握呢？我们的办法，还是从常用的入手，从典型的入手，从特殊到一般。

3.6.2 IR2110 集成驱动器

IR2110 是一种双通道、高压、高速电压型功率开关器件栅极型驱动器。IR2110 最大特点是具有自举悬浮驱动电路，可以用一路电源驱动上、下两个桥臂，使驱动电路变得更简单。IR2110 既有光耦体积小，脉冲变压器传输快的优点，还有电路简单的特点，所以在中小功率变换中常被首选。IR2110 可以驱动工作电压达 500V 的桥臂，能够承受 50V/ns 的电压变化率。输出的驱动电压为 10~20V。逻辑电源电压为 5~10V。逻辑地与功率地之间允许±5V 电压偏移。工作频率可达 500kHz，开通，关断延时为 120ns，94ns。缺点是自身不能产生负偏压，抗干扰性能稍差。

IR2110 的引脚定义图及内部功能原理框图如图 3.6.1 所示。

从图 3.6.1 可以看到，IR2110 没有采用光耦合隔离或电磁耦合隔离的信号传送技术，而是采用高压集成电路（HVIC）。不同电源系统的电平位移及后面的浮动电源驱动等技术解决信号传送的难题，有其自身特色。

1. 引脚定义，识别和用法

PIN（1）：LO——低端驱动信号输出端。接下桥臂被驱动管的栅极 G，提供开通被驱管所需要的栅极电荷。

PIN（2）：COM——低端输出通道电源返回端（功率地）。

PIN（3）：V_{CC}——低端固定电源供电端。为下桥臂被驱动管提供驱动电源电压。变化范围为–0.3~25V。推荐使用最小10V，最大20V。常用15V。

PIN（4）：空脚。

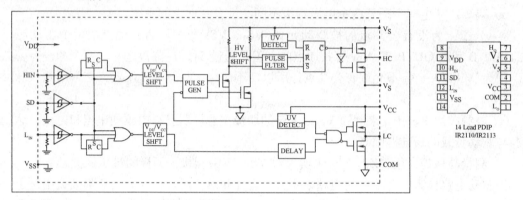

图 3.6.1　IR2110 功能框图和引脚图

PIN（5）：V_S——高端浮置驱动电源返回端（偏移电压端）。承接上桥臂被驱动管关断时栅极电荷的回流，允许范围 $V_S = V_B – (25\sim0.3)$V。

PIN（6）：V_B——高端浮置驱动电源供电端。最小–0.3V，最大允许525V，推荐 $V_B = V_s + (10\sim20)$V。由自举电容供电。通过自举二极管接 V_{cc}。

PIN（7）：HO——高端驱动信号输出端。接上桥臂被驱动管的栅极 G，提供管子开通所需要的栅极电荷。

PIN（8）：空脚。

PIN（9）：V_{DD}——逻辑电路电源供电端。V_{DD} 和 V_{CC} 也可共用。

PIN（10）：HIN——高端逻辑信号输入端。接 PWM 控制器输出端。输出信号 HO 与输入信号 HIN 同相位。

PIN（11）：SD——封锁逻辑信号输入端。接保护控制电路。如不使用可接地。封锁信号为高电平，持续 500ns 以上有效，下一控制周期自动解锁。

PIN（12）：LIN——低端逻辑信号输入端。接 PWM 控制器输出端。输出信号 LO 与输入信号 LIN 同相位。

PIN（13）：V_{SS}——逻辑电源地电位端，逻辑电路接地端。V_{SS} 与 COM 允许偏移±5V。

PIN（14）：空脚。

2．功能框图分析

1）输入逻辑电路分析

整个电路分为高端和低端两个通道。高端通道用于上桥臂功率开关管的驱动。低端通道用于下桥臂开关管的驱动。两个通道负载端的负载电压不同，所以通道的结构也不一样。但输入端逻辑电路是一样的。为便于分析，把高端通道的这段电路单独画出，如图 3.6.2 所示。

模块三　电力电子变换的逻辑控制与连续调节

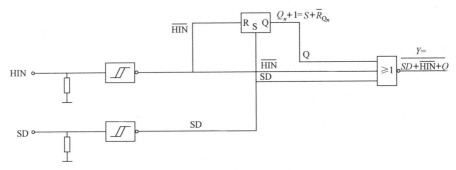

图 3.6.2　高端通道的电路图

直接把各电路点的逻辑表达式写到图上更直观。其中，RS 触发器的特性是 $Q_{n+1}=S+\overline{R}\,Q_n$。电路出口是一个三输入或非门，其输出逻辑值用 Y 表示，则 $Y=\overline{SD+Q+\overline{HIN}}$。SD 是封锁信号输入端，高电平有效。正常时不封锁，$SD=0$；封锁时，$SD=1$。这时或非门的输入信号 $SD=1$。并且 SD 经 S 端将 R-S 触发器置 1，即 $Q=1$。两个输入的 1 都将或非门封锁，使 $Y=0$。所以，只要分析 $SD=0$ 的情况可以了。这时图 3.6.2 简化为

将 Y_{n+1} 化简为

$$Y_{n+1}+1=\overline{\overline{HIN_{n+1}}+Q_{n+1}}=\overline{\overline{HIN_{n+1}}}\cdot\overline{Q_{n+1}}=HIN_{n+1}\cdot\overline{Q_{n+1}}$$

$$\overline{Q_{n+1}}=\overline{HIN_{n+1}\cdot Q_n}=\overline{HIN_{n+1}}+\overline{Q_n}$$

$$Y_{n+1}=HIN_{n+1}\cdot\left(\overline{HIN_{n+1}}+\overline{Q_n}\right)=HIN_{n+1}\cdot\overline{Q_n}$$

根据公式：

$$Q_{n+1}=HIN_{n+1}Q_n$$

$$Y_{n+1}=HIN_{n+1}\overline{Q_n}$$

进行计算。HIN_n 是一个矩形脉冲列，$n=0、1、2、3\cdots$ 时，HIN_{n+1} 交替取逻辑值 0 与 1。故可作出如下的计算：

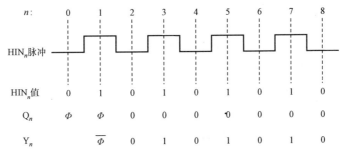

计算表明，Y_n 是一个与 HIN 相同的脉冲列。即输入信号送到了输出端，HIN 送到了 Y 端。

从物理上不难理解计算结果：R 是触发器的置 0 端，每当 HIN=0 时，$\overline{\text{HIN}}$=1，便将触发器置 0，使 Q=0。于是或非门三个输入端中，两个输入端 SD 和 Q 都是 0，而输入端 $\overline{\text{HIN}}$ 交替为 0 与 1，所以输出 Y_n 交替为 1 与 0。

如果出现封锁信号，SD=1 则 Q 被置 1，或非门被封锁。但封锁一消失，$\overline{\text{HIN}}$ 又将 Q 置 0。

2）V_{DD}/V_{CC} 电平偏移

输入逻辑电路的电源电压 V_{DD} 的选择，要结合 PWM 控制电路来考虑。而功率管驱动电路的电源电压 V_{CC} 的选择，则要符合功率管的驱动要求。如果 V_{DD} 与 V_{CC} 采用同样电压，则问题比较简单。但有时 V_{DD} 与 V_{CC} 可能不同。这时，信号由一个电路传到另一个电路，就存在电压匹配和电流匹配的问题。匹配不好，信号就无法正确传递。

信号匹配的问题，在应用中是很普遍的，也是很重要的。在 TTL 电路和 CMOS 电路之间，CMOS 电路与 PMOS 电路之间，CMOS 电路与 HTL 电路之间，CMOS 电路与晶体管电路之间，CMOS 与运算放大器之间等，都存在电路接口和信号匹配问题。

例如，TTL 电路的输出高电平信号规定为 2.4V，CMOS 电路的输入高电平信号按规定高于 3.5V。若要从 TTL 电路向 CMOS 电路传送信号，就存在信号高电平不匹配的问题。如果 TTL 电路电源电压为 5V，CMOS 电路电源电压为 15V，两个电路也不一样。这时必须把 TTL 电路的输出高电平由 2.4V 提升为 3.5V，才能完成正确的信号传输。为此，应该在 TTL 的输出电路集电极电阻上并联一只适当的电阻，从而减小集电极电阻的阻值和压降，提高集电极的输出电压，如图 3.6.3 所示的是 TTL/CMOS 信号电平转换的原理电路图和接线图。

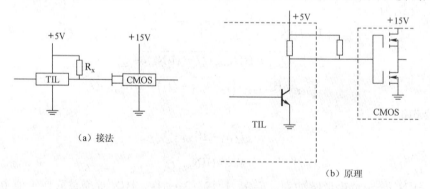

图 3.6.3 TTL/CMOS 信号电平转换的原理电路图和接线图

TTL 电路的输出低电平为 0.4V，CMOS 电路的输出低电平为 1.5V，TTL 输出的低电平低于 CMOS 要求的值，因此可以连接。

在图 3.6.3 中，没有给出 V_{DD}/V_{CC} 电平位移电路的具体结构，不可能作更多说明。但有了上面的理解，应用就已经够了。

3）输入电路抗干扰和信号整形

三个输入逻辑信号 HIN，LIN 和 L_D 都经过施密特触发器输入。施密特触发器的滞后返回电压为 $0.1V_{DD}$，这样就有效地阻止了迭加在输入信号上的干扰信号的破坏，将输入信号整修为完整的矩形波。

模块三 电力电子变换的逻辑控制与连续调节

封锁控制端有效高电平信号需持续 500ns 以上才能生效，这就防止了高频瞬态干扰信号可能引起的误封锁。

4）推挽输出结构

高端通道和低端通道都采用双 NMOS 管推挽输出结构，互补控制，同相进出。供出电流和灌入电流最大值都可以达到 2A，与 TL494 和 TC35C25 的 500mA 相比，增大到 4 倍，具有更强的驱动能力。

5）输出信号与输入信号的相位关系

按厂家产品技术的说明，输出信号与输入信号是同相关系，可用如图 3.6.4 所示的波形图表示。

从图 3.6.4 不仅可以看到 HO 与 HIN 同相位，LO 与 LIN 同相位，而且可以看出 HO、LO 与 SD 的关系。当 SD 的宽度大于 HIN/LIN 的宽度时，会把整个 HIN/LIN 脉冲都"吃掉"，使输出端没有对应的 HO/LO 脉冲输出；当 SD 的宽度小于 HIN/LIN 的宽度时，SD 出现后 HIN/LIN 的部分会被它"吃掉"，使输出端对应的 HO/LO 的部分不再出现。而 SD 出现之前 HIN/LIN 及对应的 HO/LO 的部分脉冲波形则仍然留存。

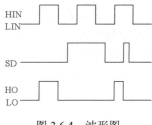

图 3.6.4 波形图

了解输出波形与输入波形及封锁控制波形的关系，是正确使用驱动器的前提。

6）输出信号对输入信号的延迟

既然输出信号与输入信号是同相位的关系，怎么又有延迟呢？从整体上来说，输出信号与输入信号是同步的。但精确地说，还是略有延迟。相对来说很小的延迟，不会改变基本的相位关系，不会改变电路的控制逻辑和实际应用。

信号通过任何电路传输都会有延迟。按照厂家的产品技术文件给出的数据，开通传输延迟典型值为 120ns，关断传输延时典型值为 94ns，封锁传输延时典型值为 110ns。开通/关断匹配滞后最多 10ns。时差很小，又有死区时间作保证，不会造成问题。

7）低端输出信号与高端输出信号的开通/关断匹配

从 PWM 电路传输到驱动电路的输入信号 HIN 和 LIN，相位差 180°，这是非常重要的特征，决定主电路开关动作准确对称。这种信号对称性经过驱动器后不应遭到破坏。但 IR2110 的高端通道与低端通道结构不一样，不对称。低端通道比较简单，高端通道更复杂。所以信号通过高端通道的延迟时间更长。为了不破坏高、低通道信号的 180°对称性，必须使信号通过低端通道的延迟时间与通过高端通道时一样长。为此，在低端通道中设有延时电路，使 PWM 控制器输出信号的对称性在此得以保留。

8）欠压封锁

V_{CC} 是加于 PIN（3）与 PIN（2）之间的低端固定驱动电源电压，又是高端浮置驱动电源的充电电源电压。如果 V_{CC} 过低，将使低端及高端的驱动能力降低，导致主电路工作不正常，开关元件工作不可靠或损耗增大，因此设置了对 V_{CC} 进行监测的电路。当 V_{CC} 达不到 8.5/8.2V 时，即自动封锁两个通道，停止信号输出。

V_{BS} 是加于 PIN（6）和 PIN（5）之间的高端浮置、自举充电的驱动电源电压。V_{BS} 过低，将影响主电路上桥臂功率开关管的正常安全工作，因此，在通道中设有对 V_{BS} 的监测电路。当 $V_{BS}<8.6/8.2V$ 时，也自动实现欠压封锁。

9）高压电平位移

高端通道的输入侧是固定的低压逻辑电路，输出侧则是浮动的逻辑电路。随着逆变桥上桥臂和下桥臂功率开关元件的通、断切换，输出侧的逻辑电路交替的与逆变桥直流电源正、负高压母线相连通。当下桥臂的开关管导通、上桥臂开关管关断时，PIN（5）和PIN（7）的电位近似等于直流负母线的电位；当上桥臂开关管导通、下桥臂开关管关断时，PIN（6），PIN（7）的电位接近直流正母线的电位。这最高可达 0～525V 的电位摆动，既没有光隔离，也没有磁隔离，逻辑电路如何承受得起？为了解决这个问题，在高端通道中设立了一个高压电平位移器。其主要元件是两只 MOSFET 场效应管。当逆变桥上桥臂开关管开通，下桥臂开关管关断，高端通道输出逻辑电路右端电位被举高到接近直流正母线电位时，左端电位也被这两只场效应管举起到同样高的电位。这时直流母线的高压由关断的 MOSFET 来承担，不会加到电位浮动的逻辑电路上。而当逆变桥下桥臂开关管导通，上桥臂开关管关闭，高端通道输出逻辑电路右端电位被放低到接近直流负母线电位时，这两只 MOSFET 也将开通，把输出逻辑电路左端电位放低到接近直流负母线电位。高端通道输出逻辑电路左端和右端的 MOSFET 就是这样，把浮动的驱动电路举起，放下，举起，放下……这举起放下中，电压的变化速率是很高的。而 IR2110 能承受±50V/ns 的电压变化速率，也就能在 1MHz 的高频下工作。用光耦达不到这么快。用脉冲变压器可以快一些，但传送不了宽的脉冲。IR2110 克服了这些缺点。

高压电平位移是一个很大的动作，容易发生干扰。为此，在位移器之前设置了脉冲发生器（Pulse Gen），更准确的说，是脉冲整形放大器。通过输入脉冲的整形放大，使位移脉冲波形更规范。在位移器的输出端，又设置了脉冲滤波器，使得在大幅位移中可能产生的噪声干扰被滤除，确保输出驱动脉冲的质量。

3. 悬浮电路和自举充电驱动电源工作原理

具有悬浮驱动电源是 IR2110 的一大特色和优点。上面已经说过，高端驱动电路的电位是不断被举高与放低的。怎样把高端驱动电源接到这样的电路上呢？这是一个难题。IR2110 想出了一个巧妙的办法，设立了一个自举充电电路来解决这个难题。电路的工作原理如下。

以一个半桥变换电路的驱动为例来说明这个问题，如图 3.6.5 所示。半桥变换电路的直流输入电源来自直流+、−母线。负母线作功率地。正母线为对地高压，最高允许达到 500V。半桥变换器的功率开关管为 VS_1，VS_2，其驱动管为 IR2110 的输出管 VM_1，VM_2，VM_3，VM_4。控制逻辑见表 3.6.1。

表 3.6.1 控制逻辑表

状态号	HIN	LIN	VM_1	VM_2	VM_3	VM_4	VS_1	VS_2	C1
1	0	1	0	1	1	0	0	1	自举充电：$V_{CC}→VD_1→C_1→S_2→GND→V_{CC}$
2	0	0	0	1	0	1	0	0	贮能
3	1	0	1	0	0	0	1	0	自举放电：$C_1→VM1→R_{G1}→S_{1\,(GS)}→C_1$
4	0	0	0	1	0	1	0	0	贮能

模块三 电力电子变换的逻辑控制与连续调节

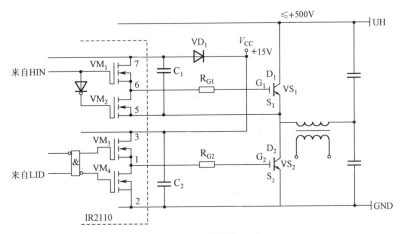

图 3.6.5 半桥变换电路

当 $S_1=0$，$S_2=1$ 时，V_{CC} 通过 $V_{CC}\rightarrow V_{D1}\rightarrow C_1\rightarrow S_2\rightarrow GND$ 对 C_1 充电，使 C_1 中储存的电荷恰好够 VS_1 开通之用。IGBT 或 MOSFET 是电场控制器件，即电荷控制器件。栅极 G 和源极 S 之间是一个金属—氧化物—半导体（MOS）电容。注满电荷后，电场达到一定强度，管子就开通了，漏极 D 和源极 S 之间的电压降 V_{DS} 变得很小。电荷越多，导通越深，V_{DS} 越小。所以，开通过程就是注入足够多的电荷的过程。给 C_1 充电，就是为开通 VS_1 作准备。C_1 的容量选择很重要。容量选大了，在半个控制周期中，电压充不上去，开通不了或开通不够快，不彻底，压降 V_{DS} 大，工作不正常，管子发热或出现欠压封锁。容量选小了，充的电荷不够，也是一样的问题。所以 C_1 有一个最佳的容量，这容量与管子的参数和工作频率有关，也与 R_{g1} 有关，要仔细估算和调试。选得好的 C_1 和 R_{g1}，应该是充的电压足够高，电荷足够多，在开通瞬间注入足够快。电荷足够多，即使开通期间逐渐泄漏掉一部分，仍然能够维持足够深的导通，使 V_{DS} 足够小。

由 $S_1=0$，$S_2=1$ 到 $S_1=1$，$S_2=0$，中间必须经过 $S_1=0$，$S_2=0$ 的状态，这是死区。在死区段，C1 中的电荷保持稳定，待命"出击"。

一旦 HIN 由 0 变 1，就下达了"出击"命令，C_1 中的电荷将倾巢而出，奔向 VS_1 管的 G_1S_1 电容，C_1 放电，G_1S_1 栅-源电容充电。电流路径是 $C_1\rightarrow VM_1\rightarrow R_{g1}\rightarrow VS_1$（$G_1S_1$）$\rightarrow C_1$。这导致 VS_1 迅速开通。而 V_{S2} 已在死区开始时刻先关断，运行时继续维持关断。

然后，当 HIN 由 1 变为 0 时，再次进入死区。这时 $VM_0\rightarrow 0$，C_1 放电路被切断，C_1 "虚位以待"，放空了，准备下一轮的充电。而 $VM_2\rightarrow 1$，将 PIN（7）与 PIN（5）接通，使 G_1S_1 电容所充的电荷获得如下的放电电路：$G_1\rightarrow R_{g1}\rightarrow VM2\rightarrow S_1$。当 G_1S_1 中所储存的电荷放完之后，VS_1 就关断了。为使 VS_1 关断快，G_1S_1 中所充的电荷应该少些；为使 VS1 开通快，G_1S_1 中充的电应该多些。开通与关断产生了矛盾，顾此失彼，顾彼失此。有什么两全其美的方法呢？有。就是使 VS1 关断时栅极 G1 的电位变为-5V 或-10V 等，以加快对 G_1S_1 中可储存的电荷的抽取。不过 IR2110 没有这个电路，这是它的一个缺点。在需要时，只能在外接电路中想办法。

当 LIN 由 0 变为 1 时，第二个死区时间结束。$VM_1=0$，$VM_2=1$ 不变，VM_3 则由 0 变为 1，VM_4 由 1 变为 0，使 VS_2 的 G_2S_2 受到 $V_{CC}\rightarrow VM_3\rightarrow R_{g2}\rightarrow VS_2$（$G_2S_2$）来的驱动而开通，$VS_1$ 则保持先已关闭的状态。电路又开始了下一个循环。

一个电源 V_{CC}，可供上、下桥臂两个管子的驱动之用。这两个管子是没有公共点的。这就是自举电源之妙。

电路中的三个元件 R_{g1}，C_1 和 VD_1 的选择非常关键。VD_1 应该选择恢复二极管。反应慢了不行，损耗会很大。其耐压能力必须高于直流正母线上的峰值电压。C_1，C_2 的耐压不应低于欠压封锁值，否则会出现保护性关断。C_1，R_{g1} 的选择面对开与关的矛盾，需要权衡兼顾，要考虑开关频率、占空比、MOSFET 或 IGBT 栅极充电的需要。对于 5kHz 以上的应用，初步选择可取 C_1=0.1μF。IGBT 的栅极串联电阻，初步可按表 3.6.2 来选择。

表 3.6.2　IGBT 栅极串联电阻的选择

被驱动 IGBT 的额定电压及额定电流	额定电压/V	额定电流/A						
	600	50	100	150	200	300	400	600	800
	1200	25	50	75	100	150	200	300	400
栅极串联电阻 R_G/Ω		51	25	15	12	8.2	5.1	3.3	2.2

4．IR2110 的典型应用

IR2110 的典型应用如图 3.6.6 所示。这个电路可以驱动数十安培的 IGBT。驱动更大的 IGBT，需增加放大缓冲回路。

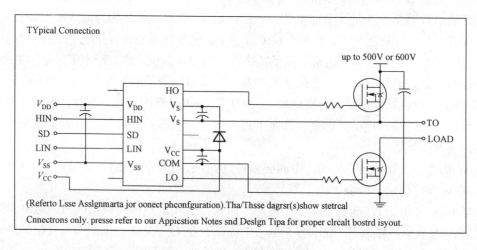

图 3.6.6　IR2110 的典型应用

5．带有负偏压关断的驱动电路

在 IGBT 关断期间，给栅极加上负偏压，可以加快栅极电荷的抽取，提高关断速度，增加关断的可靠性。

图 3.6.7.所示的是一种比较简单的关断负偏压的 IR2110 驱动电路。

高端驱动的关断负偏压由 C_1、VD_1 和 R_1 产生。R_1 的平均电流应不小于 1mA。不同的 HV 选择不同的 R_1 值。低压侧的负偏压由 V_{CC}、R_2、C_2、VD_2 产生。两路负偏压均为-4.7V。

电能变换与控制的核心，是电力电子变换与控制。电力电子变换系统的核心，是电力电子控制。学习电力电子变换系统的控制技术，可以帮助我们进入各种实际的电力电子变换与

模块三 电力电子变换的逻辑控制与连续调节

控制系统。这是当代工业技术革命的前沿,是进入当代工业技术革命的一个制高点。这是一个应用极其广泛,发展极为迅速的领域。这个领域没有结束,只有开始。新事物不断涌现。我们的学习也不应有结束、只应有开始。对于控制系统和控制理论,我们只介绍了一些定性的概念,离定量还很远。对于电力电子变换控制技术,我们只停留在硬件实现和硬开关调节上,离软件实现和软开关调节还很远。但重要的是,我们已经迈开了第一步。千里之行,始于足下。君若有志,自不停留。

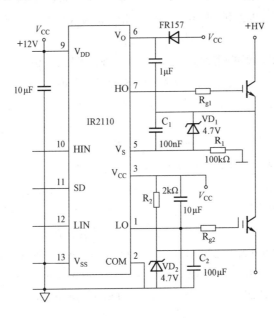

图 3.6.7 关断负偏压的 IR2110 驱动电路图

本模块参考文献

[1] （德）弗里西，弗罗.《电子调节技术》.刘锦江，译. 1 版，北京：水利电力出版社. 1984.11.

[2] （日）细江繁幸.《系统与控制》21 世纪大学新型参考教材系列.白玉林，等译.北京：科学出版社，2001.

[3] 机械工业技师考评培训教材编审委员会.《维修电工技师培训教材》北京：机械工业出版社，2001.10.

[4] 中国电工技术学会电力电子学会，王北安，张明勋.《电力电子设备设计和应用手册》3 版. 北京：机械工业出版社，2009.1.

[5] 陈国呈.《PWM 变频调速技术》. 北京：机械工业出版社，1998.7.

[6] 张一红，肖湘宁.《现代电力电子技术原理与应用》. 北京：科学出版社，1999.3.

[7] 周志敏，周纪海，纪爱华.《现代开关电源控制电路设计与应用》现代电力电子应用技术丛书. 北京：人民邮电出版社，2005.5.

[8] 周志敏，周纪海，纪爱华.《IGBT 和 IPM 及其应用电路》. 北京：人民邮电出版社，2006.12.

[9] 何希才.《新型开关电源及其应用》. 北京：人民邮电出版社，1996.5.

[10] 车杰，晓军.《BiCMOS PWM 控制器 TC35C25》. http：//www.elecfans.com，电子发烧友. http：//bbs.elecfans.com，电子技术论坛.

[11] 刘永祥，张跃良，王芳.《BICMOS 电压型 PWM 控制器 TC35C25》. 国外电子文器件，1997.1.

[12] 郭炯杰.《SG3525 在开关电源中的应用》. 维普资讯，http：//www.equip.com 集成电路应用.

[13] TL494 pulse-width-Mdulation control circuits，Texas Instuments.

[14] TC25C35/TC35C25 BICMOS PWM CONTROLLERS，Telcom Semiconduct，inc.

模块四　电弧炉炼钢系统的控制与调节

任务1　认识钢铁联合企业，认识电弧炉炼钢

4.1.1　走进钢铁联合企业

上了一点年纪的人，没有人会忘记20世纪那个"以钢为纲，大炼钢铁，超英赶美"的年代。那时英国人每年有1500万吨钢，美国人、苏联人、日本人每年各有约1亿吨左右的钢，而中国人每年只有535万吨钢。中国人急啊，做梦都想着赶快成为一个钢铁大国。难忘1958年，全民上阵，日夜不停，为了全年拿下1070万吨钢。最后拿下的1070万吨虽然不是真正的钢，但却得到了十分深刻的教训。中国人经历了一场如何搞现代工业的刻骨铭心的洗礼，由此开始了漫长的学习与奋斗。

时隔50年之后，中国已经成为"世界工厂"，年产钢3亿吨以上，其他国家仍在原地徘徊。今日，经历了信息和电子技术革命洗礼的现代钢铁工业生产技术，已经远非当年可比。对于学习电气与控制的人，钢铁联合企业简直是一个巨大的技术宝库。从矿石到钢材产品，炼铁、炼钢、连铸、轧钢，每一个环节都有许多新技术吸引着你去学习。这不是一日之功。下面先介绍钢铁联合企业的生产流程如图4.1.1所示。

走进电弧炉炼钢车间，几座圆柱形的大电炉一字排开。从炉盖与炉体外壳间透出的红黄色光中，可感觉到钢水正在炉子中奔流。图4.1.2所示为三相电弧炼钢炉。每台炉子的顶部，都有一个操作检查用的过桥。每个炉盖的中央，三根粗大的石墨棒，从炉体中向上穿出来。这就是三相电弧炉的三根电极。过桥的左上方，巨大的矩形铜母线，正将电能送到石墨电极上。石墨电极下端位于炉料的上方。强大的三相短路电弧，源源不断地把强大的电能转化为巨大的热能，传送给炉池中的炉料上。电弧炉炼钢过程示意图如图4.1.3所示。

工业电能变换与控制技术

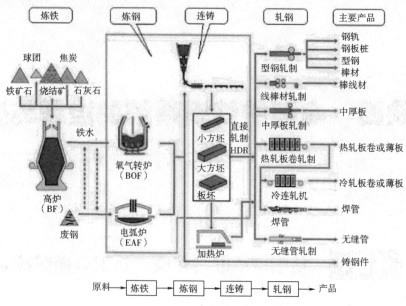

图 4.1.1　钢铁联合企业的生产流程

图 4.1.2　三相电弧炼钢炉

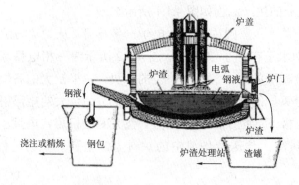

图 4.1.3　电弧炉炼钢过程示意图

模块四　电弧炉炼钢系统的控制与调节

随着时间的过去，温度越来越高。真的是百炼才能成钢啊！瞧，图 4.1.4 中那座炉子越来越亮，想来是火候已经到了，该出钢了。不过这一切还是不能仅凭观察和想象的。一定得通过取样化验来证实。

图 4.1.4　好钢是这样炼成的

出炉了！大伙忙得不可开交。浇注师傅检查了模子，做好了接钢浇注的准备。行车师傅把钢水罐吊到了炉前。炼钢师傅开动了倾炉机构，原来是水平的炉体逐渐倾斜，如图 4.1.5 所示。到位啦，停！

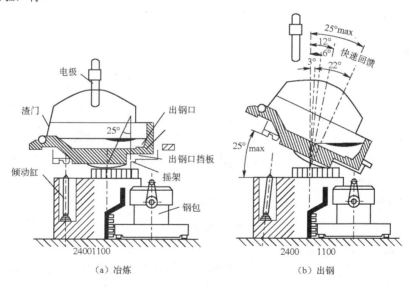

图 4.1.5　谁能把这炉中的钢水倒出来？——注意安全！

钢花四射，热流奔腾见图 4.1.6。钢铁是这样炼成的。钢铁工人也是这样炼成的！

难忘的一次参观！可是，这炉子还只是演戏的舞台，这人还只是导演。而演戏的主角是电。这电的戏到底是怎么演出的呢？

图 4.1.6 金色的秋天

4.1.2 用了多少电，先算一算

学电的人，离不开计算。这电弧炉也是有名的电老虎，更要好好地计算计算。

容量　　　　　$S = \sqrt{3}UI$

有功功率　　　$P = \sqrt{3}UI\cos\phi = 3I^2\sqrt{\left(\dfrac{U}{I}\right)^2 - X^2}$

无功功率　　　$Q = \sqrt{3}UI\sin\phi = 3I^2 X$

功率因数　　　$\cos\phi = \sqrt{1 - \left(\dfrac{I}{U}\right)^2 X^2}$

电极电流　　　$I = \sqrt{\dfrac{S}{3X}\sin\phi}$

电弧电压　　　$U_{\text{arc}} \approx U_2 \cos\phi$

电弧功率　　　$P_{\text{arc}} = 3U_{\text{arc}} I$

公式中 U_2 为电炉变压器二次侧相电压的有效值。X 为二次回路的电抗。电弧近似为一个时变非线性电阻 R_{arc}。变压器及母线电阻很小，忽略不计。回路中起主要作用的是变压器电压 U_2、电抗 X 及电弧电阻 R_{arc}。

查一查：这炉钢花了多少时间？

问一问：炉子的容量多大？这一炉出了几吨钢？

看一看：这一炉钢用了几度电？

再算一算：炼一吨钢要几度电？要多少钱？电弧炉炼钢的电能效率有多高？还有不有浪费？还有不有潜力可挖？……

任务2　鸟瞰电弧炉的功率控制与电极升降自动调节

回到教室，车间中那精彩的一幕幕还在脑中闪现。还在思考着，电是如何出现的？

模块四 电弧炉炼钢系统的控制与调节

正在纳闷之时,老师把电弧炉炼钢功率控制与调节系统的全图展现在我们的面前,"主角就是按这个剧本演出的"。

哇,又是电子线路!连过来连过去,眼花缭乱,令人生畏。图4.2.1、图4.2.2,又该怎么读呢?

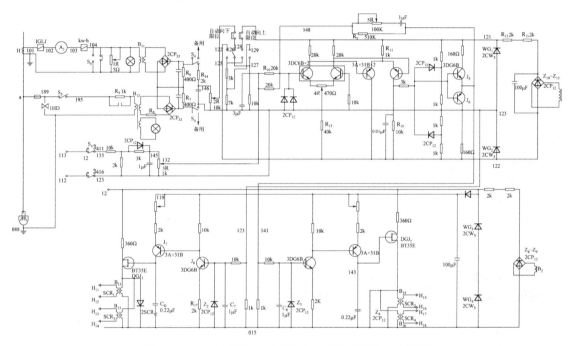

图4.2.1　三相电弧炉电极升降自动调节系统控制电路图

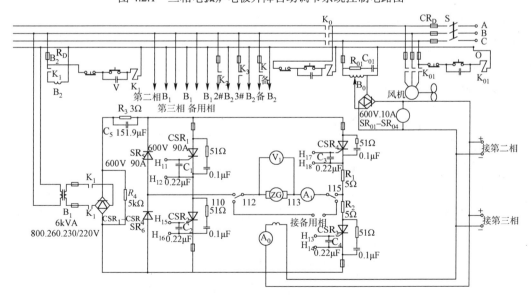

图4.2.2　三相电弧炉电极升降自动调节系统主电路图

应该从原理上下工夫。可这原理又从何谈起？脑海中忽然一闪，"框图作指南"。哈，有了，对照框图读，这框图如图 4.2.3 所示。

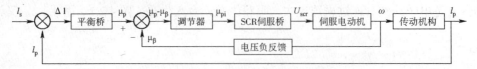

图 4.2.3　电弧炉电极升降自动调节系统框图

其中，l 代表电弧长度，l_s 是操作者给定的弧长，l_p 是反馈系统实侧的弧长，两者比较，得到弧长误差 $\Delta l=l_s-l_p$。平衡桥根据 Δl 的正负和大小，输出一个有正负极性的电压信号 u_p，u_p 与直流伺服电动机的电枢电压信号 u_β 相比较得到电压误差 Δu，电压/功率调节器根据 $\Delta u=u_p-u_\beta$ 输出一个调控信号 u_{pi}。u_{pi} 使触发器发生相应的相控脉冲 u_g。u_g 触发正向或反向伺服桥臂上的晶闸管，使伺服直流电机正向或反向以要求的速度旋转，直流电动机通过减速器和齿轮/齿条机构驱动电极按要求的速度上升或下降，实现调节运动减小弧长误差，对电弧功率进行反馈调节。

听了老师的讲解，我们似乎明白了一些，但又觉得似懂非懂，而且又产生了新的问题。老师说，问题要一个一个的解决。电极升降自动调节系统是电弧炉炼钢系统的一部分，我们还是先来看看，电弧炉炼厂这个主体，有些什么特点，对控制有些什么要求吧。

任务3　通过源载分析认识工作点控制与调节的要求和方法

4.3.1　系统主体——电弧炉炼钢功率变换

如图 4.3.1 所示为电弧炉炼钢系统主回路的单线系统图，电弧炉以 10kV 电网为电源，通过专用的电弧炉变电所供电。

高压隔离开关 QB、高压断路器 QF、高压侧电流互感器 BE1、电压互感器（图 4.3.1 上未画出）等均装在 10kV 高压开关柜内。电炉变压器 TA 是特种变压器，与电弧炉就近安装。变压器二次侧有四挡线电压 250/228/144/520V 供选择。二次线圈为三角形接法，通过硬母线和水冷母线连接到电炉电极上。由于二次电压低，电流大，输电距离越短越好，电压损失、功率损失越小。

功率变换是整个系统的主题，那三根电极、一池炉料是主体中的主体，电极下端与炉料离得很近。炉料是最终的热力负载。电极下端部空气被电压击穿后，在电极与炉料间、电极与电极间产生强大的电弧，将源源不断的电力转化为强大的热力传送到炉料上，完成炉料的加热熔炼。变换的功率即电弧功率，按下式计算：

$$\left.\begin{aligned}P&=\sqrt{3}U_{arc}I_{arc}\cos\varPhi\\&=\sqrt{3}I^2_{arc}R_{arc}\cos\varPhi\\&=\sqrt{3}U^2_{arc}/R_{arc}\cos\varPhi\end{aligned}\right\} \quad (4.3.1)$$

模块四 电弧炉炼钢系统的控制与调节

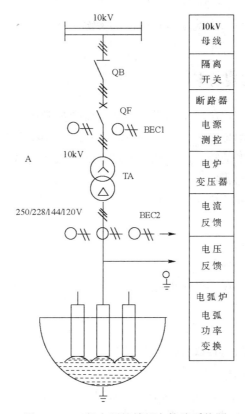

图 4.3.1 三相电弧炉炼钢主接线系统图

式中，U_{arc}、I_{arc}、R_{arc} 分别为电弧电压降（弧压）、电弧电流（弧流）和电弧电阻（弧阻）。由于弧压比较低、弧阻比较小，要获得大的功率，就必须有很大的电流。这是电弧炉炼钢负载的特点。这种负载对供电系统的要求如下：

① 功率很大，只能高压供电，不能低压供电。

② 工作电流很大，电压很低，并与炉子特性密切相关，只能设计特种变压器——电炉变压器供电。

③ 冶炼过程中经常出现电极与炉料冲撞，炉料崩塌，电弧经常在短路与断弧两种极端条件下剧烈变化。因此，要求电炉变压器有很好的机械结构强变、较高的过载能力、较好的热稳定性、较大的短路阻抗。

④ 用低电压输送几千、几万安培甚至更大的电流，电压损失、功率损失的影响很大。导线与高温设备连接，承受很大的热力。所以，低压供电线路的设计和安装特别讲究，需要有特殊的技术。

在如此不利的条件下工作，对控制系统也提出了特别的要求：

① 有很强的调控能力，能够克服负载在极端条件和大范围变动下造成的影响。

② 有足够的快速性，对负载的急剧变化作出迅速反应。

③ 有较高的灵敏度，及早发现并制止负载的变化。

④ 有很好的稳定性，在快速调节中不会出现超调，不会振荡。

功率变换、能量控制核心的问题都在电弧上。如何以控制的优势，克服变换的劣势，获得强大的、稳定的电弧功率，这就是电弧炼钢的关键所在，而电极升降自动调节系统就因此应运而生。

4.3.2 抓住本质——实现功率控制?

在传动系统中，为了实现所要求的机械运动，就要控制电动机的转速或转矩。在电炉系统中，为了实现所需要的冶金过程，就要控制功率从而控制冶炼的温度。电弧炉电极升降的控制，其本质是对电弧功率的控制。因此要通过分析，来明白这个道理。

功率控制，遇到四个问题：

（1）如何通过控制改变功率的大小？

（2）如何获得最大功率？

（3）如何获得最高的功率效率？

（4）如何获得较高的功率稳定性？

为了解决这些问题，可在 I-U 平面上来分析电弧炉炼钢系统的负载特性、电源特性和源载关系。

1）负载特性的分析

电弧是一个非线性电阻，其伏安特性如图 4.3.2 所示。特性曲线有一个最低点 A，在这个点，电压最低，电阻最小。在 A 点左边，电流减小时，电阻增大。在 A 点的右边，电流增大时，电压升高，电阻增大。

造成这种特性的原因是电弧的导电机理是离子激发导电。当电流较小时，离子密度较低，温度也

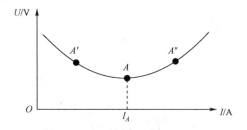

图 4.3.2 电弧的马鞍形伏安特性

较低，空气电离较难。电流减小时，会使这些不利于电离的因素进一步增加。电流较大时，离子密度较高，温度也较高，空气电离较易。当电流增大时，这些有利因素进一步增强。因此离子导电的伏安特性为马鞍形。

在 A 点以左的区域是导电不稳定区。曲线上任一点 A' 的平衡态都是不稳定的。如果出现任何一点扰动使 A' 点偏离原有的位置，A' 点就会沿偏离的方向越走越远。

在 A 点以右的区域是导电稳定区。曲线上任一点 A'' 都处于自衡的稳定状态偏。若有任何扰动使 A'' 点偏离原有位置，总要受到自衡力的抵制。一旦扰动因素消失，A'' 点又回到原位。

在应用中，应该使用电弧导电的稳定段，避开不稳定段。

2）电源特性的分析

电弧炉的电源伏安特性，取决于电网特性、变压器特性和馈电母线特性，但主要决定于变压器的阻抗。而变压器的阻抗，主要是线圈的电抗 X_T。所以，变压器的输出电压 u_T 与输出电流 i_T 的关系为

$$u_T = U_o - i_T X_T \tag{4.3.2}$$

式中，U_O 是变压器的空载输出电压。这个关系的图象如图 4.3.3 所示，是一条下降的曲线。

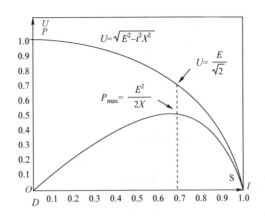

图 4.3.3　电弧炉的弧压弧流特性和弧功率弧流特性

每一个输出挡都对应一条源特性。如图 4.2.4 所示的变压器有四挡，所以源特性由四条相似的特性组成。这些特性是固定的，不可控，不可调。

伏安特性上每一点都对应一对 I、U 值，如果负载是电阻，功率因数为 1，则电源输出功率 $P\propto ui$。在 D 点，$I=0$，所以 $P=0$。在 S 点，$U=0$，所以 $P=0$，即断路功率和短路功率均为 0。由 D 点沿曲线连续变化到 S 点，功率也连续变化，而且除 D、S 两点间，必有一点的输出功率最大，称为最大功率点。如图 4.3.3 中虚线所示。

对系统的传输效率也有类似情况。效率等于电源的输出功率与总功率（等于电源自损功率与负载消耗功率之和）之比。所以 D 点、S 点的传输效率均为 0，而其余各点的传输效率都大于 0。其中必有一点的效率最高，称为最高效率点。

可以想象，最大功率点与最高效率点所对应的电流是不相同的，即功率曲线与效率曲线的顶点不在同一条垂线上。

对于使用者来说，知道最大功率点和最高效率点的存在是非常重要的。在生产中，如果首要的任务是提高产量，那就要运行在最大功率点。如果首要的任务是降低电耗，提高效率，减小成本，那就是应该运行在最高效率点。如果两个目标都要兼顾，则可对每个目标设定一个权重（两权重之和为 1），然后按权重折中求得最佳点。最佳点电流一定是在功率最高点电流和效率最大点电流之间。

问题清楚后，电弧炉炼钢要求能够由操作者控制功率和效率。操作者应该能够通过功率控制找到最佳运行点，控制系统应该能够在操作者设定的最佳运行点上实现恒功率控制。

要解决这些问题，就要把负载特性和电源特性结合起来进行研究。

3）源载矛盾分析和系统工作点的确定

电源特性与负载特性共同存在于同一个系统中，两者各自成为系统中源载矛盾的一方，有着不可分割的密切关系。

一方面，系统的任何一种（I、U）状态都必须在负载特离性曲线上，而不能在负载特性曲线之外，另一方面系统的任何一种（I、U）状态也必须在电源特性曲线之上，而不能在电源特性曲线之外，所以当负载特性固定之后，能够同时满足两项要求的（I、U）点就只能是两条特性曲线的交点 Q 或 Q'，如图 4.3.4 所示。Q 点称为系统工作点或运行点。

从图 4.3.4 看到，电源特性与负载特性的交点有两个。但 Q' 点是不稳定的。任何扰动都

会使 Q' 点脱离其位置跑向 Q 点。只有 Q 点是稳定的工作点。如果出现扰动使工作点离开 Q 点沿电源特性上行或下行,都会出现自衡力使其返回原位 Q。

Q 点能不能移动呢?怎么才能使 Q 点移动呢?使 Q 点移动的唯一办法是改变负载特性。当负载特性改变时,Q 点就会跟着负载特性的变化在电源特性曲线上移动。

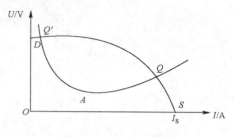

图 4.3.4　系统工作点

这样,功率控制问题就非常清楚了,要改变功率或效率,就要改变负载特性;要稳定功率或效率,就要稳定负载特性。电弧电源的特性只有有限条,不能连续改变。系统的功率和效率调节,只能通过改变负载来进行。

4)电弧炉负载特性的再分析

伏安特性反映电压和电流的相互关系,其本质就是电阻。电阻是电压与电流之比,电弧的电阻是弧压与弧流之比。影响弧压与弧流的因素有电极的物理性质,炉料的物理性质,电极的几何尺寸,炉料的几何尺寸,电极与炉料之间的相对几何位置和尺寸。在熔炼过程中,电极和炉料的温度逐渐升高,电极会烧蚀,炉料会崩塌和熔化,熔化后会发生热搅动和电磁搅动。这都会使上面的影响因素发生变化。所以,事实上弧压和弧流是时时在变化的,负载特性是时时在变化的,工作点 Q 是时时在变化的。正因为如此,才需要控制,按冶炼的要求去控制。

这些影响弧压弧流和负载特性以至系统工作点的变化因素,除了电极与炉料的相对位置之外,其他的因素都无法控制。所以唯一的办法是控制电极对炉料的相对位置,即控制电极的升降。因此,在电极上装上了借助于齿轮/齿条传动的升降机构,用伺服电动机通过减速机去控制机构的升降和电极的位置。这是一种伺服调节运动。如果位置恰好合适,就不调节。如果低了就调高,高了就调低。差得远就快调,差得近就慢调。伺服电动机是一种特种电动机,有令则动,无令则停,要上要下,要快要慢,悉听伺服指令。

如果操作者需要按照熔炼的进程强化或弱化熔炼的强度,可以通过控制电极升降,改变弧长、弧压和弧流来做到。如果操作者需要寻找最佳工作点,可以通过控制电极升降、改变弧长、弧压和弧流来进行。如果操作者需要稳定的熔炼,可以在设定工作点之后让系统进入稳定的自动调节运行。

电极升降,表面上看是一种运动控制、位置或行程控制,但本质上是控制弧长、弧压与弧流,或者说是控制弧阻抗——等离子体的非线性阻抗。这就是实现功率控制的办法。

任务4　深入分析电弧阻抗测量、给定与调节的原理和方法

4.4.1　阻抗如何测量——通过弧压与弧流之比来测量

阻抗等于电压与电流之比,测出电压与电流之比,就测出了阻抗。对于线性电阻,这个问题很容易理解,如图 4.4.1 所示,在 I-U 平面上,线性电阻的伏安特性是通过坐标原点的一

条直线，电阻值就是直线的斜率。

虽然电弧等离子体的电阻是非线性的，不能用一个常数来表示，其特性是曲线而不是直线，如图 4.3.2、图 4.3.4 所示，但特性曲线的斜率为 $\dfrac{\Delta U}{\Delta I}$，仍然代表电阻，只不过这个电阻是随电流而变化的，所以称为动态电阻，而 $\dfrac{U}{I}$ 则称为静态电阻。线性电阻的动态电阻和静态电阻是统一的，不变的。非线性电阻的静态电阻与动态电阻不是同一个量，而且都是变化的。但它们的本质都是从不同的角度来描述电阻的伏安特性。

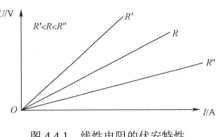

图 4.4.1　线性电阻的伏安特性

4.4.2　阻抗如何给定——通过弧压与弧流之比来给定

对于线性电阻，如果给定了电压与电流的一个比值，这个电阻就完全给定了。但对于非线性电阻，弧压和弧流之比是随电流而变化的，怎么能用一个比值来给定呢？这个问题可以用非线性问题近似线性化的办法来处理。在一定范围内，用一段直线来代替一段曲线，用一个电阻来代替在一定范围的电阻，把复杂的非线性问题化为简单的线性问题来解决，以简代繁，以易替难。在图 4.3.4 中，被用到的是 Q 点附近那一段曲线，可用一段近似的直线来代替它，其 $\dfrac{U}{I}$ 比是恒定的。

4.4.3　阻抗的给定与反馈——解开平衡桥之谜

现在要把理论研究用到线路分析上，来探讨平衡桥的工作原理，解开阻抗闭环调控的秘密。

在框图上，平衡桥就在系统的入口处。给定弧长信号 l_s 和反馈弧长信号 l_P 是平衡桥单元的输入信号，伺服电动机电枢电压的调控指令是平衡桥的输出信号。平衡桥里藏着电弧阻抗调控的秘密。

按照方框图的指向，到电极升降自动调节系统控制电路图 4.2.1 中去找到平衡桥电路。鸟瞰一下图 4.2.1，其布局是右边为两个控制电源，左边为电弧炉主电路简图。显然，控制电路的信息源就在左边，平衡桥就从左边接受弧压和弧流信息。电路图的中间部分，应该是相控调节器和相控脉冲发生器，从右边获得能量，从左边得平衡桥调控指令，制成触发脉冲后向主电路输出。

把注意力转到左上角，很快就找到了两个信号源。一个是弧流信号源，就是电流互感器，其输出信号端子是 101 和 052 两个点。另一个是弧压信号源，其输出端子一个是低压相线 a（b、c）点，另一个是接地的炉壳 088 点。这两个主电路中的信号，经过隔离、变压和整流滤波后，进入控制电路中。所谓平衡桥，就是电流信号与电压信号按一定比例保持平衡，互相抵消的桥。平衡桥原理电路图如图 4.4.2 所示。

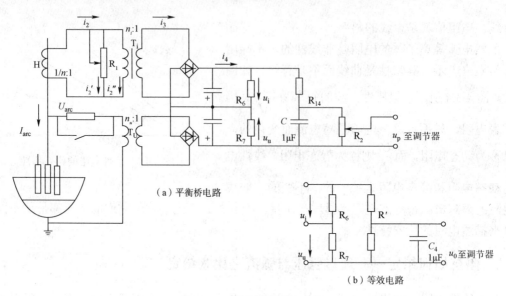

图 4.4.2 平衡桥原理电路图

弧流 I_{arc} 经过电流互动器 H 变流，可调分流电阻 R_1 分流、隔离变压器 T_i 变流及整流桥整流后，变为直流电流信号 i_3。

经过电阻 R_6 后，变为电压信号 u_i。u_i 与 I_{arc} 成正比。

设电流互感器的额定变流比为，则 $i_2=I_{arc}/n$。再设经过 R_1 分流后，$i_2''=m_i i_2$（$m_i<1$）。又设隔离变压器的一、二次匝比为 $n_i:1$，则 $i_3=i_2'' n_i$。于是，i_3 在 R_6 上的压降，即弧流采样信号 u_i 为

$$u_i = \frac{m_i n_i R_6}{n} I_{arc} = k_i I_{arc}，\left(k_i = \frac{m_i n_i R_6}{n}\right) \tag{4.4.1}$$

或

$$I_{arc} = \frac{n}{m_i n_i R_6} u_i = \frac{u_i}{k_i} \tag{4.4.2}$$

弧压 U_{arc} 经过 R_5 与变压器 T_u 分压后，设加于 T_u 上的电压 $m_u u_{arc}$，$m_u<1$ 为分压比。又设 T_u 的一、二次匝比为 $n_u:1$，则 T_u 的二次电压为，再经过桥式整流，变为直流电压信号 u_u 加在 R_7 上，即弧压采样信号为

$$u_u = \frac{0.9 m_u}{n_u} U_{arc} = K_u U_{arc}，\left(k_u = \frac{0.9 m_u}{n_u}\right) \tag{4.4.3}$$

或

$$U_{arc} = \frac{n_u}{0.9 m_u} u_u = \frac{u_u}{k_u} \tag{4.4.4}$$

弧压和弧流之比，是弧阻抗，记为

$$R_{arc} = \frac{U_{arc}}{I_{arc}} \tag{4.4.5}$$

弧压采样信号 u_u 与弧流采样信号 i_3 之比是弧阻抗的采样值，即

$$r_{arc} = \frac{u_u}{i_3} = \frac{u_u}{u_i} R_6 \tag{4.4.6}$$

根据式（4.4.1）、式（4.4.3）可由 u_u、u_i 计算 R_{arc}，即

$$R_{arc} = \frac{m_i n_i n_u R_6}{0.9 m_u n} \cdot \frac{u_u}{u_i} = \frac{k_i u_u}{k_u u_i} = k \frac{u_u}{u_i}, \quad \left(k = \frac{k_i}{k_u}\right) \tag{4.4.7}$$

再将式（4.4.5）代入，可由弧阻抗采样值求弧阻抗，即

$$R_{arc} = \frac{k}{R_6} r_{arc} = k_r r_{arc}, \quad \left(k_r = \frac{k}{R_6}\right) \tag{4.4.8}$$

或者反过来，由弧阻抗 R_{arc} 求弧阻抗采样值 r_{arc}，即

$$r_{arc} = \frac{R_{arc}}{k_r} \tag{4.4.9}$$

式（4.4.7）、式（4.4.8）说明，弧阻抗采样值与实际值 R_{arc} 保持固定的比例关系。所以，平衡桥可以说是一个阻抗采样器，采样比为

$$\frac{r_{arc}}{R_{arc}} = \frac{1}{k_r} = \frac{R_6}{k} = \frac{k_u R_6}{k_i} = \frac{0.9 m_n n}{m_i n_i n_6} \tag{4.4.10}$$

这个采样比是可以由操作者调整的。当改变 R_1 时，就改变了分流系数 m_i，从而改变了弧阻抗采样比 r_{arc} / R_{arc}。但无论怎样改变，r_{arc} 与 R_{arc} 成比例——信号采样的基本性质不变。

4.4.4 弧阻抗的调节方法——平衡桥调节之谜

平衡桥的输出信号 U_p，是发给下一段的调控指令。这个调控指令的内涵是什么？要破解平衡桥调节之谜，就要导出和分析 u_p 的表达式。u_p 的大小是可以用电位器 R_2 来调整的。当 R_2 保持不动时，平衡桥的等效电路如图 4.4.2（b）所示。桥的输入信号为 u_i 和 u_u，输出信号为 u_p，u_p 与 u_i 和 u_u 的关系为

$$u_p = \frac{R'}{R' + R''}(u_i - u_u), \quad (R'' + R' = R_{14} - 2R) = R_{14} + R_2 \tag{4.4.11}$$

将式（4.4.1）、式（4.4.3）代入，可改写为

$$u_p = \frac{R'}{R' + R''}(k_i I_{arc} - k_u U_{arc}) \tag{4.4.12}$$

在系统调试时，需实测调试各单元的输入、输出特性。本系统平衡桥的输入、输出特性实测如图 4.4.3 所示。由图可见，由电流入口到电压出口，传输的线性度良好。

由式（4.4.5）、式（4.4.6）知，$\frac{U_{arc}}{I_{arc}} = R_{arc}$，$\frac{u_u}{u_i} = \frac{r_{arc}}{R_6}$，式（4.4.11），式（4.4.12）又可写为

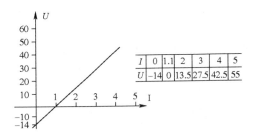

图 4.4.3 由电流输入到电压输出的实测信号传输特性

$$u_p = \frac{R'}{R' + R''} \frac{u_i}{R_6}(R_6 - r_{arc}) \tag{4.4.13}$$

$$u_p = \frac{R'}{R'+R''} I_{arc}(\frac{k_i}{k_u} - U_{arc}) = \frac{R'}{R'+R''} k_u I_{arc}(k - U_{arc}) \tag{4.4.14}$$

式中

$$k = \frac{k_i}{k_u} = \frac{m_i n_i n_u}{0.9 m_i n} R_6 \tag{4.4.15}$$

k 的单位是 Ω，是一个电阻。所以，式（4.4.13）中，$R_6 - r_{arc}$ 是一个电阻，式（4.4.14）中，$k - U_{arc}$ 也是一个电阻。U_{arc} 是实际的弧阻抗，如果把 k 理解为要求的弧阻抗，$k - U_{arc}$ 就是实际的弧阻抗偏差。类似的，r_{arc} 是实际弧阻抗的采样值，如果把 R_6 当作弧阻抗的给定值，$R_6 - r_{arc}$ 就是弧阻抗的偏差。可见，调控指令是由弧阻抗给定值与实测值之差——弧阻抗偏差构成的。这样看来，平衡桥不止输入了实测弧阻抗信号，而且输入了给定弧阻抗信号，而且输出了弧阻抗调节信号。这个调节信号是基于弧阻抗的实际误差制作的，调节的作用，是减少和消除这个误差。所以，平衡桥的本质是一个阻抗调节器。这个阻抗调节器是一个放大倍数为 $\frac{R'}{R'+R''}$（<1）的比例调节器。

在式（4.4.13）中给定，或在式（4.4.14）、式（4.4.15）中给定 k，相当于在 IU 坐标平面上给定了一条通过坐标原点、电阻值为 k 的恒阻线，这线与电源特性线的交点，就是工作点 Q。调节的目的就是使电弧稳定在 Q 点上工作，如图 4.4.4 所示。

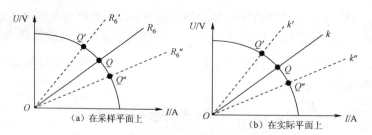

图 4.4.4 通过阻抗闭环系统锁定工作点 Q

实际情况如下：当负载阻抗变化（由 R_6 变为 R_6' 或 R_6'' 或由 k 变为 k' 或 k''）时，Q 点偏移到 Q' 或 Q'' 点。若没有调节力作用，这偏移就无法消除。由于存在调节系统，在 Q' 点或 Q'' 点存在弧阻抗误差 $R_6 - r_{arc} \neq 0$ 或 $k - R_{arc} \neq 0$，与误差成比例的调控指令 $u_p \neq 0$，使伺服电机驱动电极向减少弧阻抗的方向升降，使误差减小。当 $R_6 - r_{arc} = 0$ 或 $k - R_{arc} = 0$ 时，$u_p = 0$ 调节力消失，电机停止，电极保持原位不动，电弧稳定燃烧。

4.4.5 由厚到薄，神奇化易

一个系统，一个电路，它的工作点是源载双方共同造成的，是矛盾的平衡点。这是分析和解决问题时，需要牢牢掌握的基本观点。花很多时间来讨论阻抗闭环、功率控制的问题，就是希望在实际问题的分析中领会这个道理。

问题往往是有多面性的。有时从一个角度去看，艰深难懂，换一个角度思考，却豁然开朗，顿时醒悟。但若没有辛苦的耕耘，哪会有丰收的喜悦。华罗庚先生说，读书要由薄到厚，再由厚到薄。读了很多，想了很多，最后就是那么一点点。现在该由厚到薄，神奇化易了，"神奇化易是坦道，易化神奇不足提"。

阻抗闭环、功率控制的道理，其实很简单。

① 系统只能在电源特性曲线（通常称为电源的外特性）上运行。工作点一定在线上，不能在线外。

② 电源特性曲线上的每一点，都对应一定的功率。工作点确定了，功率也就确定了。即 u、i 之积决定功率。

③ 电源曲线上每一点，都对应一定的阻抗。代表该阻抗的，是通过该点与坐标原点的一条直线。阻抗值就是该恒阻线的斜率——该点坐标的 U/I 比，即 U、I 之商决定阻抗。

④ 所以，只要给定一个 U/I 比，就决定了一条恒阻线，决定了电源曲线上一个工作点；只要决定了这个工作点，就决定了 U、I 值，决定了 UI 积，决定了功率。

4.4.6 胸有成竹，操作自如

平衡桥名字由来，指的就是把弧压、弧流各按一定比例取出来进行比较。当两者不相等时，即 $U_i \neq U_u$，电桥就有输出，控制电极升降。当两者相等时，即 $U_i = U_u$，输出为 0，调节停止。明白了桥的工作原理，操作就胸有成竹。

桥上有两个可以操作的元件。调 R_1，可以改变电流的采样比例，也就是改变 U、I 比，从而改变弧阻抗、弧功率。调 R_2，可以改变阻抗调节器的放大倍数，也就是改变调节的灵敏度。懂得运用这两个元件，就可以在生产中摸索经验，积累经难，提高系统的安全性、稳定性、长寿性，提高生产能力，提高产品质量，降低生产成本。

任务5　认识电压内环的设置目的、线路原理和特性测试

作为外环和主环调节器，平衡桥的重点放在阻抗及功率的检测调节上。限于任务的特殊性，其放大倍数只能小于 1。所以，调控能力是比较弱的。如果不经过放大，直接用于晶闸管电路的调控，难以获得满意的效果。而如前所述，由于电弧炼钢负载的变动范围极大、变动速度极快、要求调节系统有足够的调节能力，优良的调节品质。在调节范围、稳定性、快速性、抑超调、防振荡上，都有一定的要求。为了解决这两方面的矛盾，必须采用主从配合、两级调节的方案，在阻抗/功率平衡调节器之后，设置 PI 电压调节器。PI 调节器可以强化平衡桥输出的阻抗/功率调控信号，提高系统的静、动态调节品质。由平衡桥输出的调控信号，作为 PI 电压调节器的给定值，与伺服直流电动机电枢电压的反馈信号相比较，得到（以电压信号形式表达）转速误差信号 $u_p - u_\beta$，经过调节器放大和积分后，产生晶闸触发脉冲形成电路的控制信号 U_{PI}，送到触发脉冲电路输入端，对脉冲相位进行控制。

这套设备诞生于 20 世纪 60 年代末到 70 年代初，所以采用的线路是分离元件线路。PI 调节器电路如图 4.5.1 所示。

分析调节原理，离不开电子线路。表面上看，电子线路纷繁复杂，不知从何下手。其实，分析方法还是有规律可寻的。"能量何处流？信息怎样转？""找准源头处，顺着接口转。""输入到输出，特性待测量。"这些口诀都是对读图规律的反映。调节器是一个单元电路，分析一个单元电路，可以按照由外到内、由表及里、由粗到细、由整（体）到局（部）的顺序进行。

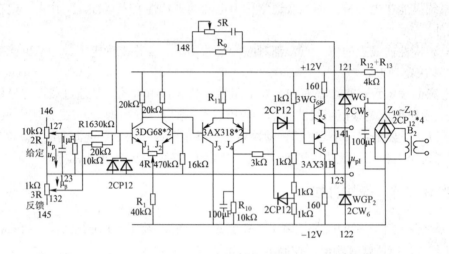

图 4.5.1　PI 调节器电路

4.5.1　先找第一个源头：能量（控制电能）从何而来

这是从控制电源变压器 B2 来的。降压后的交流电，经过 2CP12×4 桥式整流，又经过 4kΩ、100μF 阻容滤波，变成以中点电位为参改电位、±12V 的直流电源对调节器供电。为什么要用正、负双电源呢？因为采用了差分放大器，需要给 J_1、J_2 的基极提供正、负对称的输出信号，也要给共模信号射极反馈电阻 R_{15} 提供足够的电压空间（约 12V）。设计电路时，必须懂得这个道理。

进行系统调试，要遵循由局部到整体，由单元到系统的原则。先要一个单元一个单元的调，所有单元都调好了，再组成系统调试。调单元的时候，首先要检测的是单元电源电压是否正常。

查寻系统故障、检修设备时，要由整体到局部，由系统到单元进行故障侦测、猜想、判断、定位，逐步缩小故障锁定范围。这时最容易做，也最常用的一种方法就是检测各单元的电源电压。被查出电源电压有问题的单元，必定是故障单元。

4.5.2　再找第二个源头，输入信息从何而来

输入信号包括伺服直流电动机的电枢电压给定信号 u_p 和电枢电压反馈信号 u_β。

u_P 为平衡桥输出信号。在控制电路总图 4.2.1 中，先找到平衡桥的出口，即 10K 电位器 2R。从 2R 的动触点出来，首先经过自动向下限位开关。这个开关的作用是当电极下降到向下限位点时，限位开关断开，切断电压给定信号 u_p（即令 $u_p=0$），伺服电机就停止了。如果没有限位保护，电极继续下降，碰触炉料时，就会出现三相短路，引起变压器掉闸，打

断连续的正常冶炼过程。不过仔细想来，这个限位保护也可能还有一些问题。限位点是固定不动的，电极却在不断烧烛变短，这相当于使下限位点上移了，也就会使限位动作提前了。电极端部尚未达到起初设定的动作位置时，限位开关已经动作，停止了理应继续下行的调节运动。所以在生产实践中要定期检查和调整向下限位开关的位置，要根据电极烧的程度来进行调整。

给定信号通过向下限位开关后，到达 126 点。这是万能转换开关 S_3 的 II 号触头的信号输入点。当 II 号触头处于接通位置时，给定信号通过后到达 127 点。这里是一个 RC 滤波电路的入口，对进入的信号要进行鉴别检查。如果在信号传输途中混入了干扰信号，就会被查出，经过 1μF 电容，打入地中。给定信号则通过晶体管的 20kΩ 基极电阻 R_{16} 进入信号综合点 148。148 上汇入三个信号，一个是调节器自身的电压负反馈信号，两个是调节器的外部输入信号。除给定信号外，另一个外部输入信号是伺服电机电枢电压负反馈信号。这个信号从 132 点引来，也经过一个 20kΩ 输入电阻到达信号综合点 148。两个外部输入信号的两个输入电阻并联值为 $\frac{1}{2}(\frac{20\times20}{20+20})$kΩ = 10kΩ，与对管 J_2 的基极电阻 10kΩ 恰好相等，保证了差分输入电路的对称性。两个外部输入信号一端由 10kΩ 电阻进入 J_1 管基极，另一端由另一个 10kΩ 电阻进入 J_2 基极，使对管 J_1、J_2 得到反相对称的一对差分输入信号。调节器就工作于自动调节状态，电动机就工作于自动伺服调节状态。

转换开关 S_3 共有 I、II、III、IV 四对触头，四个挡位。每个挡位只接通一对触头。各挡位下 S_3 的作用，可根据图 4.2.1 中的"S_3 接线图"进行分析，如图 4.5.2 所示。在 II 挡时，调节器工作在"自动"调控状态。在 I 挡时，调节器令电极"向下"运动。在 III 挡时，调节器令电极"向上"运动。在 IV 挡时，则可以"向上"，也可以"向下"。其中的原理，待解析完调节器的电路工作原理之后，就会明白。现在还是回到输入信号上。

功能 挡位	向上	自动	向下
I			×
II		×	
III	×		
IV	×		×

图 4.5.2 转换开关 S_3

$u_β$ 是电极升降伺服直流电动机电枢电压的负反馈信号。这个信号是从电压负反馈网络输出的。由图 4.2.1 可画出负反馈网络电路图如图 4.5.3 所示。

反馈网络的输入端为 113 和 112，输出端为 132、123。113 和 112 来自主回路，为伺服电动机 ZD 的电枢端。$u_{113-112}$ 是一个有正、负极性的功率驱动信号，决定电动机应该正转还是反转或停转，应该以多大的速度转。驱动信号的这个要求，本来是平衡桥发出的指令，但比较软弱。经过电压调节器后，指令变得强硬了，电动机非执行不可。

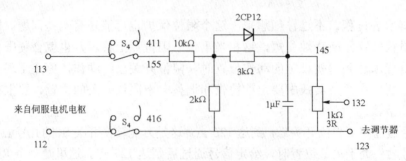

图 4.5.3 伺服直流电动机电枢电压反馈网络

反馈网络的作用，主要有两个，一是分压，二是滤波。为什么要分压呢？从主电路图 4.2.2 可以看到，电机驱动电路的电源电压额定值为 220V，由变压器 B1 提供。而调节器的电源电压为 ±12V。两者不匹配。必须将 220V 电压降低到调节器所能承受的范围。由图 4.5.3 可知，2kΩ 电阻与 3kΩ 电阻串 1kΩ 电位器并联后，等效电阻约为 $\frac{2(3+1)}{2+3+1}=\frac{4}{3}$ kΩ，与 10kΩ 电阻分压后，2kΩ 电阻两端电压约为 $\sqrt{2}\times 220\times \frac{4/3}{10+4/3}$=36.6V。对于由 112 指向 113 方向的电压，132 点最大分得 $36.6\times\frac{1}{3+1}$=9.15V。对于由 113 点指向 112 点方向的电压，3kΩ 电阻几乎被二极管短路，变成 1kΩ 电位器与 2kΩ 电阻并联。阻值为 $\frac{2\times 1}{2+1}=\frac{2}{3}$ kΩ，分得电压峰值约为 $\sqrt{2}\times 220\times\frac{2/3}{10+2/3}$=19.4V。故 132 点最大峰值电压为 19.4−0.7=18.7V。两个方向的峰值电压均未超过调节器的电源电压，允许进行调试。

在 148 点与 123 点之间，正、反向并联了两个限压二极管 2CP12，实际上将综合输入电压限制在 0.7V 以内，可以确保晶体管的安全。

反馈信号经过分压后，也经过 1μF 电容滤波，将干扰信号打入地下。

可以看到，由平衡桥来的信号是经过变压器 B11、B12 与主电路隔离的。发向主电路的触发脉冲，是经过脉冲变压器 B13、B14、B15、B16 与主电路隔离的。但采自伺服电机 112、113 点的反馈信号，却没有经过隔离就进入了调节器中，这是一个缺点。由于这个系统是二十世纪六七十年代开发的，那时还没有出现很好的线性隔离器件，如线性光隔离器，所以这个问题不容易解决。现在不一样了，现在搞一个系统，采样通道也可以放上线性光隔，弱电系统与强电系统彻底隔离，安全性、可靠性就大大增加了。

4.5.3 再找第三个源头：输出信息奔何而去

输出信号指向负载——下一级单元。调节器的输出信号指向触发器，从控制电路图 4.2.1 可知，由调节器"顺着接口转"，由 141 点和 123 点出去两根线，转到了触发电路的两个输入端。141 和 123 点，就是调节器的出口，也是触发器的入口，是两个单元间的接口。

找到了电源口，又找到了输入信息口和输出信息口，则调节单元与上、下各单元的关系，调节单元与整个系统的关系，就把握住了。如果单元内部没有什么问题，也可以不再管它。研究单元的目的主要是为了掌握系统。所以，可以立即转到系统测试上去，不再深究单元电路。不过，为了获得更深入的知识，还是把单元内部电路再作一番研究。

4.5.4 分析调节器的正向通道

调节器的正向通道由三级放大器构成。第一级为信号输入放大级，采用双入双出差分放大电路。自身带有很强的射极耦合电压负反馈。由+12V到-12V的24V电压，分配为三段：20kΩ的集电极电阻，分到2.6V；晶体管J_1、J_2的ce极间，分得9.4V；40kΩ的射极耦合电压负反馈电阻R15分到最多，为12V。可见反馈程度比较深。这样分配电压的方案，说明第一级的首要任务是抑制共模干扰，其次才是放大有用信号。这对于减小温漂，增强抗干扰能力，提高系统稳定性十分重要。

第二级为中间级，电路型式和电压分配都与第一级不同，采用双入单击差分放大，既可与前一级双入双出的电路接口，又可与后一级的单入单出功放电路接口。采用PNP双管差分，也是为了与前一级的NPN双管差分匹配。三段电压分配，J_3、J_4的ce极间电压为9.5V，与上一级差不多，但1kΩ的射极耦合电压负反馈电阻R_{11}只分得电压2.5V，10kΩ的集电极电阻则分得12V，恰与上一级相反。原因是第二级的首要任务已变为电压放大，以便为功放级提供足够的电压驱动。而抑制干扰只是第二级的次要任务，因为第二级的干扰对系统的影响远不如第一级那么大。

第三级为功放级，要为下一单元——两个触发器提供足够的动率驱力，所以采用了单进单出的NPN-PNP对管推挽放大、射极输出的电路结构，具有较强的输出能力。

三级的总放大倍数，在保证能够足够有效的抑制干扰的前提下，做得尽可能的大，以便为反馈通道的接入创造条件。

4.5.5 分析调节器的反向通道

反馈网络的结构和特性决定调节器的性质，因而是调节器中十分重要也十分敏感的部分。反馈网络连接在输出点141和输入点148之间，由两路并联而成。一路是电阻R_9，另一路是可调电阻 5R 与一个电容器。"叠加常有效，分解亦良方。"可把这个反馈网络与三级放大器构成的比较复杂的调节器分解为由两个电路分别与三级放大器构成的两个较简单的调节器来理解，虽然是近似的，但比较容易想象，以得到定性的初步认识。

由反馈电阻 R_9 与放大电路组成的调节器是一个比例调节器，可以作为主调节器来起作用。比例放大器没有时延，可以对急剧的负载变化作出即时反应，增强调节的快速性。

由可调电阻 5R 与电容器串联的反馈回路与放大电路组成的调节器是一个放大倍数可调的比例积分调节器，可以作为第二调节器配合主调节器发挥更理想的调节作用。一则可以调整比例放大倍数更切合负载波动的特点，即不会出现欠调、慢调，又避免超调、过度振荡。二则积分调节可以完全消除余差，获得更高的调节准确度。

负反馈是构成闭环控制的关键。正常的闭环控制系统最大的特征是系统的稳定性。如果系统在运行中突然出现失稳、失控的现象，首先应该想到的是反馈通道是不是出了问题。一个放大级失控、失稳，是不是这个放大器的反馈电路出了问题？一个单元电路失控、失稳，是不是这个单元的反馈电路出了问题？系统失控、失稳，是不是系统的反馈电路出了问题？

4.5.6 进行调节器、反馈网络的输入、输出传递特性的测试

前面对调节器及反馈网络的分析都是定性的分析。认识过程的深化,要求的认识逐步走向半定量和定量的认识,才能更好地解决问题。在系统设计和调试中,定量认识是很重要的。定量认识并不一定都是计算。测试也是定量认识,而且是最终引以为据和解决问题的定量认识。

测试的内涵是很广泛的。这里我们特别强调输入、输出特性的测试。这是非常重要的一种测试,在系统设计中、调试中、故障查寻中,都有非常重要的用途。输入、输出特性,可以是整个系统的,也可以是各个环节或单元的,还可以是一个局部电路的,或是个别元件的,都可以通过输入、输出特性的测试来发现问题、分析问题和解决问题。

"等效繁化简,替换易代难。"测试方法专注于外部端子之间的相互关系即外部特性:彼此间是否有因果关系?输出信号和输入信号的变化范围是否满足其前、后级电路及整个系统的要求?是否能够实现闭环系统中的静态平衡?相互关系是否有很好的线性?需不需要进一步调整、优化等,而不管连结外部端口的箱子内部究竟装着什么。

系统调试要遵循由局部到整体、由单元到系统、由静态到动态的原则。首先完成单元的输入、输出特性测试,然后将这些特性整合在一起,看看能不能组成一个完整的单元与单元之间、单元与系统之间特性协调的系统。

只要弄清楚了单元的电源接口(包括地)、输入信号接口和输出信号接口,就可以对单元输入、输出特性进行系统的测试,并把测试结果记录、整理在表上,画在图上。测试线路如图4.5.4所示。

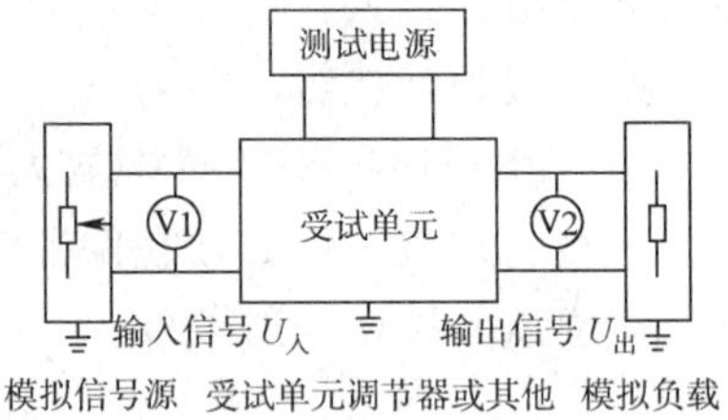

图4.5.4 单元电路传递特性测试

把单元分离出来,离开系统,单独测量其输入、输出特性,可称为离线特性。这样的特性,只决定于单元自身,而与系统和其他相关单元的影响无关。在单元组合成系统,系统处于运行条件下,再来测单元的输入、输出特性,这时的特性不仅取决于单元自身,而且还可能与系统及相关单元对该单元的影响有关,这可称为在线特性。这显然是单元最真实的特性。

本模块中给出的特性,都是由参考文献提供的、很有参考价值的实测特性,值得读者把它们与理论对照起来进行研究思考,这对于学习系统理论、设计、调试和运行将大有助益。如果在对照中出现了差异或矛盾,那就要去修改和完善理论。实践永远是认识的源泉和最高标准。

图4.5.5是实测的调节器输入、输出特性。调节器的反馈电阻 R_9=510kΩ。三级放大器是一个由分立元件组成的反相运算放大器,故放大倍数应为

$$K_{PI}=\frac{\Delta U_{出}}{\Delta U_{入}}=-\frac{R_9}{R_{16}}=-\frac{510\text{k}\Omega}{20\text{k}\Omega}=-25.5$$

输入信号 $U_入$ 为148点对123点的电压,输出信号 $U_出$ 为141点对123点的电压。两个限位电阻 2cp12 见图4.5.1 将 J_5、J_6 的基极电位限制在约±6V之内。从图4.5.5看到,输入、输出特性的线性度很好,符合系统对调节器的要求。没有限幅时,输入变化范围约为(−0.4V,

+0.4V),输出变化范围约为(−9.8V,+10V)。加上限幅二级管后,输入变化范围降低到(−0.24V,+0.23V),输出变化范围降低到(−5.8V,+6V)。特性的斜率,即放大倍数约为$-\frac{10}{0.4}=-25$,与计算值一致。

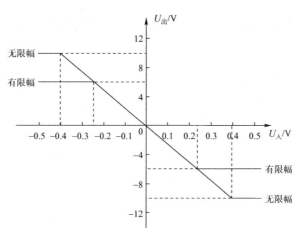

图 4.5.5　实测的调节器静态输入、输出特性

$$K_{\text{PI}}=\frac{\Delta U_{\text{出}}}{\Delta U_{\text{入}}}=-\frac{R_9}{R_{16}}=-25$$

图 4.5.6 是电压反馈网络的实测特性。输入信号是伺服电机的电枢电压,即 113 与 112 两点间的电压。输出信号是 132 与 123 两点之间的电压。调节器的反馈电阻 R_9=510kΩ。测试前,把反馈网络的输出调节电位器先固定在一个位置。每个位置都可测得对应的一条输入、输出特性线。

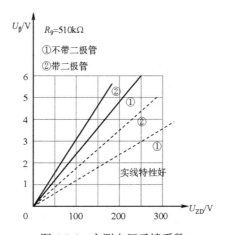

图 4.5.6　实测电压反馈系数

图 4.5.6 中,实线全部位于电枢电压的变化范围之内,而虚线有一段超出了电枢电压的变化范围。超出段没有用,剩下的有效段相比于实线的就短了,降低了输出信号的准确度。所以实线特性比虚性特性要好,电位器 3R 应整定在实线所对应的位置。

两级调节器，两度进行给定信号与反馈信号的综合，完成了控制信息的处理。调节器的输出信号中，已经含有了必须的全部信息。现在的问题是，这个调节指令 u_{pI} 谁去执行？话分两头，暂且把调节指令 u_{pI} 放在这里，先去关注执行问题。

任务6　解析直流电机晶闸全桥伺服电路与控制逻辑

4.6.1　可逆调速，伺服重任堪与谁

伺服电动机是特种电动机，有很多对普通电动机没有的更高的要求。归结起来，对伺服电动机的要求有机械特性线性好、硬度高、速度稳、功率足、范围宽、调节特性线性好、易起动、无死区、惯性小、响应快、控制灵。此外，还应故障少、维护易。

电极升降自动伺服调节在生产中起着关键性作用，电机又工作在粉尘、高温环境中，要求自然极严格。

传统的电机技术，在19世纪便诞生了，以后一直没有太大的变化。控制电机则是电机领域中富有活力的新技术，与控制技术、电力电子技术结缘发展，日新月异。现在可供选择的伺服电机种类已经很多，直流的、交流的、励磁的、永磁的、连续的、步进的、有刷的、无刷的、有槽的、无槽的等，五花八门，选择范围很宽。不过在相当长的一段时间里，主要还是选带刷的励磁式直流电动机。那时这种电机以其优良的机械特性和调节性能而一枝独秀，非其他控制电机可比。本系统开发于20世纪六七十年代，那时自然是选这种电机。

4.6.2　全桥驱动，动率开关作何选

选定伺服电动机后，接着要解决两个问题：如何控制电动机的正反转？如何调速？

1. 控制直流伺服电机的正反转

控制直流电动机的正反转或转速，可以控制电枢电压，也可以控制励磁。作为伺服电机，低速性能非常重要。励磁调节只能升速，不能降速，所以只能控制电枢电压。这是恒转矩调速，适合于低于额定转速下的调速，而且调速范围宽、连续调节、平滑稳定、斜率恒定、特性较硬，所以必选这种调压调速法。

控制直流电动机的转速，常用的有两种办法。

1）双电源反并联开关无环流供电

图 4.6.1 是双电源反并联开关无环流供电法的逻辑图和控制逻辑。

控制逻辑禁止 $S_1S_2=1$ 的状态出现，以避免环流短路，这是基本要求。

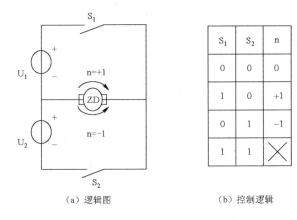

(a) 逻辑图　　　　　　　　　(b) 控制逻辑

图 4.6.1　双电源反并联开关无环流供电

2) 单电源全桥开关无死区供电

图 4.6.2 是单电源全桥开关无死区供电法的逻辑图和控制逻辑。

控制逻辑禁止 $S_1S_2S_3S_4=1$ 的状态出现,也禁止 $S_1S_2=1$ 或 $S_3S_4=1$ 的状态出现,以避免直通短路,这是基本要求。

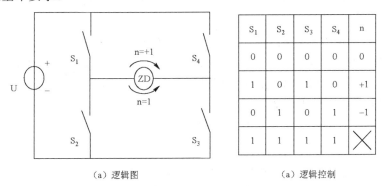

(a) 逻辑图　　　　　　　　　(a) 逻辑控制

图 4.6.2　单电源全桥开关无死区供电

2．选用调速方案

分激直流电机调速,采用电枢调压方案,正如前述。但调压如何实现?现在有两种方案,一种是晶闸管相控调压方案,另一种是 IGBT 或 MOSFET 控制 PWM 调压方案。这两种方案,现在都是可以选用的。但 IGBT 方案控制较简单,所以较值得选用。

但在 20 世纪六七十年代,全控型电力电子器件尚未出现,唯一的选择只能是晶闸管相控调速。本套系统选的是晶闸管相控全桥调压调速方案。阅读主电路图 4.2.2 可以知道,整个系统共有四套相同的相控全桥主电路和相应的控制电路,每相一套,还有一套做备份。每只晶闸管都并联了 (51Ω, $0.1\mu F$) 过压吸收电路进行保护。每个门极、阴极间都并联了一只 $0.22\mu F$ 抗干扰电容。四个伺服电机有一个共用的可调恒定励磁电源,由自耦变压器 B_0 及整流桥 $SR_1\sim SR_4$ 供电。若某相控制电路出了故障,可用手动开关将该相伺服电机 ZD 切换到备份相上。

伺服驱动电路对控制系统有什么要求,要根据桥式伺服驱动电路的特点来确定。为此,根据主电路图画出一相的桥式驱动电路简图如图 4.6.3 所示。

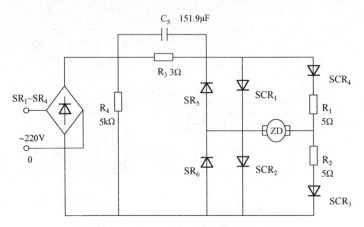

图 4.6.3　直流电机晶闸管桥伺服电路

各元件的作用如下。

$SR_1 \sim SR_4$ 硅桥：为晶闸管桥提供全部正弦半波电源电压，在 0，π，2π，3π…处过 0。

$SCR_1 \sim SCR_4$：全桥功率开关。

$SR_5 \sim SR_6$：ZD 电流的续流二级管，助力 $SCR_1 \sim SCR_4$ 实现关断。

R_1、R_2：ZD 的能耗制动电阻。

C_5：在 $SCR_1 \sim SCR_4$ 关断瞬间提供反压，助力关断。

R_3：提供驱动电流通路；提供 C_5 快速放电通路，形成合适的反压时间；限制短路电流。

R_4：维持电阻，助力 $SR_1 \sim SR_4$ 运行，提供二极管维持电流，使正弦半波电源电压波形稳定。

1）电机正转、电极上升的控制

正转时按图 4.6.1 的控制逻辑控制，每个半波 SCR_1、SCR_3 通断一次，SCR_2、SCR_4 关断。

SCR_1、SCR_3 导通时的电流通路：

I_1：电源→R_3+C_5→SCR_1→ZD→R_2→SCR_3→电源，ZD 正转、电极升、电容充电。

SCR_1、SCR_3 关断瞬间的电流通路：

I_2：C_5→R_3→C_5，电容充电，形成助力 SCR_1、SCR_3 关断的反压。

I_3：C_5→R_4→SR_6→SCR_1→C_5，以反压助力 SCR_1 关断。

I_4：C_5→R_4→SR_3→R_2→ZD→SR_5→C，以反压助力 S_{CR3} 关断。

I_5：ZD→R_2→SCR_3→SR_6→ZD，SR_6 为 ZD 续流，R_2 对 ZD 能耗制动。

正转控制逻辑：根据电源供电波形图 4.6.4 阅读正转控制逻辑程序表 4.6.1。

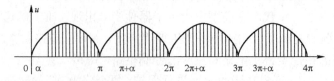

图 4.6.4　相控调压波形图

相控中改变控制角 α，相当于 PWM 控制中改变占空比 D。α 越大，"占空比"越小，电压越低。改变 α，即可实现调压调速。这 α 应如何改变呢？——按照调节器发出的 ZD 电压调节指令去改变。

模块四 电弧炉炼钢系统的控制与调节

表 4.6.1 晶闸管全桥驱动正转控制逻辑

控制逻辑							物理过程
相位	功率开关				续流开关		L——ZD 的电压
T	SCR_1	SCR_3	SCR_2	SCR_4	S_{R5}	S_{R6}	M——运动系统的等效总质量
0	0	0	0	0	0	0	L、m、c 释放能量期
α	→1	→1	0	0	0	0	L、m、c 吸收能量期开始:触发 SCR_1、SCR_3,出现 i_1
α^+	1	1	0	0	0	0	i_1: ZD 正转,L、m、c 吸能,电极升
π	→0	→0	0	0	0	1	$u=0$,SCR_6 续流,R_2 制动 ZD,C 放电,m 释能,出现 i_2-i_5,SCR_1、SCR_3 关断
π^+	0	0	0	0	0	0	L、m、c 释放能量期
$\pi^+\alpha$	→1	→1	0	0	0	0	L、m、c 吸收能量期开始:触发 SCR_1、SCR_3,出现 i_1
$\pi+\alpha^+$	1	1	0	0	0	0	i_1: ZD 正转,L、m、c 吸能,电极升
2π	→0	→0	0	0	0	1	$u=0$,SR_6 续流,R_2 制动 ZD,C 放电,m 释能,出现 i_2-i_5,SCR_1、SCR_3 关闭

2)电机反转、电极下降的控制

电机反转、电极下降的与电机正转、电极上升的控制逻辑相似。读者可参考图 4.6.1 和图 4.6.3、图 4.6.4 自己去 DIY。这是一个很好的练习,值得一做。

使用晶闸管最麻烦的问题是如何使晶闸管关断。想要学会晶闸管,不仅要学会如何使晶闸管开通,尤其要学会如何使晶闸管关断。

任务7 分析调控信号 u_{p1} 是怎样控制电枢电压 u_{m} 的

一方面,调节指令制成了,需要执行。另一方面,相控逻辑确定了等待实现。现在需要的就是一座桥——触发驱动之桥。这座桥要能把两端连接起来,一端是弱电控制,一端是强电变换。这座桥要能禀承调节器的指令要求,结合晶闸管桥的控制逻辑,制作相控脉冲,实现调控任务。

4.7.1 触发电路方案

本系统采用单结晶体管触发电路。这种电路简单易用,在中、小功率系统中得到广泛应用。单结晶体管有一个发射极和两个基极,是一种具有负阻特性区的器件。管子有截止与饱和导通两种状态。发射极有一个门限电压。当发射极电压低于门限电压时,管子截止。当发射极电压达到门限电压时,管子迅速翻转,经过负阻区进入饱和导通状态。把发射极接在一个由晶体管控制的充电电容上,充到门限电压,管子翻转,就会发出脉冲。单结晶体管触发电路,就是按这个原理构成的。可以复习参考《电子技术基础》课。

4.7.2 实现正、反转触发的方法

根据晶闸管桥的控制逻辑,应该设立两个触发电路。一个是正转控制触发电路,位于触发电路的左边,简称左路,用于触发 SCR_1、SCR_3。另一个是反转控制触发电路,位于触发电路的右边,简称右路,用于触发 SCR_2、SCR_4。两路触发脉冲应该是互相联锁的。工作时,

可以左有（脉冲）右无（脉冲）或右有左无，也允许左右皆无，但不允许左右皆有。而且两路脉冲由一个调节信号 u_{PI} 控制，u_{PI} 负时左路通，右路断。u_{PI} 正时左路断右路通。u_{PI} 为零时，左、右皆不通。u_{PI} 只有这三种可能，所以自然联锁，不会出现左右皆通。

左路和右路共用一个电源。电源变压器 B_2 与调节器共用，各用一个副线圈。左路两个脉冲变压器 B_{13}、B_{14}，输出端 H_{11}、H_{12}、H_{13}、H_{14} 分别接 SCR_1、SCR_3；右路两个脉冲变压器 B_{15}、B_{16}，输出端 H_{15}、H_{16}、H_{17}、H_{18} 分别接 SCR_2、SCR_4。左路输入端为 123 点，右路输入端为 141 点。从外接端口来看，左路与右路是完全对称的。

从电路结构来看，左、右两路也完全对称。两者的输入电路都由 10kΩ、11kΩ 两个电阻，一只 1μF 滤波电容，一只过压保护二极管 2CP12 组成。两边的输入晶体管都是 3DG6B，充电控制管都是 3AX31B，输出单结晶体管都是 BT35E。

这样完全相同的两个触发电路，由同一个调节电压信号 u_{PI} 控制，为什么能生成两组相位相反、互相联锁的脉冲呢？关键在于信号的串联分压、反相输入方式。$u_{PI}=u_{141-123}$ 输入触发电路时，被两个串联的 1kΩ 电阻一分为二，右路得到正的一半 $u_{141-015}$，左路得到负的一半 $u_{015-123}$。两半大小相等，方向相反。即

$$u_{PI} = u_{141-123} = u_{141-015} + u_{015-123}$$

$$u_{左入} = u_{123-015} = -\frac{1}{2}u_{PI}$$

$$u_{右入} = u_{141-015} = \frac{1}{2}u_{PI}$$

这样相位相反的两个信号，加到结构完全相同的触发电路，便能得到互相反锁的输出脉冲。

4.7.3 调节指令 u_{PI} 如何决定 ZD 的旋转方向

左路右路谁发脉冲？正转反转谁来决定？这是由调节指令 u_{PI} 的值取 0 还是非 0，取正还是取负来决定的。

① 设 $u_{PI}=0$。

当 $u_{PI}=0$ 时，$u_{左入}=0$，左路无触发脉冲；$u_{右入}=0$，右路也无触发脉冲。故 SCR_1、SCR_3、SCR_2、SCR_4 均关断，ZD 不转，电极不动。

② 设 $u_{PI}<0$。

当 $u_{PI}<0$ 时，$u_{右入}<0$，右路锁住；而 $u_{左入}>0$，左路工作。SCR_1、SCR_3 工作，SCR_2、SCR_4 休息。电机正转，电极上升，直到 $u_{PI}=0$ 才停止。

③ 设 $u_{PI}>0$。

当 $u_{PI}>0$ 时，$u_{左入}<0$，左路锁住；而 $u_{右入}>0$，右路工作。SCR_2、SCR_4 工作，SCR_1、SCR_3 休息。电机反转，电极下降，直到 $u_{PI}=0$ 才停止。

4.7.4 调节指令 u_{PI} 的大小，如何决定 ZD 旋转的快慢

当 $u_{PI}=0$ 时，SCR_1、SCR_3、SCR_2、SCR_4 都关断，$u_{ZD}=0$，电机转速为 0。

当 $u_{PI}<0$ 时，若 $|u_{PI}|\uparrow$，将引起如下反应：

模块四 电弧炉炼钢系统的控制与调节

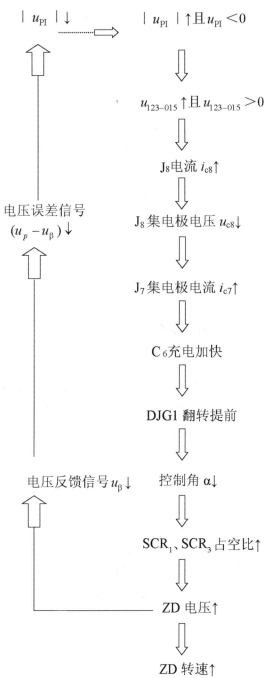

反应一直进行到 $u_{PI}=0$。

对 $u_{PI}<0$，$|u_{PI}|\downarrow$，引起的反应可类似讨论。

③ 当 $u_{PI}>0$ 时，情况类似。如

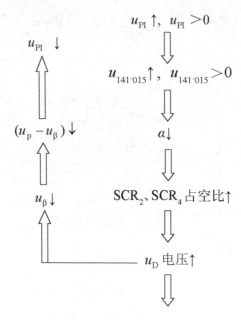

4.7.5 晶闸管单元的输入、输出特性

不难看出，单相全桥可控整流电路是交流电源给直流负载供电，这里的直流可逆驱动电路则是直流电源给单相交流负载供电。这是正与逆对称的关系。ZD 是电感性负载，有续流二极管。这种情况下，输出直流电压平均值 U_{01} 与控制角 α 的关系为

$$u_d = 0.9 u_2 \frac{1+\cos\alpha}{2} \tag{4.7.1}$$

式中，u_2 是变压器次级电压有效值。

由图 4.2.1 可以看出

$$C_6充电速度 \propto i_{C7} \propto i_{C6} \propto u_{123\text{-}015} \propto u_{PI}$$

充电越快，晶闸管的导通角 γ 越大，若设

$$\gamma = k u_{PI}$$

导通角 γ 与控制角 α 的关系是 $\alpha + \gamma = \pi$，若设

$$\alpha = \pi - k u_{PI}$$

则
故

$$u_{ZD} = 0.9 u_2 \frac{1+\cos(\pi - k u_{PI})}{2}$$

当 $k u_{PI}$ 变化时，u_{ZD} 也跟着变化。但 $k u_{PI}$ 与 $k u_{PI}$ 的关系不是线性关系，而是三角函数关系。如果输入与输出是非线性的关系，系统的控制特性是十分不理想的。

晶闸管电路的输入、输出关系就具有这种非线性特性。这并非是晶闸管本身造成的，而是相控方式引起的。用相控方式控制正弦波的导通角，必然引起这种效果。不用晶闸管来执行，而用其他开关来执行，结果也一样。如果正弦波改为矩形波，相控的结果就是线性的了。

4.7.6 晶闸管单元的在线输入、输出特性

在线测量晶闸管单元的输入、输出特性，情况就不一样了。这时输出与输入间的关系不仅决定于单元自身，而且还要受到系统的影响，主要是受到反馈与调节环节的影响。图 4.7.1 是实测的晶闸管单元的输入、输出特性，具有很好的线性。

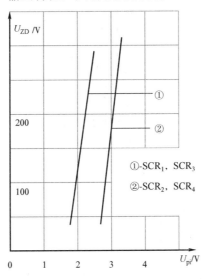

图 4.7.1 实测晶闸单元的输入、输出特性

任务8 综合整理认识，制定系统调试方案

从鸟瞰全局开始，然后以框图为指引，依序分析了每一个单元的作用、电路结构、工作原理和输入、输出特性。现在要再次回到整体上，统观全局。与第一节鸟瞰不同，这一次，对系统整体性的认识一定要深刻得多、完整得多。

而现在的任务是如何进行系统调试。

要做好一个系统，要从头至尾做好每一个环节，每一件事情。设计、元件筛选、单元制作、系统组装都是很重要的环节。而系统调试是最后一个决定成败好坏的环节。

前面已经讲过，系统调试要坚持从局部到整体、从单元到系统、从静态到动态的原则。现在再讲一个原则：从空载到负载。系统调试要分两步走：第一步，空载调试；第二步，负载试验。当然，在系统调试之前，单元调试都已经做完了。

空载调试很重要，只有空载调试完成了，才能做负载试验。如果空载调试没有完成，系统的控制性能没有得到确认，就贸然进行负载试验，那是危险的。

空载调试要怎么做呢？

如图 4.8.1 所示，空载时没有点火，没有电弧，因此平衡桥没有电弧反馈输入。可以将平衡桥的输出信号 u_p 用一个可以由电位器任意给定的直流电压信号来代替。给定 u_p 后，测出伺服电机 ZD 的电枢电压 u_{ZD}，看 u_{ZD} 与 u_p 是不是成线性关系。如果是线性关系，并且输入信号的变化范围和输出信号的变化范围都符合要求，便可断定系统内环是好的。

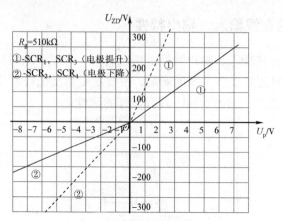

图 4.8.1　电极自动调节系统的空载输入、输出特性曲线

注：实线特性好，虚线特性不好

系统外环也可以用这样的办法来测试：用模拟弧流的电流信号来代替实际的弧流反馈信号，用模拟的弧压信号来代替实际的弧压反馈信号，来观测电极的上、下运动是否符合预想。不过这时外环未形成，测到的是系统的开环特性。

如果空载测试发现 ZD 的电枢电压 u_{ZD} 与 u_p 不成线性关系，或者两者的变化范围达不到要求，就要进一步测量 $u_p - u_\beta$，u_{PI}，u_β，u_{ZD}，在线测量每一个单元的特性，看问题究竟出在哪里。调试就是调了试，试了调，发现问题，解决问题，直到系统性能完全符合要求。

图 4.8.1 就是调试中测得的系统空载输入、输出特性。开始测得的特性如虚线所示。u_p 的变化范围正的小于 3V，负的小于 6V，太窄了。如果进行负载试验，实际的 u_p 超出这个范围，系统性能会怎样？还会不会是线性的？所以虚线特性不好。经过调整（例如，调整 3R 以改变反馈系数、调整 5R 以改变调节器的放大倍数）之后，得到实线所示的特性。这特性线性好，输入、输出信号的变化范围都符合要求。可以确定采用该特性，将所有调整点锁死打封。

图 4.5.5 是在空载调试时测得的单元输入、输出特性。

不要把测得的单元输入、输出特性孤立分割开来看，而应从系统的整体上、从单元间的相互关联上来把握这些特性。前一单元的输出，就是后一单元的输入。所有这些输入、输出关系联结在一起构成一个因果关系的整体。只有能够理解这一道理，才知道系统该怎么去调试。图 4.8.2 就是将图 4.5.4、图 4.5.5 综合画成一个系统特性，请好好体会。

"麻雀虽小，肝胆俱全"。毛主席提倡的"解剖麻雀"，是认识事物、认识世界的好方法。通过上面的分析，仔细地解剖了一个"麻雀"——10t 三相电弧炉（见图 4.8.3）。而读者更应该学会的，是怎样做解剖。今后不一定每个人都会遇到电弧炉这种"麻雀"。但有是可能遇到各种不同的"麻雀"，遇到不熟悉的东西。这时就要拿起解剖刀去进行研究。现在再来看这块电弧炉配电屏。在上面只能看见开关的操作手柄、按钮、信号灯、以及电流表、电压表、功率表、电能表。隐藏在后面的电路，有很多是看不见的。而隐藏在电路后面的机理，更是完全看不见的，甚至是想不到的。在工厂看到的设备都是这样。只有解剖刀可以帮助人们看清它的内部，洞悉它的机理。经过这次电弧炉解剖之后，再看到那块配电屏，感觉自然不一样了。

模块四 电弧炉炼钢系统的控制与调节

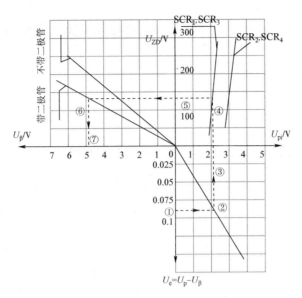

图 4.8.2 系统特性——单元特性的综合

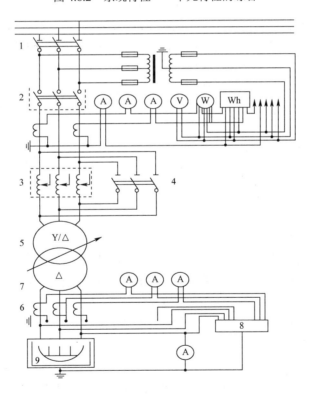

图 4.8.3 三相电弧炉电能变换/测量系统

1—进电隔离开关；2—高压断路器；3—外加电抗器
4—电抗器分接开关；5—电炉变压器；6—电流互感器
7—短网；8—调节器；9—电弧炉

任务9　扩展视野——电弧炉技术发展的现在和未来

20 世纪 50 年代以来，蓬勃发展的技术革命，给电炉炼钢技术带来了什么变化？对电弧炉功率变换与控制技术的变革与发展起了什么作用？对这一领域的未来会有什么影响？这是学习这一模块时大家都会很感兴趣的问题也是对今后的进一步学习关系非常密切的问题。

4.9.1　炼钢技术的竞争与电弧炉炼钢控制技术的发展

半个多世纪以来，各种炼钢技术激烈竞争，推动着炼钢技术的进步和产业的发展。其结果是平炉炼钢退出历史舞台，转炉炼钢取而代之；电炉炼钢异军突起，合金钢、高挡钢冶炼扩大地盘。现在，在世界炼钢产业中，电炉炼钢已经占有了 30%以上的份额。在电炉炼钢中，虽然中频感应电炉发展也很快，但电弧炉炼钢以其超强的功率和能力，却牢牢地居于霸主的地位。

转炉炼钢和电炉炼钢的胜出，都得益于工业生产控制技术的迅速发展。二战后，上个世纪的中叶，人类社会进入了以信息的认识、开发和利用为核心的新的科学技术革命。电子技术、计算机技术、控制技术引领着这场革命的进行。转炉的反应过程快，冶炼时间短，电炉的冶炼要求高，条件控制难，在控制技术尚不发达的早期，两者的优势都不能得到发挥。正是借助于控制技术和电力电子技术的发展，两者的特长得到了充分的展示，成为优胜者。

电炉技术的发展还与其在钢铁生产中日益重要的地位有关。工业中的废钢与日俱增，成为炼钢的一大原料来源。电炉是专门"吃"废钢的，转炉是专门"吃"生铁的，如图 4.9.1 所示。

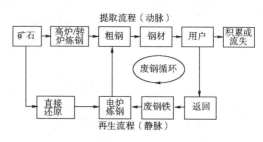

图 4.9.1　钢铁生产中的两种流程图

20 世纪 50 年代以前，电炉钢在世界炼钢工业中只有很小的份额。50 年代以后发展开始加快。1950~1990 年，电炉钢的产量增加了近 17 倍。比重由 6.5%上升到 27.5%，到 1998 年更上升到 33.9%。

这个竞争过程并没有结束，转炉技术、电炉技术还会继续发展，更新更好的东西还会继续出现。但有一点可以相信，这一切的发展仍然离不开控制技术和电力电子技术的进步。

在上一节中，是"解剖麻雀"。这一节要简单地浏览世界。因为这"麻雀"已经有了很多新的进化，令人不能不了解。又因为它仍然还是一只"麻雀"，它的基本特征还保留着，只要简单浏览一下，就明白了。

这"麻雀"出生在二十世纪六七十年代。它的上一代是谁？是电机放大机控制的电极升降自动调节系统。什么是电机放大机？电机放大机是一种特种电机，能够对电信号进行电压放大和功率放大。在晶闸管发明之前，它是工业控制技术中的主角。在电弧炉控制中，在龙门刨床控制中，在提升机控制中，在轧钢机控制中，到处都有它的身影。但现在，在工业控制中，除了一些老设备以外，已经无法找到它了。

这"麻雀"的下一代又是什么呢？这就是下面要讨论的。

4.9.2 调节器——由分立元件走向集成元件

调节器是控制系统的核心。早期的模拟控制系统，调节器是由晶体管构成的。集成运算放大器出现之后，由于其优异的比例放大特性和开关特性，在信号处理的领域，几乎全面地取晶体管而代之。为晶体管留下的只有功率放大与开关电路。调节器自然是集成运算放大器的天下了。一个集成运算放大器的放大倍数就远远高于多级晶体管放大器。由多个集成运算放大器组成的的调节器，其放大能力、准确度、灵敏度、稳定性，自然非晶体管电路所能比拟。把多级晶体管放大器改为集成运算放大器调节器，就能使系统性能得到提升，这是很有意义的事情。

作为一个例子，图 4.9.2 是用于某直流电弧炉电极升降调节系统的主、从式两级调节器。第一个调节器是主调节器。主调节器的输入信号为弧压给定与弧压反馈信号，所以主调节器是弧压调节器，构成调节系统的外环——弧压环。调节器的反馈回路由 P+PI 构成，所以主调节器的调节策略是比例和比例积分组合调节策略。这既能对急剧变化的冲击负载作出迅速响应，又能消除调节余差。

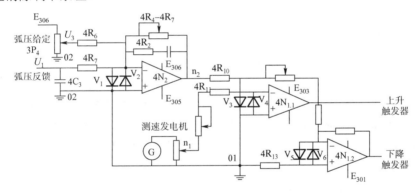

图 4.9.2　直流电弧炉电极升降调节系统的弧压外环、速度内环主、从调节器

主调节器的输出信号作为下一级调节器的给定信号。该调节器的输入反馈信号是来自测速发电机的电压信号，这是电极升降伺服电动机的转速信号，所以这个调节器是速度调节器。调节器的反馈回路是一个可调电阻，所以是比例调节策略。这个速度环是主调节器的速度调节指令的执行者。速度调节指令代表着弧压调节的要求。设立速度环，使弧压调节要求能以最快的速度得到执行。

速度调节器的输出信号作为伺服电机正转移相控制输入信号，下发给正转晶闸管整流器的触发电路，其反相信号则同时下发给反转晶闸管整流器的触发电路。这两个信号一正一负。接到正电压信号的触发器工作，接到负电压信号的触发器不响应。

直流电弧炉的控制与交流电流电弧炉不同。电极升降只调节弧压，不调节弧流。弧流由相控整流器控制。所以，这个调节器只有弧压反馈信号输入，没有弧流信号输入。弧流信号是反馈到相控整流器里。

4.9.3 伺服电路——由 SCR 到 IGBT

伺服电路与一般的调速电路不同，电机反应必须灵活、快速、准确。同样是桥式电路直流调压调速，IGBT 桥比 SCR 桥更好。尤其是 IGBT 变频调速取代直流调速更是大势所趋。调速技术的进步，在伺服电路中自然会首先得到应用。图 4.9.3 所示的是变频伺服控制的电极升降自动控制系统方框图。

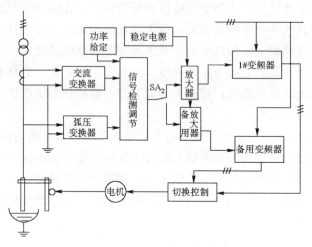

图 4.9.3　变频伺服控制的电极升降自动控制系统方框图

4.9.4　系统控制——由硬件实现到软件实现

控制技术发展过程中，实现控制任务的手段逐渐由硬件发展到软件。控制信息的形式逐渐由连续走向离散，由模拟转为数字。数字集成电路的应用迅速发展，PLC 登上历史舞台，计算机走向舞台中心，网络化成为潮流，控制技术的发展令人目不暇接，微电子技术与电力电子技术走向融合。这一切在电弧炉炼钢技术的发展中都得到了体现。图 4.9.4 所示的是 PLC 控制、变频器伺服的电极升降自动控制系统方框图。

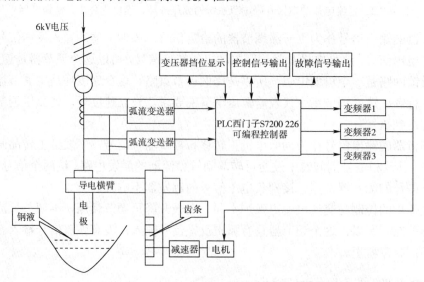

图 4.9.4　PLC 控制、变频器伺服的电极升降自动控制系统方框图

4.9.5 伺服机构——由机械走向液压

电极升降伺服机构，本来是齿轮齿条机构独家经营。随着伺服功率、伺服平稳性等的要求越来越高，液压伺服机构显示出其独特的优点而加入了竞争的行列。图 4.9.5 所示的是 PC/PLC 现场总线网络控制、液压传动系统伺服的电极升降自动控制系统方框图。

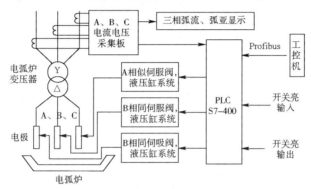

图 4.9.5　PC/PLC 现场总线网络控制、液压传动系统伺服的电极升降自动控制系统方框图

4.9.6 功率变换主电路——由交流电弧炉到直流电弧炉

由交流电弧炉到直流电弧炉，是电弧炉技术发展中的一次重大变化。这是因为以下原因。

① 直流电弧不换向、不波动，比交流电弧更稳定，更有利于输送功率，更有利于控制。

② 直流电弧炉可以用一根电极代替三根电极，避免了交流电弧炉三相电极在控制中的强耦合问题，使控制系统更简单，控制更容易。三套电极控制系统变为一套，更便宜。

③ 直流电弧炉的弧流和弧压可以分开进行控制，弧流由晶闸管整流器控制，弧压由电极升降调节系统控制，控制系统更简单，控制更容易。

④ 直流电流没有电抗，因而没有交流电流输送中所遇到的特殊难题——电抗压降大，电压损失大，可以降低网损，提高系统效率。

⑤ 交流电弧炉只能用单台变压器供电，而直流电弧炉可以由多台变压整流系统并联供电，获得更大的功率，有利于电弧炉向超强功率方向发展。

⑥ 交流电弧炉的电弧在炉池中会发生磁偏弧，直流电弧炉不存在磁偏弧问题。

⑦ 交流电弧炉对电网产生严重的干扰，强烈的无功冲击，大量的谐波污染，很难解决。直流电弧炉的问题相对要小些，也容易解决一些。

⑧ 实践证明，由于直流电弧炉的上述各种优点，直流电弧炉的吨钢电耗和吨钢电极损耗都比交流电弧炉低。

所以，直流电弧炉有可能达到更强大的功率，更高的生产率，更优良的产品品质，更低的能耗和电极消耗。难题是大功率的整流供电技术。20 世纪 70 年代开始，大功率晶闸管可控整流技术迅速发展，逐渐成熟，直流电弧炉才得以应运而生。80 年代，直流电弧炉迅速发展。90 年代，在国内形成潮流。直流电弧炉取代交流电弧炉成为一种趋势。

图 4.9.6 是日本钢管公司九州钢厂 130t 直流电弧炉的供电系统图。在 1992 年我国直流电弧炉开始起步时，这是当时世界上最大的直流电弧炉。现在宝钢的直流电弧炉是 150t。图中

1 为两台容量为 50MVA、电压为 22000／575～731V、接线系统为【（延边△／Y，反 Y）+（延边△／△，▽）】的整流变压器，与四台能输出 DC 30kA／台、不大于 987V 的 6 脉波晶闸管整流器 SCR 及四台 30kA／台、电感 300μH 的直流电抗器组成 12 脉波、66MW、DC120KA、不大于 987V 的变压整流供电系统。高压侧为 60Hz、24kV、3kA 交流电源。DS 为隔离开关，VS 为真空开关，PT 为电压互感器，SA 为冲击电压吸收器，LA 为避雷器。

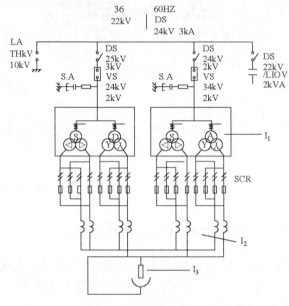

图 4.9.6　130t 直流电弧炉供电系统图

图 4.9.7 是宝钢 90 年代引进的 150t 超高功率双炉壳直流电弧炉的主体设备。三套晶闸管整流系统与三台直流电抗器并联构成的直流电弧炉电源，正极经过水冷母排、底电极切换开关、水冷母排、水冷电缆分别接到两个炉子的底电极上构成电炉的正极，位于炉池上方的石墨电极作为电炉的负极，电流由炉子底部的底电极进入，由顶部的石墨负极出来，经过水冷电缆、水冷母排、直流电抗器返回电源。

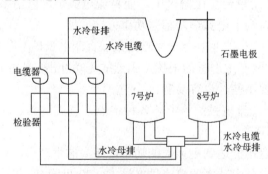

图 4.9.7　宝钢 150t 直流电弧炉主体设备

图 4.9.8 是宝钢 150t 电弧炉的计算机网络控制系统。这是一个基于西门子 SINEC HI 网和 IEEE802.3 协议的计算机／PLC 网络化控制系统。电炉有 7 挡可供选择的功率设定值（即电弧电压和三个底电极电流设定值）。EM01，EM10 和 EM20 是电炉中心控制室中的人机界面

HMI。操作者可以在其中任何一台上对电炉的 7 挡功率进行设置,并选择其中之一作为当前冶炼功率设定下发至电炉公用 PLC EH01;公用 PLC 将该设定值下发至电极升降控制计算机 ECU;ECU 执行指令,实现对电极升降的控制(电弧电压控制);同时将电流设定值发送至整流器控制计算机 ED60 与 ED61;ED60 控制对应 1 号与 2 号底电极的整流器 EB51 与 EB52,而 ED61 控制对应于 3 号底电极的整流器 ED53。

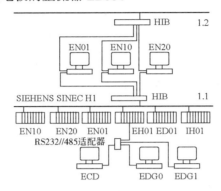

图 4.9.8　宝钢 150t 直流电弧炉的计算机控制系统

针对控制系统运行中出现的问题和计算机技术的飞速发展,宝钢对控制系统进行了独立自主的更新再开发,用 S7400PLC 取代原有的 ECU 作电极升降及相关设备的控制,用 SIMADYN-D 取代原有的 ED60 与 ED61 进行三台整流器的控制,并逐步用西门子工业以太网取代原有的 HI 网。开发中的新系统如图 4.9.9 所示。

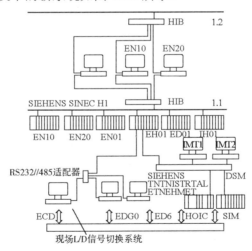

图 4.9.9　宝钢 150t 直流电弧炉更新开发中的新计算机控制系统

4.9.7　控制策略——由传统走向现代

控制策略是控制系统的灵魂。没有控制策略就没有控制。控制指令就是按照控制策略制作出来的。PID 策略是传统的控制策略,在工业控制中发挥了非常重要的作用,是至今使用仍然最广泛的策略。PID 策略经过了长时间的发展,已经很成熟,但仍然在继续研究和发展。复合式 PID 策略,就是在基本 PID 策略的基础上发展起来的。但人们所面对的控制对象越来越复杂，控制在工业生产中起的作用越来越大，对控制的要求越来越高，人类的认识越来越深入，控制策略应该越来越多，而不仅仅是一、两种。对控制策略的需求成了控制理论发展的强大动力。

实施控制策略需要有技术支撑。PID控制策略是在模拟电子技术的基础上发展起来的。更复杂的控制策略，只有在计算机技术的基础上，才能得到实用。当今计算机技术的大发展，为实现各种复杂的控制策略创造了条件。

只有正确的认识对象，建立起对象的数学或逻辑模型，才能选择出合适的控制策略，实施控制。电弧炉炼钢过程是一个非常复杂的过程，参与这个过程的变量很多。有些变量（如电弧电阻）不但是非线性的，而且是时变的——其量值是随时间而改变的，甚至变化的规律是"没有规律的"——随机的（如炉料的突然崩塌，干扰的突然出现，短路或断弧的突然发生），变量与变量之间是强耦合的（如调节一相的电极会影响另一相的弧流弧压）。用控制理论的语言来说，这是一个多变量、强耦合、非线性、时变、随机的控制对象，是一个非常复杂的控制问题。要建立这样一个对象的理想的数学模型，会遇到很多的困难。很多人在做这方面的工作，取得了不少的好成果，但研究仍在进行。

为了解决这一类复杂对象的控制问题，已经使用了很多现代的控制策略和控制方法，如模型自适应控制，神经网络控制，模糊控制等，并取得了不错的效果。这些问题的讨论已经超出了我们的范围，只能止步于此。如果你已经对控制问题发生了兴趣，我们的目的就已经达到了。你的下一个老师应该是兴趣。

本模块参考文献

[1] 京津、武汉地区电气传动情报网调查小组. 《可控硅及逻辑元件在钢铁工业中的应用》. 北京：冶金工业出版社，1972.11.

[2] 马岛，王京，张琨. 《电弧炉电极阻抗控制器的研究与应用》. 电气传动，Vol.39，NO.10，2009.10.

[3] 周建平，袁强，安景松，张巍. 《宝钢超高功率直流电弧炉控制系统改造》. 宝钢技术，2004（3）.

[4] 花恺. 《直流电弧炉的电源装置》. 西安电炉研究所.

[5] 胡培琪，黄大. 《直流电弧炉电极升降控制系统的问题分析与系统改造》. 甘肃省华藏冶金集团特殊钢厂，西安电力整流器厂，2011.03.03.

[6] 李志宏，杜娟，王延民，张石，荣西林. 《电弧炉电极升降PLC控制系统设计及应用》. 控制工程，VOL.9，No.6，2002.11.

[7] 吕晓东，王红娟，吕菲洛. 《电弧炉电极调节器控制策略对电网影响的仿真研究》. 南阳师范大学学报，Vol.8，No.6，2009.06.

[8] 贾未. 伊凤，刘德君，高兴华. 《自抗扰控制器在电弧炉电极控制系统中应用》. 电气传动，Vol.39，No.3，2009.03.

[9] 张世峰，张绍德. 《电弧炉电极调节系统双模控制器设计及应用》. 重庆大学学报，Vol.31，No.1，2008.01.

[10] 王琰，毛志忠，李妍，田慧欣. 《一种新的电弧炉电弧时域模型》. 东北大学学报（自然科学版），Vol.30，No.4，2009.04.

[11] 宁元中，梁颖，吴昊. 《电弧炉的混合仿真模型》. 四川大学学报（工程科学版），Vol.37，No.1，2005.01.

模块五　中频感应电炉电能变换与控制

任务1　建立中频感应熔炼的感性认识

上次学习电弧炉，我们参观了钢铁厂，看了电弧炉炼钢，印象好深，学习劲头可大了。什么是电弧反馈，什么是阻抗闭环，什么是伺服控制，什么是功率调节，怎么分析电路图，怎么进行系统调试，真的是麻雀虽小，五脏俱全，没想到这么多有趣的东西值得我们去学习！

现在要学中频感应电炉了，老师又要带我们去工厂参观。这一次要去的是机械厂。

做机器从做零件开始，做零件从铸造或锻造开始，铸造从熔炼开始。铸铁用化铁炉熔炼，铸钢或铸有色金属用中频电炉熔炼。这种中频电炉称为中频熔炼炉。在钢铁厂，用电弧炉来处理废钢铁。在机械厂，则用中频电炉来处理废钢铁。

老师先拿出如图 5.1.1 所示的图，让我们初步了解，中频熔炼炉包含哪些设备，这些设备是怎么连接使用的，到现场好分得清楚，不要漏掉了，不要糊涂着去，又糊涂着回。

老师告诉我们，主体设备由两大部分组成，就是中频电源和中频熔炼炉体。炉体是负载，电源由中频电源配电柜和中频电容器两部分组成。这电容器电压高，容量大，所以体积和重量都不小，装在配电柜里太占地方，常单独安装，而且要尽量靠近炉体。这是电力电容器，而且是中频电力电容器，与学习电子技术时所熟悉的电容的差别是很大的。炉体主要是一个空心的感应线圈，装在坩埚的外面。坩埚中

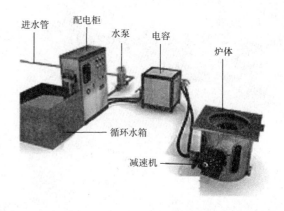

图5.1.1　一套中频熔炼系统有哪些设备

装满废钢或有色金属。熔炼时，感应圈既需要获得有功功率，又需要获得无功功率。有功功率由柜内的整流器和逆变器供给，无功功率由电容器供给。要保证中频电炉安全正常工作，水冷却系统是生命线。晶闸管、电容器、感应圈、电力电缆都要通水冷却，一刻也不能停、不能堵。

接着，我们又看了如图 5.1.2 所示的机械厂中中频电炉的安装示意图。条件好的装两台，开一备一，以保证生产不间断。条件差时，也有只装一台的。如果需要量很大，也有装多台的。

图5.1.2　两台中频电炉在现场的安装示意图

为什么称为中频感应电炉呢？中频的意思是指电炉的工作频率在 1000～8000Hz 的范围内。感应则表示电能是通过电磁感应传送到炉料中去的，炉料和电源之间并没有电的连接。炉体实质上是一个空心变压器，与电源相连接的感应圈是变压器的一次线圈，金属炉料等效于只有一匝的二次线圈。

那为什么要用中频呢？就用工频不是更简单吗？"也有用工频的，那是工频电炉，不是中频电炉"。老师说，"感应电势与频率成正比。工频频率是中频的 1/20～1/160，感应电势很小，传输效率很低。要传输大的功率，必须用铁芯变压器，还要用很大的电容器。用铁芯又增加了损耗。所以还是中频好，中频不用铁芯，但由于频率高，磁场仍然很强，电能传输效率仍然很高。"

正好车间里有一台等待安装的新电炉，让我们赶上了。我们走近熔炼炉，一目了然。如图 5.1.3 所示。通过圆柱型炉壳上的长方形窗口，可以看到里面的感应器。而旁边还放着一个新的感应圈备品。感应圈是用空心方铜管绕制成的，成上大下小的圆锥形。数一数，只有 17 匝。怎么这么少呢？

图5.1.3　中频熔炼系统的负载——水冷感应圈

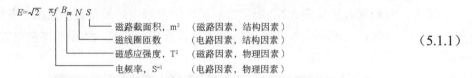

$$E=\sqrt{2}\,\pi f B_m N S \quad \begin{array}{l}\text{磁路截面积，}m^2\quad(\text{磁路因素，结构因素})\\ \text{磁线圈匝数}\quad(\text{电路因素，结构因素})\\ \text{磁感应强度，}T^2\quad(\text{磁路因素，物理因素})\\ \text{电频率，}S^{-1}\quad(\text{电路因素，物理因素})\end{array} \qquad (5.1.1)$$

如果 $f=1500\text{Hz}$，则 $fN=1500\times17=25500$。当 E、B_m、S 相同时，对于工频，$f=50\text{Hz}$，则 $N=25500/50=510$ 匝。可见中频线圈要省了很多铜材。

原来中频代替工频，有这么多的好处，节铜节铁又节电！这就是 20 千周革命。看来把工频电能变为中频电能就是问题的关键了。老师说，是呀，这是关键的关键，技术的技术！是电力电子技术的一项重要成果。现在打开中频电源柜的门，看一看里面装着些什么，如图 5.1.4 所示。

哇，里面好复杂啊！这里面装的就是 AC/DC/AC 电力电子变换与控制电路。其中包括变换主电路、变换控制电路、保护电路、监控电路和冷却水路。电路中最大的两个（组）元件，就是左下方的平波电抗器和右下方的中频补偿电容器。现在只要建立一个形象在心里。要真正懂得，还要去读电路图。

看完这些，我们对中频熔炼系统算是有了一个初步的概念了。现在去看中频电炉熔炼系统究竟是怎么工作的？

如图 5.1.5 所示为钢水沸腾的炉子。

图5.1.4　中频电源柜里装着什么？　　　　图5.1.5　钢水沸腾的炉子

炼一炉钢要几十分钟。我们一炉一炉地看，耐心地看，用心地想，细心地记。要把冶炼的全过程搞清楚。怎么装料？怎么启动？怎么看表？怎么监控？怎么伺炉？怎么测温？怎么出炉？

中频电炉运行时，强大的电流以中频频率在感应圈与电容器之间来回振荡，这是一种稳定的运动状态。由静止状态进入稳定的运动状态就是电炉的启动。中频电炉的启动是一个难关，装满了炉料的重载启动比轻载启动难，冷炉启动比热炉启动难。通常把十次重载启动有几次成功称为启动成功率。这是中频电炉的一个重要指标。

各种废钢放满坩埚，启动成功后，将功率逐渐调到最大，炉料就逐渐由黑变为暗红，红，黄，黄白色，化成钢水，冶炼一段时间后，就可以出炉了。开动倾炉机构，钢水倒入钢包运走浇铸，或直接倒入模子中进行浇铸。我留下了许多难忘的镜头，如图 5.1.6 所示。

模块五　中频感应电炉电能变换与控制

图5.1.6　熔炼和浇铸

任务2　建立中频感应加热锻造的感性认识

锻造和铸造，是机械厂的两个进口。机座、机箱、轴承座、铜套，好多的零件先要铸出来再加工。而像轴，齿轮，连杆，这些承受拉力或弯曲力的零件，又要先经过锻造成型，再进行加工。离开了铸造车间后，老师又带着我们到锻造车间去。

锻造的原材料是圆钢、钢板、钢坯。先要把原材料加热，再到气锤上去锻打。锻造炉要烧焦炭，要开鼓风机，要收尘排烟，也挺复杂的。有了中频加热炉，不但卫生了很多，热损耗少了很多，而且快了很多。加热的方式也多了很多。放到炉子里可以加热，不用炉子，套上感应圈，通水通电，也立马就热。

图 5.2.1 所示是加热了的圆钢，即将锻造。

图 5.2.2 所示是等待热压热锻的钢板。

图5.2.1　圆钢锻造加热　　　　　　　　图5.2.2　钢板锻造加热

图 5.2.3 所示的这根圆钢，要加热锻造的那一段。

图 5.2.4 所示为要做的轴，中间有一短段，直径比原材料还大。那就把圆钢的那一段加热后，夹到气锤上，立起来镦两下，那里就变大了。

弯管子，弯型钢，是经常遇到的活。越大越难弯。难加热，难保不变形。有了中频加热，好办了。弯哪热哪，热哪弯哪，弯得又快又漂亮，如图 5.2.5 所示。

图5.2.3 "指哪打哪"

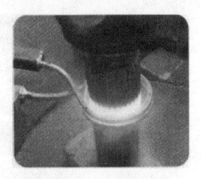
图5.2.4 轴中间镦出个台阶

图5.2.5 弯大管子也像揉面条

任务3 建立中频感应加热热处理的感性认识

我们又来到了热处理车间。早就听说过,热处理是机械制造中关键的关键,难点的难点。机械零件做的再精确,再漂亮,如果没有热处理,用不了多久就磨损了。只有热处理,才能赋予零件表面以所需要的优异性能。或增加硬度,或增加耐磨性,或加强韧性,或保持稳定性等。淬火,退火,回火,正火,都要加热,都要控温,而且要很准。这恰恰又是中频加热的最好之用。

图 5.3.1 所示的那铅炉里一炉熔化了的铅水,要处理的零件装了一框,吊到铅水里面,有了铅水的保护,零件表面不会氧化,保持一定时间。

有些零件,表面要很耐磨,内部又要传递很大的动力。内部不能脆,外部不能软,内外的要求是不一样的。像轴的颈部,弹子盘的内外圈,齿轮、链轮的齿部等,都是很关键的地方。对这些地方要进行表面淬火,如图 5.3.2 所示。局部加热是个难题。过去用氧气来吹,效果不好。现在有了中频感应圈,往要加热的地方一放,转眼间就红了,又快又好!

图5.3.1 铅炉中的洗礼

如图 5.3.3 所示套在轴上的一个小齿轮已经热了,轴还是冷的。既给齿轮淬了火,又保护了轴。把一个热压配合的齿轮装到轴上去,先把齿轮加热了,很容易就装上去了,这称为红套。齿轮和轴的连接,没有键,箍得比键连接还紧。要拆下来,只能红卸,在冷态下是做不到的。

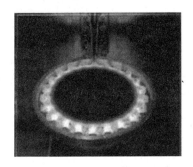 

图 5.3.2　齿轮表面淬火　　　　　　图 5.3.3　淬火,只热齿轮,不热轴

在图 5.3.4 中,地上摆着诺大一个链轮,只需一个两匝的水冷感应圈,一通电就搞定。

图5.3.4　你越大,我的匝数就越少

任务4　把你看到的东西都浓缩到一张总图上

多么诱人的场景,多么精彩的画面!这一切都是怎么发生的?这背后隐藏着的是什么?

引述一位伟大哲学家的话:"认识的真正任务在于经过感觉到达于思维,…到达于论理的认识。"如果这次参观引起了我们追求真相的强烈渴求,给了我们学习理论的强大动力,并为我们理解理论奠定了感性基础,我们这次参观就没有白来,就有了很大的意义。

在车间的学习室里给我们展示了一幅中频电源的原理总图,如图 5.4.1 所示。

参观了这么多,现在我们要爬山了。一听这话,大伙都乐了。爬什么山呢?当然是很高的山喽,不知大家愿不愿爬?怕不怕累?不怕!爬山可好玩了,咱有的是力气,有什么好怕的!快说吧,爬哪座山?

那好,既然你们都不怕,我就说了。现在我们要爬的是科学山——科学理论山。大家这才恍然大悟,原来是要学理论了。名词一大箩,公式一大堆,这山真是高啊,难啊!怎么样,怕了吧,小伙子们?马克思说,"在科学上没有大路可走。只有那些在崎岖小路的攀登上不畏险阻的人,才有希望到达光辉的顶点。"

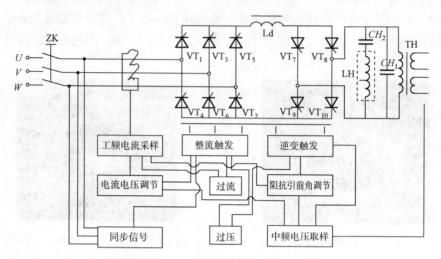

图5.4.1 一张中频电炉的原理总图

要了解中频电源的工作原理，可以从这张总图开始。这张原理总图上显示出这座理论山的两个主峰。一个是"变换之峰"，另一个是"控制之峰"。"变换之峰"在图的上半部分，轮廓挺拔分明，就是系统的主电路，其任务是进行 AC/DC/AC 电能变换。"控制之峰"在图的下部，还隐藏在云里雾里，隐约可见，不甚分明。其任务是对主电路的 AC/DC/AC 变换进行控制，使其持续进行下去。

主电路的左边是电网，右边是中频负载，中间是变换电路。50Hz 的"普电"由左边进，在中间依次经过 AC/DC 和 DC/AC 两次变换，变成中频"特电"进入右边的负载中。在晶闸管三相整流桥和晶闸管单相逆变桥之间，隔着一个很大的平波电抗器 Ld。Ld 把工频系统和中频系统隔开，使两个变换互不影响。平波电抗器就是一个工频滤波器。因为频率很低，所以体积大，铁芯重，线圈也重，20 千周革命还没能革到它。平波电抗器左边是工频脉动直流进来，右边是恒定直流出去。它可以看成整流桥的近似恒流负载，也可以看成逆变桥的近似恒流源。

下面的控制系统，其输入信号都来自主电路或监控电路，输出信号都指向主电路。来自主电路的信号又分为两部分。左边的信号携带着工频系统的信息，包括三相电源的相位信息和电流信息。相位信息是用来作相控的参考点用的，所以称为同步信号。电流是用来作过流保护检测用的。右边的信号携带着中频系统的电流、电压信息，从两者就可以获得中频系统的相位信息，作为逆变桥对中频负载的频率/相位跟踪控制之用。控制系统有两套触发电路。工频触发电路的输出信号共六个，用来触发三相整流桥的六个晶闸管 $T_1 \sim T_6$。中频触发电路的输出信号共四个，用来触发单相逆变桥的四个晶闸管 $T_7 \sim T_{10}$。保护也是通过触发信号来执行的。

系统的结构是有层次性的。了解了最上一层的这些信息之后，再一层一层地往下看。

任务5　弄清负载的六大特点和对电源的六大特殊要求

电流 I，通过电阻 R，在电阻上就有 I^2R 的电功率。电阻消耗的电能完全转化为热能，所以 I^2R 也是热功率。经过时间 t 以后，电阻获得的热量为 I^2Rt。这个热量使电阻的温度升高。这个原理叫做焦耳-楞茨定律。这是电加热的基本定律。

在电炉中，这个电阻称为电热体，或发热元件。依靠特制的电热体来发热的电炉称为电阻炉。常用的金属电热体是铬镍合金丝，或更便宜的铁铬铝合金丝。常用的非金属电热体有碳化硅棒、石墨、碳等。此外，用作电热体的材料还有金属钼、钨、铂，以及二硅化钼、氧化锆、铬酸镧等。

在电弧炉中，这个电阻就是电弧，或者说空气等离子体及炉料。

在感应炉中，这个电阻就是炉料，即被熔化的金属原料或被加热的机械零件。感应炉中的电热体有几个很特别的地方。

① 电阻很小。例如一个额定功率为 100kW 的中频电炉，流过感应圈的电流约为 2000 A。感应圈为 17 匝，炉料为 1 匝，所以炉料中的电流大约为 2000×17＝34000 A。炉料的等效电阻约为 $100×10^3÷34000^2=0.000086505Ω=86.5μΩ$。因为电阻非常小，要获得所需要的功率，就必须有特别大的电流。这是感应加热负载的第一个特点，是负载对电源的一个特殊的要求。

② 电阻是随机的，时变的。说电阻是随机的，是因为原料（如废钢）的电阻率、形状、尺寸、堆积方式、相互接触情况等决定电阻的因素都是千变万化、无法控制、不可捉摸的。在加热熔化的过程中，炉料的电阻还时时随着温度、物态、接触情况而变化。当温度上升到居里点时，电阻还会突然变小。炉料的电阻，折算到无芯变压器（即感应炉）的一次侧——感应圈中，成为感应圈的阻抗的一部分。电阻的变化使感应电源的输出电流与功率也跟着改变。这就要求电源有很好的电流和功率的控制与调节功能，才能适应负载电阻的变化。这是感应加热负载的第二个特点，是负载对电源的又一个特殊的要求。

③ 电感也是随机的，时变的。为什么呢？因为感应圈的电感 L 不只决定于感应圈的形状、尺寸和匝数，还决定于线圈周围磁路介质的磁性，即介质的磁导（或磁阻）。这磁导也和电阻一样，受炉料的磁导率、形状、尺寸、堆积方式、相互接触情况及温度、物态等的影响，所以感应圈的电感 L 也是时变的、随机的。这是个非常重要的问题。因为感应圈与电容器并联或串联组成振荡回路。振荡回路必须工作在谐振点附近，才能达到最好的效果。

$$f_0 = \frac{1}{2\pi\sqrt{L_s C}} \tag{5.5.1}$$

所以 LC 谐振回路的自然谐振频率 f_0 也时刻都在随机地变化。这个谐振的频率和相位反映了负载的特性，是客观存在、无法控制、无法改变的。唯一的办法是中频电源的供电频率和相位跟着它改变。这就称为频率/相位自动跟踪控制。在图 5.4.1 中从主电路负载端引出到控制电路的反馈信号线就是为此而设的。任何一台中频感应电源都必须具有这种自动跟踪控制功能。这是感应加热负载的第三个特点，也是负载对电源的一个最重要的特殊要求。

④ 不同的频率有不同的加热效果。大家都知道，交流电流有趋肤效应。因为导体的交流阻抗与直流电阻是不同的，直流电阻在导体中是均匀分布的，交流阻抗则是不均匀分布的。

越接近表面，阻抗越小，所以电流密度越大。根据电磁场理论推出，若被加热件的表面处的电流密度为 δ_0，距离表面 x 处的电流密度为 δ_x，则 δ_x 与 δ_0 的关系为

$$\delta_x = \delta_0 \, e^{-x/\Delta} \tag{5.5.2}$$

式中，e＝2.71828……是大自然的一个基本的数学常数，其重要性类似于 π。Δ 称为透入深度，其意义可以这样来理解：当 $x=\Delta$ 时，电流密度 δ_Δ 为

$$\delta_\Delta = \delta_0 \, e^{-1} = 0.368 \delta_0$$

即电流密度减少到表面处的 36.8%的地方，其深度距离表面为 Δ。这就是透入深度的含义。因为功率与电流的平方成正比，如以表面处的功率密度 P_0 为 1，则在距离表面 $x=\Delta$ 处，功率密度 P_δ 为

$$P_\delta = P_0 \, (e^{-1})^2 = P_0 \times 0.368^2 = 0.135 \, P_0$$

只有表面处的 13.5%了。86.5 的热量都集中在 Δ 的范围以内。

频率越高，透入深度 Δ 越浅。通过电磁场理论推出，透入深度 Δ 与频率 f 的关系是

$$\Delta = 5030 \sqrt{\frac{\rho}{\mu_r f}} \tag{5.5.3}$$

式中，ρ 为被加热件的电阻率（$\Omega \cdot cm$），μ_r 为被加热件的相对导磁率。这两个参数反映了材料的电磁特性，是对应于特定材料的常数。可见，对一定的材料而言，

$$\Delta = \frac{K}{\sqrt{f}} \tag{5.5.4}$$

透入深度 Δ 是生产工艺的要求，f 是中频电源应该有的频率。要根据 Δ 来选择 f，所以应将上式改为

$$f = K^2 / \Delta^2 \tag{5.5.5}$$

对于钢，

$$f = 2.533 \times 10^{-7} \rho / \mu_r \Delta^2 \tag{5.5.6}$$

这两个公式说明，要求的透入深度越大，频率就应该越低。所以，熔炼炉的频率一般是 1000Hz 左右，热处理炉的频率一般是 2500Hz，最高可以达到 8000Hz。大炉子的频率比小炉子的低。

频率越高，加热的深度越浅。要根据透热深度来选择加热频率。这是感应负载的第四个特点及其对电源的要求。

⑤ 电能感应传输对频率的要求。前面已经说过，工频感应加热要实现电能传输，感应炉必须带铁芯，而且还要配很大的电容器。要除去铁芯，减小电容器，就必须用中频来代替工频。在这里，传输要求与加热要求是一致的。这是感应加热的第五个特点和对电源的要求。

⑥ 负载对功率的要求。熔炼金属或加热零件，本身只需要热功率，这热功率由电功率中的有功功率变化而来。但正如上面所说，炉料或被加热的零件与感应圈还构成一个电感 L，这个 L 是要消耗无功功率的。所以中频电源既要向负载供给有功功率，又要向负载供给无功功率。在逆变桥的 DC/中频 AC 变换中，中频有功功率是由直流功率变换而来的。但直流功率都是有功功率，没有无功功率。所以，逆变桥还需要具有提供无功功率的能力。这是感应加热负载的第六个特点和对电源的要求。

这 6 个特点和要求是一个整体。它们说明，中频感应负载要求中频感应电源能够供给足够的中频有功功率和中频无功功率，所以中频电源必须有快速强大的功率变换能力和精确可靠的跟踪控制与调节能力及适应负载随机变化的控制与调节能力

现在读者可以进一步体会到了，"负载提要求，变换定大盘"可不是一句空话。它的内涵是很丰富的，也是很深刻的。读者不仅要从科学技术上来把握它，而且还要从哲学上去进一步领悟它。

任务6　首先搞清楚怎么获得中频有功功率

有功功率是实功率，是要消耗能量的，只能来源于电网。电网的电能形态是三相工频正弦交流电能。中频有功功率的供给问题，就是如何把三相工频电能变换为单相中频电能。这个"普电"与"特电"变换包含两步。第一步是三相可控整流滤波，把三相交流电源变为恒定直流电源。第二步是单相无源逆变，把恒定直流电源变为单相中频电源，向无源负载供电。

简单来说，就是进行 AC/DC/AC 变换。前一个变换在模块三中已有详细讨论，这里不再多说。这里要着重研究的，是如何进行后一个变换。

感应炉由感应圈和感应体组成。对熔炼炉，感应体就是感应圈中的坩埚和坩埚中的金属炉料；对加热炉，感应圈就是被加热的金属零件。无论是哪一种情况，感应炉都可以等效为一个 RL 电路。可以是 RL 串联电路，也可以是 RL 并联电路。"等效繁化简，替换易代难"。通过等效，就可以把问题搬到电路图中来研究了。

要给感应炉提供单相中频有功功率，首先应用四个功率开关管组成一个单相电桥，把 RL 电路接在桥上，如图 5.6.1 所示。这种电路，在模块四中已经出现过了。那是用一个单相桥给直流可逆伺服电动机供电，用于驱动电弧炉的电极上下运动，通过自动调节实现电弧稳流。

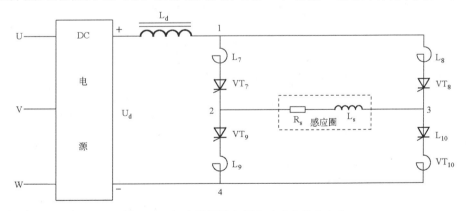

图5.6.1　初步设想的中频有功功率供电方案

图 5.6.1 中的四个功率开关管用的是晶闸管。这是大部分中频电炉现在仍在普遍使用的管子。为了用恒定直流电源实现对 RL 电路的单相交流有功功率供电，$VT_7 \sim VT_{10}$ 应该按控制逻辑图 5.6.2 工作。两对桥臂 VT_7、VT_{10} 和 VT_8、VT_9 轮流导通，将正、反方向电压轮流施加于 RL 电路的两端。

时　序	VT_7	VT_8	VT_9	VT_{10}
A	1	0	0	1
B	0	1	1	0

图5.6.2　初步设计的单相逆变桥控制逻辑

这个控制逻辑是否可行呢？在模块二中曾经介绍了逻辑空间的理论和应用。可用逻辑空间的理论来检验一下这个问题。

按照逻辑空间的理论，包含 n 个开关的逻辑电路位于一个 n 维逻辑空间中。这个空间由 2^n 个"点"组成。n 维逻辑空间可以用平面上的逻辑表来刻画。逻辑表的表头和表尾由各个开关组合而成。表腹即为逻辑空间，由 2^n 个矩形格组成。每格代表一个"点"，每个"点"对应于一格。逻辑电路的每一种开关状态，都分别对应于逻辑空间中相应的"点"，即对应于逻辑表中相应的格。电路中任何一个开关切换时，切换前对应的格（"点"）都要移动一步到达切换后对应的一个格（"点"）上。这两个格（"点"）的距离是一步。如果由一个格（"点"）要经过两次不同的开关切换才能到达另一个格（"点"），就说这两个格（"点"）之间的距离为两步。要保证逻辑电路的特性唯一，工作稳定可靠，开关切换时不发生竞争，一个重要的条件是逻辑电路每次切换都只能走一步，即每次只能切换一个开关。如果要同时切换多个开关，这些开关必须能够相容，殊途同归，彼此的竞争不会影响最终的结果。如果两个格（"点"）之间相距 n 步，必须经过 n 次切换才能由一个格（"点"）到达另一个格（"点"），不允许跳步——两步当做一步走。

可见，由 $VT_7 \sim VT_{10}$ 组成的单相逆变桥处在一个四维逻辑空间中。把对应于这个逻辑空间的四维逻辑表画出来，并把初步设计的控制逻辑图 5.6.2 的要求画于其中，得到图 5.6.3。

		$\overline{VT_8}$		VT_8	
		$\overline{VT_{10}}$	VT_{10}	$\overline{VT_{10}}$	VT_{10}
$\overline{VT_7}$	$\overline{VT_9}$				
	VT_9				B
VT_7	$\overline{VT_9}$		A		
	VT_9				

图5.6.3　初步设计的控制逻辑在逻辑表中的表达

按照初步设计的要求，电路在逻辑空间中应该占据 A 与 B 两个格（"点"）。但由图 5.6.3 可以看出，这不是相邻的两个格（"点"）。由 A 到 B，一步一步走，要 4 步才能走到。即两个格（"点"）间的距离有 4 步。所以，仅包含 A 与 B 的控制逻辑无法可靠实现。

看了这几段话，你可能感到很难理解，这"山"太难爬了！这不奇怪，抽象思维的能力虽然很有用，但不是一下子就能养成的。不要着急，慢慢就会熟悉的。

其实这里讲的就是初步设想的图 5.6.1 和控制逻辑图 5.6.2 还不具备实现的条件。因为有两个重要的问题还没有解决。

第一个问题是，正在导通的晶闸管（如 VT_7 与 VT_{10}）如何关断？原来关断的晶闸管（如 VT_8 与 VT_9）如何开通？晶闸管是半控器件，关断不可控。所以如何关断导通的晶闸管，是关键的关键。

第二个问题是，无功功率从何而来？图 5.6.1 中没有无功功率电源。虽然电网可以供给无功功率，但电网的无功功率通不过整流器。整流得到的直流电源，只含有有功功率，不含无功功率。

这两个问题可以同时解决。办法就是修改图 5.6.1，再请一个"无功大师"出山。这个"无功大师"就是中频电力电容器。大师要帮助完成两件事：一是帮助关断晶闸管，二是给感应炉供给无功。修改后的单相逆变桥如图 5.6.4 所示。

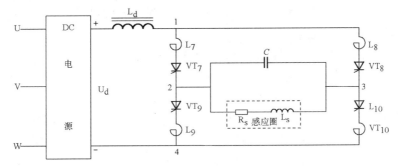

图5.6.4 中频逆变桥主电路结构（并联补偿）

电路仍然是四个功率开关，逻辑空间没有变化。但 A、B 两格（"点"）之间相距 4 步，必须增加一些格（"点"），使得由 A 到 B 或由 B 到 A 都可以一步一步地进行。经过修改后，电路在逻辑空间中的运动变为如图 5.6.5 所示。其中实箭头线表示由 A 到 B 的路径，虚箭头线表示由 B 到 A 的路径。两条路径之长都是 4 步。每条路径都含有彼此相容的并联支路。实箭头线表示由 A 到 B 的路径 A→1→2→3→B，虚箭头线表示由 B 到 A 的路径 B→3→2→1→A。

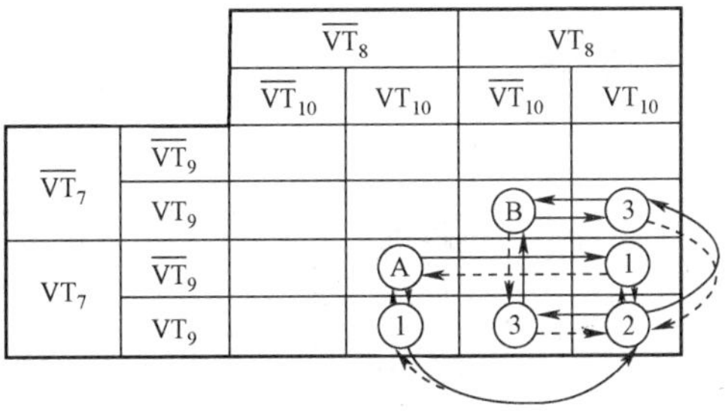

		$\overline{VT_8}$		VT_8	
		$\overline{VT_{10}}$	VT_{10}	$\overline{VT_{10}}$	VT_{10}
$\overline{VT_7}$	$\overline{VT_9}$				
	VT_9			B	3
VT_7	$\overline{VT_9}$		A		1
	VT_9		1	3	2

图5.6.5 中频逆变桥的控制逻辑功能

按照这一设计，逆变桥将如图 5.6.6 所示持续运行不已。中频有功功率将将源源不断地从（整流器输出的）直流电源流向中频感应体。

时 序	VT_7	VT_8	VT_9	VT_{10}
A	1	0	0	1
2	1	1	1	1
B	0	1	1	0
2	1	1	1	1

图5.6.6 中频逆变桥的控制逻辑

为什么这样修改之后，就能供给无功功率了？晶闸管的开通与关断就能有条不紊地进行了？逆变换流就能顺畅实现了？下面还要进一步作具体分析。

任务7 再搞清楚LC振荡与无功功率供给

L 与 C 可是天生的一对"无功大师"。两个在一起，就会阴阳互补，双剑合璧，演绎出天衣无缝的"无功振荡"大戏。

先考察一种最简单的情形。假定图 5.6.4 中感应圈的等效电阻 $R_S = 0$。这大体上相当于感应炉中没有装料，感应圈等效为一个纯电感 L_S。于是电路图 5.6.4 变为图 5.6.6。这时感应圈所需要的仅仅是无功功率。这个无功功率从哪里来呢？

相对于图 5.7.1 中 2 点与 3 点之间的电压 u_{23}，电容 C 中的电流超前 90°，电感 L_S 中的电流滞后 90°，两者相位恰好相差 180°。当 C 中的电流由左（右）向右（左）流动时，L_S 中的电流总是以相同的大小和相反的相位由右（左）向左（右）流动，因而在 LSC 环路中，会形成一个振荡的环流，在正半周环流若顺时针方向流动，在负半周环流就反时针方向流动，这就是 LC 振荡。因为环路中没有任何电阻，这个振荡会永无休止地进行下去。环路以外的电路没有电流向环路流进去，也没有电流从环路中流出来。电流进出电容 C 称为充放电。电流进出电感 L 称为充放磁。由于电容电流与电感电流总是大小相等方向相反，所以电容充电时电感放磁，电容放电时电感充磁，电磁能量在两者之间和谐交换，此长彼消，此消彼长，配合得天衣无缝。

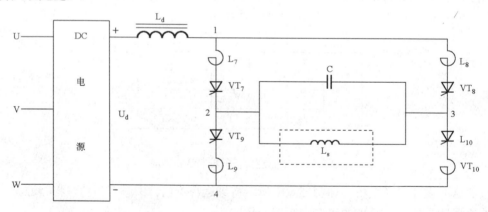

图5.7.1 假定有功功率消耗为0时的单相逆变器

从功率的角度来看，瞬时功率

$$p = ui \tag{5.7.1}$$

平均功率

$$P = \frac{1}{T}\int_0^T p\,dt = \frac{1}{T}\int_0^T ui\,dt \tag{5.7.2}$$

$u = u_{23}$ 为电感和电容的端电压，i_L 和 i_C 为电感电流和电容电流，p_L 和 p_C 为电感瞬时功率和电容瞬时功率，而

$$p_L = ui_L \tag{5.7.3}$$

$$p_C = u i_C \quad (5.7.4)$$

因为 i_L 和 i_C 总是大小相等方向相反，$i_L = -i_C$，所以

$$p_L = -p_C \quad (5.7.5)$$

并且电感平均功率 P_L 和电容平均功率 P_C 都为 0，即

$$P_L = P_C = 0 \quad (5.7.6)$$

这些式子说明，电感和电容都不消耗平均功率，即回路取用的有功功率为 0。但回路中存在着无功功率交换。电感和电容的瞬时功率的代数和始终为 0，但瞬时交换的功率却不为 0，甚至可以很大。感应圈的无功功率供电问题就这样完美地解决了。其实，不只是中频电炉如此，所有感应用电设备的无功功率就地补偿都如此，都包含着同样的基本原理。

补偿电容与感应圈的接法，除了并联连接以外，还有串联连接。对应的中频电源，就有并联逆变式和串联逆变式两种。图 5.7.2 是串联逆变式的基本电路。并联补偿和串联补偿分别基于正弦交流电路的并联谐振和串联谐振原理，要进一步理解，可以参考《电工基础》的有关章节。

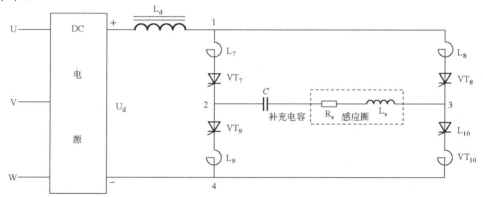

图5.7.2　中频逆变桥主电路结构（串联补偿）

补偿电容 C 的大小，根据电感 L_S 的大小和振荡频率 f_0 的要求来决定，使其满足下式：

$$f_0 = 1/2\pi\sqrt{L_s C} \quad (5.7.8)$$

无功补偿与有功供给的问题分别搞清楚之后，现在再把两者合起来理解。为此，假定感应器的电阻不能忽略，即 $R_S \neq 0$。这相当于中频电源带上了负载，如图 5.6.4 所示。

为了容易理解，将图 5.6.4 中的感应圈 RL 串联等效电路变换为 RL 并联等效电路，如图 5.7.3 所示。这里 L_P 等效纯电感。R_P 等效纯电阻，包括炉料的等效电阻及导线和接头电阻。

从这张图可以一目了然地看出，跨接在四个晶闸管之间的桥由两个部分组成。无功部分为 $L_P C$ 振荡环路，无功电流和无功功率在其中按一定频率持续振荡并与外界不发生交换；有功部分为等效电阻 R_P，平波电抗器恒定直流电源通过四只晶闸管按同一频率和相位持续地将交流有功功率送入 R_P 中并转化为热能。这就是中频感应加热与熔炼系统中的物理过程。

现在很明白了，两位"无功大师"在造成 LC 振荡中起了多么重要的作用。进一步要搞清楚的是电容 C 在帮助晶闸管关断中是如何发挥关键作用的。

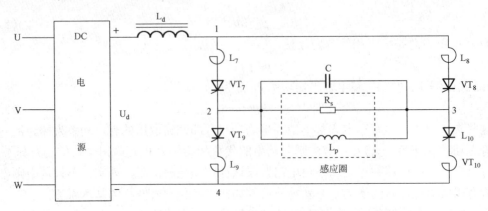

图5.7.3 把有功部分与无功部分分开的的单相逆变器图

任务8 解决单相逆变桥实现电流换相的问题

逆变桥换相就是改变流过桥上的电流的方向。换相时要使关断的一对晶闸管导通，使导通的一对晶闸管关断。导通可以用触发脉冲来控制。关断则要难得多，无法用脉冲来控制。所以换流的关键是如何实现晶闸管的关断。在这里，电容C又起着关键的作用。

晶闸管不能随意控制关断，只能"待机换相，强制关断"。这个机就是时机，换相的时机，"交接班"的时机。时机到了，把"接班"的管子触发打开。"接班"的来了，你该"下班"（关断）了。刚打开的管子，阳极电压比该"下班"的管子更高，你不关也得关，强制你关！在《电子技术基础》中学习晶闸管整流时，已经讲过这些道理。在模块三中讲晶闸管三相桥移相控制时又进一步讨论过这个问题。晶闸管关断的条件，或者说时机，就是十六个字："电流过零，再加反压。强者开通，弱者关断"。现在讲逆变桥，又遇到这个问题，不过更困难了。因为在有源整流时，换相时可以从电网获得关断所需要的反压。而这里是无源逆变，就是负载中没有电源，没有反压可以利用。所以必须在负载中加上一个能够生成反压的元件，在换相前先把反压准备好。这个重要任务，又落到了电容C的头上。"无功大师"又成了"反压大师"。

要弄清电容C是怎么通过施加反压来使晶闸管关断的，只要仔细研究在一个周期中，电路状态是如何变化的。图5.8.1表示了在一个周期中电路的四种状态。请注意图5.8.1与图5.7.3是等效的。从图5.8.1的左上角开始，顺时针方向走一圈，把四个图所表示的状态弄清楚，问题就解决了。其中，左上角的状态对应于逻辑空间图5.6.5中的状态A（"点"A）。右下角的状态对应于逻辑空间图5.6.5中的状态B（"点"B）。这是两个稳定的状态。左上角的状态，由左向右对等效负载电阻R_P供电。电流通路是

+→L_d→1→L_7→VT_7→2→R_p→3→VT_{10}→L_{10}→4→-。这是有功电流在上半周时所走的路径。与此同时，在L_pC环路中，无功电流按其自身的频率和相位振荡。在换相时刻到来之前，C的两端应该充有适当的左正右负的电压，为关断正在导通的晶闸管VT_7和VT_{10}做好准备。为了把问题讲清楚，可利用等效电路，把无功和有功分开来讲。在实物上实际是分不开的，这就要依靠自己的想象了。不难理解，在实际电路中，当电流由左至右通过桥路时，一方面在

电阻上产生了热能，另一方面也是电容 C 上充上了左正右负的电压。

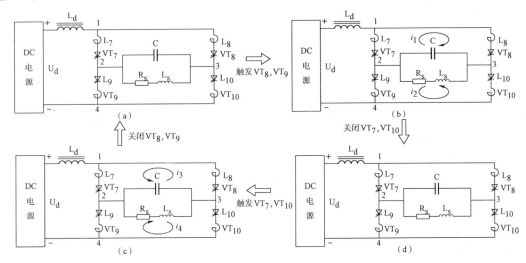

图 5.8.1　并联逆变桥的换流过程

右下角的状态，由右向左对 R_P 供电。电流路径是

$+ \to L_d \to 1 \to L_8 \to VT_8 \to 3 \to R_p \to 2 \to VT_9 \to L_9 \to 4 \to -$ 这是有功电流在下半周时所走的路径。与此同时，在 L_pC 环路中，无功电流按其自身的频率和相位振荡。在换流时刻到来之前，C 的两端应该充有适当的右正左负的电压，为关断正在导通的晶闸管 VT_8 和 VT_9 做好准备。不难理解，在实际电路中，当电流由右至左通过桥路时，一方面在电阻上产生了热能，另一方面也是电容 C 上充上了右正左负的电压。

右上角和左下角是两个过渡状态，即换相状态。右上角的过渡状态对应于逻辑空间图 5.6.5 中由 A"点"经过 1"点"→2"点"→3"点"到 B"点"的换相过程。左下角的过渡状态对应于逻辑空间图 5.6.5 中由 B"点"经过 3"点"→2"点"→1"点"到 A"点"的换相过程。

右上角的换相过程由触发晶闸管 VT_8 和 VT_9 开通开始。VT_8 和 VT_9 开通之后，在一个很短的时间内（由几微秒到几十微秒），四个晶闸管进行"交接班"，都处于导通状态。但"交班"管 VT_7、VT_{10} 的电流处于下降过程，"接班"管 VT_8、VT_9 的电流处于上升过程。这时 C 在桥的上环路中沿顺时针方向放电，在桥的下环路中沿逆时针方向放电。放电的路径分别如下所示。

上环路：C 左 $\to 2 \to VT_7$（反向）$\to L_7 \to 1 \to L_8 \to VT_8$（正向）$\to 3 \to C$ 右

下环路：C 左 $\to 2 \to VT_9$（正向）$\to L_9 \to 4 \to L_{10} \to VT_{10}$（反向）$\to 3 \to C$ 右

反向流过"交班"管 VT_7 和 VT_{10} 的放电电流，使其电流逐渐减小到 0，然后又使阴极和阳极间承受适当的反向电压。根据关断十六字诀，管子最终被关断，恢复对正向电压的阻断能力。正向流过"接班"管 VT_8 和 VT_9 的放电电流，使其电流逐渐上升到稳定的 I_d，最终完成"交接班"，结束换流过程。

类似的，左下角的换相过程由触发晶闸管 VT_7 和 VT_{10} 开通开始。VT_7 和 VT_{10} 开通之后，在一个很短的时间内（由几微秒到几十微秒），四个晶闸管进行"交接班"，都处于导通状态。

但"交班"管 VT_8、VT_9 的电流处于下降过程,"接班"管 VT_7、VT_{10} 的电流处于上升过程。这时 C 在桥的上环路中沿逆时针方向放电,在桥的下环路中沿顺时针方向放电。放电的路径分别如下所示。

上环路:C 右→3→VT_8(反向)→L_8→1→L_7→VT_7(正向)→2→C 左

下环路:C 右→3→VT_{10}(正向)→L_{10}→4→L_9→VT_9(反向)→2→C 左

反向流过"交班"管 VT_8 和 VT_9 的放电电流,使其电流逐渐减小到 0,然后又使阴极和阳极间承受适当的反向电压。根据关断十六字诀,管子最终被关断,恢复对正向电压的阻断能力。正向流过"接班"管 VT_7 和 VT_{10} 的放电电流,使其电流逐渐上升到稳定的 100%,最终完成"交接班",结束换流过程。

你可能已经注意到,在换相的瞬间,四个晶闸管都是导通的,这岂不是会发生严重的直通短路吗?在模块四中讲电弧炉电极自动升降调节的桥式可逆直流驱动电源时,就曾经讲过,这是控制逻辑中禁止出现的状态。为什么在这里又让它出现了呢?

为了实现晶闸管"交接班",为了换相,让四个管子在瞬间同时导通,不能不这样做。但直通短路又是决不能允许的。解决这个矛盾的办法,是在每一个桥臂上都装上一个适当的(若干微亨)换相电抗器,即 L_7、L_8、L_9、L_{10}。当"接班"管被触发开通时,其初始电流为 0。由于换相电感的作用,限制了电流的上升速度。当电流上升到 100%时,"交班"管已经关断,恢复了正向电压的阻断能力,换流过程已经结束,直通短路也就不会发生了。

这里特别要指出,为了保证换相的成功,避免出现直通短路,晶闸管的关断时间是一个非常重要的技术参数。晶闸管有很多种类。逆变桥上所用的晶闸管不是普通晶闸管(KP 型管),而是快速晶闸管(KK 型管)。普通晶闸管抗电流上升率和抗电压上升率的能力较差,在高频率下工作很容易损坏。普通晶闸管没有测定和标注关断时间这个技术参数,通常都在 100 多个微秒以上,适应不了换相的要求。KK 型快速晶闸管是专门为中频逆变电路而设计的。快速晶闸管的抗 di/dt 和抗 dv/dt 能力都很强,关断时间 t_{off} 在十至数十个微秒之间,足以当此重任。搞中频电炉,找到好管子是最重要的。频率越高,管子越要快!

中频电源最容易出现的故障之一,就是晶闸管关断不了,换相失败。如果在运行中出现了这种情况怎么办呢?换相失败,逆变颠覆,直通短路,后果极其严重。大量的电能由整流桥涌向逆变桥,储存在平波电抗器 L_d 中的大量电磁能量迅速释放,浩浩荡荡,没有任何阻拦。所到之处,一片狼藉,很可怕的!当然要绝对避免出现这种场面,办法就是设置保护。这个保护称为拉逆变。当检测到电流突然升高到不能允许的设定值时,说明问题出现了,这时保护电路使控制角 α 由小于 90°立即跳到 150°,三相桥由整流状态变为逆变状态,直流电压由上正下负变为下正上负,将 L_d 中储存的电磁能量回馈电网,很快电流就会下降到 0。

任务9　把理性认识从定性认识提高到定量认识

上面的分析和描述,主要以语言为工具。语言这种工具,通达而不严格,灵活而不准确。用语言所表述的理性认识,很多还是定性的。认识要进一步深入,需要把定性的认识发展为定量的认识。用公式或用波形图来表示的认识,具有更多的定量成分。但公式比较抽象难懂,应尽可能少用,并放在最后再讲。在分析和描述电力电子电路的工作状态时,电路中各关键点的波形可以兼顾定量与直观两方面的要求,特别有用。对电路工作原理和变化过程的分析与理解是否正确,对故障点与故障原因的判断及处理对策的设计是否正确,都需要用示波器的实测波形来显示和检验。对于一个电气技师,善于进行波形分析,善于使用示波器检测波形,善于用示波器来解决问题,是不能缺少的素养。

图 5.9.1 给出了中频电炉逆变桥的主要波形,读者要把在任务 9 中获得的对逆变桥换相过程的定性认识通过这些波形图进一步定量化。如果有条件用示波器进行中频电炉波形的测试,加以对比,一定获益匪浅。

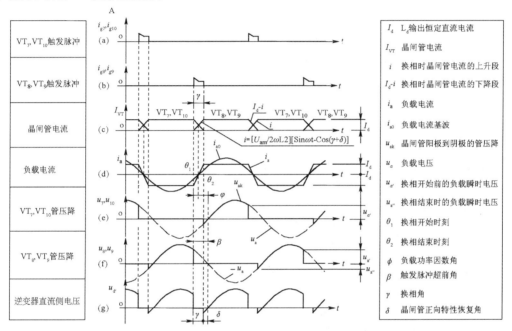

图5.9.1 并联逆变式中频电炉换相过程的波形分析

4 路触发信号 i_{g7}、i_{g8}、i_{g9}、i_{g10} 分别接到序号相同的对应晶闸管 VT$_7$、VT$_8$、VT$_9$、VT$_{10}$ 的门极上。i_{g7} 与 i_{g10} 相位相同为一组,i_{g8} 与 i_{g9} 相位相同为另一组,两组相位相差180°。逆变桥电路的逻辑运动由此驱动。

I_d 是逆变桥的输入直流电流,也就是平波电抗器 Ld 的输出直流电流。因为电抗器的电感很大,所以 I_d 近似为恒定直流。I_d 的值,由晶闸管三相桥的整流输出直流电压 U_d 和负载阻抗共同决定。负载越重,I_d 越大。

设当前正在导通的晶闸管是VT$_7$和VT$_{10}$。在换相开始时刻 θ_1 发出触发脉冲 i_{g8} 与 i_{g9},触发晶闸管 VT$_8$ 和 VT$_9$ 开通。这时电容 C 按图 5.8.1(b)以电流 i_1、i_2 放电。VT$_7$ 和 VT$_{10}$ 的电流按 I_d-i_1 或 I_d-i_2 以正弦规律减少,近似为一条下行的斜线;VT$_8$ 和 VT$_9$ 的电流按 i_1 或 i_2 以正弦规律增加,近似为一条上行的斜线;而 $(I_d-i_1)+i_1=I_d$,$(I_d-i_2)+i_2=I_d$,输入直流电流 I_d 保持不变。到时 θ_2、晶闸管 VT$_7$ 和 VT$_{10}$ 的电流减少到 0 而关断,VT$_8$ 和 VT$_9$ 的电流增加到 Id 而不再变化。换流过程到此结束,电流转入稳定状态。但这时晶闸管还不能立即承受正向电压,否则又会重新导通,导致换相失败。这是非常关键的时候。晶闸管必须在电流过零时刻

θ_2 后的一段时间内接着承受适度的（图中由 u_a 逐渐变小的）反压，将管子导通期间内部积蓄的载流子扫除干净，正向阻断特性才能恢复，正向电压才能重新加到阳极上。由 θ_1 到 θ_2 这段时间，称为换流时间。对应的相角 γ 称为换流角。而由换流结束时刻 θ_2 开始对晶闸管施加反压的时间称为晶闸管反向与正向阻断特性的恢复时间，简称恢复时间。对应的相角 δ 称为恢复角。换流时间与恢复时间之和为触发（脉冲）超前时间，对应的相角 $\beta=\gamma+\delta$ 称为触发（脉冲）超前角。

在图 5.9.1 中，无论是通过晶闸管 VT_7 和 VT_{10} 的电流，还是通过晶闸管 VT_2 和 VT_9 的电流波形，都是正置（值）的直流梯形波，如图 5.9.1（c）所示。这是因为，无论是哪一种情况，电流都是由直流电源的正极流向负极，由晶闸管的阳极流向阴极，由逆变桥的上方流向下方，都是直流。但是在负载上，电流却是半周向左、半周向右的，是有正负的，所以是交流梯形波，如图 5.9.1（d）所示的 i_a。根据傅里叶分析，非正弦周期波可以分解为各种频率的正弦波（谐波）之和，且主要成分是同频同相的基波。交流梯形波的基波就是图中的正弦波 i_{a0}。

功率开关元件的工作状态，可以通过用示波器来观察其管压降波形而获得。管子关断时，管压降的波形是电源电压的波形，通常是正弦波的某一段。管子导通时，管压降近似为 0，波形是横轴上的一段水平直线。图 5.9.1（e）是晶闸管 VT7 和 VT10 的管压降 u_{AK}（u_7、u_{10}）波形。图 5.9.1（f）是晶闸管 VT_8 和 VT_9 的管压降 u_{AK}（u_8、u_9）波形。在图 5.9.1（e）中，把各段实线正弦波用虚线正弦波补齐，得到一个完整的正弦波 u_a。这就是负载上的正弦电压波。可见，并联逆变式中频电炉的负载电流是近似交流矩形波的交流梯形波 i_a，负载电压则是同频率的正弦波 u_a。还可以看到，电流波的基波 i_{a0} 比电压波超前一个角度 ϕ。ϕ 角就是功率因数角。为什么是电流超前于而不是滞后于电压呢？这是为了获得一定的恢复角 δ 的需要。为此设计电容 C 的容量时，要有意使负载电路略成容性。

两组晶闸管交替阻断着施加在其上的由平波电抗器输出的电源电压，各自形成管压降中不为零的那一段正弦波形。把图 5.9.1（e）和图 5.9.1（f）的两组管压降波形相加，得到的波形如图 5.9.1（g）所示。想一想，这是什么波形？怎样测得这个波形？怎样应用这个波形？这是平波电抗器输出的直流电压波形。把示波器探头夹在 L_d 输出端（+极）与-极之间，看看这个波形，你立刻就会看到四个晶闸管的工作是不是正常。再把示波器的探头夹到 L_d 输入端与-极之间，与 L_d 的输出波形比一比，你能想到什么呢？

在 θ_1 时刻发出换相触发脉冲，换相过程就开始了，直到电流过 0 点换流结束，最后在电压过 0 点重加正向电压，完成换相。是不是负载电流的相位和频率可以随意选择呢？首先，负载上的振荡电压 u_a 的频率和相位是由负载参数 Lp、Rp 和 C 决定的，是不能随意改变的。也就是说，负载电压过 0 点的位置是不能选择的。其次，触发换流角 γ、反压恢复角 δ、触发超前角 β、功率因数角 ϕ 这些换相技术参数都决定着换相过程的成败、晶闸管的安全、电路的出力等，是不能任意选取的。所以，θ_1 是要以每一个周波负载电压过 0 点为参考，按照 γ、δ、β、ϕ 这些角度的（相互矛盾的）综合要求来决定的。这称为逆变桥的频率自动跟踪控制。频率自动跟踪控制是中频电路正常工作的关键，是中频电炉技术的主要特色。

任务10 学会计算和调试逆变桥换相过程的技能参数

5.10.1 换相过程的组成

换相过程包括一个核心、两个阶段、三个问题、四个角度。换相过程是一个充满矛盾的过程。逆变桥的调试，就是要统筹兼顾，综合平衡，正确处理好这些矛盾。为此，就要善于分析矛盾，学会计算参数，学会示波观测，学会调整试验。

换相过程包括的两个阶段就是相互衔接的换流阶段和紧接着的反压阶段。换流阶段是使电流从一种稳态转变为相反的另一种稳态的过渡阶段。反压阶段是使导通晶闸管重新恢复反向和正向电压阻断能力的阶段。在图 5.10.1 的坐标系中，(θ_1, θ_2) 区间是换流阶段；$(\theta_2, \pi/2)$ 区间是反压阶段。而 $(\theta_1, \pi/2)$ 就是整个换相区间。

换相过程中必须统筹兼顾、合理解决的三个问题就是确保安全开通、可靠关断和充分出力，将逆变桥调整到既能安全开通，又能可靠关断，既能稳定运行，又能充分出力的较理想的状态。

换相过程的调试中必须准确计算、科学选择、如实观测、精心整定的四个技术参数，就是能够确保换相可靠优质进行的四个角度，即换流角 γ，反压恢复角（也称为安全储备角）δ，负载功率因数角 φ，触发超前角（也可以称为超前跟踪角）β。

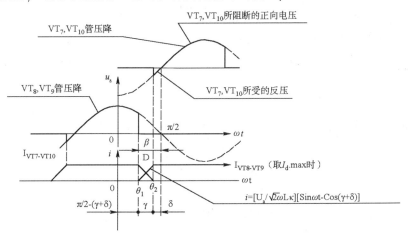

图5.10.1 换相过程的技术参数及波形

这两个阶段、三个问题、四个角度都归结到一个核心上，就是谐振频率/相位自动跟踪控制上。

5.10.2 换流过程的分析、计算、观测和调试

设 VT_7、VT_{10} 正在导通。在 θ_1 时刻触发 VT_8、VT_9，换流过程开始。VT_7、VT_{10} 开始"交班"，VT_8、VT_9 开始"接班"。通过 VT_8、VT_9 的电流 i 上升，通过 VT_7、VT_{10} 的电流 I_d——i 下降。但两者之和保持 I_d 不变。这两个电流遵循什么规律升降呢？

设桥臂换流电抗器 L_7、L_8、L_9、L_{10} 的电感为 L_k，负载中频电压有效值为 U_a。由法拉第电磁感应定律有

$$2L_i \frac{di}{dt} = \sqrt{2}U_a \cos\omega t \tag{5.10.1}$$

分离变量 i 与 t：

$$di = \frac{U_a}{\sqrt{2}L_K}\cos\omega t dt = \frac{U_a}{\sqrt{2}\omega L_K}\cos\omega t d\omega t$$

积分得

$$i = \frac{U_a}{\sqrt{2}\omega L_k}\sin\omega t + K \tag{5.10.2}$$

由于电流不能突变，在换流开始时刻 $\omega t = \theta_1 = \pi/2 - (\gamma+\delta)$ 时，$i=0$。代入上式求出积分常数 K 为

$$K = -\frac{U_a}{\sqrt{2}\omega L_K}\sin\left[\frac{\pi}{2}-(\gamma+\delta)\right] = -\frac{U_a}{\sqrt{2}\omega L_K}\mathrm{Cos}(\gamma+\delta)$$

再代回（5.10.2）即得到区间（θ_1、θ_2）的换流上升电流为

$$i = \frac{U_a}{\sqrt{2}\omega L_K}[\sin\omega t + \cos(\gamma+\delta)] \tag{5.10.3}$$

以及换流下降电流，即

$$I_d - i = I_d - \frac{U_a}{\sqrt{2}\omega L_K}[\sin\omega t + \cos(\gamma+\delta)] \tag{5.10.4}$$

当 $\omega t = \theta_2 = \pi/2 - \delta$ 时，$\omega t = I_d$，换流结束。换流阶段的角度为 $\gamma = \theta_2 - \theta_1$。$\gamma$ 称为换流角。换流角表征了换流过程所需时间的长短，是换相过程中的一个重要的技术参数，涉及到晶闸管在换相过程中的安全开通和可靠关断，在逆变桥的调试中必须准确计算，合理选择，精心整定。

γ 的计算公式，可以通过式（5.10.3）推求。将 $\omega t = \theta_2 = \pi/2 - \delta$，$i = I_d$ 代入（5.10.3）式，得

$$I_d = \frac{U_a}{\sqrt{2}\omega L_K}\left[\sin\left(\frac{\pi}{2}-\delta\right) + \cos(\gamma+\delta)\right]$$

$$= \frac{U_a}{\sqrt{2}\omega L_K}[\cos\delta - \cos(\gamma+\delta)]$$

由此得到换流角 γ 的计算公式，即

$$\gamma = \cos^{-1}\left[\cos\delta - \frac{\sqrt{2}I_d\omega L_K}{U_a}\right] - \delta \tag{5.10.5}$$

对应的换流时间为

$$t_\gamma = \frac{\gamma}{\omega} \tag{5.10.6}$$

需要的换流角是随运行工况而变化的。式（5.10.5）和式（5.10.6）说明，最不利的运行工况是 I_d 很大而 U_a 很小，这时需要的换流角变得很大。如果调试时设定的换流角小了，满

足不了要求，换流就会失败。换流角的进一步计算留待后面再讲。

学会了换流角的计算，还要学会根据计算结果进行调整。调整不能盲目乱调，要在观测的基础上有目的地调。只要看得懂波形图，多动脑筋，就可以想出各种使用示波器进行换流角观测的方法。例如，用图（5.9.1）（g）就很方便进行观测和调整。只要将示波器探头接在逆变桥直流输入侧的分压电路上，采出图（5.9.1）（g），一边看着示波图，一边调整触发时刻 θ_1 的位置就可以了。

5.10.3 反压恢复过程的分析、计算、观测和调试

在 θ_2 时刻，换流结束了，但换相过程还没有完成。原因是晶闸管内还存在着导电的残余载流子，电压阻断能力还没有恢复。在（θ_2, $\pi/2$）区间必须接着施加适当的反压，扫除残余载流子，恢复正向和反向电压阻断能力。这是换相第二阶段的任务。

反压恢复阶段可以依次分为两步。第一步，是在反压的作用下，产生一定的反向电流，扫除残余载流子。反向电流升到最大值后转而逐步减小为 0，反向电压阻断能力随之逐步恢复。这段时间需要数微秒，称为反向恢复时间 t_{rr}。这时晶闸管能够承受反向电压了。但正向电压阻断能力和触发开通控制特性还没有恢复，还不能承受正向电压，恢复过程还需要继续。又经过数微秒至数十微秒后，到 $\pi/2$ 时，正向阻断与控制特性也得到恢复。这段时间称为控制恢复时间 t_{gr}。这时晶闸管又可以重新担起阻断正向电压的重任了，反压恢复阶段到此结束，换相过程也随之完成。

反向恢复时间 t_{rr} 与正向控制恢复时间 t_{gr} 之和，称为晶闸管的关断时间 t_{off}，这是决定晶闸管关断能否成功和关断时间长短的重要参数，即

$$t_{off} = t_{rr} + t_{gr} \tag{5.10.7}$$

对应于关断时间的角度称为关断角 δ_{off}。δ_{off} 与 t_{off} 的关系为

$$\delta_{off} = \omega t_{off} \tag{5.10.8}$$

在调试时，用示波器打出图 5.9.1（e），调动逆变触发时刻 θ_1，就会看到换流角 γ 只是在水平方向上移动位置，大小则保持不变。而反压角 δ 则随 θ_1 的前移而增大。这是因为，由公式（5.10.5）可以看到，γ 是由 I_d、U_a 和 L_k 以及 δ 决定的，I_d、U_a 不变时，γ 的大小就不变。而 γ 与 δ 之和 $\gamma+\delta$ 为区间（θ_1, $\pi/2$）的长度。θ_1 前移时，区间（θ_1, $\pi/2$）加长，δ 自然就变大了。所以，要调大 δ，只要调大 θ_1 就可以了。

δ 应该调到多大为好呢？是不是使 $\delta=\delta_{off}$？不是的。δ 必须大于 δ_{off}。因为 $\delta=\delta_{off}$ 虽然能使晶闸管关断，但并不能保证晶闸管可靠关断。要保证晶闸管可靠关断，δ 必须留有余地。所以 δ 不仅称为反压恢复角，而且留有余地的 δ 还称为安全贮备角。通常取

$$\delta = (1.5 \sim 2.0) \delta_{off} \tag{5.10.9}$$

相应的安全贮备时间为

$$t_\delta = \delta/\omega = (1.5 \sim 2.0) t_{off} \tag{5.10.10}$$

调试时可以以此为参考。δ 调试值的好坏，最终以运行效果来考核。在可靠关断的前提下，能够最大出力，就是最好的。

5.10.4 在调试时处理好 γ 与 δ 之间的辩证关系

调试 γ，是为了整定换流时间，保证有必要的时间实现触发开通；调试 δ，是为了整定反压恢复时间，保证有必要的时间实现可靠关断。两者的目的是一致的。为了实现稳定的换相，安全开通与可靠关断两者缺一不可。γ 的整定和 δ 的整定都很重要，但是两者的整定也有矛盾的一面。因为 δ 是以 u_a 电压的过 0 点 $\pi/2$ 为参考的，$\gamma+\delta$ 也是以 u_a 电压的过 0 点 $\pi/2$ 为参考的，所以应该先观测整定 δ，再观测整定 $\gamma+\delta$。$\gamma+\delta$ 就是换相区间（θ_1，$\pi/2$）的长度，即触发时刻超前 u_a 电压过 0 点的相位。这也是换相过程中一个很重要的角度，称之为触发超前角 β，即

$$\beta=\gamma+\delta \tag{5.10.11}$$

于是 β 和 δ 的整定也就是 γ 和 δ 的整定。当 β 整定了之后，γ 与 δ 之和也就定了。而在换相过程中，γ 出现在前，δ 出现在后。I_d、U_a 需要的 γ 越大，剩下给 δ 的就越小。如果剩下的 δ 达不到式（5.10.9）的要求，关断就不可靠了。如果连 δ_{off} 的要求都达不到，中频电炉就开不起来。所以在调试时，要先根据式（5.10.9）确定必须的 δ，再由最大的 $I_{d.max}$ 和最小的 $U_{a.min}$ 根据式（5.10.5）确定 γ，再根据式（5.10.11）确定 β，最后根据 β 用示波器观测整定 $\theta_1=\pi/2-\beta$，如图 5.10.2 所示。

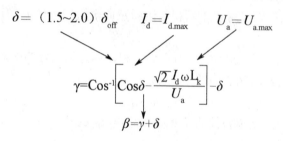

图5.10.2 δ、γ、β 整定程序

5.10.5 调试时还要处理好安全可靠和充分出力的关系

把 β、γ、δ 选大一点，换相的安全可靠问题解决了，但出力问题又出来了。出力，即输出到负载上的中频有功功率 P_a。P_a 是中频电压 U_a、中频电流 I_a 和负载功率因数 $\cos\phi$ 的乘积，即

$$P_a=U_a I_a \cos\phi \tag{5.10.12}$$

要提高出力，不但要提高中频电压和中频电流，而且也要提高功率因数。

由图 5.9.1 和图 5.10.1 可以看出：

$$\phi=\gamma/2+\delta=\beta-\gamma/2 \tag{5.10.13}$$

可见 ϕ 和 β、γ、δ 是有矛盾的。提高可靠性以降低出力为代价；提高出力以降低可靠性为代价。但两者又有统一的一面。没有可靠性，还有什么出力？没有出力，可靠性又还有什么意义？我们要的出力，是可靠的出力；我们要的可靠性，是有足够的出力的可靠性。按照一般电气设备的要求，额定功率因数都取约 0.8。晶闸管中频电炉也是这样。所以调试时要注意满足 ϕ 的要求，即

$$\cos\phi \geqslant 0.8 \text{ 或 } \phi \leqslant 37° \tag{5.10.14}$$

前面研究换流角 γ 的计算，是从运行电流与电压的要求出发来讨论的。电流越大，电压越低，越不利于换流，要求的换流角越大。所以要按照可能出现的最大电流 $I_{d.max}$ 和最低电压 $U_{a.min}$ 来计算 γ 角至少要多大。现在又多了一个出力的要求，即功率因数角 $\phi \leqslant 37°$ 并且尽可能更小的要求，所以如何计算 γ 角，还需要进行更深入的讨论。

其实对 γ 的要求还有更多。γ 的大小，不仅涉及换流时间够不够用，是不是太短？而且也涉及换流的速度是不是太快，晶闸管开通时是不是安全？晶闸管最容易损坏的情况，就是触发开通的瞬间。晶闸管开通时，其阴极表面的状态变化，就好像一个石子扔到平静的一池水中，引起一圈大过一圈的涟漪，由中心向四周扩散。当触发电流打到门极上时，被触发开通的阴极表面也是以门极为中心向四周迅速扩散。如果电流上升得很快，还来不及扩散到四周，很大的电流挤在一起，集中在门极附近很小的一块面积上，造成极大的局部电流密度 di/ds，从而引起局部的高温，将管子烧坏。换流过程越短，换流速度越快，电流变化率 di/dt 越大，问题便越突出。所以 di/dt 被列为快速开关管最重要的技术参数之一。所以晶闸管开通的时候，要限制电流上升的速度，以保护晶闸管。并且要选用 di/dt 耐量大的管子。

在图（5.10.1）中，电流 i 由 θ_1 点按式（5.10.3）所描述的正弦曲线上升到 D 点。di/dt 在 θ_1 点最大，然后逐渐减小。这个最大的 $(di/dt)_{max}$ 可以根据式（5.10.4）计算。首先求 i 的导数，即

$$\frac{di}{dt} = \frac{U_a}{\sqrt{2}L_K}\cos\omega t \tag{5.10.15}$$

然后将 θ_1 点的坐标 $\omega t = \pi/2 - (\gamma+\delta)$ 代入得

$$\left(\frac{di}{dt}\right)_{max} = \frac{U_a}{\sqrt{2}L_K}\cos\left[\frac{\pi}{2}-(\gamma+\delta)\sin(\gamma+\delta)\right] = \frac{U_a}{\sqrt{2}L_K}\sin\left(\phi+\frac{\gamma}{2}\right)$$
$$= \frac{U_a}{\sqrt{2}L_K}\left[\sin\phi\cos\frac{\gamma}{2}+\cos\phi\sin\frac{\gamma}{2}\right] \tag{5.10.16}$$

由式（5.10.5）解出 I_d，即

$$I_d = \frac{U_a}{\sqrt{2}\omega L_K}[\cos\delta - \cos(\gamma+\delta)] = \frac{U_a}{\sqrt{2}\omega L_K}2\sin\left(\frac{\gamma}{2}+\delta\right)\sin\frac{\gamma}{2} = \frac{U_a}{\sqrt{2}\omega L_K}2\sin\phi\sin\frac{\gamma}{2}$$

得到

$$\frac{U_a}{\sqrt{2}\omega L_K} = \frac{\omega I_d}{2\sin\phi\sin\frac{\gamma}{2}}$$

代入式（5.10.16）中，有

$$\left(\frac{di}{dt}\right)_{max} = \frac{\omega I_d}{2\sin\phi\sin\frac{\gamma}{2}}\left(\sin\phi\cos\frac{\gamma}{2}+\cos\phi\sin\frac{\gamma}{2}\right) = \frac{\omega I_d}{2}\left(\frac{1}{\tan\frac{\gamma}{2}}+\frac{1}{\tan\phi}\right)$$

解出 $\gamma/2$，最后得

$$\frac{\gamma}{2} = \tan^{-1} \frac{1}{\dfrac{2\left(\dfrac{di}{dt}\right)_{max}}{\omega I_d} - \dfrac{1}{\tan\phi}} \tag{5.10.17}$$

这个公式给出了根据 ϕ、$(di/dt)_{max}$ 和 I_d 计算安全换流角的方法。ϕ 根据尽可能获得更大出力的原则来选择,要满足式(5.10.14)的最低要求。$(di/dt)_{max}$ 为晶闸管的 di/dt 参数。I_d 为最大运行直流电流 $I_{d.max}$。

【例】 100kW,2500Hz 中频装置,$I_d \leqslant 250A$,$\omega = 2\pi f = 2\pi \times 2500$,晶闸管的 $di/dt = 50A/\mu s$。取 $\phi = 36°$,代入式(5.10.17),得

$\gamma/2 = \arctan\{1/〔(2 \times 50 \times 10^6/2\pi \times 2500 \times 250) - 1/\tan36°〕\} = 2.4°$

$\delta = \phi - \gamma/2 = 36° - 2.4° = 33.6°$

$t_\delta = \delta/\omega = 〔33.6° \times \pi/180〕/2\pi \times 2500 = 37.4\mu s$

选用 $t_{off} = 25\mu s$ 的晶闸管,关断时间留有 (37.4-25)/25=0.50,裕度为 50%。

5.10.6 频率自动跟踪控制——θ_1 点的生成和调试方法

已知中频负载上的振荡是自然形成的谐振,只要在 LC 回路中存在着能量,这个能量就会在 L 与 C 之间来回振荡。振荡的频率和相位决定于 LC 的值,是无法改变、不能调控的。由于回路中还存在着电阻,这电阻要消耗能量。如果能量得不到补充,振荡就会逐渐衰减下去。要得到持续的振荡,就要准确跟踪振荡的频率和相位,实时地把补充的能量注入到 LC 回路中。最理想的办法,是在中频电压降到 0 点时注入能量,这样就恰好与谐振的频率和相位相合。但这样做不到。因为注入能量的办法是通过晶闸管开关换相来实现的,而实现开关换相需要条件,需要措施,需要时间。所以换相触发的时刻 θ_1 必须超前电压降 0 点 β 角。这不是准确的谐振跟踪,而是近似准确的失谐跟踪,而且是超前的失谐跟踪。根据这种跟踪进行的能量注入控制,是相位略为超前的控制,是频率略为超过谐振频率的超前跟踪控制。要实现准确稳定的频率/相位超前失谐跟踪控制,必须算准调好 δ、γ、β、ϕ 诸角。最终的体现,就是相对于电压 u_a 降 0 点来确定换相触发点 θ_1。

怎么样生成可以调整、整定的 θ_1 呢?可以有各种不同的方法。比较好的一种,是采用锁相环来实现频率自动跟踪。集成锁相环有多种商品可供选用,现在用得较多的是 CMOS 数字集成锁相环 4046。采用锁相环可以实现精确稳定的频率自动跟踪控制,效果是很好的。读者可以进一步去学习锁相环的原理,以掌握这种技术。但在这里,还是先从一个常用的较简单的线路开始,着眼于频率自动跟踪控制原理的学习和调试方法的掌握。如图 5.10.3 所示是电压电流交点法实现频率/相位自动跟踪。

中频电压 u_a 的频率是时变的,u_a 的下降过 0 点也是时变的。要时时跟着过 0 点的变化,向左移动一个 β 角找到 θ_1 点。先确定参考点,即 u_a 的下降过 0 点。以 u_a 的相位为参考建立坐标系,如图 5.10.3 所示。参考点就是 π 点。应想出一个办法,在 π 点的左边得到一个可以随意移动的 θ_1 点。为此,可以作另外一条正弦曲线 $-k i_c$。k 是一个可以选择的大于 0 的常数。只要改变 k 的值,两条曲线的交点就会在 π 点的左边移动。如图 5.10.3 所示。为什么要选 $-k i_c$

这条曲线而不是别的曲线呢？因为通过电容器C的电流i_c比电容器两端的电压u_a超前90°，$-k i_c$就比u_a滞后90°，两者的交点必然落在区间($\pi/2$, π)内。调大k值，交点便往左移动，β角随之增大；调小k值，交点便往右移动，β角随之减小。

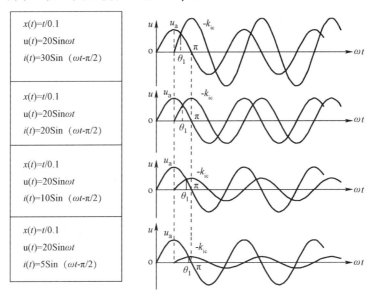

图5.10.3 电压电流交点法实现频率/相位自动跟踪

K的值可以根据测得的U_a和I_c及要求的β值来计算。在图5.10.3中，u_a和$-k i_c$的表达式为

$$u_a = \sqrt{2} U_a \sin\omega t$$
$$-k i_c = -k\sqrt{2} I_c \sin(\omega t + \pi/2)$$

在交点处两者的瞬时值相等，$u_a = -k i_c$，即

$$\sqrt{2} U_a \sin\omega t = -k\sqrt{2} I_c \sin(\omega t + \pi/2)$$

交点的横坐标$\omega t = \pi - \beta$，代入上式得

$$\sqrt{2} U_a \sin(\pi-\beta) = -k\sqrt{2} I_c \sin(\pi-\beta+\pi/2) = -k\sqrt{2} I_c \cos(\pi-\beta)$$

于是k值为

$$K = (-U_a/I_c)\tan(\pi-\beta) \tag{5.10.18}$$

实际上调比算还要方便。为此要把实现波形图（5.10.3）的电路图的原理搞清楚。

5.10.7 用电压电流交点法实现频率自动跟踪控制的电路原理和调试方法

用电压电流交角法获取LC振荡的频率/相位信息，实现频率/相位自动跟踪控制的电路如图5.10.4所示。

首先要从负载的LC振荡电路获取电压u_a和电流i_c的信息。为此采用了一只电压比为750/100V的电压互感器TV2和一只电流比为200/1A的电流互感器TA15。采出的电压信号u_{46-47}为u_a的信息。电流信号i_c经过RP_2的转化为电压信号u_{46-211}代表i_c的信息。u_{46-47}与u_{46-211}在信号变压器T301的一次绕组中通过反向串联相减，得到跟踪信号$u_{210-211}$，再经过隔离，从T301

的二次绕组输出跟踪信号 $u_{310-311}$。此信号的过 0 点即为跟踪点 θ_1。把信号 $u_{310-311}$ 送到下一级的电压过零比较器中，就可以检出 θ_1。然后据此制成触发脉冲，发出跟踪触发换相指令。

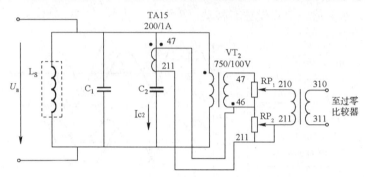

图5.10.4　电压电流交角法频率/相位跟踪电路

调试时如果有双踪示波器就方便了。把 46 点作为示波器信号的公共点，一个通道用来显示电压信号 u_{46-47}，另一个通道用来显示电流的电压信号 u_{46-211}，垂直移动两个信号到同一坐标系下，参考图 5.10.3 找到两个信号的交点。如果交点在区间 $(\pi/2, \pi)$ 内，说明极性接对了，两个信号是反向串联的。这时可以试调一下电位器 RP_1 或 RP_2，看着交点如何移动。只要把交点调到

$$(\theta_1, \pi) = \beta$$

或

$$(\theta_1, \pi) = \beta/\omega = \beta/2\pi f = \beta T/2\pi$$

就可以了。前一式是以角度来计量。后一式是以时间（μs）来计量。T 是以 μs 计的周期，可以从示波器上读出。

如果两个信号的交点不落在区间 $(\pi/2, \pi)$ 内，说明两个信号的极性接反了。只要把其中一个信号的头尾对调，问题就解决了。在这个调试过程中，离不开示波器。没有示波器就看不见，看不见就不能调。但是没有用到 k 值的计算。有的时候，计算不如调试。即使算得很准，也要通过调试来实现，来证实。算得不准，更要通过调试来纠正。这样说，不是说计算不必要，不重要。计算可以给调试定性，定方向，定范围。计算也很重要，很多情况下不能少。总之，调试与计算，是紧密相连的，是密切相关的。学会灵活熟练的调试，也懂得必要的计算，是一个电气技师过硬的基本功。

上面讲的调试，是看着跟踪电路来调。跟踪电路是为变换主电路而工作的。最终的目的，还是主电路。也可以直接看着主电路来调，只要把图 5.9.1（g）或图 5.10.1 打出来，边看波形和角度（或时间），边调电位器 RP_1 或 RP_2，很容易就可以搞定，比前一方法更方便。

任务11　认识干扰的危害，学习抗干扰技术

5.11.1　认识干扰的严重危害，认识抗干扰的重要性

干扰是所有电子设备无法正常稳定工作的最重要的原因之一。在实验室里，在制造厂中

调试好的设备，拿到现场去用，可能就不行了。是什么原因？因为现场的环境太恶劣了，条件太差了，情况太复杂了，干扰信号太严重了。电子设备是最怕干扰的电气设备，又是最多输出干扰的电气设备。

晶闸管中频电源逆变桥的持续工作，是建立在准确跟踪、可靠换相的基础之上的。电路的状态，处于快速的动态平衡之中。决定换相成败的主角，都以微秒来计量。只要差之毫微，都可能谬以千里。只需一个瞬态干扰信号，都有可能导致换相的失败。所以，正常信号与干扰信号的矛盾，变得特别突出。如何抗干扰，也就成为晶闸管中频电炉调试中一项重要内容，成为调试成败和质量优劣的关键。调试得好的中频电炉，启动容易，换相可靠，运行平稳，出力充足，加热快，效率高，产能大。在这里，良好的抗干扰措施是必不可少的。

5.11.2 干扰的来源和抗干扰的系统方法

由于干扰的复杂性和随机性，要取得好的抗干扰效果，必须采用系统方法。要从干扰的来源，干扰的传播通道，干扰的接收体三个方面采取有针对性的、系统的、有效的措施，有的放矢，扶正祛邪。正就是正常信号。邪就是干扰信号。

干扰源的种类是非常多的。干扰源可以在设备的内部，也可以来自设备所处的外部环境中。如来自其他电气设备，来自电网，来自大气等。干扰信号的发生，有些是随机的，无法预测的。如烧电焊，开关掉闸，开关切换或拉闸等。有些干扰信号的发生则是有规律的，可以预期的。如晶闸管触发换相等。对于中频电源而言，最大的干扰源来自设备本身。而本身的干扰源最主要又来自晶闸管三相整流桥。晶闸管三相桥发出的主要干扰信号是重复频率为300Hz的整流元件换相干扰信号。这是可以预计的干扰信号，又是无法彻底消除的干扰信号。其最大的受害者就是稳定度最不可靠的逆变桥。系统抗干扰的第一类措施是针对干扰源的措施。能不让干扰发生的，千方百计不让它发生。一定要发生的，尽量让它变小。发生了的，尽可能不让它传播出去。

干扰的传播通道有两种。一种是通过导线传播的传导干扰，这种干扰通道比较明显可见；另一种是通过空间传播的射频干扰。这种干扰通道从何处来，到何处去，不太容易确定。系统抗干扰的第二类措施是针对干扰传播通道的措施。包括阻法（用稳压管、二极管阻，用电抗器阻，用磁环阻），削法（用稳压管削），隔法（用光耦隔离，用变压器隔离），消法（用双绞线互相抵消），泄法（用电容泄，用接地线泄），蔽法（用磁屏蔽，用电屏蔽，用屏蔽导线屏蔽，用线管屏蔽），躲法（躲开强干扰：信号线与动力线、强电控制线分开走线，保持距离，避免平行，垂直交叉），换法（改换信号载体：1~5V电压信号改换为4~20mA电流信号，低电平信号标准改为高电平信号标准，模拟信号改换为数字信号）等。

凡是电子线路，都容易成为干扰信号的接收体。但接收的程度有敏感与不敏感之分。越灵敏的线路或设备对干扰信号也越敏感，受到的干扰也越厉害。如逆变桥与整流桥，逆变桥就更怕干扰。又如输入信号线与输出信号线，输入信号线就更怕干扰；放大器的前级就比后级更怕干扰；弱电系统就比强电系统更怕干扰；TTL电路就比CMOS电路更怕干扰等。越是薄弱的环节，越是敏感的地方，越要加强抗干扰的措施。

抗干扰不仅是理论问题，更多是实践经验问题。抗干扰强调要从实际出发，通过查找干扰源、干扰传播通道、干扰敏感部位、干扰信号类型，通过反复试验，具体地分析具体的情况，具体地解决具体的问题。

5.11.3 中频电炉三相晶闸管整流桥抗干扰的关键措施

晶闸管三相整流桥是逆变桥的能量之源，也是逆变器的干扰之源。逆变桥对干扰最敏感，最怕干扰，最需要抗干扰。整流桥是晶闸管中频电炉的主要干扰源。调试得不好的整流桥，每工频周期发出的六个干扰脉冲及其对应的大量谐波，轻则使中频电炉的出力上不去，生产能力降低；重则使逆变桥运行中容易颠覆；更重则使逆变桥无法启动。抗干扰的上策，是先从源头上做起。即使不能把干扰彻底消除，也要让它降到最小。所以，中频电炉的调试，要把抗干扰作为重点。而抗干扰要在整流桥的调试上下功夫，在这个最大的干扰源上下功夫。

晶闸管整流桥在换相过程中会产生大量的谐波，这些谐波就是干扰信号。通过理论分析证明，这些谐波可以分为两类。一类称为本征谐波，另一类称为非本征谐波，本征谐波是由于晶闸管整流器的电路结构和工作原理造成的谐波，是"生来具有"，无法加以消除的谐波。即使是制造和调试得最理想的晶闸管整流器，这些谐波也依然存在。调试的目的，不是针对这些谐波的。另一类谐波是非本征谐波，这是除本征谐波之外的新谐波。这种谐波是由于晶闸管整流器的结构及特性的对称性偏差而引起的。晶闸管三相整流桥是三相六脉波整流器的一种。其输出电压是每周期有六个对称的波头，即六个波形完全相同、相位依次两两相差60°的电压波。调节控制角α以改变输出电压值时，这些波头的波形会随之改变，但波形的对称性却不会改变。这种波形特性的对称性，是源于晶闸管整流电路结构及工作原理的对称性。一个理想的六脉波可控整流器具有100%的六相对称性，只会产生对应的本征谐波，不会产生其他的非本征谐波。但由于对应元件的特性和参数不可能100%相同，对应电路结构的几何尺寸及物理参数也不可能100%相同，六相对称性就会出现偏差。这种对称性偏差就是非本征谐波产生的原因，也就是干扰信号增强的原因。调试的目的，就针对着这些非本征谐波，使整流器的对称性偏差减到最小，使非本征谐波的干扰降到最小。

明白了这个道理，调试的方法有以下几项：① 如果有电源变压器，则变压器的三相输出电压应保持高度的对称性；② 可控整流桥的六个桥臂的对应元件的特性及参数要高度一致；③ 同步信号变压器及同步信号电路应要保持高度的对称性；④ 六相触发通道的对应元器件及电路应保持高度的对称性。

这四方面的对称性中，有的是设备制作过程中已经形成的，不容易再改变。有的则是在调试中将要形成的，是由调试者来决定的。这一部分是工作的重点。如六个触发脉冲通道的调试，这是"关键的关键"。为了得到高度对称的六个触发脉冲通道，应该用双踪或双线示波器将各个通道的触发脉冲波形两两进行比对，设法做到100%一致。

晶闸管三相对称性调试的质量，可以通过观察整流器输出电压波形 u_d 来进行。如图5.11.1所示，将示波器接在晶闸管三相整流桥的整流输出端，每个周期应显示出6个波头。如果只有5个波头，就说明丢掉了一路触发脉冲，要首先把丢脉冲的通道找出来，加以修复，再来观测对称性的调试质量。调动控制角α的给定信号电位器，六个波头的波形和相位应跟着变化。如果无论电位器在什么位置，六个波头的波形都完全一样，就表明六相对称性很高，干扰将会很小。如图5.11.1（a）所示。如果六个波头的波形互不相同，高度和宽度参差不齐，并且相互的差别随着电位器的调动而变化，就说明六相对称性很差，干扰会很严重，中频电炉有可能开不起来，或开起来不稳定。如图5.11.1（b）所示。

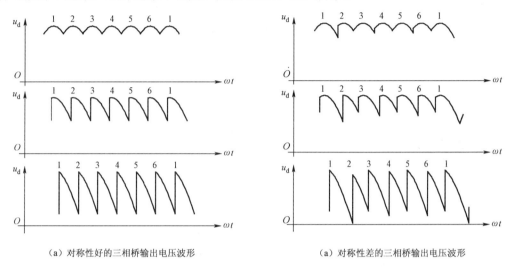

（a）对称性好的三相桥输出电压波形　　　　　　（a）对称性差的三相桥输出电压波形

图5.11.1　晶闸管三相桥对称性调试质量的观测

5.11.4　跟踪信号的抗干扰措施

抗干扰从源头做起，然后顺着干扰的传播与接收通道一路往下做。逆变桥是干扰信号的主要受体，也要作为抗干扰措施的重点来做。

逆变桥对干扰信号最敏感的部位是频率/相位跟踪信号线。信号源在LC主电路上，跟踪器在控制电路上，两者不在一个地方，信号线有一定长度，更容易接受干扰。所以跟踪信号必须采取特别措施来加以保护。如图5.11.2所示是频率/相位跟踪信号线的抗干扰措施。

首先，跟踪信号必须采用双绞线来传送。双绞线有两个特别的优点：一是对共模信号的电抗很大；二是对差模信号的电抗很小。信号频率越高，特性越显著。通过空间传播的射频干扰信号频率较高，如果不是双绞线，信号传输线上感应出的较高的共模干扰信号不能相互抵消。而双绞线两根导线上感应出的共模干扰信号大小相等，方向相同，在信号回路中可以完全抵消。这相当于共模干扰信号是不能通过双绞线传输的。但差模信号在双绞线回路中产生的磁场大小相等，方向相反，恰好相互抵消。所以有用信号在双绞线中不会受到电抗阻力，不会有多少电抗损耗，可以顺利通过。双绞线真是起到了"扶正祛邪"的作用。

其次，应该使用带屏蔽的双绞线。在屏蔽层的保护下，作用在双绞线上的电磁场大大减弱，无论是传导干扰还是射频干扰都受到了较好的抑制，进一步增强了双绞线的抗干扰效果。屏蔽层必须良好接地。并且应该在靠近信号接收端接地。屏蔽层最好带护套，以免遭到损坏或腐蚀。导线的截面应不小于1.5mm^2。

最后，信号线应该单独敷设。应与动力线、强电控制线保持200mm以上的距离，并避免平行走线。在必须交叉时，应该采用垂直交错穿越。必要时，信号线也可以穿管保护。

240 工业电能变换与控制技术

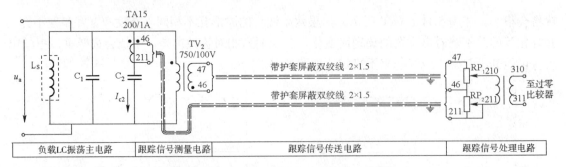

图5.11.2 频率/相位跟踪信号线的抗干扰措施

任务12 激发振荡与捕捉信息——认识启动过程的本质

中频电炉运行时，负载中的 LC 振荡依靠频率/相位自动跟踪控制得以持续进行。振荡依赖于控制来补充能量；控制依赖于从震荡中获得信息。能量与信息，相互依赖，"合作共赢"，谁也离不开谁。可是在启动之前，既没有能量的振荡，也没有信息的流转。这从无到有的过程，是怎么发生的呢？"鸡"与"蛋"，孰先孰后？能量与信息，孰早孰晚？

能量是振荡的主体，信息是振荡的状态。中频电炉启动的第一步，是向 LC 回路中注入电磁能量，激发振荡。注入能量是系统启动的第一击。注入的能量越多，激起的振荡越强烈，启动越容易。注入的能量越少，激起的振荡越弱，启动越困难。如果启动不成功，首先要想一想，注入的能量够了吗？

注入的电能，先预装在一个电容器中。如图 5.12.1 所示的电容器称为启动电容器。电容器串联一个晶闸管作为启动控制开关后，并接到 LC 振荡主电路上。由于晶闸管是关闭的，在启动之前，预装在电容器中的能量不会泄放出来。按下启动按钮以后，晶闸管被启动触发脉冲打开，预装在电容器中的电能突然冲向 LC 主电路。这迅速的一击，在 LC 回路中激起了振荡。振荡的频率为负载的谐振频率。如果电容器比较大，预装的电能较多，激起的振荡较强烈，震荡的频率/相位信号比较容易捕捉到，启动就比较容易成功。如果电容器较小，预装的电能不足，激起的振荡较弱，振荡频率/相位信号不容易捕捉到，启动就不容易成功。

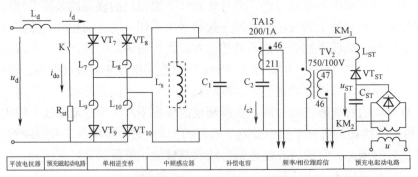

图5.12.1 中频电炉的自激启动

这是最早采用的中频电炉启动电路。后来发现，除了启动前预装电能之外，还可以预装磁能，以得到更高的启动成功率。在图 5.12.1 中，预充磁电路由电阻 R_{ST} 和开关 K 构成，装在平波电抗器的出口处。如果没有预充磁电路，在逆变桥启动之前，平波电抗器中的初始电流为 0。启动以后，电流由 0 上升到 I_d 需要较长的时间，不利于启动的成功。这段时间，也是平波电抗器的启动时间，即向平波电抗器注入磁能所需要的时间。有了预充磁电路之后，把平波电抗器的充磁启动时间提前到逆变桥启动之前先完成了。这是巧妙的做法。

这里介绍的是自激启动法，即注入能量自行激励以完成启动的方法。能量注入、激发振荡是启动的第一步。紧接着就要进行第二步，即抓住时机，捕捉频率/相位信息，及时发出跟踪控制信号，使激起的振荡由衰减转为增强，迅速达到持续稳定的振荡。时机就在转瞬之间，瞬间抓不住，振荡就会衰减消失，启动就失败了。频率/相位自动跟踪控制电路的优劣，就要在这时接受检验了。

除了自激启动法之外，后来又发展出了它激启动法和零电压启动法。方法不同，优点各异，但本质还是一样的，都在于如何激发振荡和捕捉信息。读者可以沿着这个思路去进一步学习。

启动成功率是衡量中频电炉启动性能的技术指标，是中频电炉设计、制作、安装、调试质量的一个考核项目。启动成功率又分为轻载启动成功率与重载启动成功率。轻载比重载启动容易，热炉比冷炉启动容易。最难启动的是刚筑完炉的冷炉满炉启动。考核启动成功率，就要考核在最不利条件下的重载启动成功率。

任务13　解剖中频电炉输出功率控制与故障保护的关键部

所有的控制电路，都围绕着一个中心，那就是使中频电炉的输出功率最大，变换效率最高，并且运行最稳定，工作最可靠。那么，中频电炉是如何进行功率控制与调节及故障保护的呢？这些任务主要是由逆变桥来完成还是由整流桥来完成的呢？答案是，主要由整流桥来完成。逆变桥就专门做它自己的事——DC/AC 变换与频率/相位自动跟踪控制。

整流桥的测量、控制与保护电路很复杂，看懂图很不容易。大量的信号承载着各种信息在其中运转，要怎么下手，才能"牵牛牵到牛鼻子"，抓住问题的关键呢？

这个"牛鼻子"，就是各种测量、控制、保护信息流必经的汇聚地。这个汇聚地位于测量、控制、保护电路与整流桥移相触发控制电路之间。它既是汇聚各种测量、控制与保护信息的总出口，又是输入触发电路移相控制信息的总入口。这就是三相可控整流桥的电流调节与信号综合电路，如图 5.13.1 所示。要一个一个弄清楚，调节器的每一路输入信号是什么意义？它们是怎么产生的？在什么情况下发挥作用？是怎么通过调节器发挥作用的？怎么进行这些信号的调试整定等。

调节器的综合信号输出端为 199 点，其下接电路为三相桥触发脉冲形成电路。199 点的信号为整流触发脉冲的移相控制信号。移相控制信号决定整流输出电压的高低和电流的大小，是三相桥的主要控制信号。这个信号中综合了信号综合放大器五个输入回路中的各种信息，表达了每个瞬时中频电炉对输入电流、输出中频电压和功率的各种要求。

五个信号输入回路包含六个输入信号，分别担负着给定、反馈、截止、封锁四类不同的任务：

242　工业电能变换与控制技术

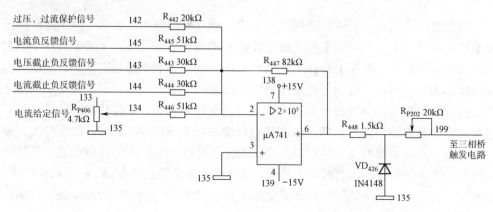

图5.13.1　电流调节与信号综合电路

① 给定信号：给定信号为电流给定信号，由电位器 RP406 给出，其值为操作者对输入（或输出）电流大小的要求。在正常情况下，电流将围绕给定值上下略为波动。

② 电流负反馈信号：在正常情况下，调节器将电流给定信号与电流反馈信号之差加以放大，作为移相控制信号输出。移相值的大小与误差大小成正比，而极性则相反，使得移相控制的结果是使运行电流向给定值回复，即误差向 0 回复。

给定与负反馈是在正常运行情况下控制系统中起主导作用的一对矛盾。给定则是主导矛盾的主导方。这个主导方掌握在操作者的手中，成为操作者控制输入电流、输出电压、输出功率的手段。逆变桥不能直接控制，只能跟踪控制。要调整逆变桥的输出功率，只能通过对整流桥的控制来进行。操作者一面看显示仪表，一面调节给定电位器 RP406 来实现对负载电流、电压、功率的间接控制。

③ 电压截止负反馈信号：将电压限定在整定截止值上，确保不会超过，以保证运行的安全。

④ 电流截止负反馈信号：将电流限定在整定截止值上，确保不会超过，以保证运行的安全。

截止与放开是控制系统中的又一对矛盾。截止就是将电流或电压限定在一个整定好的极限值上，放开则是对电流或电压的值不加限定。在正常运行范围内，移相控制值随输出误差值成正比例变化，输出电流或电压值也就不受限制。而电流或电压达到截止整定值时，移相控制值不再随输出误差的增加而增大，而是被固定在一定的值上，输出电流或输出电压也就不再增加，而被限定在整定值上。正常运行时，截止与放开的矛盾在于截止是不起作用的，起作用的是放开。而到达截止整定值时，矛盾的主导方转到了截止，放开不再有效。

⑤ 过电压保护：达到过电压整定值时，触发脉冲信号被封锁，系统停止工作，以确保设备的安全。

⑥ 过电流保护：达到过电流整定值时，触发脉冲信号被封锁，系统停止工作，以确保设备的安全。

控制与保护是控制系统中的又一对矛盾。在正常运行时，以至在截止运行时，系统都处于运行状态中，控制发挥着主导作用。这时保护是不加干预的。但超出保护整定值后，保护接管了控制权，封锁了控制脉冲的发出，控制不再起作用，设备停止运行。

这三对矛盾都聚集在一个地方，每个矛盾的两方都在进行控制权的"争夺"，演绎着中频电炉的整个运行。掌握这个信息汇聚之地，矛盾聚集之所，可想有多么重要。

任务14　大结局：仔细读懂一套图纸

比起在现场看，这理论山真难爬呀！而且越爬越多，好像永远爬不完。不过也真体会到了一点，没有感性知识，没有实践经验是不行的，但没有理性知识，不会分析思考，不会计算调试也不行。越想爬得高，走得远，理论素养越重要。一个山一个山的爬，那是分析。现在要站在一个最高的山上来鸟瞰全局，纵览"天下"，那就是综合的认识了。分析是一种认识，综合也是一种认识。在分析的基础上的综合，是更高阶段的认识。要考一考自己：读一套图纸，通过读懂一套图纸来系统整理已经学过的知识，力求达到综合的认识。

这套图纸还有一个特点：控制系统是用常用的通用集成运算放大器、CMOS 数字集成电路等元件做的。这都是当前使用最方便、最广泛的电子元器件。学过的电子技术到底有什么用？怎么用？恐怕还没有搞清楚。认真研读这些图，一定会大有所获。

5.14.1　总图——读懂全套图纸的指南

原来的成套图纸中，是没有这张总图的。细心阅读这套图纸后，可以提炼出这张总图，把它作为读图的指南。体会一下，为什么要这个指南？

再想一想下面的问题：

① 整个电路分为那几个部分？每个部分的任务是什么？是如何起作用的？每个部分的电能如何供给？如何输出？每个部分有些什么输入信号？有些什么输出信号？

② 哪些部分属于电能变换？哪些部分属于信息测控？

③ 各个部分之间有些什么相互关系？这些关系如何表达？关系线有几类？为什么要在关系线上标上电路点号？比较一下，总图上有的这些电路点号与没有的其他电路点号在功能上有何不同？

5.14.2　解析主电路的内部结构和外部连接关系与功能

① 解析主电路内部结构：主电路由哪几部分构成？各起什么作用？指出输入电路、可控整流电路、过压抑制电路、平波电路、逆变电路、振荡负载电路、检测采样电路等各由哪些元件组成？

② 认识主电路中的关键元件：图中有几只功率晶闸管？对这些晶闸管有些什么要求？对这些晶闸管有些什么保护方法？逆变晶闸管与整流晶闸管的保护有何异同？

③ 认识主电路中的关键元件：图中有几只电抗器和电感器？其功能各有何异同？想象一下各个电抗器的容量，哪个最大？为什么有的电抗器有铁芯，有的没有？电抗器是用于充磁放磁还是充电放电？什么是电抗器饱和？什么电抗器有可能饱和？可以让它饱和吗？怎么能防止电抗器饱和？

④ 认识主电路中的关键元件：图中有几只电容器？这些电容器的作用各有何不同？其

种类和构造有何不同？

⑤ 认识主电路中的关键元件及与外电路的连接：图中有些什么信号检测点和检测元件？这些信号检测的编号是什么？它们与哪些外部电路相连接？为什么要选择这些监测点？为什么有些点是隔离检测，有些点是非隔离检测？哪些检测点是供显示监控用的？哪些检测点是供自动控制用的？

⑥ 认识主电路中的关键元件及与外电路的连接：图中有些什么信号控制点？这些信号控制点的编号是什么？它们与哪些外部电路相连接？对这些控制点的控制信号有些什么要求？

⑦ 用示波器可以在主电路上测取哪些波形？测取波形时要怎么确保安全，不出现设备和人身事故？为什么要测取这些波形？怎么在调试中使用这些波形？

5.14.3 分析控制电路电源和触发电路同步信号源的作用和电路构成特点

① 控制电路电源与测量、控制、保护电路、整流触发电路、逆变触发电路是什么关系？控制电路电源是根据什么要求来设计与构成的？

② 控制电源变压器有什么特点？为什么要有 4 组副边绕组？这 4 组副边绕组的中性点 111，116，121，126 能连接到一起吗？为什么？

③ 有几组控制电源？各有什么用处？为什么要分组？控制电源共有几个地？这些地的编号都是什么？它们能连接在一起吗？为什么？+24V 电源有几个？它们能合在一起吗？为什么？+15V 电源有几个？它们能合在一起吗？为什么？

④ 同步信号变压器的"同步"是什么意思？同步信号是送到哪里的？在移相控制中起什么作用？如果同步信号受到干扰，会造成什么后果？同步信号变压器为什么不与控制电源变压器合为一个？同步信号变压器为什么要采用△/Y 接法？为什么一次侧要装滤波电路？

⑤ 现在懂得控制电源的重要性了吗？用 78XX/79XX 系列集成稳压器来构成的控制电源有什么特点？如果需要用 78XX/79XX 来做控制电源，还会遇到什么困难？将会怎么做？

5.14.4 分析测量、控制、保护电路的工作原理和各种信号流之间的关系及操作与整定方法

① 65、66、67 点是从哪里来的？它们采样的是什么信号？采到的信号有几种用途？

② 63 点的信号与 65、66、67 点的信号是什么关系？145 点的信号与 63 点的信号是什么关系？145 点的信号起什么作用？电位器 RP401 有什么用？怎么用？这个电位器是用旋钮调节的，还是用起子调节和螺母锁定的？电位器应该是装在面板上，还是装在机柜里？

③ 62 点的信号与 65、66、67 点的信号是什么关系？143 点的信号与 62 点的信号是什么关系？143 点的信号起什么作用？电位器 RP402 有什么用？怎么用？这个电位器是用旋钮调节的，还是用起子调节和螺母锁定的？电位器应该是装在面板上，还是装在机柜里？

④ 61 点的信号与 65、66、67 点的信号是什么关系？142 点的信号与 61 点的信号是什么关系？142 点的信号起什么作用？电位器 RP501 有什么用？怎么用？这个电位器是用旋钮调节的，还是用起子调节和螺母锁定的？电位器应该是装在面板上，还是装在机柜里？

⑤ 201 点的信号与 61 点的信号是什么关系？201 点的信号灯点亮时表示什么？怎么解除这个信号？

⑥ 44a、45a 点是从哪里来的？它们采样的是什么信号？

⑦ 43 点的信号与 44a、45a 点的信号是什么关系？144 点的信号与 43 点的信号有什么关系？144 点的信号有什么用？电位器 RP403 有什么用？怎么用？这个电位器是用旋钮调节的，还是用起子调节和螺母锁定的？电位器应该是装在面板上，还是装在机柜里？

⑧ 44、45 点是从哪里来的？它们采样的是什么信号？

⑨ 42 点的信号与 44、45 点的信号是什么关系？142 点的信号与 42 点的信号有什么关系？142 点的信号有什么用？电位器 RP503 有什么用？怎么用？这个电位器是用旋钮调节的，还是用起子调节和螺母锁定的？电位器应该是装在面板上，还是装在机柜里？

⑩ 203 点的信号与 42 点的信号是什么关系？203 点的信号灯点亮时表示什么？怎么解除这个信号？

⑪ 134 点是什么信号？其作用是什么？电位器 RP406 有什么用？怎么用？这个电位器是用旋钮调节的，还是用起子调节和螺母锁定的？电位器应该是装在面板上，还是装在机柜里？

⑫ 199 点的信号与 134、145、143、144、142 点的信号有什么关系？199 点的信号送到哪里？起什么作用？

5.14.5 进入数字式三相桥触发电路：看 199 点的控制信号执行其调控任务？

199 点把测控保电路的全部采样信息综合成一个控制信号，进入数字式三相桥触发电路。这是一个电压型的控制信号。下面先来看，这个信号是怎么来执行它的移相调控任务的？

先大致看一下，这张电路图中用了一些什么元件？

通用运算放大器 LM324：共用了 3 个运放（一片 324 封装有 4 个运放。一片足矣！）

① CMOS 四重 2 输入或非门数字集成电路 4001：共用了或非门 12 个（每片 4 个，需 3 片）。

② CMOS 14 级二进制脉冲计数器 4020：共用了计数器 3 个（每片 1 个，需 3 片）。

③ CMOS 四重异或门数字集成电路 4070：共用了异或门 6 个（每片 4 个，需 2 片）。

④ CMOS 数字集成锁相环 4046：用了 1 个。

⑤ CMOS 集成单定时器电路 555：用了 3 个（需 3 片）。

⑥ CMOS 集成双定时器电路 556：用了 3 个（需 3 片）。

显然这是数字式的触发电路。一个模拟电压信号，怎么调控一个数字电路呢？首先要做的，是把这个模拟电压信号转化为数字信号或频率信号。这就是采用数字集成锁相环 4046 的原因。

4046 的用途非常多。可以用于锁相跟踪，时钟同步，频率调制，频率合成等，也可以用于压频转换。这里就是用于压频转换。不过，既然碰上了锁相环，也应该把它的基本原理搞清楚。锁相环的工作原理，可以用图 5.14.1 来说明。

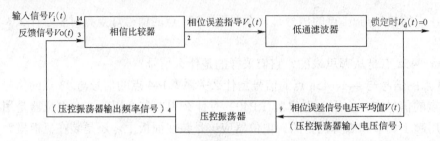

图5.14.1 锁相环的工作原理

从图 5.14.1 可以看出，锁相环路由三个部分构成。其中，相位比较器和压控振荡器集成于 4046 内部。低通阻容滤波器为片外电路，接在 4046 的引脚上。

相位比较器有两个信号输入端。一个是锁相环的信号输入端（Pin14），信号为 $V_i(t)$；另一个是压控振荡器 VCO 的输出信号 $V_o(t)$，也是锁相环的输出信号的相位反馈信号，接在相位比较器的第 2 个信号输入端(Pin3)。经过相位比较之后，相位比较器的输出信号（Pin2）为两个输入信号的相位之差（相位误差）。

从 Pin2 输出的相位误差信号 $V_e(t)$，进入外接的 RC 低通滤波器滤波，得到 $V_e(t)$ 的电压平均值 $V_d(t)$。$V_d(t)$ 通过 Pin9 返回锁相环芯片，作为压控振荡器的输入电压信号，控制着压控振荡器输出频率的变化，使输入与输出信号的频率之差不断减小，直到其差值为零，进入锁定状态。可见，压控振荡器的输出信号 $V_o(t)$ 能够对相位比较器的输入信号 $V_i(t)$ 进行准确的频率自动跟踪。现在 4046 已经在中频电炉的频率自动跟踪控制中得到了成功的应用。

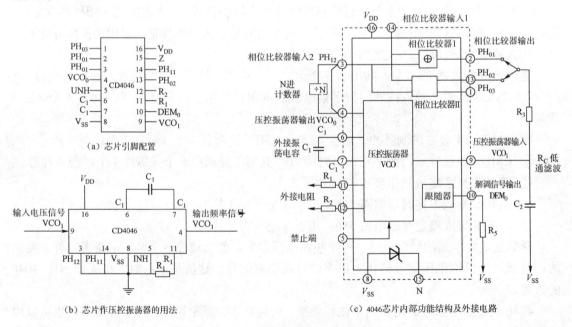

图5.14.2　4046的内部功能结构和芯片用法

4046 用于锁相的具体办法，除了要弄懂图 5.14.1 的原理，还要了解 4046 的引脚配置，内部功能结构和外部电路的接法。为此，可以仔细研究图 5.14.2（c）。如果要用于 V/f 变换（电压/频率转换），可以参考图 5.14.2（b）图。用于 V/f 变换，只要用到 4046 中的压控振荡器，用不着其中的相位比较器。所以，要把两个相位输入信号 PH_{I1} 和 PH_{I2} 的引脚 Pin14 与 Pin3 短接并接地，还要把 VCO 输出禁止端 Pin5 接地（解除禁止），并把 Pin3 与 Pin4 的连接断开。于是压控信号由 Pin9 输入，频率信号由 Pin4 输出。把图纸上的 4046（D211）的接线与图 5.14.2 (b) 相比较，两者是一样的。199 点的调控信号进到 4046 的时候是一个模拟电压信号，从 4046 出来时，已经变成一个频率信号。

5.14.6　续数字式三相桥触发电路：频率信号调控计数式数控触发脉冲生成？

以频率形式出现的调控信号是怎么控制数字触发脉冲的生成呢？要控制数字移相式触发脉冲的生成，只有调控信号还不够。还必须有另一个"搭档"——相位参考信号。这就是主电源同步信号。这是由同步信号源的 107，108，109 三点传来的主电源线电压同步信号。在图 5.14.3 中，用 ≈A 来表示 107 点传来的线电压同步信号。要以 ≈A 为参考来生成 A 相上下桥臂的触发脉冲。

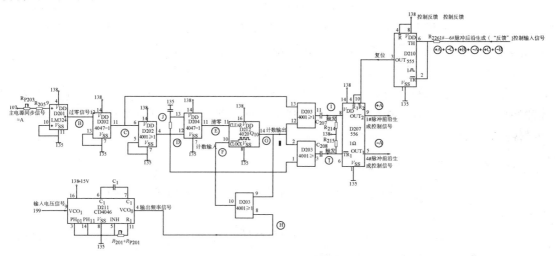

图 5.14.3　计数式数字移相（A 相）触发脉冲生成控制电路

由 29 个集成单元、6 个晶体管、40 个二极管、23 个电容、34 个电阻、4 个电位器和 6 个脉冲变压器组成的这张触发电路图纸，这样负载的电子线路，该从哪里下手呢？应该抓住本质，化繁为简。首先利用三相系统的对称性研究 A 相的电路。可以把电路分为前后两段。前一段是脉冲生成的控制电路，是跑控制信号的。后一段是控制信号的组合和脉冲的整形、放大、输送与隔离，是执行控制信号和供给控制能量。此外，还可以去掉一些局部性的细节。经过这样的简化，可画出 A 相的脉冲生成控制电路，如图 5.14.3 所示。这是一个计数式的移相脉冲生成数字控制电路。

A 相上桥臂（出相臂）VT_1 管需要的触发脉冲是 +A 相脉冲（1#脉冲），A 相下桥臂（入相臂）VT_4 管需要的触发脉冲是 -A 相脉冲（1#脉冲）。+A 相脉冲的移相控制角从正弦同步信号电压的升过零点开始计时，-A 相脉冲的移相控制角从正弦同步信号电压的降过零点开始计时。要生成这两个触发脉冲，必须解决三个问题：① 在正弦同步信号的升、降过零点都向计数器 4020 的 CLEAR11 引脚发出高电平清零脉冲将计数器复位；② 清零后，计数器开始对从 CLOCK10 引脚输入的脉冲进行设定值计数。计到 $2^{10-1}=512$ 时，由计数输出脚 14（二进制数的第 10 位数 Q_{10}）输出调控的移相信号；③ 将每个信号周期两个的移相信号转化为生成 +A 和-A 触发脉冲的高电平控制信号输出到下一级的脉冲生成与功放电路。

根据这三个问题，以推演助想象，以运算代思考，利用逻辑代数来分析电路的工作原理，包括计数器清零逻辑，计数器移相计数计时逻辑和正、负半周触发脉冲生成控制逻辑。为此，分别用在圆圈内大写的英文字母 A，B，C，…，H，I 作为电路中各节点信号的逻辑代号。如下所示：

1. 计数器的清零逻辑

E 是计数器的清零端。清零逻辑推求如下：

$$C = \overline{BO} + B\overline{O} = B$$
$$D = \overline{C+O} = \overline{C} = \overline{B} \tag{5.14.1}$$
$$E = \overline{D}J + D\overline{J} = BJ + \overline{B}\,\overline{J}$$

（1）上半周正弦同步信号为正，逻辑信号 B 为负。信号过零点为 0°。这时 B=0。电容器放电完毕，J 点为零电位，J=0。故逻辑值 E=1，高电平给计数器复位。

（2）下半周正弦同步信号为负，逻辑信号 B 为正。信号过零点为 180°。

可见，无论是正弦同步信号上半周升过零点还是下半周降过零点，都是 E=1，从而为 1#脉冲移相计数和 4#脉冲移相计数都建立起移相计时起点。异或门 D204（4070）在信号过零点时像是在给计数器 D212（4020）"打电话"："开始！"

2. 计数器移相计数计时逻辑

4020 是一个 14 位二进制脉冲计数器。计数器的输入脉冲信号接在 CLOCK10 引脚上。该点的逻辑信号为

$$F = \overline{H+G} = \overline{H+Q_{10}} \tag{5.14.2}$$

当计数值小于 512 时，$Q_{10}=0$，这时

$$F = \overline{H} \tag{5.14.3}$$

所以，F 是一个频率与 H 相同、相位与 H 相反的脉冲序列。对 F 点信号的计数也就是对 H 点的信号的计数，即对 VCO 输出脉冲的计数。

当计数到 512 时，$Q_{10}=1$，代入式（5.14.2），得

$$F=0$$

F 点再也没有信号，计数器的输出 $Q_{10}=1$ 一直保持到下一个信号过零点的到来。由计数器 D212（4020）的输出引脚 14 到或非门 D203（4001）的输入引脚 9 的连接线是一根数控"反馈线"。当计数到 512 时，4020 好像是在给 4001"打电话"："好，停！"

4020 有 Q_1，Q_4，Q_5，Q_6，Q_7，Q_8，Q_9，Q_{10}，Q_{11}，Q_{12}，Q_{13}，Q_{14} 共 12 个计数输出端。Q_n 端为二进制数第 n 位的权值 Q^{n-1}。故第 10 位（14 引脚）的权值为 $Q^{10-1}=512$。当计数值小于 512 时，14 脚的输出信号 $Q_{10}=Q_{10\,(<512)}=0$。计数器对 VCO 的输出脉冲进行计数。当计数值等于 512 时，14 引脚的输出信号 $Q_{10}=Q_{10\,(=512)}=1$。这就是本周期的移相控制的目标点，即

触发脉冲的起始时间。设 f 为 CLOCK10 引脚的输入信号频率（注意 f 是与 199 点的调控信号电压成正比的）。因为周期为 $1/f$，移相计数为 512 个周期，故移相计时为

$$t_\alpha = 512/f \tag{5.14.4}$$

由于 f 与 199 点的调控电压信号成正比，所以移相时间 t_α（即移相控制角 α）便受到了 199 点的调控，并与调控信号的大小成反比。这正符合晶闸管移相控制的要求：调控信号越高，频率 f 越高，移相时间 t_α 越短，移相控制角 α 角越小，输出整流电压便越高。只要想清楚这个道理，就不难构思，在调试三相桥时，应该如何去调试和整定 199 点的调控信号电压的上下范围，如何去调试和整定压控振荡器 VCO 的上下输出频率范围了。同样，只要想清楚这个道理，就不难构思，在进行过流、过压截止值整定和过流、过压保护值整定时，应该做些什么和怎么去做了。

式（5.14.4）的时间 t_α 已经不是一个模拟控制时间，而是一个数控时间了。对于三相晶闸管桥，保证+A，-C，+B，-A，+C，-B 六个脉冲（即 1#，2#，3#，4#，5#，6#脉冲）的移相控制角 α 完全相同是非常重要的。但对于模拟控制系统，要做到这一点又是非常困难的。而对于数控系统，+A，-C，+B，-A，+C，-B 六个脉冲的移相控制时间 t_α 是由同一个公式计算出来的。当 f 不变时，六个触发脉冲的移相控制角完全相同。当 f 变化时，六个移相控制角也几乎在同一瞬间发生相同的变化。这显示出了数控方式与模控方式相比较的一个优点。

3．根据同一个移相控制信号 Q_{10} 生成上下桥臂触发脉冲起点信号的控制逻辑

G 点的计数控时信号 $Q_{10(=512)}$ 同时加载到或非门 D203 的两个单元（1，2，3）和（13，12，11）的输入端上。从一个单元的输出端 11 引脚的信号记为 I，从另一个单元的输出端输 3 引脚出的信号记为 $\bar{I}$。

由图 5.14.3 有可知：

$$I = \overline{\overline{C}+G} = \overline{C}G + C\overline{G} = \overline{B}G + B\overline{G} = \overline{B}Q_{10} + B\overline{Q}_{10} \tag{5.14.5}$$

$$\bar{I} = \overline{\overline{D}+G} = \overline{D}G + D\overline{G} = BG + \overline{B}\overline{G} = BQ_{10} + \overline{B}\overline{Q}_{10} \tag{5.14.6}$$

由此算出 I 与 $\bar{I}$ 的逻辑值见表 5.14.1

表 5.14.1 I 与 $\bar{I}$ 的逻辑值

条件		控制信号输出		条件的解释	
B	Q_{10}	$I = \overline{B} \cdot Q_{10} + B\overline{Q}_{10}$	$\bar{I} = BQ_{10} + \overline{B}\overline{Q}_{10}$	时区	相位
0	0	0	1	信号正半周	$<512/f$
0	1	1	0	信号正半周	$=512/f$
1	0	1	0	信号负半周	$<512/f$
1	1	0	1	信号负半周	$=512/f$

逻辑式（5.14.4）、表 5-14.1 式（5.14.5）和表 5.14.1 所示的逻辑表明：① 在同步信号的正半周，当计数到 512 时，I 发出一个高电平信号，$\bar{I}$ 发出一个低电平信号，两个信号的相位差为 180°。② 在同步信号的负半周，当计数到 512 时，I 发出一个低电平信号，$\bar{I}$ 发出一个高电平信号，两个信号的相位差为 180°。信号 I 与 $\bar{I}$ 相位相差 180°，就可以用来制作 A 相

+A 臂和-A 臂的触发脉冲了。因为后一级制作采用的是 555/556 集成定时器,其触发特性是低电平触发,所以需要的是 I 与 $\bar{\mathrm{I}}$ 的低电平信号。

4. 用 I 与 $\bar{\mathrm{I}}$ 的下降沿信号来制作触发脉冲的生成控制信号+A 与-A

前面的三个逻辑,确定了触发脉冲的起点如何在调控过程中自动定位。进一步还要解决怎么决定触发脉冲的宽度的问题。按照晶闸管三相桥的要求,触发脉冲的宽度应不小于 60°,不大于 120°。本套图纸采用双窄脉冲制,在第一个脉冲之后 60°再发第二个脉冲。每个单脉冲的宽度约为 18°~20°,其取值可以在调试中确定。第一个脉冲用于本桥臂晶闸管的触发开通;第二个脉冲用于其他桥臂换相时确保本桥臂晶闸管继续开通。

触发脉冲宽度的控制由集成定时器 555/556 来完成。555 与 556 的电路完全相同。555 芯片中只封装了一个定时单元。556 则封装了两个定时单元。两种芯片的引脚配置如图 5.14.4 所示。

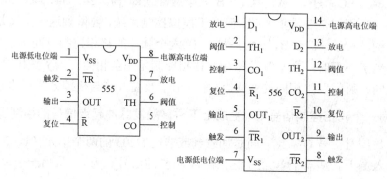

图5.14.4　555/666引脚配置与功能

图 5.14.2　555/556 的时序逻辑特性

V_{TH}	$\overline{VTR}$	$\bar{R}$	$V_{OUT}=Q^{n+1}$	说　明
X	X	L	L	低电平复位,低电平输出
$>\dfrac{2V_{DD}}{3}$	$>\dfrac{V_{DD}}{3}$	H	L	高电平触发,低电平输出
$<\dfrac{2V_{DD}}{3}$	$>\dfrac{V_{DD}}{3}$	H	Q^n	保持
X	$<\dfrac{V_{DD}}{3}$	H	H	低电平触发,高电平输出

555/556 的时序逻辑特性可由表 5.14.2 来描述。$\overline{TR}$ 为触发端,TH 为阈值端,R 为复位端,OUT 为输出端。触发端上的门限电压值为 $V_{DD}/3$,阈值端上的门限电压值为 $2V_{DD}/3$。当复位端为高电平时,若输入触发端上的信号电压低于 $V_{DD}/3$,输出端就被置位到高电平。此后,输入信号回复到 $V_{DD}/3$ 以上时,输出端的信号仍保持低电平不变。并且只有当阈值端的电压超过 $2V_{DD}/3$ 时,或者复位端信号为低电平时,输出端信号便复位到低电平。利用 555 的低工门限置位为高电平输出、高门限复位于低电平输出的特性,可以构成单稳态电路,如图 5.14.5 所示。

模块五 中频感应电炉电能变换与控制

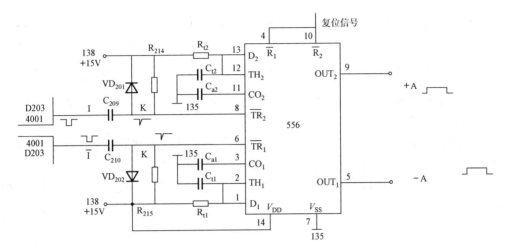

图5.14.5 用556构成单稳态电路制作触发脉冲

当计数到512时，或非门D203（4001）的11引脚或3引脚发出+A或-A桥臂晶闸管的触发脉冲起点信号I或$\overline{I}$。这是矩形波信号。按556的特性，应取其负向矩形脉冲信号。为了获得高度准确对称的六相触发，应取负矩形脉冲的下降前沿触发。因此，不能将负向矩形脉冲I或$\overline{I}$直接送给556，而应先通过一微分电路取出其前沿。微分电路分别由R224-C209和R225-C210组成。从微分电路输出的负向尖脉冲打到556的触发端$\overline{TR2}$（Pin8）或$\overline{TR1}$（Pin6）上。若这时复位端$\overline{R2}$（Pin4）和$\overline{R1}$（Pin10）上存在低电平复位信号，则556没有反应，输出端的信号不会变化。在正常的情况下，不存在复位信号，$\overline{R1}$和$\overline{R2}$均为高电平，负向尖脉冲将556触发，556的输出端OUT2（Pin9）或OUT1（Pin5）被置位为高电平。

556被触发后，如果遇到故障，可以在复位端加上低电平复位信号。这时，输出端的信号会立即被复位到低电平，触发脉冲立即被封锁。在正常的情况下，是不使用复位信号的。这时，556被触发后，经过一定时间，应该自行复位，以获得所需宽度的触发脉冲。但触发端的作用只是使556被触发置位到高电平，不能控制556的输出端返回低电平。控制正常复位的任务，只能通过控制阈值端（又称高触发端）TH2（Pin12）或TH1（Pin2）的电平来实现。为此，需要在阈值端上接上RC计时电路。这就是图5.14.5中的R_{t2}-C_{t2}和$R_{t1}C_{t1}$。RC的值，根据所需脉冲宽度（如18°～20°）通过计算与调试来确定。在产品设计图中缺少了这部分电路，因而是行不通的。这类问题，在产品试制与调试中会暴露出来，并得到解决。

5. 防止三相桥出现直通短路故障的脉冲封锁

如果同一相的上、下桥臂的晶闸管被同时触发导通，将会出现严重的短路事故，这是决不能允许的。为了不出现这种情况，可以采用故障时向556的复位端发出低电平复位信号来实现脉冲封锁。这种继电保护，反应要非常快，只能用电子方式来实现，不能用继电器。

这里用555来实现这一任务。如图5.14.3所示，每只556的两个复位端，均接在555的输出端OUT（Pin3）上。555的触发端Pin2与阈值端Pin6接在一起作为控制信号输入端。正常情况下，每次换相，只有两个桥臂的晶闸管被触发。这时输入端的电平低于$2V_{DD}/3$，输出端保持着置位高电平。所有的556均正常工作。如果换相时同一相的上、下桥臂晶闸管同时得到触发信号，至少有两个以上桥臂的晶闸管将被同时触发开通。这就是故障状态。

这时555输入端的电压将高于$2V_{DD}/3$,使输出端3的电压被复位为低电平,三只556将同时被封锁。

6. 由6个+A、-A、+B、-B、+C、-C单脉冲组合与功放为6对双窄触发脉冲

由556输出的脉冲,已经具有所需触发脉冲的相位和波形,但还缺乏足够的功率。还要经过功率放大,才能用于晶闸管的触发。

如果晶闸管采用的是单脉冲触发,由556输出的脉冲宽度应调试到75°比较合适。单脉冲经过功放,就可以通过脉冲隔离传输级送到晶闸管门极上使用。

本机的设计采用双窄脉冲触发。由556输出的单脉冲宽度应调试到18°～20°。这些单脉冲不仅要进行功放,而且应进行组合,由单脉冲得到双脉冲。脉冲组合与功放电路如图5.14.6所示。

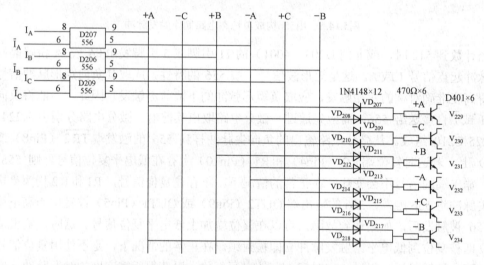

图5.14.6 获得以双窄脉冲的脉冲组合与功放电路

在模块三中,曾学习过采用单脉冲触发的晶闸管三相桥,并进行了详细的波形分析,现在又遇到了采用双窄脉冲触发的晶闸管三相桥。如图5.14.7所示的一个类似的波形图。对照这个波形图去分析电路图(见图5.14.6),很容易把道理搞清楚。双窄触发脉冲的好处是触发电路的平均功率低,发热少,温升低,故障率低,对运行更有利,所以更适合于大功率管子的应用。

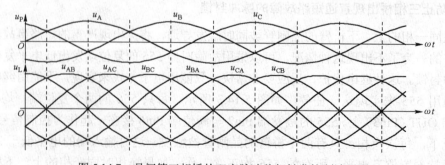

图5.14.7 晶闸管三相桥的双窄脉冲移相触发控制波形图

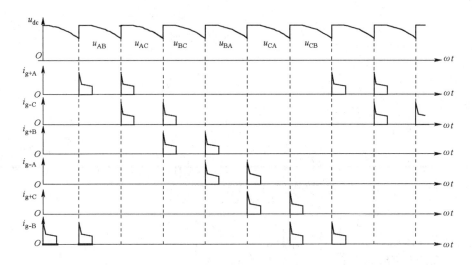

图 5.14.7　晶闸管三相桥的双窄脉冲移相触发控制波形图（续）

5.14.7　逆变桥触发电路的原理和调试——现在几乎已经唾手可得

逆变桥的控制电路，本来是有一些难点的。但是经过前面的学习，这些难点多半都已经化解了。现在只提 16 个字归纳其要点。"频率跟踪，扫频启动。两相四路，交替触发。"

5.14.8　操作监控——轻舟已过万重山

最后一张图，是操作监控电路，也可以说是人—机操作界面。这是由按钮、信号灯、显示仪表、中间继电器、熔断器等元件组成的电路。其基本作用是两个：一个是对中频电炉进行试验、启动、运行工况（电压、电流、功率、温度、炉况等）调整、停炉等操作；另一个是对操作结果进行观察监控。这些电路看起来似乎比较简单，但它的每一个部分都是和电力电子电路紧紧地联系在一起的。只有把电能变换与控制的电子电路都搞清楚了，才能真正理解这些电路。在攀爬一个又一个的理论山时，你曾感到很累吗？现在呢，你是不是轻舟已过万重山了？请根据图纸，编制一个系统调试方案，再拟定一个启动、运行、监控、停机的操作程序。相信自己，一定会成功的！但切不要粗心！

附：KGPS 中频电炉原理电路图 1 套

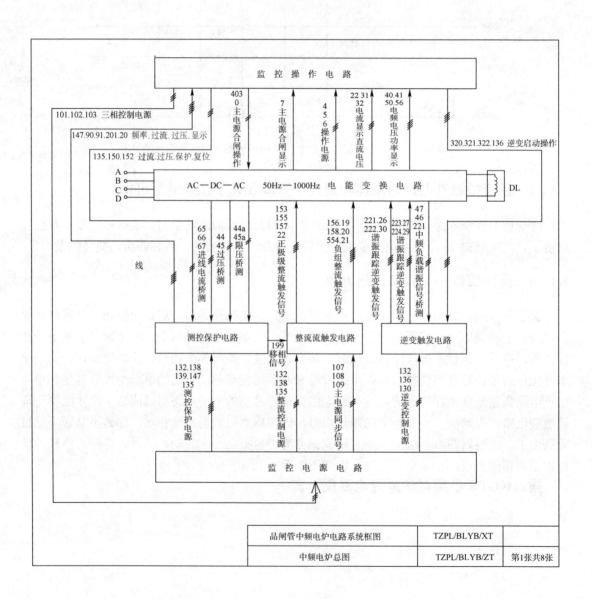

模块五 中频感应电炉电能变换与控制

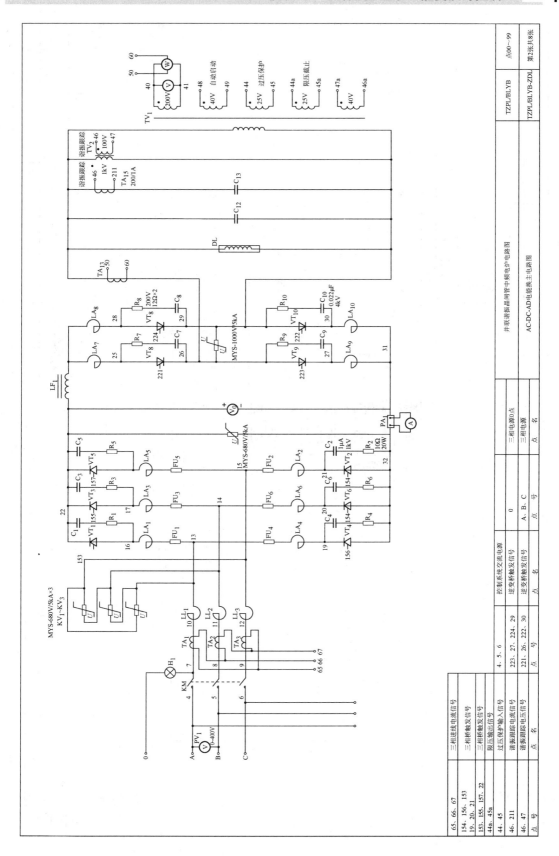

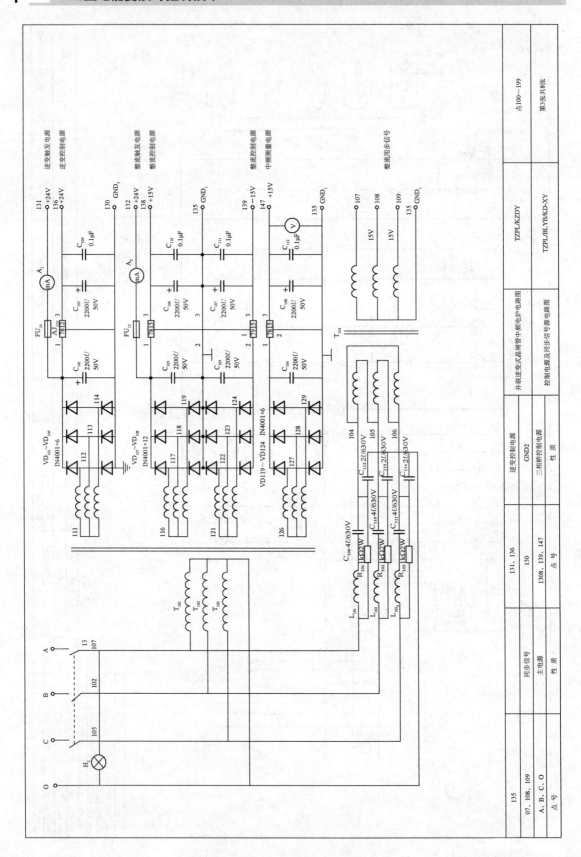

模块五 中频感应电炉电能变换与控制

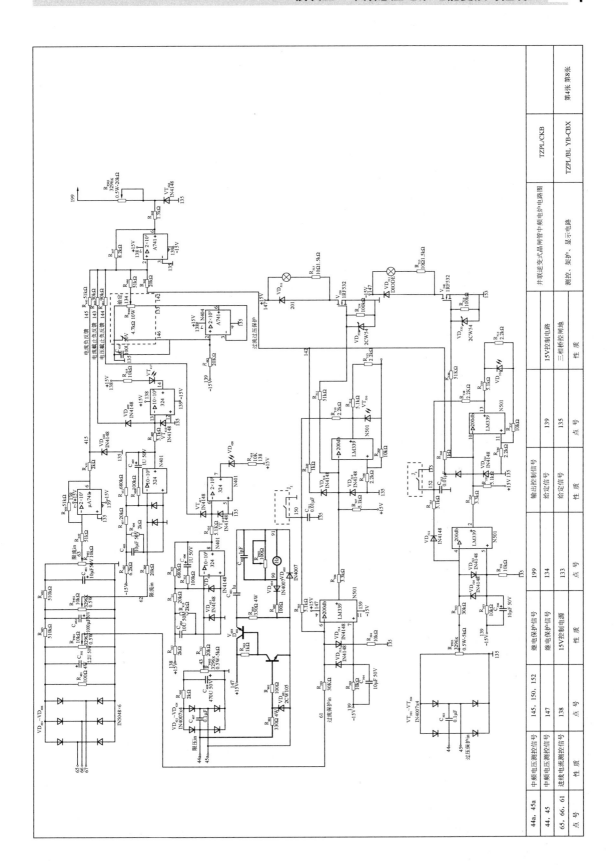

并联逆变式晶闸管中频电炉电路图

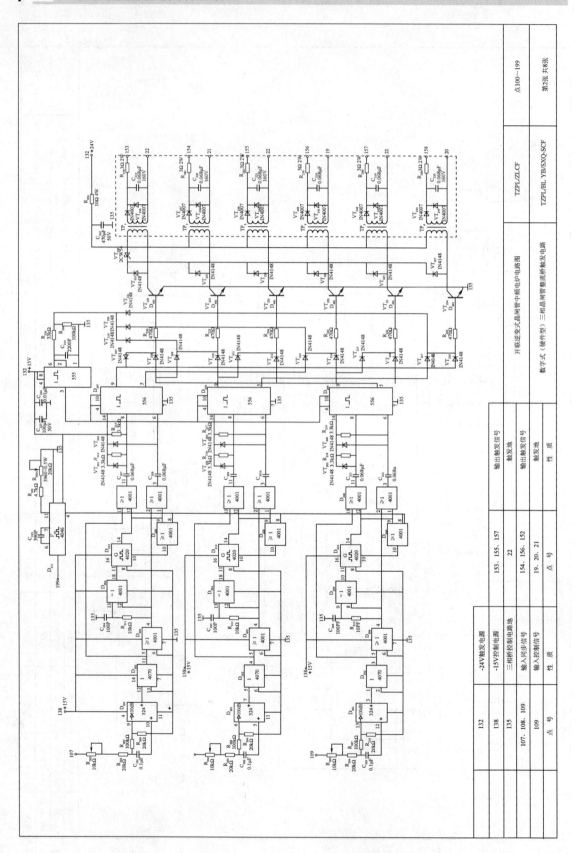

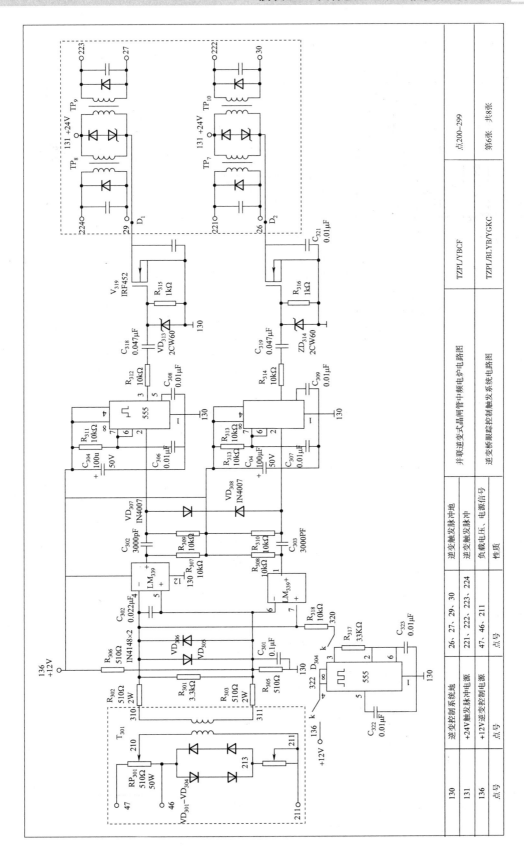

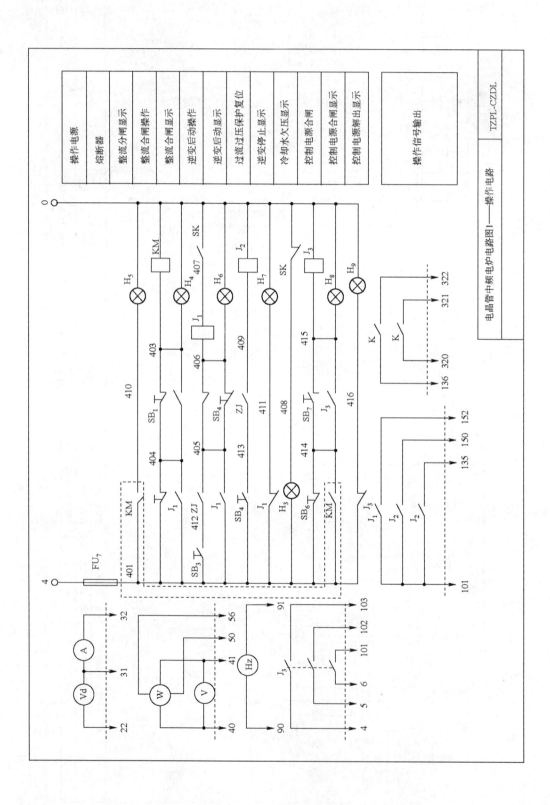

模块五 中频感应电炉电能变换与控制

KGPS-100 系列晶闸管中频电炉电路图——技术参数总表 1

中频电源型号	KP晶闸管	工频电流互感器	RS5熔断器	直流电流表	KK型快速晶闸管	交流接触器	中频电流互感器
KGPS-100/1	200A 1100V	600/1A	RS3 300A	0～300A	300A 1400V $t_{off}\leqslant 40\mu s$	400A/380V	200/5A
KGPS-100/2.5	200A 1100V	600/1A	RS3 300A	0～300A	300A 1400V $t_{off}\leqslant 20\mu s$	400A/380V	200/5A
KGPS-100/4	200A 1100V	600/1A	RS3 300A	0～300A	300A 1400V $t_{off}\leqslant 14\mu s$	400A/380V	200/5A
KGPS-160/1	300A 1100V	600/1A	RS3 400A	0～500A	400A 1400V $t_{off}\leqslant 40\mu s$	630A/380V	300/5A
KGPS-160/2.5	300A 1100V	600/1A	RS3 400A	0～500A	500A 1400V $t_{off}\leqslant 20\mu s$	630A/380V	300/5A
KGPS-160/4	300A 1100V	600/1A	RS3 400A	0～500A	600A 1400V $t_{off}\leqslant 14\mu s$	630A/380V	300/5A
KGPS-200/1	500A 1100V	600/1A	RS3 500A	0～750A	500A 1400V $t_{off}\leqslant 40\mu s$	630A/380V	500/5A
KGPS-250/1	500A 1100V	600/1A	RS3 500A	0～750A	500A 1400V $t_{off}\leqslant 40\mu s$	2×400A/380V	500/5A
KGPS-250/2.5	500A 1100V	600/1A	RS3 500A	0～750A	600A 1400V $t_{off}\leqslant 20\mu s$	2×400A/380V	500/5A
KGPS-350/1	800A 1100V	800/1A	RS3 800A	0～1000A	800A 1400V $t_{off}\leqslant 40\mu s$	2×630A/380V	1000/5A
KGPS-400/1	1000A 1100V	800/1A	RS3 1000A	0～1000A	1000A 1400V $t_{off}\leqslant 40\mu s$	2×630A/380V	1000/5A

KGPS-100 系列晶闸管中频电炉电路图——技术参数总表 2

中频电流型号	中频电压表	中频频率表	中频功率表	中频电热电容器
KGPS-100/1	0～1000V 1kHz	0～1.5kHz 100μA	0～200kW 1kHz	RWF-0.75-360-15
KGPS-100/2.5	0～1000V 2.5kHz	0～3 kHz 100μA	0～200kW 2.5kHz	RWF-0.75-250-2.55
KGPS-100/4	0～1000V 4kHz	0～5kHz 100μA	0～200kW 4kHz	RWF-0.75-260-45
KGPS-160/1	0～1000V 1kHz	0～1.5kHz 100μA	0～300kW 1kHz	RWF-0.75-360-15
KGPS-160/2.5	0～1000V 2.5kHz	0～3kHz 100μA	0～300kW 2.5kHz	RWF-0.75-250-2.55
KGPS-160/4	0～1000V 4kHz	0～5kHz 100μA	0～300kW 4kHz	RWF-0.75-260-45
KGPS-200/1	0～1000V 1kHz	0～1.5kHz 100μA	0～500kW 1kHz	RWF-0.75-360-15
KGPS-250/1	0～1000V 1kHz	0～1.5kHz 100μA	0～500kW 1kHz	RWF-0.75-360-15
KGPS-250/2.5	0～1000V 2.5kHz	0～3kHz 100μA	0～500kW 2.5kHz	RWF-0.75-250-2.55
KGPS-350/1	0～1000V 1kHz	0～1.5kHz 100μA	0～1MW 1kHz	RWF-0.75-360-15
KGPS-400/1	0～1000V 1kHz	0～1.5kHz 100μA	0～1MW 1kHz	RWF-0.75-360-15

本模块参考文献

[1] 中国电工技术学会电力电子学会，王兆安，张明勋.《电力电子设备设计和应用手册》（第三版）.北京：机械工业出版社，2009.1.

[2] 《西整技术通讯》.1977, No.1-2；1979, No.2.

[3] 湖南大学工企自动化专业，湘潭电机厂设计科，《感应加热用可控硅中频电源》（讲义），1977.9.

[4] 第一机械工业部情报所，《可控硅中频装置译文集》.北京：机械工业出版社：1975.7.

[5] 上海第二开关厂.《可控硅中频装置》，1979.

[6] 林谓勋.《可控硅中频电源》.北京：机械工业出版社，1983.

[7] 潘天明.《现代感应加热装置》，北京：冶金工业出版社，1991.

[8] 劳动和社会保障部教材办公室组织，王兵.《工厂电气控制技术》.北京：中国劳动社会保障出版社，2004.6.

[9] 湘潭日鑫电热设备有限公司.KGPS产品原理电路图.1993.

模块六 电焊机的革命——由工业电能的电磁变换到电力电子变换

电弧电能的利用,在模块四电弧炉炼钢系统的控制与调节中已经做过系统的剖析。比电弧炉资格更老的是交流弧焊机。电焊机在造船、造车、建筑、安装等各种工业领域中都有极为广泛的应用。电焊机的种类繁多,已经形成一个庞大的家族。手工操作交流弧焊机是这个家族的老祖宗。工厂中这种电焊机虽然越来越少,但它的子孙却越来越多。在这个模块里,把一套电力电子电焊机的图纸作为一个工业电能变换与控制技术的典型案例进行分析研究。主要由读者自己去做,检验一下自己的读图分析能力。此前先做一些简单介绍。

任务1 简单认识交流手弧焊机

6.1.1 交流手弧焊机的基本原理

交流弧焊机中进行的是电能的电磁变换。电能电磁变换所依据的基本原理是法拉第电磁感应定律,即

$$e = -L\frac{\mathrm{d}i}{\mathrm{d}t} = -n\frac{\mathrm{d}\varphi}{\mathrm{d}t} \tag{6.1.1}$$

在正弦电网的条件下,$i = \sqrt{2}I\sin\omega t$,这时,式(6.1.1)的表达形式是

$$E = \sqrt{2}\pi fn\phi_\mathrm{m} = \sqrt{2}\pi fnB_\mathrm{m}S \tag{6.1.2}$$

式中,S 是铁芯柱的横截面积,n 是线圈匝数,B_m 是铁芯柱设计中允许达到的磁感应强度的最大值,$\Phi_\mathrm{m} = B_\mathrm{m}S$ 是磁通最大值。这是设计变压器的基本公式。电焊机是一种特种变压器,所以也是设计电焊机的基本公式。这个公式反映了正弦电磁器件中电与磁的基本关系。B_m 是磁的变量,E 是电的变量,f 是两者的交变频率。式(6.1.2)把这两个物理变量联系起来了。S 和 n 是与电和磁相关联的结构参量。式(6.1.2)把一个电磁器件的物理变量与几何参量也联系在一起了。在保持式(6.1.2)成立的前提下,对上述四个变量的值作适当的取舍,就可以设计出所需性能的变压器线圈和铁芯。既可用于一次侧线圈设计,又可用于二次侧线

圈设计,实际上也可以用于所有交流电机和电磁器件的设计。设计时,用线圈的空载电压 U 来代替近似感应电势 E。学变压器,学电焊机,要牢牢记住这个公式,掌握它的灵活运用。

6.1.2 交流手工弧焊机的电源特性、负载特性和工作点

交流手工弧焊机的电路,如图(6.1.1)所示。电路由电源和负载组成。负载就是焊枪、焊条与焊接工件。电源则是弧焊变压器 T 和稳弧电抗器 L。变压器有两个参数,即电感 L_S 和电阻 r_S。变压器的任务是降压增流。将空载电压降到 80V 以下,满足电弧电压的要求,并确保人身安全。将输出电流增大到焊接工艺所要求的范围(数十至数百安培)。电抗器的作用是稳弧。电弧是一个随机、时变、非线性、不稳定的等离子电流,这种特性对焊接质量和焊接速度的影响都极为不利,必须用电抗器来阻滞电流的变化。所以称为稳弧电抗器。

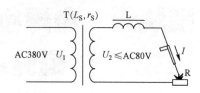

图6.1.1 手工交流弧焊机电路图

将图 6.1.1 抽象后,画出图 6.1.2(a)。将电源的参数合并,得到等效电路图 6.1.2(b)。

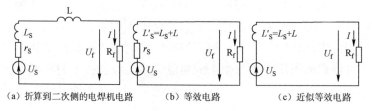

(a) 折算到二次侧的电焊机电路　　(b) 等效电路　　(c) 近似等效电路

图6.1.2 交流手工弧焊机电路图

由于 $r_S \ll x_S$,忽略 r_S 后,可以得到近似的简化等效电路图 6.1.2(c)。根据图 6.1.2(c) 可以得出近似式,即

$$U_f \approx \sqrt{U_S^2 - I^2 \omega^2 L_S'^2} \tag{6.1.3}$$

式中,U_S, U_S' 是电焊机电源参数,U_f, I 是电源输出到负载(即电弧)上的电压和电流。所以上式是电焊电源输出特性(简称源特性或外特性)的描写。特性如图 6.1.3 所示。这种特性称为陡降源特性。电抗器的电感 L 越大,特性越陡,下降得越快,电弧电流越稳定。

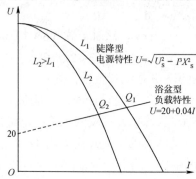

图6.1.3 焊接工作点——源、载特性的交点

模块六 电焊机的革命——由工业电能的电磁变换到电力电子变换

负载特性即交流电弧的特性，其特点在电弧炉模块中已经讲过。空气等离子导电机理决定了交流电弧的伏安特性像一条浴盆曲线，两头高，中间低。可用的一段在右边，是略为向上倾斜的稳定段。这一段可以用一段直线来近似代替，如图6.1.3所示。这曲线实际上不止一条，而有无穷多条。当焊枪位置变化时，这条曲线也跟着变化。焊接条件不同，工艺不同，对应的负载特性曲线也不同。要用同一个标准来衡量不同焊机的性能，必须有一条标准的负载特性曲线。这条曲线应该是最典型的负载特性曲线。为此，国际电工委员会规定，对于电流小于600A的手工交流弧焊机，这条负载特性曲线是

$$U = 20 + 0.04I \tag{6.1.4}$$

式中，0.04就是这条特性线的斜率，即电弧的电阻。

这条直线段只是不太长的一段，不能画到 U 轴。把这段直线延长，交 U 轴于（0A,20V）的一点。这说明焊机的电弧电压应该在20V以上。否则，这台焊机的性能达不到。

焊机的工作，既不能离开电源特性，也不能离开负载特性，必须同时受到两者的约束。所以焊机只能工作在两条特性曲线的交点上，即图6.1.3中的 Q_1 或 Q_2 点上。Q_1 或 Q_2 点称为焊机的工作点或源载工作点或系统工作点。一定要把源与载看成一个系统。这就是系统观、整体观，就是从系统上考虑问题、解决问题。

在焊接过程中，Q 点的位置实际上在不断地变化。因为网络电压的波动使源特性上下移动，而焊枪的运动使负载特性上下移动，因而焊接工作点就在 Q 点周围的一个区域内不断地移动。如图6.1.4所示的 Q_1、Q_2、Q_3、Q_4 点等。所以更切合实际的表述是，焊机是工作在选定的焊接工作区内。

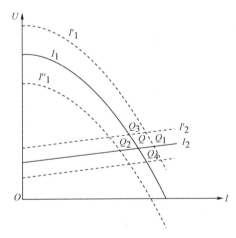

图6.1.4 焊接工作区——源、载特性线族的相交区

焊接质量主要决定于焊接电流的稳定。而工作点在工作区内变化时，电流是有一定起伏的。这是交流弧焊机的一个缺点。工作区水平方向的宽度决定焊接电流的起伏范围，当然越窄越好。而工作区的高度越高，电弧就可以拉得越长，弹性就越好，更不容易断弧。这是保证焊接质量的要求。

另一方面，焊接工作区越窄，焊机的适应性就越差。不同的焊件，不同的焊条，要求使用不同的焊接电流，要求电焊机适用的电流范围宽。所以焊接质量的要求与焊机适用范围的

要求就发生了矛盾。要解决这个矛盾，可以从磁路和电路两个角度去考虑。从电路的角度看，根据公式（6.1.3），办法只有两个：一个是改变式（6.1.3）中的焊机参数 U_S，另一个是改变式（6.1.3）中的焊机参数 L_S'。这两个参数都不能连续改变，只能通过线圈抽头获得几种数值。

6.1.3 通过电路换挡来设置交流弧焊机的工作区

1. 通过变压器抽头改变工作区

4 个抽头的电焊变压器，对应有 U_{S1}，U_{S2}，U_{S3}，U_{S4} 共 4 挡电源电压，从而有 4 条空载电压不同的源特性，组成一个源特性族。有 4 挡额定焊接电流 I_{n1}，I_{n2}，I_{n3}，I_{n4} 可供选择。如图 6.1.5 所示。

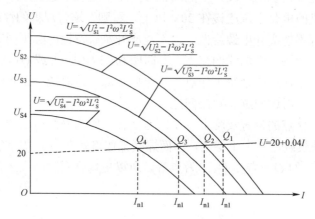

图 6.1.5　变压器抽头源特性族

2. 通过电抗器抽头改变工作区

4 个抽头的电抗器，对应有 L_{S1}，L_{S2}，L_{S3}，L_{S4} 共 4 种电抗器电感，从而有 4 条空载电压相同但陡度不同的源特性，组成一个源特性族。有 4 挡额定焊接电流 I_{n1}，I_{n2}，I_{n3}，I_{n4} 可供选择。如图 6.1.6 所示。

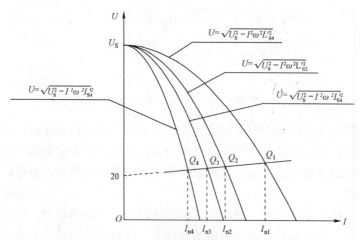

图 6.1.6　电抗器抽头源特性族

6.1.4 通过磁路调整来设置交流弧焊机的工作区

就焊接变压器而论,从式(6.1.2)可以看到,要改变 U,只有两个办法:一个是改变线圈匝数 n,这是电的办法;另一个是改变最大磁感应强度 B_m,这是磁的办法。改变 B_m,使二次线圈的 B_m 与一次线圈的 B_m 不同,可以有不同的办法。一种是改变两个线圈之间的耦合程度;另一种是设置磁路分流。明白了这个道理,遇到实际的设备,是不难搞清楚的,这里不再赘述。

6.1.5 面对电力电子技术革命的交流弧焊机

在电力电子技术革命兴起之初,交流弧焊机的两个显著优点——简单可靠和价格低廉,使其地位一时还无法撼动。但随着电力电子技术的飞速发展,这两个优点逐渐褪色了,其缺点却日益显露出来。这些缺点如下:① 笨重;② 性能粗放简单;③ 需要大量铜材和硅钢片;④ 铜损、铁损大,浪费电能。交流弧焊机优点越来越少,缺点越来越多,适应不了新形势,只能退出历史舞台。但这并不是它的失败。它的"基因"还要往下传,生命还会体现在子孙的生命中,所依据的基本原理和设计方法仍然很重要。否则,还讲前面的东西干什么呢?

任务2 认识电焊机革命——频率革命的内涵

什么是电焊机革命?为什么会发生这场革命?这场革命的产物——电力电子逆变焊机有什么特点和优势?怎样认识逆变焊机的基本结构?怎样理解逆变焊机的优异性能?这是学习这个模块要解决的一些重要问题。

6.2.1 传统电工技术是建立在电磁变换基础之上的技术

这里讲的电磁变换,指的是基于电磁能量相互转化原理的电能变换。描述这个转化原理的就是法拉第电磁感应定律,式(6.1.1)或式(6.1.2),即

$$e = -L\frac{di}{dt} = -n\frac{d\phi}{dt} \text{ 或 } E = \sqrt{2}\pi fn\Phi m = \sqrt{2}\pi fnB_m S$$

式中,e 或 E 为电变量,ϕ 或 Φ 或 B_m 为磁变量,公式说明电变量和磁变量可以相互转化,也就是电能和磁能、电功率和磁功率可以相互转化。这是电磁学中最基本的定律之一。

法拉第由磁感应定律发现,奠定了整个电机工程和电工技术的基础。无论是电能/电能变换,还是电能/机械能变换,都需要以它为基础。它不但在传统的工业电能变换中起基本的作用,而且在现代的工业电能变换中,也仍然起着核心作用。

1. 变压器中的电磁变换

变压器是通过"电能→磁能→电能"实现电能/电能变换的电机。如图 6.2.1 所示。首先是在一次线圈中实现电能/磁能的变换,然后再在二次线圈中实现磁能/电能的变换。根据式(6.1.2)和一次侧所要求的电压(和电流)设计出一次线圈及其铁芯柱,又根据式(6.1.2)和二次侧所要求的电压(和电流)设计出二次线圈及其铁芯柱,并使一次及二次铁芯柱尺寸相

同,窗口填满,变压器设计即告完成。

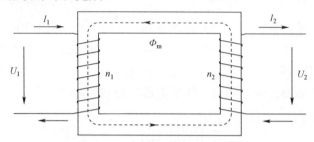

图6.2.1 变压器"电能—磁能—电能"电磁变换

2. 异步电动机中的电磁变换

异步电动机中,从定子到转子,同时进行着能量和功率两个变换。一个是电能(电功率)到机械能(机械功率)的变换;另一个是电能/电能变换。频率为f_1的三相电流在定子绕组中产生一个以同步转速n_S旋转的牵引磁场,使三相电能变为旋转磁能。这个磁能通过空气隙以转差频率$f_2=sf_1$传到转差率为s的异步转子上,分为两部分。一部分转化为机械能经由电动机轴输出;另一部分以转差频率$f_2=sf_1$按式(6.1.2)转化为转子绕组中的电能,在转子上形成相对于转子以转差转速sn_S旋转的被牵引旋转磁场。此磁场又随着以电动机实际转速$n=(1-s)n_S$对定子旋转的转子一同转动,所以被牵引磁场对定子的转速也是同步转速n_S,它实际上与定子牵引磁场的同步转速是同步的。

6.2.2 电磁变换的性质和特点及频率革命

1. 电磁变换的性质和特点

① 电磁变换是一种连续量、模拟量变换,与电力电子技术中的开关变换有着本质的不同。它把连续量变为连续量,把正弦量变为正弦量。而开关变换把连续量变为间断量。

② 电磁变换中的连续量变换受法拉第电磁感应定律及能量守恒、能量惯性等相关物理原理和定律的约束,遵循严格的规律变化。

③ 电磁变换是基于法拉第电磁感应定律而进行的,在交流电路中,法拉第定律又借助于频率f来实现。依靠f才能实现的电磁变换不能去改变f,所以电磁变换是不可控的。它只能用于实现事先设置好了的电压变换,电流变换和阻抗变换。

④ 能源来自电网的电磁变换,其频率只能是50Hz。根据式(6.1.2),得

$$nS = \frac{E}{\sqrt{2}\pi f B_m} \tag{6.2.1}$$

式中,在公式的右边,E,f,B_m都是电磁量。在公式左边,n,S都是结构量。这是一个由所需的电磁量设计应有的结构量的公式,也是一个由测得的结构量推求相应的电磁量的公式,是很实用的一个公式。nS成为变压器设计中一个很有价值的指标性参数,称为面积匝,或称为面积积,即两个截面积之积。一个是电流截面积,由匝数n来代表;另一个是磁通截面积,用S来表示。

模块六 电焊机的革命——由工业电能的电磁变换到电力电子变换

总而言之，由于频率 f 不能由电磁变换来改变，所以电磁变换不可控，电磁结构（nS）的选择也受限制。

2. 频率革命——由电磁变换到电力电子变换

交流弧焊机的笨重，都源于 nS 太大。按照式（6.2.1），E 和 B_m 是由电焊机所需的电流和功率决定的，是不能随意改变的。要想让 nS 变小，唯一的办法就是使 f 变大。但用电磁变换的办法，无法改变 f。建立在电磁变换基础之上的传统的电工技术，对频率变换没有什么办法。传统的工业电能变换，只能局限于电压变换、电流变换和阻抗变换的领域内。

20世纪初，在通信领域、弱电领域中，变频、调频技术便已经获得极大的成功，并成为该领域的基石。但在电力领域、强电领域中，却完全不是这样。表面上看，这有点不好理解。两个领域都是电，为什么不能把弱电领域的技术搬到强电领域中来呢？原因是弱电的对象是信息，强电的对象是能量。虽然信息也是以电为载体，但在信息的变换和处理中，弱电的损失是允许的，控制弱电的电子开关也已经做了出来。而在电能的变换和处理中，强电的巨大损失是不能允许的，控制强电的电力电子开关很难做，一时还做不出来。一直到1957年发明了晶闸管，诞生了电力电子技术，"强电技术弱电化"的希望才熊熊燃起。在这种希望的推动下，晶闸管家族兴旺，第二代、第三代、全控型器件一个接着一个出现，一代比一代强。以弱控强、性能优异的强电开关——IGBT 等终于面世。强电开关带来了全新的电能变换技术——电力电子变换技术，即强电电能和电功率的高速、高效、高可靠的开关变换与控制技术。电力电子变换技术与弱电控制技术相结合，掀起了频率革命的高潮，推动工业电能变换与控制技术的变革以燎原之势展开。正是"强电弱电本一家，频率界里弱胜强。信息轻扬飞环宇，能量凝重举步难。电子开关终问世，强电弱控神威扬。功率变换演拓扑，双剑合璧登华山。"

根据式（6.2.2）可看出。如果把支撑电磁变换的频率 f 由 50Hz 提高 400 倍，变成 20kHz，结果是什么呢？结果是电焊机的结构参数——面积积 nS 减少为原来的 1/400。如果原来有 200kg，现在只有 0.5kg。实际情况当然不会这样理想，但大幅度减少铜重铁重，大幅度降低铜损铁损是必然的。事实正是这样。一台交流弧焊机，两个壮汉都很难抬得动。而一台功率相近的电力电子焊机，一只手都不难提起来。这就是"20千周革命"。

任务3　认识电力电子逆变焊机的基本结构和优异性能

6.3.1 电焊机革命的两个基本目标

① 第一个基本目标是瘦身减重，节材节能。关键是通过降低 nS 瘦身减重。减了重，就节省了铜导线和硅钢片。铜重铁重减少了，也就降低了铜损铁损，节省了电。

② 第二个基本目标是强化控制，提高性能。要通过电子控制，用可控的源特性代替交流弧焊机不可控的源特性，用复杂精准的源特性代替交流弧焊机简单粗放的源特性。

这两个基本目标，归结起来就是六个字：高效率、高性能。

6.3.2 关键是如何提高电焊变压器的频率 f

要瘦身，就要提高频率 f。有了 MOSFET、IGBT、电力电子变换，问题就容易解决了。通过 AC/DC/AC 变换，将 50Hz 的"普电"变为数十千赫兹的"特电"，再用高频变压器进行降压增流的电磁变换，得到焊接所需要的高频低压大电流。如果需要直流焊机，就再加一级高频整流，即采用 AC/DC/AC/DC 变换。如果需要交流矩形波焊机，可再进行第二次逆变，即采用 AC/DC/AC/DC/AC 变换。

电焊机革命并不是抛弃了电磁变换，而是把工频下的电磁变换提升为数十千赫兹下的电磁变换。其关键是增加了为获得高频所需要的电力电子变换。两种变换互相配合，取长补短，互通有无，达到了节材节能的目的。

在环环相套的电力电子变换链条中，最重要的环节是 DC/AC 变换，即逆变。所以电力电子电焊机又称为逆变电焊机。实现逆变的主电路，有正激逆变电路、反激逆变电路、全桥逆变电路、半桥逆变电路、推挽逆变电路等。

6.3.3 逆变电焊机的基本结构与功能

1.功率变换部分的基本结构与功能

逆变环节的功率开关元件，最早采用的是晶闸管，系统频率较低。继而采用大功率晶体管，可靠性还不能令人满意，没有得到大面积推广。然后采用了 MOSFET 功率场效应晶体管，取得了很好的效果。MOSFET 的优点是工作频率高，电平控制、可开可关、控制功率很小，易于并联运用，有利于增大电流容量。现在 MOSFET 逆变焊机的技术已经比较成熟，占领了中、小型焊机的市场，得到了较普遍的推广。继 MOSFET 之后，IGBT 登场。IGBT 除工作频率不及 MOSFET 高之外，导通压降低，电阻小，损耗小，在大容量电焊机中，比 MOSFET 更具优势。

现代逆变电焊机是以 MOSFET 或 IGBT 为功率变换开关、以 PWM 控制为核心的电力电子变换与控制系统。懂得系统的变换与控制原理、系统的基本功能与结构，才能看得懂电路图。看得懂电路图，才能对系统进行检查、测量、调试和维修。所以，学习逆变焊机，要从逆变焊机的基本结构与功能框图入手。然后在基本结构与功能框图的指导下去仔细研读电路图。图 6.3.1 是 AC/DC/AC/DC 型 IGBT 或 MOSFET 逆变焊机的基本结构/功能方框图。读图的时候，要结合"原理心中藏，框图作指南。能量何处流，信息怎样转？负载提要求，变换定大盘。输入到输出，特性待测量。核心在控制，驱动作桥梁。反馈闭环稳，关键赖感传"的口诀反复体会。

输入整流通常都不用晶闸管整流器，而用二极管整流器。因为这个环节只管整流，不管功率控制与调节。二极管整流，既简单可靠，又便宜。整流输出的是脉动直流（P-DC）。这样的波形不稳定，不能用于逆变，必须先经过滤波。因为是工频的脉动频率很低，滤波电容器需要很大的电容量，只能采用电解电容。电解电容直接接在电网上，正常情况下，峰值电压便有 538V 或 311V。电网电压在允许的波动范围内波动时，峰值电压会更高。电网中还可能出现更高的操作过电压、故障过电压和雷电过电压。所以滤波环节是一个薄弱环节，也是

模块六 电焊机的革命——由工业电能的电磁变换到电力电子变换

一个占用空间较多的环节。

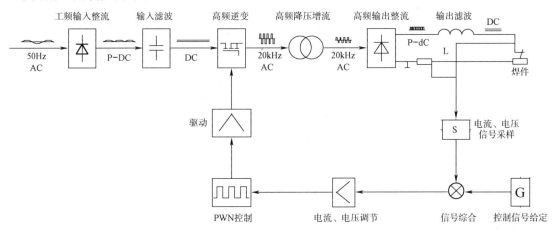

图6.3.1　IGBT或MOSFET逆变焊机的基本结构/功能框图

逆变环节是最重要的环节。逆变电路的设计和调试质量，对焊机工作的可靠性起着决定性的作用。功率开关管的工作非常繁忙，承受的电压应力和电流应力都很大。功率管很娇嫩，对过压、过流和过温都十分敏感。所以功率管除了要有安全可靠的换相控制设计外，还必须有完善的网络过电压和换相过电压保护。功率管还要有完好的散热设计。

高频变压器在逆变焊机中的地位非常特殊也非常重要。高频变压器不是一个孤立的变压器，而是整个系统中不可分割的一个组成部分。它与逆变电路组成一个有机的整体。它的设计，除了对一般变压器的共同要求外，更有其特殊的要求。高频变压器的铁芯要用高频磁材料来做，例如，用铁氧体、非晶体、微晶体来做，而不能用硅钢片来做。铁氧体有很多品种规格，分别适用于不同的频率，要求根据系统设计的工作频率来选用。高频导线的电阻，受到趋表效应的影响，与工频电阻是不一样的。导线电流密度的选择，与工频也理应有所不同。与工频变压器相比，高频变压器的体积和质量都大大减小。但其重要性不但没有减小，反而更增加了。变换与传输的功率相同时，高频变压器的体积和质量减少了多少倍，其比能（能量密度）和比功率（功率密度）也增加了多少倍。这么大的功率密度，散热就成了一个大问题。小焊机要用强制风冷，大焊机就要用水冷。

输出高频整流器与输入工频整流器的工作原理没有什么不同，但工作条件却不一样。高频整流器的开关频率是工频整流器的几百倍，开关损耗要大得多。这是其一。整流器的损耗中，开关管的电阻造成的 I^2R 损耗占了相当大的比重。高频整流是低压大电流整流，工频整流是高压小电流整流，所以高频整流的 I^2R 损耗比工频整流大得多。这是其二。因此，高频整流器和逆变器两者是重点的散热设计对象。逆变管和高频整流管都要装在铝散热器上。找到铝散热器，就很容易找到这两种管子。

2. 功率变换控制部分的基本结构与功能

逆变焊机的控制部分，由信息采样、给定、信号综合、调节运算、PWM 控制、功放驱动及故障监测与保护等几部分组成，是焊机运转的"灵魂"。框图中给出了控制部分的基本结构与功能。

焊机的主要控制对象是焊接电流与电压。首先是电流。控制系统的反馈信息进口，就是电流和电压采样的传感器。电流传感器一般采用分流器或霍尔电流传感器。电压传感器则使用电阻分压电路,或线性光耦合器,或霍尔电压传感器。采样信号在控制流程中会被放大,因此,有可能出现"差之毫厘,缪以千里"的情况。如果采样电路断路,反馈信息缺失,闭环控制就会变为开环控制,放大倍数变得很大,输出量(电流或电压)就调不下来。

给定单元 G 用来设置所要求的焊接电流、焊接电压和焊接波形。

信号综合通常是接在调节器输入端的并联信号合成电路。每路信号各有一个输入电阻,并接在一个信号汇合点上,然后汇入调节器中。经过运算处理以后,调节输出 PWM 调控信号,控制 PWM 脉冲的占空比。驱动器对 PWM 脉冲进行功率放大,控制逆变功率开关,使逆变功率的强度稳定在设定值上。

6.3.4 高效率还要高性能——逆变焊机源特性的控制与制作

熊和鱼掌不可得兼。逆变焊机却两者都得到了。既得到了节材降耗的高效率,更得到了调控如意的高性能。关键的原因是逆变的电压、电流和功率的强度可以通过 PWM 来进行反馈控制。

传统的交流弧焊机的源特性是固定的,不可控、不可调的,至多可以做出几个挡位,所以是一种简单的、粗放的特性。这种特性使焊机的使用性能受限,产品质量受限。由交流弧焊机不可控、不可调的固定源特性到逆变焊机可控、可调的任意源特性,是电焊机使用性能的一次飞跃,是电焊机技术革命的重要成果。

1. 电压负反馈控制和恒压源特性的制作

不同的焊机和焊接工艺对源特性有不同的要求。陡降特性只是手工电弧焊所用的一种。有些焊接需要恒压源特性,即平特性。手工电弧焊的源特性,顶部也要尽可能平一些为好。交流弧焊机为了得到平特性,只能依靠尽可能减小电源的内部阻抗来实现。这样的效果是有限的,得到的特性也是不可调节的。逆变焊机只要采用电压负反馈控制,就可得到理想的或近似的恒压源特性,如图 6.3.2 所示,特性是可以连续调节的。改变电压给定值,就可以得到不同高度的源特性,可以使源特性垂直连续移动。

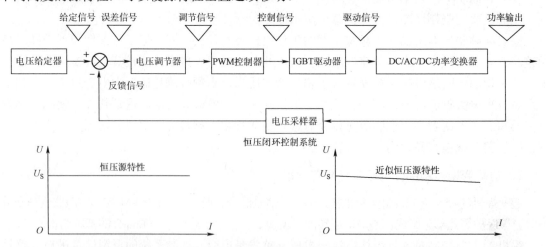

图6.3.2 通过电压负反馈获得恒压源特性或近似恒压源特性

2. 电流负反馈控制和恒流源特性的制作

恒流特性是手工电弧焊要求的主要特性段。但交流弧焊机只能靠用电抗器来得到陡降特性，但得不到恒流特性。陡降特性也只能是几挡固定的，不能连续调节。逆变焊机只要采用电流负反馈控制，就可得到理想的或近似的恒流源特性，如图 6.3.3 所示，特性是可以连续调节的。改变电流给定值，就可以得到不同宽度的恒流源特性，可以使恒流源特性按水平方向连续移动。

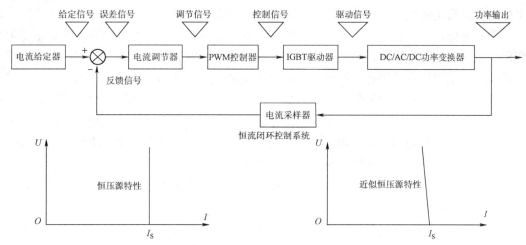

图6.3.3 通过电流负反馈获得恒流源特性或近似恒流源特性

3. 电流电压双环并联负反馈控制和缓降源特性的制作

单环电压负反馈控制可以得到恒压源特性，单环电流负反馈控制可以得到恒流源特性。不难想象，把两种反馈按设定的比例配合，采用双环并联综合负反馈控制，就可以得到任意给定斜度的缓降源特性，如图 6.3.4 所示。在极端情况下，关闭其中一个系统，就可以得到恒流或恒压源特性。

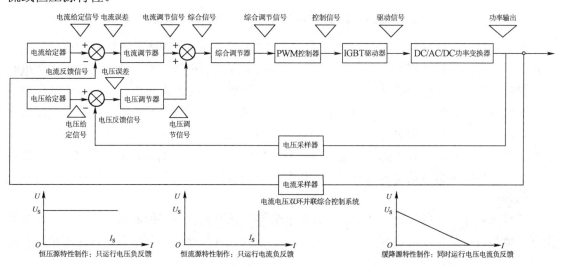

图6.3.4 通过电流电压双环并联综合负反馈控制获得缓降源特性

4. 手弧焊机和氩弧焊机的源特性

逆变焊机的源特性，由若干段组合而成。每一段特性，都根据焊接工艺的要求来设计，然后通过电压、电流负反馈来制作。这样得到的源特性，自然最符合实际需要。焊机的性能，自然要大大超过交流弧焊机。电焊机革命带来的最大好处，不只是节材节能，减重瘦身，更是焊机性能和焊接质量的飞跃。

图 6.3.5 是手弧焊机的源特性。这种特性称为恒流带外拖特性。特性曲线包含三个区，即空载区、正常电弧燃烧区和短路区。空载区要有较高的电压，以便于起弧。在这个区，电弧还不能正常燃烧。电弧正常燃烧区即恒流区。在这个区里，电弧的长度可在一定范围内自由变化，电弧都能稳定燃烧，电流恒定不变。电弧的功率较其他的区大，足够的电弧功率使焊接能够顺畅稳定的连续进行。恒流区的最高点是特性曲线的最大功率点，当工作点沿着恒流特性线往下移时，由于电压降低，电弧功率也跟着减小。当电压降到15V以下时，由于电弧功率下降过多，金属熔滴变慢变小，熔池中得不到足量熔化金属供应，使焊接的速度和质量降低。所以这时应适当加大电流，由恒流垂降控制转为增流缓降控制。由于电流增大，熔化加快，带电的熔化金属随着电弧推向熔池，所以称为电弧的推力控制。这就是恒流带外拖斜线的作用，又是逆变焊机的一个优势。传统的交流弧焊机做不出外拖。

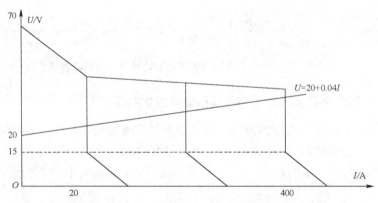

图6.3.5 逆变手弧焊机的恒流带外拖源特性和负载特性

图 6.3.6 是氩弧焊机的源特性曲线。与如图 6.3.5 所示的手弧焊机的源特性相比较，两者基本上是一样的。焊机都工作在恒流特性段，但氩弧焊机的恒流特性不带外拖，不需要电弧推力控制。因为手弧焊用的是普通焊条，焊条的熔滴要靠推力推入熔池，冷却后形成焊缝，而氩弧焊用的是钨电极，没有熔滴产生。焊接是靠钨电极与焊件之间的电弧产生的热能来进行的，所以不需要推力控制电路。控制系统只要有电流负反馈就可以了。比较两个图还可以看到，氩弧焊与手弧焊除了源特性稍有区别外，负载特性也有些不同。手弧焊的负载特性线是 $U=20+0.04I$，氩弧焊的负载特性是 $U=10+0.04I$。同样的焊接电流下，氩弧焊的电弧电压只有手弧焊的 1/2。

通过这两个例子的比较可认识到，焊机和焊接工艺不同，所用的源特性也不同；源特性不同，制作源特性曲线所需要的反馈控制系统也不同。认识这些，可以帮读者更深刻地理解焊机的结构与电路。

模块六 电焊机的革命——由工业电能的电磁变换到电力电子变换

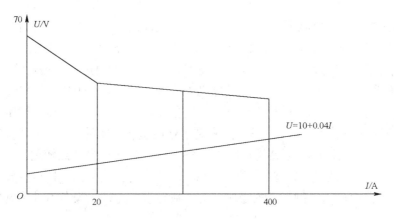

图6.3.6 钨极氩弧焊的恒流源特性和负载特性

5. 电流电压双环串联负反馈控制和平特性的制作

为了制作斜特性，在图6.3.4中，把电流调节器和电压调节器的输出调节信号并联起来，进行综合调节。依靠这种控制结构，可以制造出具有恒流垂降特性的一类焊机源特性。对应的，也可以把电压调节器和电流调节器串联起来进行调节，并得到具有平特性或近似平特性的焊机源特性。这种控制系统的结构如图6.3.7所示，主环是电压环，从环是电流环。

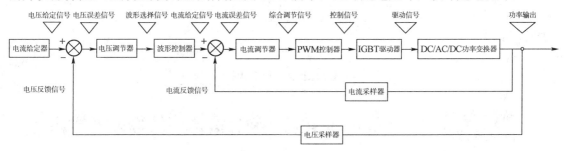

图6.3.7 通过电压电流双环串联综合负反馈控制获得平特性

主环确定的调节目标，交由从环执行。主环中包括电压调节器和波形控制器两个调控单元。波形控制器根据电压调节器输出的电压调节信号来选择和控制所需要的波形，以确保焊接过程的连续稳定。这是CO_2气体保护焊机所使用的一种调节系统。CO_2气体保护焊机采用连续自动进给的焊丝进行焊接。焊丝的进给由调速电动机驱动。进给速度与电弧电流和电弧电压必须自动协调配合，使送丝速度恰好等于熔化速度，这样焊接就能连续稳定地进行。如果送丝过快，焊丝来不及熔化，就会发生直通短路使焊丝爆断；如果送丝太慢，由熔化金属所形成的液桥就会因为变小变长而爆断。液桥爆断的结果是引起液态金属飞溅，降低焊接质量。送丝和熔化的速度变化及时改变，就可以减少爆断和飞溅的发生。这就要求电流的变化能够比较快，所以焊接回路的电抗应该小一些。但电抗是使焊接电流保持稳定，保证电弧不断弧的重要因素，在传统的焊机中是不允许太小的。所以在传统的焊机中，这个矛盾很难解决。在逆变焊机中，电压、电流双环串联负反馈的控制可以抑制电流i的变化，其作用与电抗器相似。不过这个"电子电抗器"的电抗值是可控可调的，因此就可以用来解决上面的矛盾。波形控制就是用来解决这些问题。短路时，控制电流的上升率，燃弧时，控制电压的下降率。

用如图 6.3.7 所示的控制系统，可以做出 CO_2 气体保护焊机所需的源特性曲线。这种源特性如图 6.3.8 所示。特性曲线也分为三个部分。左边上翘下恒流段为小电流区，其作用是防止焊接过程中断弧。右边的陡降斜线段为短路保护区，作用是保护逆变开关管和高频整流管的安全。中间很宽的一段恒压平特性线是焊机工作区，其特点是恒压区比较宽。恒压是送丝焊接稳定运行的首要条件。电压稳定，送丝速度稳定，才能保证电弧电流稳定，焊丝熔化速度稳定，焊缝质量稳定。恒压区做的较宽，有利于适应负载电阻的变化。由图 6.3.8 可以看到，CO_2 气体保护焊也有自己的负载特性，即 $U=14+0.05I$。如果焊接地点较远，焊接电缆较长，包括电缆电阻在内的负载总电阻会大于 $0.05Ω$，特性线将变陡。由于恒压区较宽，保证了工作点仍然在工作区内。这个例子再次表明，工艺决定设备特性，设备特性决定应有的控制结构。正是"负载提要求，变换定大盘"。

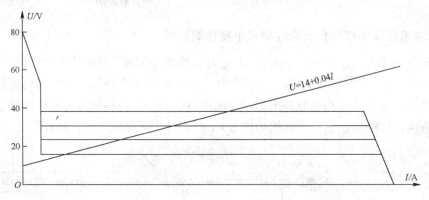

图6.3.8　CO_2气体保护弧焊机的源特性和负载特性

任务4　读懂电焊机图纸，学会调试、修理逆变焊机

今天，无论是在大、中型企业，还是在工厂或建筑工地，逆变焊机都已经受到极大的欢迎，获得了广泛的普及。城市中逆变焊机的拥有量已经非常大。逆变焊机的修理，正在形成一种职业领域。掌握逆变焊机的修理技术，已经成为电气工人和技师的一种职业需要。

看懂逆变焊机的结构/功能方框图和电路原理图，学会根据图纸使用测量仪表特别是示波器对逆变焊机进行检测和故障查寻，是修理逆变焊机的关键。在没有图纸可依的情况下，学会测绘整机功能/结构方框图、电路原理图和印制电路板图，也是一项很重要的技能。目前，逆变焊机的图纸都比较保密，得到一套完整的逆变焊机图纸，特别是 IGBT 逆变焊机图纸不容易。在这里作为"麻雀"来解剖的，是网络上可以下载到的一套 ARC160 逆变焊机图纸。这是 160A 的 MOSFET 逆变式氩弧焊机的图纸。这一类小型逆变焊机的技术已经比较成熟，可以作为典型来学习和研究。

6.4.1　以通用的方框图为指导，从总图入手进行分析

第一张图的 title（图名）是 ARC160，这是焊机的总图。总图的下一层包括三个一级单元。这三个一级单元都以方框的形式画在总图上。方框内部的元件和线路是下一级单元电路

模块六 电焊机的革命——由工业电能的电磁变换到电力电子变换

图要表达的内容，在这里都不画出。但各单元的对外接口元件和线路必须全部画出，标明元件代号和引脚编号。这些元件和线路都是整机电路中的关键。是各单元的输入线或输出线。是主要的信息和能量流通的要道。"输入到输出，特性待测量"，"找着源头处，顺着接口转"指的就是这些地方。

三个一级单元，AR160-01是工频整流单元，即单相工频 AC/DC 单元。AR160-02 是高频逆变单元，即 DC/AC 单元。ARC160-03 是高频整流单元，即单相高频 AC/DC 单元。

根据图纸，整机电路分解为三个一级单元，以及单元之间如何连接，如图 6.4.1 所示。

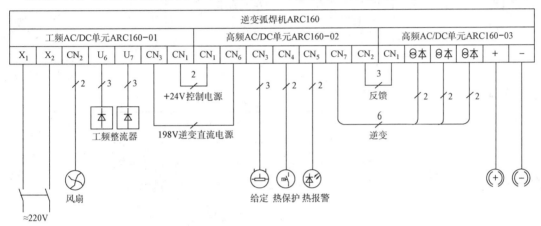

图6.4.1　ARC160整机电路按一级单元的分解和连接关系

6.4.2　在总图的指导下，先易后难，从工频整流单元 ARC160-1 开始

1）先看主电路

考虑四个问题：① 工频电源从哪里进来？由什么开关进行控制？② AC/DC 在哪里进行？为什么整流管不装在 PCB 上？③ 滤波采用什么电路？用了什么样的电容器？④ 直流电能从哪里出去？送到什么地方？

2）控制与保护电路如图 6.4.2 所示，工频整流有四只 470μF 的滤波电容。送电时，这样大的电容量会造成很大的电流冲击。为了避免冲击，设置了启动控制电路。接通 AC220V 电源后，电流经过热敏电阻 $R_{X6} \times R_{X3} \times R_{X2} \times R_{X1}$ 送到整流器/滤波器上，使充电电流受到一定的限制。经过一定时间后，电流减小到允许的范围。在这段时间内，场效应开关管 Q_1 由于没有足够的栅-源控制电压而处于关断状态。随着电容器 C_9 的充电，栅-源控制电压逐步提高。当这一电压达到 Q_1 的阈值电压时，Q_1 导通。这时来自逆变板的+24V 电源通过 Q_1 加在继电器 RL_1 上，继电器的触头闭合，将热敏电阻短路，启动完毕。焊机进入正常运行。现在的产品中，热敏电阻已改用 PTC 代替。

当电网出现瞬态过电压时，压敏电阻击穿，将过电压吸收，保护了后面的半导体元件。如果电网电压高于允许的正常范围，电压检测回路的稳压管 ZD_2 击穿，光耦的输入二极管和输出三极管导通，将开关管 Q_1 的栅—源控制电压短路，Q_1 关断，使焊机无法启动，或保护停机。

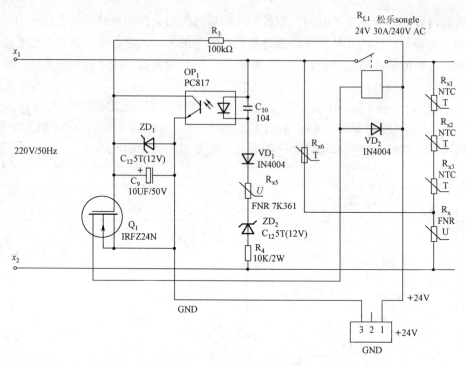

图6.4.2 工频整流控制保护电路

6.4.3 在总图的指导下，读高频整流单元 ARC160-3

1. 高频整流的首要问题是正确选择整流管

正确选择整流管，一是正确选择整流管的型号和规格；二是正确决定整流管的数量；三是正确选择整流线路。

首先看整流管的型号和规格，这是最重要的。工频整流选用普通整流管，高频整流则不能用普通整流管而必须用高频整流管，即快恢复二极管或超快恢复二极管等管子。图 6.4.3 是快恢复二极管的照片。因为工频整流的主要损耗是管子的正向压降损耗，而高频整流的主要损耗是管子的开关损耗。如果焊机的逆变频率为 20kHz，是工频的 400 倍。开关损耗增加 400 倍。如果是普通整流管，在 50Hz 整流下，开关损耗相对于正向压降损耗来说是很小的。但若提高 400 倍，就会变成最大的损耗了。高频整流管是专门针对减小开关损耗来设计的，在高频整流下的开关损耗，比起普通整流管就要小多了。这是从损耗的角度来说的。再从开关速度的角度来说，频率为 20kHz 时，周期为 50μs。高频整流管的反向恢复时间为数微秒甚至只有数十纳秒，关断不成问题。但普通整流管根本就没有反向恢复时间这个指标，在数十微秒内无法实现关断。

由图纸可知，高频整流管的型号为 D92M-02。网上搜索，实际的型号为 ESAD92M-02，日本 FUJI Electric 公司的低功耗超高速整流管（low loss super high speed rictifier），其反向恢复时间只有 40ns，比一般高频整流管还要短的多。低功耗和超快恢复，这两个特点使其特别能够胜任这项工作。管子的电压电流规格为 200V/20A。FUJI 公司发布的公告称，这种型号的

模块六 电焊机的革命——由工业电能的电磁变换到电力电子变换

管子从2007年3月已经退役,在设计中应该改用ESAD92M-03来代替。后者的规格为300V/20A,显然更可靠。

2. 高频整流管电压定额的选择

管子的 PDF 文档表明,ESAD92M-02 是专门为高速功率开关而设计的。在逆变弧焊机上,按弧焊机输出空载电压为80V 计算,电压裕度为

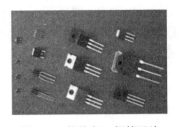

图6.4.3 快恢复二极管照片

$$K_U = \frac{200}{80\sqrt{2}} = 1.768$$

考虑电网电压的波动,安全裕度还是小了一些。如果改为 ESAD92M-03,则

$$K_U = \frac{300}{80\sqrt{2}} = 2.65$$

3. 高频整流管电流定额的选择

从图 6.4.3 找到高频 AC/DC 单元的图号为 ARJ160-03。找到附图中图号为 ARJ160-3 的图纸,看到高频整流器每相用了 8 只 D92M-02 高频整流管,三相共用了 24 只。焊机的额定输出电流为 160A。假设 24 只管子完全均流,则电流裕度为

$$K_I = \frac{20 \times 24}{160} = 3$$

这个电流安全裕度比较合适。

4. 均流措施和整流线路的选择

管子越多,均流越难。不均流使电流裕度降低,可靠性下降。所以 24 个管子如何均流是一个很重要的问题。为此,图纸的设计选用了 6 组单相全波整流电路并联接线的方案,并由三只高频变压器来实现。每只变压器有两个带中心抽头的二次线圈,每个二次线圈的出线端只接两只并联的整流管。这样,就把 24 只管子的均流问题变为 12 对两只管子的均流问题。这是一个好方法,利用变压器线圈来实现强制均流,使均流问题大大简化,均流的难度大大降低,均流的效果大大提高。

另一个均流措施是把三只高频变压器 T_1、T_2、T_3 的二次线圈及其相应的整流电路分为两组,一组由左边的三个线圈及其整流电路构成;另一组由右边的三个线圈及其整流电路构成。两组的输出端分别通过均流电抗器 L_{101} 和 L_{102} 并联后输出。这使均流的效果更好。

5. 高频整流管的保护

每一组高频整流管都并联了一个 RC 阻容吸收换相过电压保护。与工频整流相比,每秒钟的换相次数增加了几百倍,这个保护应适配的阻容值是不一样的。这里采用的是 $22\Omega/220pF$。这个数值可以作为参考。

6. 高频整流管的散热设计

焊机中的高频功率开关,包括逆变管和高频整流管,发热最严重。对过热最惧怕,散热设计和过热保护至关重要。这两种管子,都必须装在铝质散热器上。散热器应有足够的热容

量和散热能力。散热器的质量越大，热容量越大，温度的变化越缓慢；散热器的表面积越大，散热能力越强，发热量与散热量达到平衡的温度越低。为了提高散热能力，还必须加上风扇强制冷却。

7. 高频变压器的接线

高频变压器二次线圈的接线按整流线路的要求设计，采用带中心抽头的两个相同的绕组，已如前述。一次线圈接在逆变桥的输出端，可以有两种接法。这里采用的是并联接法。有的焊机采用的是串联接法。串联接法更有利于变压器间的均流。

实践证明，这种焊机的高频整流管很少损坏。这说明上述问题的设计处理做得比较好。

8. 电弧电流和电弧电压采样

逆变器的反馈控制，需要电弧的电流和电压信息。所以要在焊机的输出端设置采样电路。如图6.4.4所示。在高频整流器的正极输出端串联了一只分流器FL_1。分流器两端的电压，即为电弧电流信号；又通过一只$2k\Omega$的电阻R_{306}从负极引出电弧电压信号。

这两种信号都以分流器左端（即正极）电位为参考点，通过 CN1 插头引出到逆变板 ARC160-02 的 CN2 插头上，再转送到调节器。

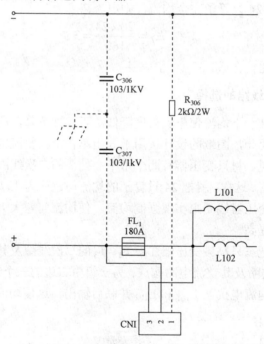

图6.4.4 电弧电流电压采样电路

6.4.4 再看看照片，增加一点感性认识

百闻不如一见。读图是一种理性认识，理性认识需要以感性认识作支撑。两者配合，取长补短，才能相得益彰。学习焊机，要争取多拆多看，尤其是多测、多画、多做。下面来看一下 ARC160 及其同类焊机的几张照片。

模块六 电焊机的革命——由工业电能的电磁变换到电力电子变换

将机罩拿掉后,ARC160 的侧面照如图 6.4.5 所示。整机分为三层,底层是水平安装的工频整流单元。其中最明显的,是一个个"耸立"的黑色工频滤波电容器。其左侧是引弧器。引弧器是一个高频振荡器,通过磁耦合(实质就是一个高频变压器)将高频电压送到焊枪上,将空气击穿引弧。这是逆变焊机相对独立的一个辅助单元,在本套图纸中没有画出。

图6.4.5 揭开机罩后ARC160逆变焊机的侧面照

工频整流单元的照片如图 6.4.6 所示,是与 ARC160 同类的一台焊机。上部是引弧器。引弧器有一个火花间隙放电器,用来产生高频脉冲振荡。它位于引弧器中上部,装在一个粉红色的绝缘座子上。其左下侧是一个高频升压变压器,是借用电视机的高压包做的。火花间隙产生的振荡电压,经过高压包升压后,再经过磁隔离,耦合到焊枪上,很容易将空气击穿,起引弧作用。引弧器需要一个供电的电源,这个电源就由其下方的一只工频变压器来提供。

引弧器除了用电视机高压包升压这种线路以外,也有采用倍压整流器升压以获得高压的线路。ARC160 采用的是倍压线路。

图6.4.6 与ARC160同类的逆变焊机的工频整流及引弧板照片

图 6.4.5 的中层装的是 ARC160 逆变焊机的高频整流单元。左边可以看到一只用铁氧体环形磁芯绕制的高频变压器。右边是一大块银白色的铝散热器,上面装了 12 只高频整流管。对称的另一侧与此相同。顶面则装了四只逆变 MOSFET 管(图纸上设计了 12 只,实物则改为四只大容量的 MOSFET 管)。逆变管与高频整流管共用一个散热器。

图 6.4.5 的顶层装的是 ARC160 的逆变单元。逆变板是焊机的核心板,又称为主板。把核心板装在顶层,便于检测和维修。

逆变板的右上方,一字排开,装了四只功率 MOSFET,分别为四个桥臂的功率开关。其下方有一块小板，为功率 MOSFET 的驱动板。板上装了四只功率 MOSFET 的驱动器。驱动板的电路图即 ARC160-5。ARC160-5 包含一个驱动变压器和接在驱动变压器四个二次线圈上的四组驱动电路。每组驱动电路都由一个稳压管、三个二极管、两个电阻和两个电容组成，为驱动脉冲的传输电路，又是功率 MOSFET 管的栅-源保护电路。驱动信号由驱动变压器的一次线圈注入，从四个二次线圈分别经过各自的驱动脉冲传输和栅-源保护电路，由端子 A_1、A_2、B_1、B_2、C_1、C_2、D_1、D_2 传出，送到各桥臂的功率 MOSFET 管 $Q_{401} \sim Q_{404}$（或图纸上的 $Q_{401} \sim Q_{412}$）的栅-源极上。

从 ARC160-2 的图上可以看到，驱动小板 ARC160-5 中的驱动变压器的一次线圈，是由接在控制小板 ARC160-4 与驱动小板 ARC160-5 之间的四只 NMOSFET 驱动管 $Q_{103} \sim Q_{106}$ 来驱动的。这四个功放管把 ARC160-4 输出的控制信号放大为驱动信号送到 ARC160-5 的驱动变压器中输出。在图 6.4.7 上，控制小板是一块立装的小板，位于逆变板的左侧。

在图纸 ARC160-2 中，左下角为+24V/+12V 控制电源电路。+24V 控制电源为开关电源。其中包含一只高频变压器 T_5。在图 6.4.7 上，T_5 位于中线上方的左侧，十分明显。在新的产品中，+24V 开关电源已经做成一块控制电源小板，再装在逆变板上。+12V 控制电源由+24V 电源经过一只三端稳压器 7812 获得。

在如图 6.4.7 所示的逆变板的照片上还可以看到四只橙黄色的无极性大电容器。这是逆变桥中的主电路元件，并联后再与高频主变压器三个并联的一次线圈串联，构成逆变桥的 LC 谐振桥路（在图纸 ARC160-2 中是三个电容器）。

图6.4.7　ARC160焊机的逆变单元照片

从图纸 ARC160-2 上可以看到，在逆变桥主电路的地线上，装有一只电流比为 300∶1 的电流互感器 T_4。互感器的二次电流，经过 $D_{101} \sim D_{104}$ 桥式整流后，经电阻 R_{202} 和 R_{203} 转换为电压信号，再通过电阻 R_{201} 送到控制小板 ARC160-4 的 PIN11，作为过流保护的电流检测信号。T_4 是用"日"字型高频磁芯绕制成的，在图 6.4.6 中位于板子垂直中心线的左中下侧，也十分明显。

6.4.5　"肃清"外围后，向逆变单元 ARC160-2 发起"总攻"

1. 首先认识逆变板主电路的功率开关元件

逆变桥的功率开关元件是功率 MOSFET 晶体管，也称电力 MOSFET 晶体管。这是 Power MOSFET Transistor 的译名。MOSFET 则是金属-氧化物-半导体场效应晶体管（Metal-Oxide-Semiconductor Field-Effect Transistor）的简称。Power 的意思是这种晶体管是作为功率电子开关来用的。普通的晶体管都用于信息与控制中，不能用作功率开关。

从图纸 ARC160-2 中看到，逆变桥的每个桥臂各用了三个功率 MOSFET 元件相并联。元件的型号是东芝公司的 2SK2698。到网络上搜索一下，可以找到 2698 的技术资料。图 6.4.8 是 K2698 的照片。上方的孔，用于把元件压紧在散热器上。没有散热器，功率元件是不能用的。

模块六　电焊机的革命——由工业电能的电磁变换到电力电子变换

图6.4.8　功率电子开关2SK2698的照片

找到DATASHEET（数据表）看到，2698的额定值为电压500V，电流15A，电阻0.35Ω。算一算电流和电压裕度。

电压裕度 $K_U = \dfrac{500}{220 \times \sqrt{2} \times 1.1} = 1.46$。这个倍数小了一些，对于经常出现的电网过电压是不太安全的。所以要特别注意过电压吸收和保护。

电流裕度的计算，先要估算焊机变压器的一次侧额定电流。额定焊接电流为160A。额定电弧电压 $U=20+0.04\times 160=26.4V$。额定电弧功率 $P_2=26.4\times 160=4224W$。变压器的变换效率没有数据，假设为 0.9。则一次侧的功率 $P_1=4224 \div 0.9=4693W$。额定工频整流输出电压 $220\times 0.9=198V$。由此推得逆变桥额定桥臂电流 $I=4693\div 198\div 2=11.85A$。假设三个功率管的均流系数为 1，则电流裕度 $K_I = \dfrac{15\times 3}{11.85} = 3.8$。对于普通负载，电流裕度达到 3.8 是相当安全了。但焊机的电流波动很大，经常发生短路。

电流裕度应该取多大，还应多总结实践经验。

从数据表中还可以查到开关时间有四个参数。上升时间 $t_r=50ns$，开通时间 $t_{on}=85ns$，下降时间 $t_f=65ns$，关断时间 $t_{off}=260ns$，这四个时间之和为 460ns，即一个脉冲最少需要 460ns 才能完成。一个交流周期两个脉冲，至少需要 920ns。因为要进行脉宽调制。假设占空比最小要求做到周期的 1/100。则最小的交流周期应为 $T_{min}=960\times 100=96000ns$。于是，2698 能够胜任的最高工作频率为 $f_{max} = \dfrac{1}{T_{min}} = \dfrac{1}{96000\times 10^{-9}} = 10417Hz$。可见，焊机只能工作在 10kHz 以下。换一个角度来说，焊机要工作在 20kHz，则最小占空比大约只能为周期的 2/100，这已经很不错了。3525 允许达到的最大占空比为 49/100。若这时焊机电流为 160A，则占空比为 2/100 时，焊接电流将小到 $160\times (2/49)=6.5A$。交流弧焊机达不到这个要求。这一段讨论说明，电焊机革命为什么是 20 千周革命，而不是频率高得多的革命。元件的技术性能，是一个重要的因素。

2698 的电压额定值，最重要的有三个。除开漏-源电压 $V_{DSS}=500V$，漏-栅电压 $V_{DGR}=500V$ 之外，还有栅-源电压 $V_{GSS}=\pm 30V$。这是对控制信号的电压要求和控制驱动电路设计的依据。

2. 驱动板是怎么控制逆变桥功率 MOSFET 管换相的

在中频电炉（模块五）中，已经介绍过了晶闸管逆变桥的换相问题。由于晶闸管是半控开关，换相比较困难，只能依靠负载谐振关断来实现换相，因此，要采用频率/相位自动跟踪控制。在逆变焊机中使用 MOSFET 或 IGBT 全控开关，换相控制的难度已经降低了。但新的矛盾又出现了。晶闸管中频电炉的逆变频率只有几千赫兹，开关损耗问题还过得去。到了逆变焊机，频率达到几十甚至上百千赫兹，开关损耗问题成了主要矛盾。逆变问题已经不是如何才能实现换相和可靠换相，而是变成了如何才能实现低损耗高效率的换相，这是逆变焊机中进一步的热门问题，由此产生了硬开关换相和更理想的软开关换相两类不同的换相方法。硬开关换相的技术已经比较成熟，软开关换相的研究正在竞相推进。ARC160 用的是成熟的硬换相技术，以下的讨论仅限于这些技术。读者可进一步再去学习软开关换相。

就逆变主电路的控制逻辑要求而言，MOSFET 或 IGBT 逆变桥与晶闸管逆变桥没有什么区别。在模块三中，用逻辑空间描述的晶闸管逆变桥的控制逻辑如图 6.4.9（a）所示。只要把逆变桥上的晶闸管 VT_7、VT_8、VT_9、VT_{10} 改为对应的 MOSFET 或 IGBT 管 QA、QB、QC、QD，就得到 MOSFET 或 IGBT 管逆变桥的控制逻辑，如图 6.4.9（b）所示。在图纸 ARC160-2 中，（Q_{401}，Q_{402}，Q_{403}）、（Q_{404}，Q_{405}，Q_{406}）、（Q_{401}，Q_{411}，Q_{412}）、（Q_{407}，Q_{408}，Q_{409}）分别对应于 QA、QB、QC、QD。

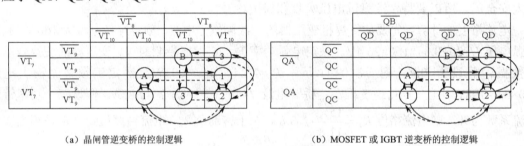

(a) 晶闸管逆变桥的控制逻辑　　　　　(b) MOSFET 或 IGBT 逆变桥的控制逻辑

图6.4.9　逆变桥的控制逻辑

根据这一控制逻辑，电路应该在 A 和 B 两个逻辑状态之间来回变化，即在 QA、QD 导通，QB、QC 关断与 QA、QD 关断，QB、QC 导通两种状态之间来回变化。并且在两种状态之间，应该留有一个适当的死区时间。这就要求驱动器 ARC169-5 所发出的四个驱动信号分为相位相差 180°的两组，一组由 A1、A2 和 D1、D2 发出，另一组由 B1、B2 和 C1、C2 发出。波形应如图 6.4.10 所示。驱动器要怎样才能输出这样的波形呢？

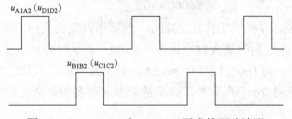

图6.4.10　QA、QD 和 QB、QC 要求的驱动波形

驱动波形是由控制信号波形产生的。3525 输出的控制信号波形如图 6.4.11（参看模块三的图 3.5.27 和图 3.5.34。这与要求的驱动波形是一样的，似乎没有什么问题。但仔细看看图纸 ARC160-5，四个驱动信号都是从同一只驱动变压器的四个相同的二次线圈输出的，怎么会得到相位相差 180°的两组信号呢？可作以下的逻辑推理：

模块六 电焊机的革命——由工业电能的电磁变换到电力电子变换

L_1：∵ 在 ARC160-4 中，3525 的 PIN14 和 PIN11 输出负载电路的结构和参数完全相同，
L_2：∵ PIN14 和 PIN11 输入到这两个电路的信号波形完全相同，但相位相差 180°，
L_3：∴ 从 PIN23 与 PIN27，PIN25 与 PIN29 输出的对应信号也波形同而相位差 180°。
L_4：∵ 在 ARC160-2 中，Q103/Q104 与 Q105/Q106 的电路结构和参数完全相同，
L_5：∵ 两电路的输入信号组（PIN23，PIN25）和（PIN27，PIN29）相位相差 180°，
L_6：∴ 两电路的输出信号相位相差 180°，
L_7：∵ ARC160-5 的输入信号是一个交流脉冲驱动信号，加在驱动变压器一次线圈上，
L_8：∴ 驱动变压器的四个二次线圈输出的是完全相同的交流脉冲驱动信号。
L_9：∵ 四个驱动信号的脉冲传输电路是结构和参数都完全相同的单相脉冲传输电路；
L_{10}：∴ 只要把四个二次线圈分为极性相反的两组，就可以传出相位相差 180°的两组驱动信号。

这些推理说明，图纸中驱动电路的设计是合乎逻辑的。因此才能经得起实践的检验。但图纸的画法有点漏洞，没有把驱动变压器线圈的极性标清楚。如果 DIY 一台焊机或修理一台焊机，一定要通过测试先把线圈的极性弄正确，并且用双线或双踪示波器验证过，确定两组驱动信号确实相位相差 180°，才能把驱动信号接到 MOSFET 或 IGBT 上。否则，一试机就可能出现四个桥臂同时导通，短路烧管。

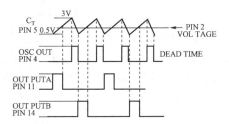

图6.4.11 3525 输出的控制信号波形

图 6.4.12 说明了由调节指令信号输入到驱动信号输出的信号变换全过程。

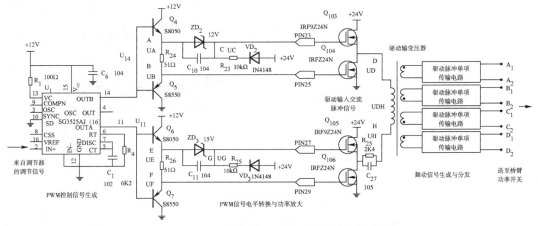

图6.4.12 由调控信号输入到驱动信号输出的全过程

3. 驱动信号生成电路的任务和工作原理

从 ARJI160-2 号图纸看到，逆变桥的功率 MOSFET 开关，每臂 3 管，每管 15A，共 45A。

对角线两臂要同时开通，共 6 管，共 90A。等效于要开通一个大功率管。3525 PWM 控制器的输出信号，最多不能超过 500mA，是用于中小功率开关管控制的。要用到这么多（或大）的管子上，必须经过功率放大，这是其一。其次，该图纸中 3525 设计的电源电压是+12V，如图 6.4.12 所示，输出的控制信号在 12V 以内。而 2689 的额定栅-源电压 $V_{GSS}=\pm30V$。要达到好的控制效果，应该使控制电源接近 30V。所以图纸设计选用了+24V 作为控制电源电压。因此，必须将+12V PWM 控制信号转换为+24V PWM 驱动信号，这是其二。再者，3525 只有两路 PWM 控制信号输出，而逆变桥有四个桥臂，需要 4 路不共地的独立驱动信号。所以，由 PWM 控制器到 PWM 驱动器，还需要信号扩展与隔离分发，这是其三。这三点说明，在 3525 与功率开关之间，必须设置具有功率放大、电平转换、信号隔离与分发的驱动电路。这电路分散在 ARC160-4、ARC160-5 两张图纸中。为了理解其工作原理，把它画在一起，如图 6.4.12 所示，可称为驱动信号生成电路。

驱动信号生成电路由结构和参数完全相同的两路组成，分别接受 3525 的 PIN 11 和 PIN14 的 PWM 输出信号。因为两个输入信号相差 180°，所以两个输出信号也相差 180°。这两个输出信号之间，就是一个交流脉冲输出信号。

驱动信号生成电路的每一路都是两级放大电路。第一级为 NPN-PNP 串联结构，第二级为 PMOS-NMOS 串联结构。两种串联结构的驱动控制逻辑，都在模块三中做过描述，不再细说。这里只着重讲如何实现信号电平由+12V 向+24V 的转换。以上面一路为例，第一级为 Q_4-Q_5 管对，第二级为 Q_{103}、Q_{104} 管对。分析的关键有两点。第一点是在 Q_4 和 Q_5 的两个发射极之间，串联了一个公用的射极电阻 R_{24}。这个电阻很小，流过电阻的电流也很小，所以电阻的压降非常小，可以认为 $U_A=U_B$。第二点，在 A 点与 C 点之间，串联了一个恒定的 15V 电源。这个电源由电容 C_{10} 和稳压管 ZD_2 并联组成。+24V 电源自右向左对电容器充电。稳压管使电容的电压稳定在+15V（右正左负）。于是，当 $U_{14}=1$（高电平）时，$Q_4=1$（导通），$Q_5=0$（关断）。$U_A=+12V$，所以 $U_{PIN23}=U_C=U_A+15=+27V$，而 $U_{PIN25}=U_B=+12V$；当 $U_{14}=0$（低电平）时，$Q_4=0$（关断），$Q_5=1$（导通）。$U_B=0$，所以 $U_{PIN23}=U_C=U_A+15=+15V$，而 $U_{PIN25}=U_B=0$。下面一路的分析与此类似。

将分析结果整理成表 6.4.1，驱动脉冲的生成逻辑便得到了完整、准确的表达，一目了然。

表6.4.1 驱动信号生成逻辑的完整表达

U_{14}	Q_4	Q_5	U_A	U_{CA}	$U_C=U_{PIN23}$	$U_B=U_{PIN25}$	U_{103}	U_{104}	U_D
1	1	0	+12V	+15V	+27V	+12V	0	1	0
0	0	1	0						

U_{11}	Q_6	Q_7	U_B	U_{CE}	$U_C=U_{PIN27}$	$U_P=U_{PIN29}$	U_{105}	U_{106}	U_H
1	1	0	+12V	+15V	+27V	+12V	0	1	0

U_{14}	U_{11}	U_D	U_H	U_{DH}
1	0	0	+24V	−24V
0	1	+24V	0	+24V
0	0	+24V	+24V	0

4. 软起动与保护控制电路

调节电路难一些，可先攻软启动与保护控制电路，也就是如何安全可靠地启动和停止 SG3525 的工作。如图 6.4.13 所示，启动和停止的控制，是通过 3525 的 PIN8 来进行的。8 引脚的功能特点是当其电位低于 1V 时，3525 的输出脉冲被封锁。当其电位为 1~5V 时，3525 输出的脉冲宽度将受到限制。8 引脚的作用和软启动的原理，可以参看模块三的图 3.5.30。在 3525 的内部，8 引脚的电平与误差放大器的输出信号共同决定比较信号的高低。比较信号是动态的比较标准，与被比较信号（锯齿波）共同决定 PWM 信号的占空比。开机时，若 8 引脚的电位太高，比较得到的 PWM 波就比较宽，引起电流冲击和过流保护动作。所以开机时，应使引 8 脚的电位由 0 电平逐步升高。将 ARC160-4 的软起动与保护电路截出如图 6.1.14 所示。开机时，+24V 的控制电压（+V_{CC}）将 15V 稳压管 ZD_4 击穿，使晶体管 Q_2 饱和导通，Q_3 截止。电容 C_8 开始充电，电位由 0 逐渐升高，实现软启动开机。

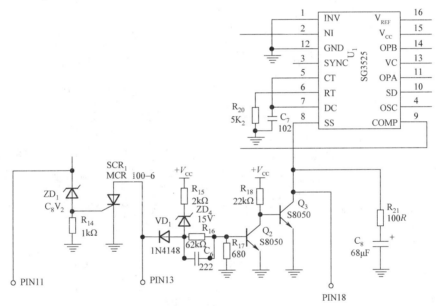

图6.4.13 软起动与过流、过载和欠压保护电路

过流保护用 300∶1 的电流互感器 T_4 采样。在 ARC160-2 中截下相应的电路如图 6.4.15 所示。

交流采样电流信号经过 VD_{101}~VD_{104} 桥式整流和 R_{203} 信号变换，转换为直流电压信号，并通过 R_{201} 和 PIN11 送入 3525。从图 6.4.14 看到，若 PIN11 的电位过高，稳压管 ZD_1 被击穿，晶闸管 SCR_1 触发导通，通过二极管 VD_1 和电阻 R_{16} 与电容 C_6 拉低晶体管 Q_2 的基极电位，使 Q_2 截止，Q_3 饱和导通，将 8 引脚的电位拉低到接近 0，3525 实现过流封锁。由于晶闸管已经锁住，需要切断电源，重新开机。

由图 6.4.13 可以看到，当+24V 控制电源电压过低时，通过 R_{15}-ZD_4-R_{16}-R_{17} 分压，使 A 点电位降低到 0.6V 以下，Q_2 转为截止，Q_3 饱和导通，于是 3525 出现控制电压欠压封锁。

从 ARC160 和 ARC160-2 截取属于过载保护的三部分电路，组合为图 6.4.15，并与图 6.4.13

中的 PIN13 相联系，可以看到：当焊机过载时，温控器或热敏继电器的触点闭合，控制小板的 PIN13 脚通过 R_{307} 接地，使图 6.4.13 中降低到接近 0，Q_2 截止，Q_3 饱和导通，从而使 3525 实现脉冲封锁。

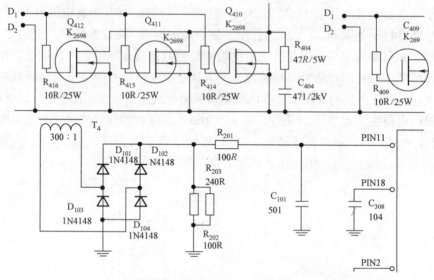

图6.4.14　过流保护的采样电路

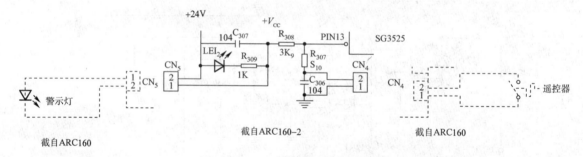

图6.4.15　过载保护电路

此外，每一组功率 MOSFET 管还并联了 $47k\Omega \times 470PF$ 的 RC 阻容吸收缓冲电路作换相过电压保护。

5．PWM 控制信号的反馈调节电路

现在来讨论 PWM 控制信号是怎么产生和怎么调节的，重点是怎么调节。因为用 3525 怎么产生 PWM 控制信号，在模块三中已经做了详细的介绍。对 PWM 控制信号怎么进行自动调节，也做过相近的讨论。但由于焊接过程调节的许多特殊性，在这里结合电路的特点进一步进行讨论，还是很有意义的。如图 6.4.16 所示是 SG/524/2525/3525 内部功能/结构方框图。

首先用 SG3525 的方框图简要地复习一下 PWM 信号是如何生成的。在 3525 的内部，PWM 比较器将振荡器（Oscillator）输出的锯齿波信号与误差放大器（Error Amp）输出的控制信号相比较，生成 PWM 信号。此信号被放到锁存器（Latch）中锁存一个周期。低电压解锁器（UnderVoltageLockout）决定是否允许此信号输出。触发器（F/F）决定此信号从两个门

中的哪一个输出。振荡器在每个周期结束（开始）时发出一次 CP 脉冲，将锁存器中的 PWM 信号按照解锁器和触发器的规定打到输出端子 PIN11 或 PIN14 上。

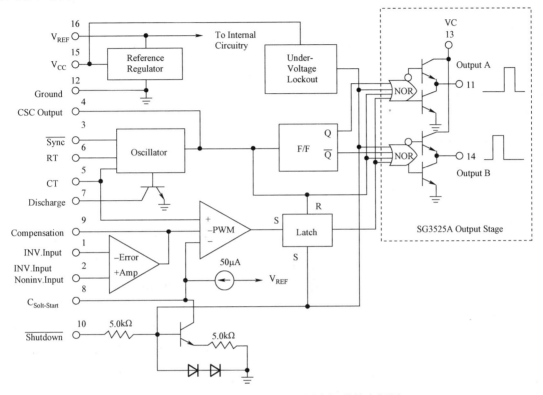

图6.4.16　SG1525/2525/3525内部功能/结构方框图

PWM 信号的调节，即根据给定和反馈信号来调节 PWM 信号的占空比以控制系统的输出，是通过误差放大器来进行的。Error Amp 是集成在片内的一个运算放大器。一般的用法是给定信号接到 Error Amp 的同相输入端 PIN 2，负载反馈信号和片内（PIN9）的反馈信号都接到反相输入端 PIN 1。但在本套图纸中却不是这样做的。从图纸（ARC160-4）中看到，Error Amp 的两个输入端，反相输入端 INV.（PIN1）被接地了；同相输入端 N.I.（PIN2）则接到了基准电压 V_{REF} 输出端 PIN16 上。两个固定的输入，得到的只能是一个固定的输出。所以，误差放大器没有被当做误差放大器来使用。这是什么用法？这又是为什么？

为了弄清楚电路的工作原理，从负载采样端到 3525 的 PWM 信号输出端的控制与调节电路整合在一起，如图 6.4.17 所示。这是一张完整的 PWM 信号生成电路。与驱动信号生成电路图（见图 6.4.12）合在一起，就是一套完整的闭环控制电路了。

1）ARC160 对 SG3525 的一种特殊用法——调节器的选择

SG3525 的 PIN16 输出的基准电压 V_{REF}=5.1V。这个电压加在 Error Amp 的同相输入端，0V 加在反相输入端，这样，Error Amp 在 PIN9 上的输出信号就是一个固定的输出信号。Error Amp 不再是一个误差信号放大器，也就是不再作为调节器来使用，而改作 PWM 比较器 PIN9 上的固定电压偏置信号发生器来使用。PIN9 上的变动信号，则另设片外的调节器来输入。为什么要弃简从繁，做这样的改动呢？

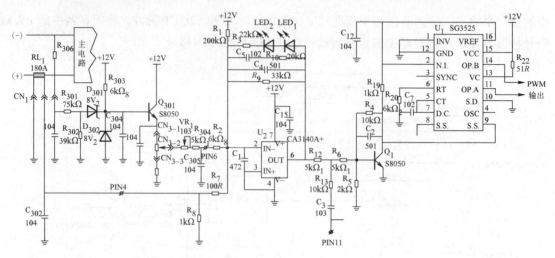

图6.4.17　ARC160的PWM控制信号生成与调节电路

改动的原因就是电弧的调节有其特殊的更高要求，而 3525 的内置误差放大器的性能还简单了一些，作为电弧调节器还不够理想。

① 作为采样信号源的内阻，电弧的等离子体的电阻，其变化范围极宽，从 $\infty \sim 0$，甚至从负阻到正阻。调节器作为信号源的负载，其输入阻抗必须与信号源的内阻相匹配。调节器的输入电阻越小，信号源的负担越重，采得的信号失真越大。所以，为了与电弧等离子体这种特殊的电阻特性相适应，调节器必须具有很高的输入阻抗。在 3525 内部集成的误差放大器，很难做到这一点。

② 电弧电流和电弧电压的波形非常复杂，谐波含量非常丰富，频带非常宽。每一种放大器都有其特定的频率特性，即对于不同的频率，具有不同的响应。如果放大器的频率响应范围太窄，就会对某些频率的谐波成分调节效果好，对另一些频率的谐波成分调节效果不好。作为电弧电压和电弧电流调节器来使用，放大器应该具有很宽的频带。集成在 3525 中的误差放大器不容易做到这一点。

③ 调节器所要控制的焊接电流、电压和波形，变化频率高达数十千赫兹。假设 $f=20\text{kHz}$，又假设要对 1/50 周期内的波形实现控制，时间便只有 1μs。更精确的控制，时间就更短了。这样高的速度，远远超过中频电炉，更远远超过电弧炉。所以，电焊机的调节器，必须选用高速放大器。3525 的内置误差放大器的这一性能也不尽满意。

这三个原因，也许就是 ARC160 设计者放弃用 3525 内置误差放大器作为焊接工况调节器使用的原因。但是把 Error Amp 改作 PIN9 的电位偏置器，使 PIN9 的工作更加稳定，也是物尽其用的一个不错的选择。因为 9 引脚的电位是决定 PWM 脉冲生成的一个关键数据，其偏置电位越稳定越好。

对 3525 内置误差放大器取而代之的，设计者选用了 CA3140A+ 运算放大器作为焊接工况调节器，也是出于上述三个理由。3140 是一种 PMOSFET-BJT 单片相容高输入阻抗集成运算放大器，特别适合于采样电路和调节器用。其首要特点是输入阻抗高达 $1.5 \times 10^{12} \Omega$，这正是采样电路最需要的特性。而通用型运算放大器只有 $(1 \sim 9) \times 10^5 \Omega$。此外，3140 的单位增益带宽为 4.5MHz，而通用型运算放大器只有 1MHz。通用型运算放大器的速度没有技术指标，3140

模块六 电焊机的革命——由工业电能的电磁变换到电力电子变换

的转换速率则达到 9V/μs，也是很高的。

2）3140/3525 电弧 PWM 调节电路的信息流程布局

① 进行电弧电流和电压采样；

② 用射极跟随器对电压采样信号进行隔离跟随，并生成电流给定信号；

③ 生成电流反馈信号与电流给定信号的误差，用 3140 PI 调节器对误差进行比例-积分调节运算，将调节指令信号作为 PWM 的比较信号送到 3525 的 9 引脚；

④ 3525 根据 9 引脚收到的调节指令信号进行比较，制成具有所需占空比的 PWM 控制信号，向驱动信号生成如图 6.4.12 所示的电路输出。

3）电弧电流和电弧电压采样电路的构成

电弧电流和电弧电压的采样信号必须有一个公共点作为信号大小计算的参考点和信号极性判断的参考点，也就是控制电路的参考点，又称为控制地。只有这样，不同的信号才能进入控制电路中进行测量、比较、判断、处理、综合等。读图的时候，要注意参考点的符号。复杂的电路可能有一个以上的参考点，要从符号上注意加以区分。分散画在不同地方的同一种控制地，实际上都是连在一起的。而不同的控制地，一定是互相隔离的。在这套图纸中，控制地是主电路输出端中的+极。

电焊机的额定电流为 DC160A，所以选用额定电流为 180A 的分流器直接进行电流采样。通过分流器的直流焊接电流，在分流器的两端转换为直流信号电压。分流器靠近+极的一端为地。所以电流的采样电压是负的。电流越大，信号越负。

电焊机的输出电压 u_f 为 DC（0～70）V。通过接在输出端-极上的 2kΩ 电阻 R_{306} 进行电压采样。实际的采样点在 R_{306} 的下端，其电压 $u'_f < u_f$，是 R_{306} 与 R_{301}（750kΩ）、R_{302}（39 kΩ）及整个控制电路的等效电阻串联，接在-极与地（+极）之间的分压。设 R_{302} 往右的全部控制电路的等效电阻为∞，采样点电压 u'_f 为

$$u'_f \leq \frac{R_{301}+R_{302}}{R_{306}+R_{301}+R_{302}}u_f = \frac{750\text{k}\Omega+39\text{k}\Omega}{2\text{k}\Omega+750\text{k}\Omega}u_f = 0.997471555u_f$$

再设 R_{302} 以右的全部控制电路的等效电阻为 0，则采样点电压 u'_f 为

$$u'_f \geq \frac{R_{301}}{R_{306}+R_{301}}u_f = \frac{750\text{k}\Omega}{2\text{k}\Omega+750\text{k}\Omega}u_f = 0.997340425u_f$$

所以

$$0.99734025u_f \leq u'_f \approx 0.997471555u_f$$

说明采样点电压十分接近-极电压。

采样点电压 u'_f 经过 R_{301} 与 R_{302} 分压后，得到采样信号电压 $u''_f \ll u'_f$。u''_f 通过 8V2 的稳压管 D_{301} 输入控制电路。由于射极跟随器的输入阻抗>>R_{302}，u''_f 主要由 R_{301} 和 R_{302} 决定：

$$u''_f \approx \frac{R_{302}}{R_{301}+R_{302}}u'_f = \frac{39\text{k}\Omega}{750\text{k}\Omega+39\text{k}\Omega}u'_f \approx 0.0494u'_f \approx 0.0493u_f$$

可见，当 u_f=-70V 时，$u''_f \approx 0.0493×70 = -3.45\text{V}$；当 u_f=0 时，u''_f=0。即-3.45V≤u''_f≤0。

4）电压采样信号的"隔离"传送和电流给定信号的"跟随"生成

在电压采样信号源与调节器 3140 之间，设置了一个电子隔离器。这就是用晶体管 Q_{301}

构成的射极跟随器。射极跟随器的输入电阻很高,输出电阻很小。对其前后的电子电路形成阻抗隔离,减少相互之间的干扰;另一方面,射极输出电压信号与基极输入电压信号大小非常接近,极性相同,信号具有很好的传送效果。

这个射极跟随器还有一个非常特别的用处。焊接电流给定电位器串接在发射极电路中。给定信号从电位器的活动触点输出到调节器。电压采样信号送到基极,并传到发射极输出。所以电位器输出的信号,既含有给定信息,又含有电压反馈信息,其实是给定信息与电压反馈信息的综合。而射极输出器又成了一个信号综合器,既隔离,又传送,还综合,一器三用。为什么要这么做,看到后面就会明白。

5) 电流误差信号的生成

电流给定信号通过 6K8 的电阻 R_2 向右送出。这个信号大于 0,极性是正的。电流反馈信号通过 100R 的电阻 R_7 向右送出。这个信号小于 0,极性是负的。正、负两个信号都到了 3140 调节器的"门口",进行综合后,产生了电流误差信号,从 3140 的反相输入端(引脚 2)进入调节器。

6) 电流误差的调节

CA3140A+的同相信号输入端(引脚 3)接地,反相信号输入端(引脚 2)接电流误差信号,输出端(引脚 6)通过 RC 网络将输出信号反馈到输入端,所以是一个反相输入电流调节器。RC 反馈网络由三个并联支路构成。第一个支路是 33kΩ 的电阻 R_9。如果反馈网络只有这一个支路,就是比例调节器。其放大倍数为-(6.8kΩ/33kΩ) = -4.85。通过这个电阻反馈支路,调节器立即修改 PWM 信号的占空比,将大部分电流误差即时消除。第二个支路是容量为 500pF 的电容器 C_4。C_4 通过误差的积分,进一步修改 PWM 信号的占空比,将剩余的误差消除。如果反馈网络只有这一个支路,就是一个积分调节器。不过积分调节只能作为比例调节的补充调节而使用。第三个支路是 20kΩ 的电阻 R_{10} 与 1000pF 的电容 C_9 的串联支路。这个支路兼有比例调节和积分调节两种调节作用。

三个支路的作用各有不同,又互相协调补充,共同完成更加复杂的调节任务,达到更好的调节效果。对三者的不同作用认识得越清楚,对调节器进行调试就越能得心应手。为了进一步进行比较,对 R_9 和 C_4 的并联电路进行等效变换,将其化为等效的 R_9' 和 C_4' 的串联电路。频率不同,等效串联电路的 R_9' 和 C_4' 的值是不相同的。假设频率为 20kHz,可以算得 R_9' 约为 10.5kΩ,C_4' 约为 74pF。与 R_{10} 和 C_5 的串联电路相比较,在频率为 20kHz 时,两个 PI 调节器的作用有何不同呢?R_9' 约为 R_{10} 的 1/2。这说明 R_{10} 获得的放大倍数可能是 R_9' 的两倍。在比例调节上,R_{10} 起的作用更大;另一方面,C_4' 不到 C_5 的 1/13,RC 的积更相差 25 倍以上。这说明,C_4' 上的积分电压的上升速度要快得多。也就是 C_4' 在消除残余误差上要快得多。这样分析,只是很粗浅的想象,实际情况复杂得多。

越复杂的控制对象,要求越复杂的调节;越复杂的调节,要求越复杂的调节器;越复杂的调节器,要求越复杂的反馈网络;越复杂的反馈网络,要求越精准的调试。

7) 电流调节指令的输出与执行

3140 输出的电流调节指令,不是直接发送到 3525 进行 PWM 生成的控制,而是经过晶体管 Q_1 放大后再到 3525 去执行。Q_1 的电源,是 3525 引脚 16 输出的 5.1V 基准电源。Q_1 必须与 3525 芯片内的电路使用同一个稳压电源来供电,才能达到精确稳定协调工作的效果。

模块六 电焊机的革命——由工业电能的电磁变换到电力电子变换

Q_1 应该处在线性放大状态。为此，要通过调试使基极偏置电阻和集电极转换电阻的取值比较理想。

设置 Q_1 还有一个目的，就是要使电流闭环控制系统的极性符合所需源特性的要求。这点将在后面看到。3140 反了一次相，必须用 Q_1 再反一次相。所以 Q_1 要做成反相放大器。

Q_1 的 $1k\Omega$ 集电极电阻 R_{19}，将放大后的电流输出信号转换为电压输出信号，从集电极直接送到 3525 的 9 引脚。这个信号叠加在 9 引脚的固定偏置电压上，使 9 引脚的电压跟随用于消除电流误差的调节指令信号而波动。这一实时变动的电压经 9 引脚而达到片内 PWM 比较器的输入端，称为锯齿波与之进行实时比较的动态基准。通过比较产生占空比符合调节要求的实时 PWM 控制信号，并从 11 引脚和 14 引脚轮番相差 180°输出。

8）调节过程的逻辑分析：电流闭环是负反馈的恒流调节

逻辑分析首先要解决的问题是电流闭环是正反馈的，还是负反馈的闭环。手弧焊机要求输出特性具有恒流特性，只有负反馈闭环调节才能制造出恒流特性。

假定电流给定信号保持不变，焊机的输出电流发生变化，如增大，将引起如下的逻辑反应：

  焊接电流▲   ；
  分流器 RL_1 右端电位▼   ；
  3140 反相输入端（引脚 2）电位▼ ；
  3140 输出端（引脚 6）电位▲   ；
  Q_1 集电极电位▼   ；
  PWM 比较器（3525 引脚 9）动态比较基准电位▼；
  PWM 脉冲变窄，占空比▼   ；
  焊接电流▼   ；
  ……

逻辑分析说明，电流闭环是一个负反馈的调节过程。

9）调节过程的逻辑分析：加入电压反馈后源特性会有什么变化？

前面已经推出，电压采样信号 u_f' 的变化范围是 $-3.45V \leqslant u_f' \leqslant 0$。两个 8V2 的稳压管，$D_{302}$ 的阳极电位为 0，D_{301} 的阳极电位为 $u_f'' = 0 \sim -3.45V$。D_{301} 将先被击穿，并将两个稳压管的阴极电位钳位在 $u_f' + 8.2V = 4.75 \sim 8.2V$。$D_{302}$ 将被截止。Q_1 的基极电位将在 $4.75 \sim 8.2V$ 之间变化。发射极电位比基极电位低约 $0.6V$，将在 $4.15 \sim 7.6V$ 之间变化。

当电压变化时，例如，电压升高（或降低）时，即-极电位变得更低（或更高）时，将引起如下的逻辑变化：

焊接电压▲ ；	焊接电压▼ ；
焊机负极电位▼ ；	焊机负极电位▲ ；
Q_{301} 基极电位▼ ；	Q_{301} 基极电位▲ ；
Q_{301} 发射极极电位▼ ；	Q_{301} 发射极极电位▲ ；
电流给定值▼ ；	电流给定值▲ ；
焊接电流▼ ；	焊接电流▲ ；
……	……

加入电压闭环之后，焊机源特性不再是恒流特性，而变成陡降或斜降特性。其作用与负反馈的电压外环相当。下降的陡度，决定于电压反馈与电流反馈的深度之比。在图 6.3.4 等图中曾经讨论过这种特性的制作。不过，是用两个调节器来实现的，电路要复杂些，效果也更好些。

焊机空载的时候，电流反馈信号为 0。这时 3140 反相信号输入端（引脚 2）的电位约为 4.15V，引脚 6 的输出信号为最低点。应通过对反馈电阻的调整，使晶体管 Q_1 刚好处于截止状态。然后用电位器向 3140 的输入端（引脚 6）送入模拟的电流反馈信号。信号由 0 开始，逐步增大。用示波器观察 3525 的 PWM 输出波形（引脚 11 或 14）。电流输入信号为 0 时，PWM 脉冲应该最大（占空比为 49%），引脚 9 的电位应为 5.1V。随着电流信号的增加，Q_1 应进入反相放大状态。示波器上应看到 PWM 脉冲逐渐变窄，引脚 9 的电位应该由 5.1V 逐渐下降。如果情况不是这样，说明 3140 的反馈回路没有调好。可以用电位器取代 R_9 或 R_{10}，仔细进行调试。图 6.4.18 给出了占空比最大时 PWM 波形的一张照片。从照片上还可以清楚地看到死区时间。

图 6.4.18　ARC160 焊机的 PWM 控制波形照片（占空比最大时）

6.4.6　控制电源

如果说全桥逆变器是焊机的心脏，控制系统是焊机的大脑，控制着心脏的运行，则为大脑提供动力的控制电源，就是焊机的第二心脏。控制电源是任何一台电力电子设备都不能缺少的重要部件。检查设备故障，总是从电源是否正常开始。图 6.4.19 是从 ARC160-2 上截取下来的控制电源电路图。这是+24V/+12V 控制电源的主要部分——+24V 开关电源。在新出的 ARC160 上，+24V 开关电源是逆变板上的一块小板。

电力电子变换是通过电力电子开关实现的电能变换。开关电源是基于这一变换构成的新型电源，而逆变焊机其实也是一种开关电源。通常，开关电源都用来指设备自身的控制电源。像逆变焊机一样，开关电源也是频率革命的产物。电焊机革命是逆变焊机取代变压器式弧焊机的革命，稳定电源革命是高频开关稳定电源取代模拟集成稳压电源的革命。开关电源的优点与逆变焊机是一样的，体积小，重量轻，效率高。其电路构成与工作原理也很类似，都包括功率开关和高频变压器或电抗器，都是以 PWM 方式对变压器或电抗器的通断进行控制。

模块六　电焊机的革命——由工业电能的电磁变换到电力电子变换

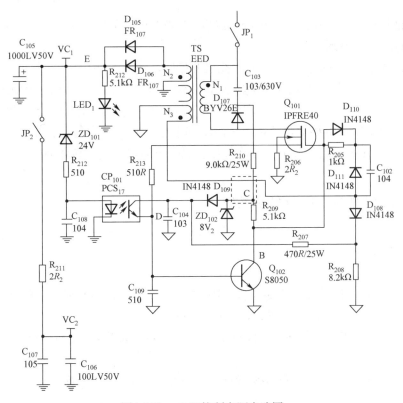

图6.4.19　+24V控制电源电路图

逆变焊机和开关电源的主电路，都是以一些基本的开关变换电路或其派生电路为基础构成的。如全桥变换电路，半桥变换电路，正激变换电路，反激变换电路，推挽变换电路等。通过前面的学习，应对全桥变换电路及其控制已经有了全面的了解。现在可以借ARC160的+24V电源为例，来学习反激变换电路及其控制。这是以高频变压器T_5和型号为IRFPE40的NMOSFET开关管Q_{101}为核心的变换与控制电路。变换过程由充磁过程与放磁过程两段组成，交替进行。变换的实质，先把高压直流电能变换为高频磁能，然后再把高频磁能变换为低压直流电能。变换的基本特点可以用表6.4.2来描述。

表6.4.2　反激变换式+24V开关稳压电源的变换与控制逻辑

过程	变换的实质	主导方	感应电势的作用	N_1中电流的变化	Q_{101}状态	Q_{102}状态
充磁	电能变磁能	电源电压	阻止电流上升	由0上升到最大	1	0
放磁	磁能变电能	线圈磁通	阻止电流下降	由最大下降到0	0	1

1. 电能变为磁能的充磁过程及其控制

（1）充磁回路：198V直流电源→JP_1→N_1→Q_{101}→R_{206}→GND。

（2）充磁回路的开通控制如下。

① 控制电源：198V直流电源→JP_1→N_1→D_{107}→R_{201}→ZD_{102}→GND。得到U_C=8.2V稳压电源，作为Q_{101}、Q_{102}和OP_{101}的控制电源。

② 充磁回路开通控制信号：+8.2V U_C→R_{209}→Q_{101}-G极，这一信号使Q101导通。

③ 充磁回路自保控制信号：线圈 N_3（感应电势下正上负）→D_{111}→R_{205}→Q_{101}-G 极。这一正反馈使 Q_{101} 保持导通。

（3）充磁原理：电感电流不能突变。充磁开始时，线圈 N_1 中的电流为 0。所以，由同名端进入 N_1 的电流，在整个充磁半周中，从 0 线性增大到最大值。铁芯中的磁通 ϕ 按照 $\phi=Li$ 的公式，随着 i 的增加而增加。N_1 中产生上正下负的感应电势，阻止电流的增加。二次侧的线圈 N_2 与 N_3 中感应的电势都是下正上负。N_3 消耗的正反馈功率极小。而 N_2 中的电势与整流二极管反向，电流和消耗的功率为 0。所以进入 N_1 中的电能只能转化为磁能存储在磁场中。磁能的大小为 $Li^2/2=\phi^2/2L$。

2. 磁能变为电能的放磁过程及其控制

（1）放磁回路：二次线圈 N_2 的异名端→快恢复整流二极管 D_{105}，D_{106}→+24V 负载→GND→线圈 N_2 的同名端。

（2）充磁回路的关断控制如下。

① Q_{101} 打开 Q_{102} 的控制：Q_{101}-S 极→R_{201}→Q_{102}-b 极。随着充磁电流的增加，R_{201} 使 A 点电位上升。当 U_A=0.7V 时，U_D=0.7V，Q_{102} 导通。

② Q_{102} 关断 Q_{101} 的控制：Q_{102}-C 极→Q_{101}-G 极。Q_{102} 开通后，集电极电位 U_B 下降到 0.3V，Q_{101} 被关断。

③ Q_{101} 打开 Q_{102} 的控制：Q_{101}-S 极→R_{213}→Q_{102}-b 极。Q_{101} 关断后，A 点电位降到 0，Q_{102} 被关断。

（3）放磁原理：Q_{101} 关断后，N_1 中的电流只能经过 N_1→D_{107}→R_{210}（ZD_{102}+D_{109}→R_{207}→R_{208}）→GND 到地，阻抗增大，电流急剧降低到接近 0。变压器各线圈中的感应电势都改变方向。N_1 的感应电势变为下正上负，阻止电流的减小。N_3 的感应电势上正下负，正反馈使 Q_{101} 进一步关断。N_2 的感应电势上正下负，D_{205}、D_{206} 正向导通，形成放磁回路。充磁阶段储存在变压器中的磁能得到释放，转化为+24V 直流电能。随着磁能的释放，N_3 的电流由最大线性减少到 0，并使各线圈中的感应电势的方向保持不变。当电流变为 0 时，放磁结束，下一个充放磁周期又开始。

3. +24V 稳压调节原理

+24V 稳压输出端为 E 点。当 E 点电位偏离+24V 时，误差信号将经过下述通道进行传递和负反馈调节：E 点→稳压管 ZD_{101}→R_{201}→线性光耦 OP_{101}→D 点→Q_{102}→B 点→Q_{101}。其调节过程如下：

U_E↑ ;	U_E↓ ;
光耦输入电流/输出电流 ↑ ;	光耦输入电流/输出电流 ↓ ;
U_D↑ ;	U_D↓ ;
U_B↓ ;	U_B↑ ;
Q_{101} 占空比↓ ;	Q_{101} 占空比↑ ;
充磁能量↓ ;	充磁能量↑ ;
U_E↓ ;	U_E↑ ;

4. +24V 稳压电源的调试

1) 变压器线圈的极性调试

如果线圈 N_2 的极性接反了，反激充放磁变换的条件便不成立，电源不能正常工作，这时可以将 N_3 掉头试试就能解决问题。

如果线圈 N_3 的极性接反了，正反馈变成了负反馈，便不能实现对 Q_{101} 的开关控制，不能产生电路的开关振荡，也不会有+24V 直流电压输出。这时只要将 N_3 掉头试试，也会手到病除。

2) 晶体管工作点的调试

如果变压器线圈的极性都接对了，但 Q_{101}、Q_{102} 的工作点没有调好，电路也不能工作在较理想的状态。用双线示波器检查两个晶体管的波形可以发现问题。可以通过改变电阻 R_{206}、R_{213}、R_{209} 的值边看边调。

3) 光耦工作点的调试

稳压调节性能如何，与光耦的工作点有关系。可以用可调直流电压信号模拟+24V 输出直流电压的波动，用示波器观察 Q_{102} 的工作状态，调节 R_{212}、R_{213} 来改善。

所有这类工作，都没有固定的模式，而是基于对电路工作原理和器件特性的理解，善动脑经，谨慎从事，勤于试验，逐渐积累。

6.4.7 读图由分析回到综合

一套完整的焊机图纸，通常还包括引弧器电路、保护气体（如氩气、CO_2 气等）控制电路、送丝控制电路等。在 ARC160 的 6 张图纸中没有给出这些外围控制电路。为此，除这套图纸之外，又给出一张类似的 TIG-200 钨极氩弧焊机电路图供学习参考。前面没有分析到的部分，在全图中都可以找到，但需要读者自己去分析。读图不但要有分析，还要有综合。读者可以利用这张全图来帮助自己进行综合，锻练自己的能力。最终的目的，是要学会逆变焊机的调试与修理。学调试与修理的关键是什么？是"修理"，即修习焊机之理——修习电路的原理，掌握逆变的道理，精通控制的机理，修炼测试的法理。难题当头勇者胜，前路漫漫唯自强。

附：ARJ160 钨极亚弧焊机全套原理电路图两套

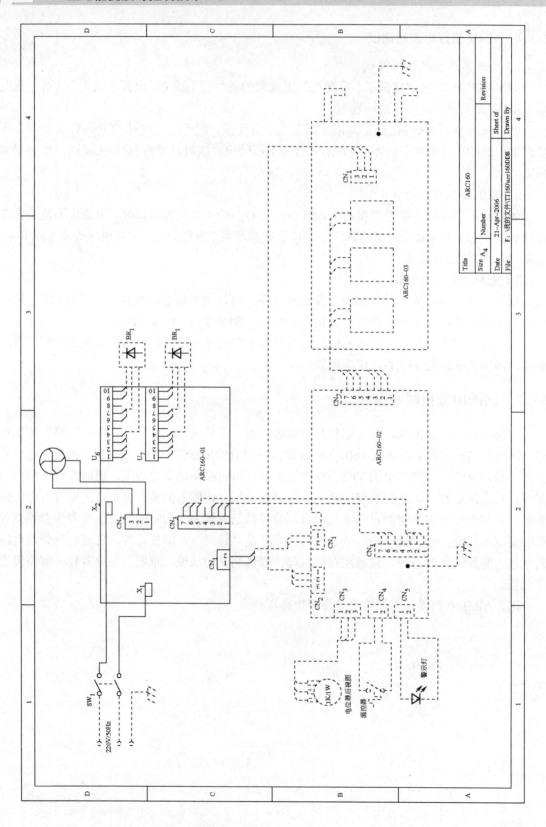

模块六 电焊机的革命——由工业电能的电磁变换到电力电子变换

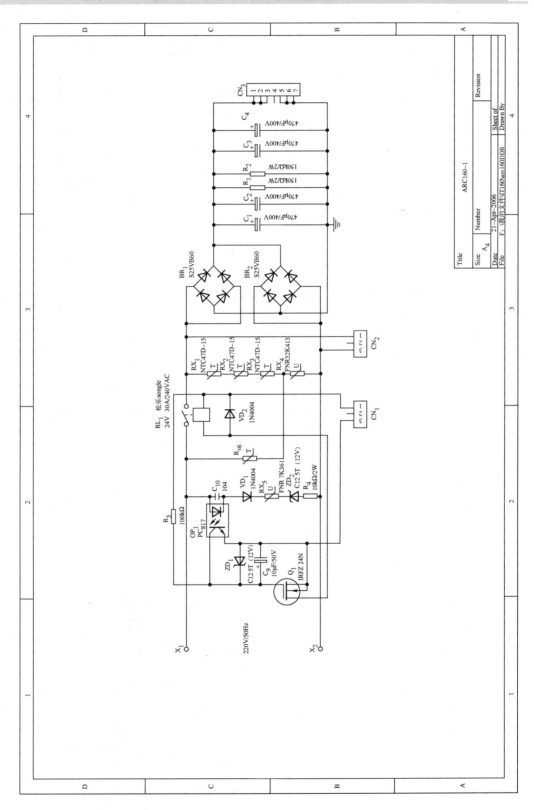

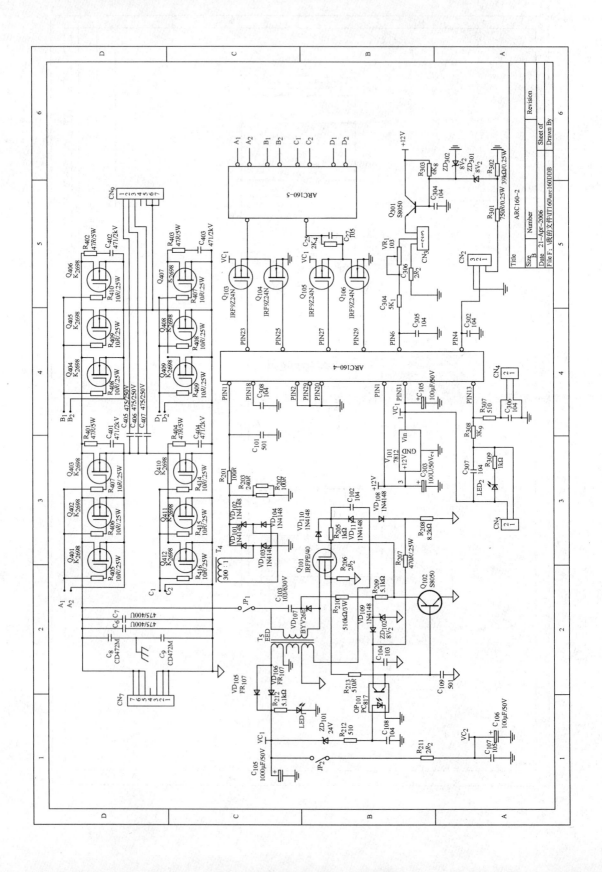

模块六　电焊机的革命——由工业电能的电磁变换到电力电子变换

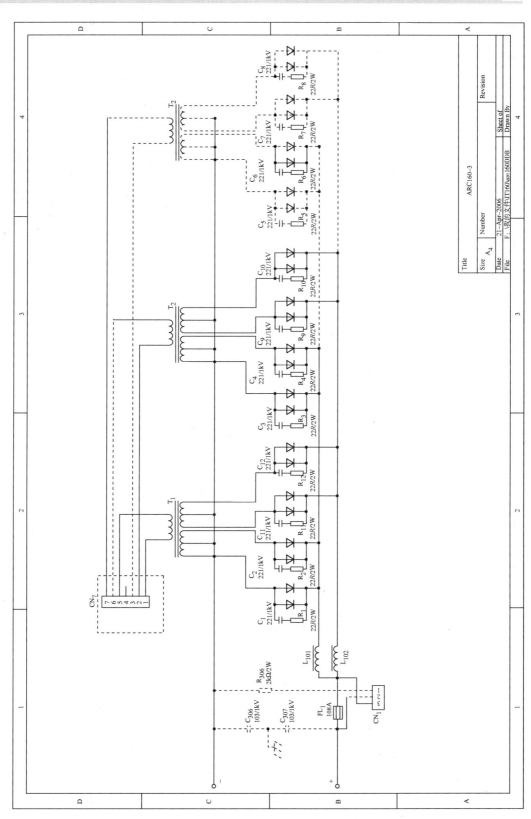

302 工业电能变换与控制技术

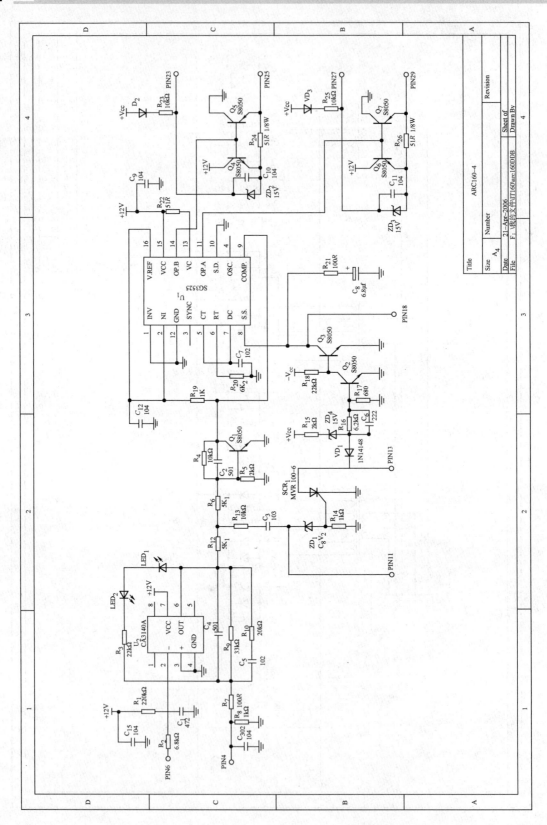

模块六 电焊机的革命——由工业电能的电磁变换到电力电子变换

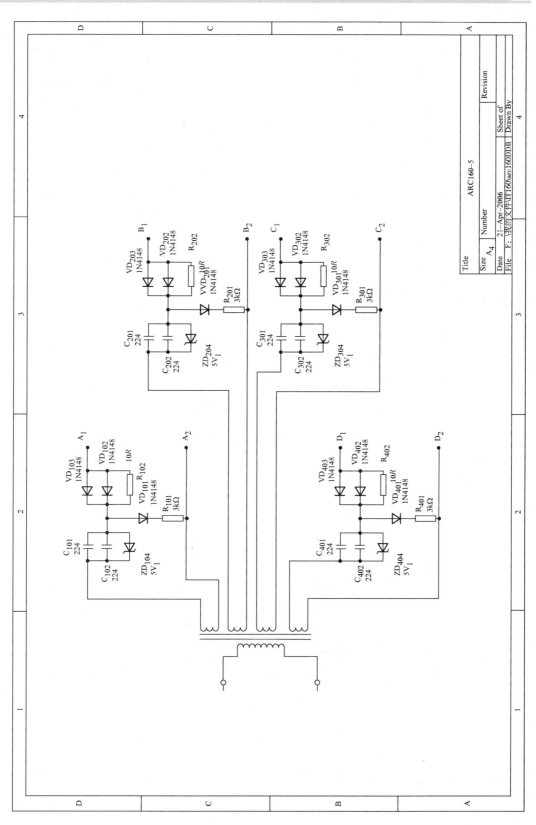

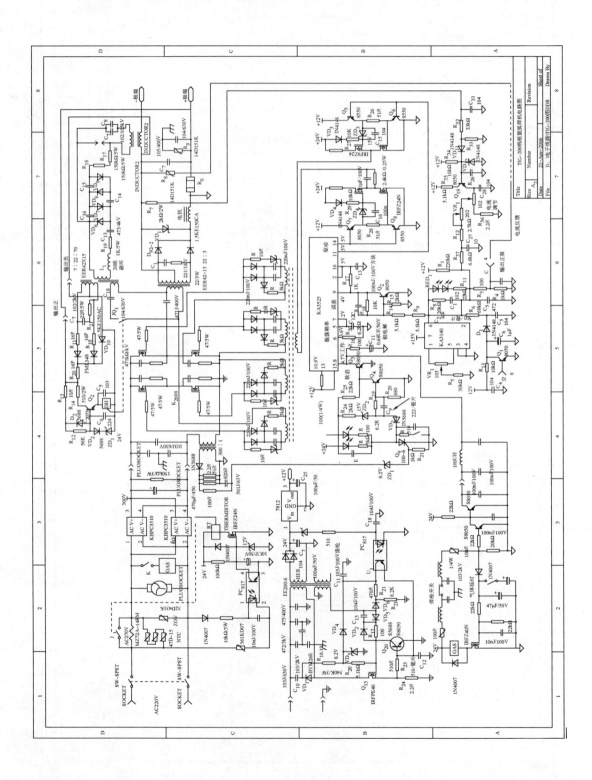

模块六 电焊机的革命——由工业电能的电磁变换到电力电子变换

本模块参考文献

[1] 郑宜庭，黄石生.《弧焊电源》(第2版)，高等学校使用教材. 北京：机械工业出版社，1988.11.

[2] 中国机械工程学会，潘际銮.《焊接手册，第一卷，焊接方法及设备》. 北京：机械工业出版社，1992.11.

[3] 黄石生.《新型弧焊电源及其智能控制》. 北京：机械工业出版社，2000.9.

[4] 黄石生.《逆变理论与弧焊逆变器》. 北京：机械工业出版社，1995.5.

[5] 赵家瑞.《逆变焊接与切割电源》. 北京：机械工业出版社，1995.12.

[6] 谢海兰.《焊接设备的工作原理与维修》. 北京：广东科技出版社，2001.7

[7] 张光先.《逆变焊机原理与设计》. 北京：机械工业出版社，2010.1.

[8] 魏继昆，谭蓉.《先进焊接设备与维修》. 北京：机械工业出版社，2007.9.

[9] (德)弗里西，弗罗.《电子调节技术入门》. 刘锦江，译. 北京：水利电力出版社，1984.11.

[10] 中国集成电路大全编写委员会，赵保经.《中国集成电路大全，集成运算放大器》. 北京：国防工业出版社，1985.2.

[11] 刘凤君.《现代高频开关电源技术及应用》. 北京：电子工业出版社，2008.1.

[12] On semiconductor,《SG3525A pulse width modulator control circuit》, http: //OnSemi. Com.

模块七　电力传动革命——走向高性能和高效率

"强电弱电本一家，频率界里弱胜强。信息轻扬飞环宇，能量凝重举步难。电子开关终问世，强电弱控神威扬。功率变换演拓扑，双剑合璧登华山。"在模块六里论述频率革命——电焊机革命和开关电源革命时，我们曾在"华山道上"题写了这首诗。每每念及，我们都要为20世纪人类这一辉煌成就感叹不已。现在我们要到华山顶上，会一会频率革命的主角——电力变频器。这首诗拿来描写变频器革命——电力传动技术的革命，也是最恰当不过的了。在变频器的前面，加上"电力"二字，是要强调，这变频器是拿来进行功率变换的，是强电的，而不是进行信息变换的，不是弱电的。弱电领域的变频器，即通信领域的变频器早就有了。两种变频器不是一回事。

任务1　初步认识电力传动革命的主角——电力变频器

7.1.1　传动技术的变革——从遥远的历史中走过来

人类很早就学会了利用自然力传动。水车、水碓、风车，这些古老的机械，日夜不停地工作，不要人看守。这些机械不污染环境，不消耗资源，不占用劳动力，是真正绿色的机械。现在还是山间、河畔、农家最美丽的景观。不过这种动力很小，也不是随处都有，所以成不了大气候。

人类也早就学会了利用畜力传动。毛驴拉磨马拉车，水田无际牛背犁。在传统的农业社会里，这是普遍的动力来源。这种动力虽然不像水力、风力那样受到限制，随处可用，但能力很小，而且还离不开人。人驾马车人扶犁。人也得出力，也很辛苦。当畜力也无法利用时，就只有靠人了。旧中国的一些落后的矿山中，就是靠人力抽水。在矿井中，工人站在冰侵的水里，不停地拉推活塞式抽水机，否则，矿井就会被水淹了。

工业社会的摇篮是手工业作坊。作坊中的纺织机，是人力传动的。人力传动不可能带来工业生产。蒸汽机的发明改变了一切，动力传动代替了人力传动。生产率成10倍、20倍的

模块七　电力传动革命——走向高性能和高效率

提高。工业生产方式战胜了手工业生产方式。工业社会的胚胎就从这里开始了。最初的动力传动，是蒸汽机通过皮带轮传动作坊上部的一根天轴，天轴再通过若干个皮带轮传动下面的纺织机。作坊逐渐地扩大生产规模，变成了车间。但蒸汽机太笨了，少不了锅炉，要烧煤，不能移动，还要天轴，速度慢，不稳定。想进一步扩大规模、增加产量、提高质量，是行不通的。蒸汽机被柴油机取代，虽然好了一些，根本问题还是没有解决。只有电能的发明，才再次改变了一切。电力革命代替蒸汽革命。蒸汽机移走了，锅炉调到发电厂里去了，天轴也退休了。电力给了每台机器一颗强大的心脏，机器可以装到任何地方。大规模的车间，大规模的工厂开始出现。工业生产变得无比复杂，无比强大，简直无所不能（也无污染）。

机器从天轴下解放出来，独立了，自由了，个性也开始表现出来了。速度、运动规律、运动轨迹、转矩、功率等，都是机器的个性。不同的生产，不同的机器，需要有不同的个性。电力虽然给每台机器都提供了动力，却无法提供如此多种多样的个性。机器首先需要有不同的转速，电力连这个要求也难以满足。三相异步电动机样样都好，就是太呆板，死脑筋，只知道几种转速。可是车辆要调速、电梯要调速、运输机要调速、机床要调速、挖掘机要调速、注塑机要调速、轧钢机要调速、给料机要调速、水泵要调速、风机要调速、……于是，在需要变速调速的领域，只有两个办法。一个办法是电机变速、调速做不到，由机械变速、调速来代替；另一个办法是交流异步电动机调速做不到，由直流电动机来代替。

在大多数情况下，机械只能做到变速或者称为有级调速，而不能做到调速或者称为无极调速或连续调速。机械变速主要是由齿轮传动实现的。有了电动机，取消了天轴，主要的传动和变速任务就由齿轮来承担了。齿轮做得也果然很出色。现在哪台机器能够没有齿轮传动？大部分传动是它的天下，高刚性的、精密的传动更非它莫属。但齿轮传动也使机器的结构变得很复杂，很不灵活。更主要的是它只解决了变速问题，没有解决调速问题。

在很长的一段时间里，能够解决连续调速问题的，只有直流电动机。直流电动机是调速性能最好的电动机。所以，自从电力传动登上历史舞台，就有了交流传动与直流传动的竞争。结果是在恒速传动中，交流（鼠笼式）异步电动机赢了，因为它最简单、最可靠、最便宜。但在调速传动中，并激式直流电动机赢了。因为它的调速性能无可取代。但它还是赢得不彻底，它有两个大问题：一是直流电动机很复杂、成本高、效率低、故障多、修理难。在这些方面，它根本无法与鼠笼式电动机相比。另一个是没有容易得到的直流电源。原因是直流电没法通过电磁变换来变压，所以没有直流电网。而这恰恰是三相交流电的特长。于是，如果要用直流电，只能现做。那就是先搞一套电动机-发电机组。用鼠笼式电动机拖动直流发电机发电，再拖动直流电动机调速传动。像龙门刨床，调速是很重要的，就采用这种办法，称为 D-F 机组传动。更早称为 Г-Д 机组传动。这样性能是很好了，但效率却比较低。晶闸管发明后，这个办法就落后了。D-F 机组，逐渐被晶闸管整流器取代，效率有所提高。不过直流电动机本身的缺点还存在。所以，现在 SCR 直流电机调速传动的龙门刨床，又在被变频调速传动和 PLC 控制的龙门刨床所取代。先决的条件，就是因为发明了 IGBT，发明了电力变频器。

电力变频器的发明，是电力传动技术上的划时代发明。有了它，传动技术终于从漫长的历史走进了现代。

7.1.2 变频器与逆变焊机的比较

变频器和逆变电焊机都用到了 DC/AC 变换，都使用了 PWM 控制技术，都是频率革命的产物。但变频器不是电焊机。电焊机中的 DC/AC 变换，AC 的频率是固定的几十上百千赫兹的高频，是定频的逆变技术。而变频器的 DC/AC 变换，所产生的 AC 是可变可调的 0～50Hz（0～60Hz、0～400Hz）的低频，是变频的逆变技术。在变频器和电焊机中，产生 PWM 控制信号，都以三角波或锯齿波为载波。但电焊机中产生 PWM 脉冲使用的是水平波调控信号，变频器中产生 PWM 脉冲使用的是正弦波调控信号。两种不同的调控信号与三角波或锯齿波相比较，前者得到的 PWM 脉冲列，在一个周期中是等宽的；后者得到的 PWM 脉冲列，在一个周期中是宽度按正弦规律分布的。

电焊机是一种移动设备，功率比较小，应用面很宽，分布很广。当前逆变焊机应用中主要的问题是产品的标准化问题和维修问题。这两个问题都比较难，又互相牵连。厂家多，产品多，修理自然很麻烦。送到远处去修，不方便、不合算、不应急，最适合在本地维修。但目前懂得逆变焊机的原理，能够修理逆变焊机的人还比较少。修理逆变焊机，必须能够看得懂图纸，懂得逆变控制的原理和检测方法。最好还能够抄板测图，把原理图化（画）出来。所以，在电焊机模块六中，重点是学习电路原理，进行线路分析，讨论测试方法。

变频器是一种固定设备，当前主要是应用在工厂中。电压高、低都有，功率大、中、小都有。电路比电焊机更复杂，产品更规范一些，价格更贵的多。正规的厂家，对销售到工厂中的变频器，会建立数据库，进行技术支持和管理。运行中遇到问题，可以向厂家咨询。出了问题，可以请厂家修理。厂家对图纸和技术资料都很保密。请厂家修在目前是比较好的办法。自己修，不仅没有图纸，也没有备件。在工厂中，变频器的"岗位"都是比较重要的"岗位"，不允许长期停下来影响生产。所以变频器应用系统，一定设计有备用电源。变频器出了故障，就让它立即"下岗"，让备用电源顶上去，确保不耽误生产。下了岗的变频器怎么办？找厂家。

所以，当前变频器的问题不是如何修而是如何用的问题：在哪里用和怎么用？因此，与电焊机模块不同，这个模块中将不涉及变频器的内部线路，也不涉及变频器的全部知识，而把重点放在变频器应用系统如何设计、调试和运行上。变频器应用系统是一个完整的系统，变频器是这个系统的主体之一，还有另外的主体即变频器的负载——电动机及其所拖动的工作机。此外，还有很多相应的外围元器件和电路与主体互相配合。一定要记住，重点是系统，不是元件。在这个模块里，将不再讨论变频器的基础知识，这些知识在专门的变频器课程中都已经涉及，读者可以参考。

学习总是从模仿开始的。模仿是人类最基本的学习方法。案例就是模仿的对象。不过在这个模块中，将不再以设备的电路图为分析案例，以一个具体的变频器工程应用系统的设计和实现为案例。除了在前面对变频器的应用做一些最简单的介绍外，就把工程应用的案例文件和图纸直接呈现在读者的面前，让读者自己去思考。

7.1.3 变频器的基本电路和应用系统的构成

变频器的控制电路比较复杂，但主电路相对比较简单。如图 7.1.1 所示。右上方的虚线框内是变频器的主电路，这是任何一个三相变频器都必须具有的基本电路。下方的虚线框内，是变频器系统的一个可选用的单元，称为回馈单元。其作用是在减速或停机时，将多余的能量回馈给电网,以提高传动的效率。这是效率最高、性能最好的传动系统,但是造价较高。有的变频器还没有这个选件。如果可选件改用能耗制动单元,性能还是可以的,造价要低些,但效率也要低些。因为减速和停机时多余的能量都转化为热能浪费掉了,如果两种选件都不要,造价更低,但不能制动,减速和停机的时间就要延长,生产率就要降低。

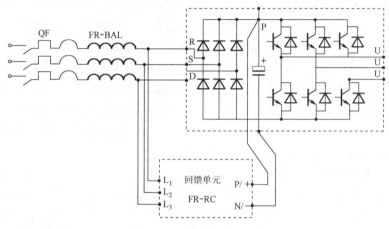

图7.1.1 变频系统的主电路

除了变频器有可选件以外,其外围配套设备也有可选件。图7.1.1的左边,QF是进线断路器,这是操作与保护所必需的。FR-BAL是进线电抗器。其作用是进行谐波干扰信号的隔离,防止变频器对同一电网中其他设备特别是电子设备的干扰。除此以外,可选的外围配套元件还有直流母线电抗器、出线电抗器、进线滤波器、出线滤波器、进线交流接触器、出线交流接触器等,如图7.1.2所示。这些元件是否需要,如何取舍,是一个技术-经济问题,是应用系统设计必须解决的问题。如何解决,既依赖电工理论,也依赖工程实践经验,应该认真对待。

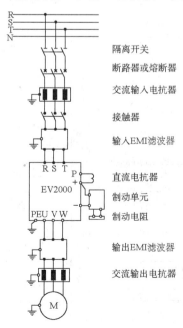

图7.1.2 变频器应用系统的外围配套元件

7.1.4 变频器的外部接线图

变频器的主电路看似简单，这只是表面现象。主电路中的实际电磁过程其实非常复杂。"功率变换演拓扑，双剑合璧登华山"，这里面是有很深的含义的。就是因为主电路中这些复杂的电磁过程，才需要复杂高速的控制。这就决定了控制电路的复杂性。但对于应用者而言，不可能去研究这些问题，也无法去研究这些问题。对于应用者，重要的是应用系统怎么构成、怎么设计、怎么安装、怎么接线、怎么调试、怎么试车、怎么运行。

要解决好上面这些问题，必须认真地、仔细地、反复地阅读和研究变频器的说明书。网上可以下载很多厂家的变频器说明书。这些说明书都写得非常详尽具体，包含比一些书本更多的实用信息，是很好的学习资源。网上还有很多热心讨论和传播变频器应用技术的人，其中不乏高手，也是非常珍贵的技术之源。不要局限在自己有限的实际经验之中。"它山之石，可以攻玉"，要善于把别人的经验变成自己的经验。

每一种变频器的说明书，都采用了大量的图来说明变频器如何应用。其中最重要的就是变频器的对外端子接线图。这是统领全局的一张图。无论是做系统设计，做设备安装，还是系统调试，这都是最关键的一张图。这张图上的每一个接线端子有什么用，怎么用，都要彻底地搞清楚。特别是给定信号和反馈信号怎么输入，模拟信号怎么输出，开入和开出信号怎么连接，在变频器的逻辑控制中怎么起作用，怎么进行远程通信与控制，干扰信号怎么抑制，接地怎么进行等都是关键，也是难点。图7.1.3是一种变频器的外部端子接线图。这类图都大同小异，集中力量搞清楚一个，就可以触类旁通了。

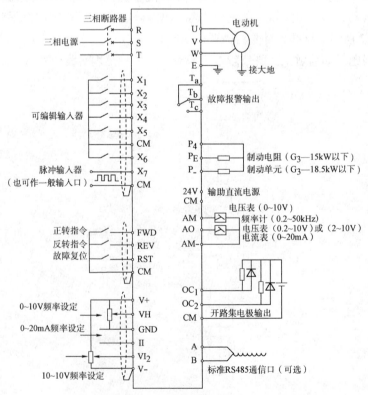

图7.1.3　CVF-G3P3通用变频器对外端子接线图

7.1.5 由变频器的发明到变频控制理论的发展

三相异步电动机的同步转速为

$$n_0 = \frac{60 f_1}{p_1} \tag{7.1.1}$$

实际转速为

$$n = \frac{60 f}{p_1}(1-s) \tag{7.1.2}$$

式中，p_1 是定子磁极对数，f_1 是电网频率（50Hz），f 是定子实际供电频率（$0 \leqslant f \leqslant 50$Hz），$s$ 是转差率。

s 的值很小，变化也很小。所以实际转速主要决定于定子的供电频率 f。从式（7.1.2）看来，如果把 f 由 50Hz 降低为 25Hz，实际转速似乎也应该降低到原来的 1/2。可实际情况并没有这么简单。这样做并不能达到预期的结果。原因是电动机的电路阻抗，主要是由电抗构成的。而电抗是与频率成正比的。把频率减小 1/2，电抗因而也跟着大大减小。所以，如果定子供电端电压不变，电流就会大大增加，由定子传向转子的气隙磁通也跟着增加，气隙磁通是传递转子功率的。转子所得到的功率增加，转速又会增加。所以实际转速并不是恰好降低到原来的 1/2。那要怎么办呢？最简单的办法是把定子供电端电压也降低 1/2，即由 220V 降低到 110V。这等于使气隙磁通保持不变，称为恒压频比控制，即保持 u 与 f 之比为对常数 c 的控制，即

$$c = \frac{u_1}{f_1} = \frac{u}{f} = \frac{220\text{V}}{50\text{Hz}} = 4.4 \text{ V/Hz} \tag{7.1.3}$$

在改变频率的同时，也按相同的比例改变电压。所以变频调速应更准确地称为变压变频调速，或简称 VVVF（Variable Voltage Variable Frequency）调速。这就是恒压频比控制律。开环变频调速控制就是按照这个控制律进行控制的。频率只给定，不反馈，虽然控制精度不是很高，控制性能不是特别的好，但也可满足一般的要求，属于通用级的变频调速。由于其简单可靠，应用范围还是很宽的。如水泵、风机等负载，就适合选用这一类变频调速。

变频器是变频调速系统的硬件，变频调速控制理论是变频调速系统的软件。要实现变频调速，没有硬件不行，没有控制软件，不知道硬件怎么用，也不行。两者是相辅相成发展的。恒压频比控制理论，就是变频调速控制理论的一种。

如果调速性能要求更好，控制性能要求更高，开环变频调速控制系统就满足不了要求了。高性能的控制，要求发展先进的变频调速闭环控制理论。在先进控制理论产生之前，虽然发明了变频器，发展出了恒压频比等变频调速控制理论，但交流电机变频调速系统的性能，仍然赶不上直流电机。其原因在于交流电动机与直流电动机的结构和工作原理之不同。

转速控制的本质，实际上是转矩控制。当电动机的转矩大于负载的阻力矩时，转速就要上升。当电动机的转矩小于负载的阻力矩时，转速就要下降。当且仅当电动力矩等于阻力矩时，转速才保持恒定。直流电动机的电磁转矩表达式为

$$M_n = C_m \Phi_m I_d \tag{7.1.4}$$

异步电动机的电磁转矩为

$$M_n = C_m \Phi_m I_2' \cos\phi_2 \tag{7.1.5}$$

式中，C_m 为电机常数，Φ_m 为气隙磁通，I_d 为直流电动机电枢电流，$I_2'\cos\phi_2$ 为转子电流的有功分量（折算到定子上）。这两个公式的相同点为电磁转矩都等于气隙磁通 Φ_m 与转子电流两个变量的乘积。所不同的地方是直流电动机的 Φ_m 由定子的励磁电流决定，I_d 则为转子的电流，这是两个互相独立的变量，没有耦合，可以分别进行控制。通常是保持 Φ_m 不变而控制 I_d。也有保持 I_d 不变而控制 Φ_m 的。无论是哪一种控制，都可以得到可以计算和预测的转矩和转速控制的结果。这就是直流电动机控制简单精确、调速性能优良的原因。而异步电动机则不同，气隙磁通 Φ_m 和转子电流 I_2，都是通过定子电流 I_1 来传送的。这是两个互相影响、共同耦合在 I_1 中的非独立变量，如果不能解耦，就不能像直流电动机那样，固定一个而控制另一个。这就是异步电动机转矩和转速控制复杂、调速困难的根本原因。不解决变量解耦的问题，高性能的异步电动机闭环调速控制理论就建立不起来，异步电动机的变频调速控制性能就赶不上直流电动机。

异步电动机与直流电动机在调速领域里的激烈竞争，推动着问题的解决。遵循着通过解耦把异步电动机变为直流电动机来进行控制的思路，1971年，德国的 F.Blaschke 找到了解决问题的办法，创立了异步电动机矢量变换控制变频调速的理论。这是一种高性能的变频调速闭环控制理论。F.Blaschke 通过坐标变换，把耦合在定子电流 I_1 中的两个变量分离开来。一个是代表气隙磁通 Φ_m 的励磁电流分量；另一个是代表转子电流的转矩电流分量。固定 Φ_m，即固定励磁电流分量，而改变转矩电流分量，再把两者重新耦合，还原为三相电流，对异步电动机进行供电。这样，异步电动机的转矩和速度控制，就具有了直流电动机的特点。

用通俗的话来讲，坐标变换就是换一个角度来看问题。看问题先要有一个坐标系。同一个问题，从不同的坐标系去看，结果是不一样的。例如，站台上的人，以站台为坐标系，看到自己旁边的人都是静止的，而车中的人都是运动的。车上的乘客，以车厢为坐标系，看到站台上的人在运动，车厢中的人却是静止的。看电动机也是一样。站在地面上看，定子旋转磁场以同步转速在旋转，转子则以实际转速在跟着旋转。如果站在定子的旋转磁场上看，看到的旋转磁场是静止的，转子以转差速率在旋转。而站在转子上看，看到的转子是静止的，旋转磁场以转差速率在旋转。所以，从不同的坐标系上看到的现象不同，写出的方程式也不同。当然，现象不同，本质还是一个。但如果坐标系选得不合适，简单的问题可以变得很复杂。而坐标系选得好，复杂的问题也可以变得简单。这就是思路，方法。解决问题的关键，就是思路，方法。而在这里着重介绍的，也就是思路与方法，而不讲具体怎么去进行矢量变换。

矢量变换或坐标变换，是一种数学变换，或者说是用数学方法进行的信息变换。这一变换不改变信息的本质，而改变它的形式，使其便于进行控制。实际上，人们并不能真的站到转子上或定子的旋转磁场上去。不过没有关系，人有脑袋，可以通过数学变换"站"上去。矢量变换将控制对象（异步电动机）模型化，通过对模型的数学运算，使复杂困难的控制问题变得简单容易。这些变换控制的程序和软件，是由专门的公司来做的，不需要再去深究，但一定要懂得它们的用途和选用的原则。如果需要的控制是一般的要求，选简单的恒压频比开环控制就可以了。如果需要的是高性能的控制，就可以选用矢量变换闭环控制系统。

矢量变换控制理论的发明，引起了变频控制理论的蓬勃发展。各种矢量变换控制理论相继提出，然后又出现了直接转矩控制等新的变频调速控制理论，各展所长，争奇斗艳。控制理论和控制技术的发展，还将继续下去。

任务2　认识高性能变频调速技术对生产发展的革命性影响

7.2.1　变频器革命的重大成果和电力变频技术的应用方向

由工业化走向信息化，是现代社会发展的必然趋势，是国家发展的重大战略。用电子技术、控制技术、信息技术、计算机技术改造传统技术和创造新技术的产业革命正在如火如荼地展开。高性能、高效益的控制系统不断出现。任何控制系统都要由感测、控制与执行三大部分组成。变频器就是工业电能变换与控制系统中最重要、最普遍、应用最广泛的不可取代的执行器之一。可以说，没有电力变频器，就没有现代产业革命。

电力变频器的发明和技术发展，带来了以下影响：

① 电力传动由恒速走向调速。

② 电力传动由直流调速走向交流调速。

③ 电力传动由粗性能走向高性能，包括高速性、高稳定性、高复杂性、高精准性、高可靠性，从而带来了机器结构的革命性变化，生产流程的革命性变化，生产质量和品种的革命性变化，生产效率的革命性变化。

④ 传动系统和机器结构由复杂走向简单，由呆板走向灵活，由单一走向模块化、组合化。

⑤ 功率调节出现革命性的变化，电、水、油、流（体）、风、气等各种功率系统的调节由高能耗、低效率走向低能耗、高效率，大幅降低工业能耗，有效减少碳排放，改善环境质量。

7.2.2　高性能变频调速技术的应用领域

变频器的实际应用，正在沿着上述各种方向展开。专利中，杂志上，互联网上，不断有新成果的报道值得关注。在矿山、冶金、化工、轻工、机械、电力、煤炭、石油、建材、水泥和交通运输等各个领域，变频器都已经无所不在。

1. 变频器在机车上的应用

20世纪50年代是蒸汽机车牵引，60年代让位给柴油机车牵引，70年代出现了电力机车牵引，采用的是晶闸管整流器供电的直流调速传动。电力传动极大地提高了机车的牵引能力、爬坡能力和运行速度及可靠性。现在交流变频调速的机车，正以世界上最高的时速在高铁上飞奔。

2. 变频器在电动汽车上的应用

电动汽车正在走进世界。电动汽车的关键技术是大容量的蓄电池。高性能的变频调速系统也会占有重要位置。当然还有传感器、充电器等。各种先进技术都会在这个领域中激烈竞争。

3. 变频器在提升机上的应用

矿井提升机是矿山的咽喉，每天吞吐大量的矿石、物料和人员。其功率多半是几百到几千千瓦的大电机,输运高度几百到上千米。提升系统的可靠性要求极高,人命关天,对矿山生产影响巨大,是最重要的部门。提升过程是按照多阶段速度图进行速度、加速度和路程控制的过程,对系统的控制性能有较高的要求。提升重量中容器的重量占了一定的比重。这部分重量是无效的提升重量,在提升时容器吸收电能并转变为位能。下放时,大部分提升系统不能回收这部分能量,而把它白白地浪费掉了。只有具有能量回馈功能、能够在四象限运行的系统,才能够回收这部分能量。过去的矿井提升,用的是继电器-接触器控制绕线式异步电动机转子串联电阻有级调速系统,性能差,效率低。后来被晶闸管供电的直流调速系统所取代,性能有很大的提高。尔后交流变频调速和PLC控制进入了矿井提升系统的改造中,形成了交流变频调速传动与直流调速传动并列竞争的局面。再晚一些,具有回馈功能的级联式高压变频器出现,开始改变两者的力量对比,局面向有利于交流传动的方面倾斜。

4. 变频器在电梯上的应用

电梯与提升机属于同一类负载。但电梯的使用量要多得多。电梯的变频传动与控制技术已经成熟。已经有电梯专业变频器的供应。图7.2.1是艾默生EV3100电梯专用变频器的主系统电路原理图。图7.2.2是EV3100的外部端子接线图。从这张图看到,变频器采用电阻能耗制动。在制动时,把直流母线上的电能送到制动电阻上变成热能丢掉,而不能回馈到电网。各种输入和输出控制信号的接法和作用,以及变频器功能的设置,在《EV3100系列电梯专用变频器用户手册》中均有详尽说明,建议读者到网络上下载。作为一个"麻雀",要一项一项地搞清楚。

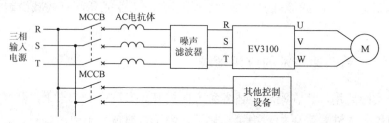

图7.2.1 艾默生EV3100电梯专用变频器系统主电路原理图

5. 变频器在给料机、运输机上的应用

运输机是在生产流程中输运物料的设备,如皮带运输机。给料机是向生产设备输入物料的设备,如锅炉给煤机。物料流的多少,要根据生产规模和运行工况实时进行调节。这是保证生产过程高效、优化、稳定运行的重要条件。所以,给料机、运输机的运行速度应该进行实时调控。已有的生产设备,给料机可能采用了电磁转差离合器拖动。很多皮带运输机则没有调速传动。这不一定是不需要,而是过去没有条件。现在条件具备了,需要采取行动。

模块七 电力传动革命——走向高性能和高效率

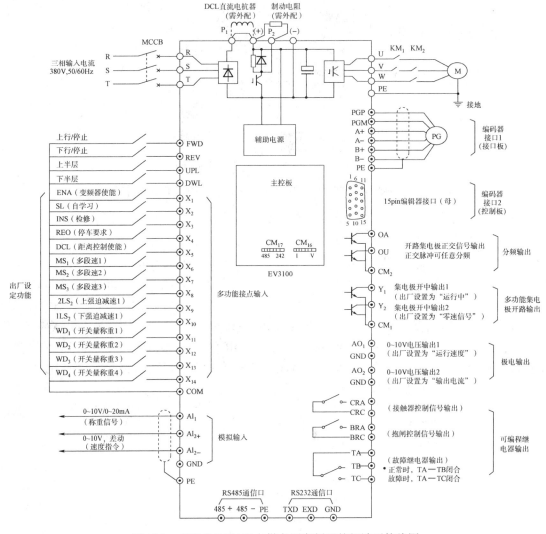

图7.2.2 艾默生EV3100电梯专用变频器外部端子接线图

6. 变频器在数控机床上的应用

机床是齿轮传动的天下。机床对运动速度、刚度、准确度、稳定度的要求都是最高的。在过去，唯有齿轮传动最能满足这些要求。齿轮传动是恒功率传动，速度越低，转矩越大，这正是机械加工所要求的特性。但是齿轮传动只能得到有限挡的速度。齿轮传动还使机床结构变得很复杂，模块化、组合化实现较难。这些又是齿轮传动的缺点。这些优点和缺点，在数控机床中仍然保留着。数控机床是20世纪50年代开始出现的，现在已经成为机、电、液、气、光、磁和计算机一体化的典型设备。但机床的革命并没有停止，仍在不断前进。变频器的采用，就是其一。用变频传动来代替齿轮传动，取消了齿轮箱的一大部分，使机床的结构大大简化，模块化、组合化的灵活性大大增强，使有限挡变速变为无级调速，还拓宽了速度的上限，并保证了速度转换的连续性、快速性、稳定性。其发展前景未可限量。

图7.2.3是三晶S350高性能矢量变频器在数控机床上应用的系统原理图。

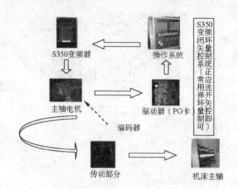

图7.2.3 三晶S350高性能矢量变频器在数控机床上应用的系统原理图

图 7.2.4 是沈阳某数控机床厂用英威腾 CHV100 系列高性能矢量变频器构成的数控机床主轴传动与控制系统图。图 7.2.5 是变频器的接线原理图。系统由 CNC 数控装置、CH100-5R5-4S 变频器、100Ω/520W 制动电阻、5.5kW 调速电机组成。变频器的控制指令,包括频率指令和运行指令,由机床的计算机数控装置 CNC(Conputer Numerical Control)发出。变频器根据指令控制电动机的转速,通过同步皮带轮传动驱动主轴运动。主轴变速箱被大部分简化甚至完全省掉。无级调速范围达到 30~4500r/min。系统的特点是电机散热好,低频(1~10Hz)转矩大(150%额定转矩),转矩动态响应快,稳速精度高,减速停车快,具有电机参数自学习功能。变频器是一个强干扰源,CNC 是对干扰很敏感的系统,所以变频器的出线上套装磁环以减弱变频器对 CNC 的干扰。

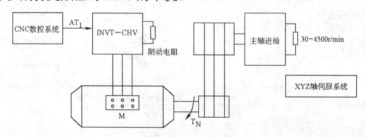

图7.2.4 用CHV100高性能矢量变频器构成的数控机床主轴传动与控制系统图

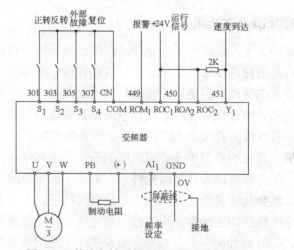

图7.2.5 数控主轴系统变频器接线原理图

7. 变频器在造纸机上的应用

变频器在每一个行业的应用，都促进了该行业的技术进步和生产发展。越是工艺复杂的行业，这种促进就越明显。造纸就是一个很好的例子。造纸是中国人在公元 105 年发明的。现代造纸技术已经成为非常先进的自动化工业生产技术。造纸行业已经是一个大工业行业。2005 年世界纸产量达到 3.67 亿吨。其中，美国 0.82 亿吨，中国 0.56 亿吨，居第二位。

由原料到成品，造纸要经过一个很长的流程，如图 7.2.6 所示。这样长的流程，决定了造纸机的结构特点和功率需求与控制要求。这就是"身长辊多功率大，运动协调控制难"。以 2730/500 型长网多缸造纸机为例，真空伏辊、驱网辊、导网辊、吸移辊、压沟纹辊、压榨辊、引纸辊、门辊、上料辊、弧形辊共 22 个，主传动变频电机 36 台共 1389kW，辅助传动电机 50 台共 49.28kW。这么多的电机，驱动一大群缸、辊、轮等类部件，自动协调地实现精确的群体运动，共同形成一条长长的柔弱纸链，连续生产出纵、横、竖三个方向都有严格质量要求的一大卷一大卷的优质纸，可见控制要求有多高，实现有多难。为了进一步理解这段话的意思，读者可以看看几张图片如图 7.2.7、图 7.2.8 和图 7.2.9，想像造纸机的结构。

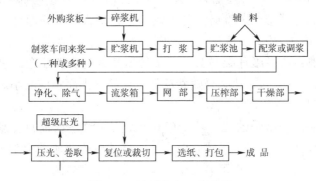

图7.2.6　抄纸生产工艺流程

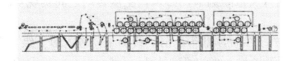

图7.2.7　某型造纸机系统总图

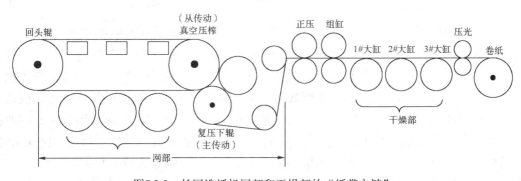

图7.2.8　长网造纸机网部和干燥部的"纸带之链"

图7.2.9 长网造纸机生产纸卷时末端的照片

一长链的电动机要按照各自应有的速度精确协调地运行,调速传动与控制自然是最重要的。过去只能采用直流调速传动,现在直流调速传动已经被交流调速传动所取代。这里会遇到很多的控制问题。具体问题如下。

① 开车控制:必须软启动开车,缓慢升速,否则,就会拉断纸带。

② 喷涂速度控制:纸带的速度必须与喷涂工艺相配合,保证喷涂的质量。

③ 干燥速度控制:纸带的速度必须与干燥工艺相配合,保证通过干燥部时,干燥度按照工艺设计的速度,由2%的干燥度逐步提高到98%以上的干燥度。

④ 收卷速度控制:收卷纸速要与其前一级的压光纸速协调配合,快了会把纸拉断,慢了纸会起皱褶。所以收卷机的转速必须随着纸卷直径的增大而相应减小。如果前一级的纸速变化,收卷纸速也要跟着变化。

⑤ 同步速度控制:在纸带的某一段,有多个纸辊,这些纸辊的线速度必须相同。如果速度不同,可能断纸,也可能出现皱褶。但由于各电动机的转速-转矩特性曲线难免有差异,并且电网电压时时在波动,负载也可能发生变化,甚至是突然的变化,使得速度的同步性随时都可能被破坏。为此,可以采用主从速度同步控制,使后一级的辊速跟随前一级的辊速进行自动调节。而为了实现主从跟随调节,必须在主从传动之间实现实时通信。这只有采用网络控制才能做到。

⑥ 张力控制:相邻两级纸辊,纸带从前一级出来,进入后一级。设前一级的纸速为 μ_i,后一级的纸速为 μ_{i+1},后级与前一级的纸速比为

$$k_i = \frac{\mu_{i+1}}{\mu_i} \tag{7.2.1}$$

式中,当 $k_i=1$ 时,两级纸速相同,纸带中存在纵向张力,就是速度同步控制。若 $k_i<1$,说明前一级出纸多,后一级进纸少,必然出现皱褶,这是不允许的。若 $k_i>1$,则后一级要多进,前一级却只能少出,供不应求,纸带中就会出现纵向张力。这个张力要进行控制。沿着纸带前进的方向,纸带的湿度逐渐减小,干燥度逐渐增加。湿度小的纸带段,应该没有张力或张力较小。随着干燥度逐渐增加,张力也应该逐渐增加,但也要限制在允许的范围内。张力代表了纸带的弹性。张力过大会断纸。张力过小又会产生纸带飘动,出现褶皱,影响复卷,或影响印刷。这是纵向张力。横向张力也会影响纸卷的质量和生产过程。所以,张力检测与控制对于生产过程、生产能力和纸品质量都非常重要。张力的检测,采用特殊的张力传感器。

模块七 电力传动革命——走向高性能和高效率

⑦ 负载分配控制：通过上面的论述可以看到，纸带上各级的速度是不同的。这就形成了一个速度链，就产生了速度链控制。在速度链的某一分部，要求多台电动机的速度相同。或者多台电动机共同驱动同一个负载时，也要求速度相同。这时不但要求有速度同步控制，还要求有负载分配控制。如果负载分配不均，就会引起电动机发热、过载。所以必须进行均载控制。当电动机的额定功率都相同时，要求负载平均负担。如果电动机的额定功率互不相同，就根据额定功率的大小，按比例分担。实际的做法，是用电流代替功率来进行分配。

这些控制任务，不是彼此孤立的，而是以速度链的控制为核心有机地连接在一起的。系统的计算机控制主程序流程图如图7.2.10所示。在流程图中，首先进行速度控制，然后进行张力控制，最后进行负载分配控制。

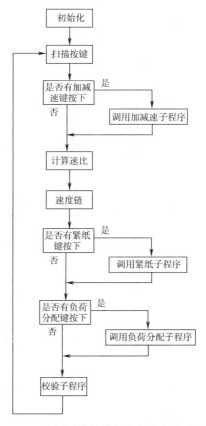

图7.2.10 造纸系统计算机控制主程序流程图

由此可见，高性能的速度链控制，对造纸生产和纸品质量是多么的重要。现代化的高速造纸，必须以高性能的控制系统来保证。这样的系统，应该是由计算机现场总线网络控制的，基于传感器检测、PLC控制和变频器执行的系统。

总线是计算机网络的基础。计算机网络中的所有元件，都靠总线连接起来，实现信息交换与通信控制。现场总线是用一对双绞线组成计算机控制网络的一种总线。它类似于一个电话机网络。所有的电话机都挂接在同一对电话线上，通过分时占用来实现连接与通话。挂接在同一对现场总线上的所有 PC、PLC 和变频器等，组成一个现场总线计算机控制网络，依靠485接口和现场总线实现分时互联和通信控制。图 7.2.11 是由 S7-200 PLC 与 $n+1$ 台变频器通过485接口组成的一个现场总线控制网络,这是实现主从速度控制、同步控制,张力控制、负载分配控制的网络。

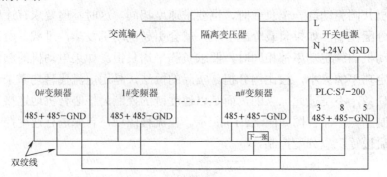

图7.2.11　S7-200与变频器组成的现场总线控制网络

图7.2.12是一段速度链控制系统的结构。请把图7.2.10与图7.2.11对照,仔细体会双绞线组网、485接口、网络通信、主从跟踪、同步补偿、张力调节、负载分配、速度链控制、传感器检测、变频器执行等概念的含义和实现方法。

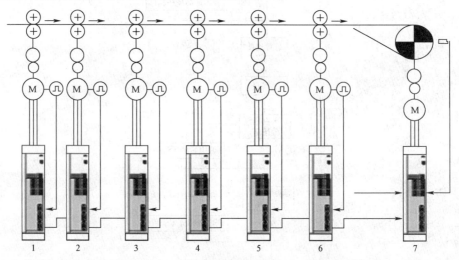

图7.2.12　一段速度链的控制系统结构

现场总线的标准有很多种。由西门子提出的PROFIBUS现场总线的技术支撑比较完善,应用比较广泛。这是目前唯一被国标GB所采用的现场总线标准。图7.2.13是一个基于PROFIBUS-DP现场总线的造纸机传动控制系统。工控PC机为系统的上位机,用于系统的监控与管理,接受人的监控操作,显示运行工况和存储历史数据。PLC为系统的中心控制器,执行PC的控制指令,总览系统的全部控制任务。速度链上的各控制执行单元为ABB公司的ACS600变频器。这些变频器通过PROFIBUS-DP通信转换接口挂接到PROFIBUS-DP现场总线上,与PLC组成PROFIBUS-DP控制系统,来同时驱动速度链上的各个负载。系统由PC工控机发送控制信号,设定运行参数和读取运行状态。数字测速部件为高分辨率的旋转编码器PG。由PG分别测量速度链中各单元的实际速度送入PLC中。PLC把收集到的各单元实际速度与设定的运行参数进行综合,按既定的同步控制策略进行运算处理,得出各单元电机的运行速度设定值,通过 PROFIBUS-DP 现场总线写入变频器中,交变频器执行。PLC 直接通过数字通信模式,按一定采样周期进行信息的输入、处理及输出,简化了系统外围模块,缩短了控制周期,提高了在线监测、运算和驱动能力,控制精度与工作可靠性进一步提高。PC 机通过通信接口读入变频器相关的运行参数,供操作人员监控和调整。系统运行参数的设定,也可通过远程通信来实现,从而降低操作故障,节省劳动力。

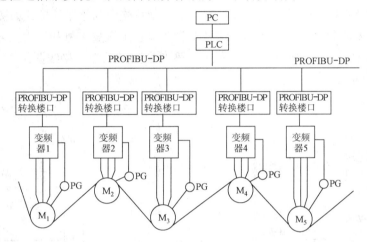

图7.2.13　基于PROFIBUS-DP的造纸机传动控制系统

8．变频器在注塑机上的应用

在当今社会中,塑料制品的应用已经十分广泛。注塑机是生产塑料制品的主要设备,应用十分普及。塑料制品的原料,是颗粒状的塑料。在注塑机中,首先通过电热,将原料融化为胶状流体,然后利用螺旋挤压,将融化的塑料挤入注塑模中,冷却后开模,取出制品。注塑机的生产,要求有很高的生产率,还要求有稳定的生产过程和严格的质量保证。其关键之一,就是要有很好的控制系统。

现代注塑机是机液电一体化的设备。用机械热压注塑与成型,用液压系统传动与操作,用电气调速与控制。从图 7.2.14 可以看出注塑机加料、锁模、射胶、保压、熔塑、冷却、开模、顶针卸料的生产过程。

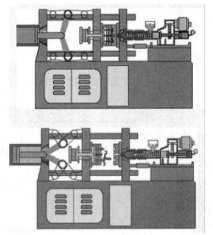

在生产过程中,需要对塑料及制品的温度变化、液压系统的压力和流量等参数进行实时控制,才能既保证制品的质量,又保证生产的效率,还保证电能的节省。在旧的注塑机中,液压系统流量和压力的调节是采用调节阀,不需要的电能都浪费到调节阀上去了。现在都通过技术改造,将调节阀去掉,改为变频调速的油泵供油。无论是压力还是流量,要多少供多少,一点也不浪费。节电率可以高达 20%～50%。变频器用于注塑机控制,可谓是一举双收,既提高产量和质量,又节约成本,降低电耗。节电的原理,在下一个任务中来讨论。

图7.2.14　注塑机和注塑生产过程

图 7.2.15 说明,变频器是怎么用于注塑机生产过程控制的。这是传动之星公司所提供的系统。在生产过程中,注塑机控制器根据注塑工艺的要求,实时向工艺过程控制器发出应有的供油压力与流量。工艺过程控制器将压力和流量值转换为变频器所能接受的压力和流量控制信号,下发到专用的变频调速系统。变频调速系统根据指令,实时调节液压泵的转速,按需要的压力和流量供油。这种双参数的注塑控制系统,比只控制压力或只控制流量的单参数注塑控制系统性能更好,效益更高。双参数注塑控制系统中变频器的接线如图 7.2.16(a)所示。这种接线需要注塑机专用变频器。这种变频器设置了流量信号和压力信号的输入口。图 7.2.16 是蓝森公司生产的 SB61Z$^+$ 型注塑机专用变频器的外部端子接线图。

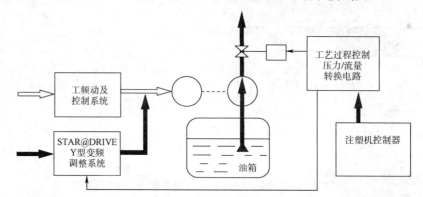

图7.2.15 注塑机液压系统供油压力/流量双参数控制

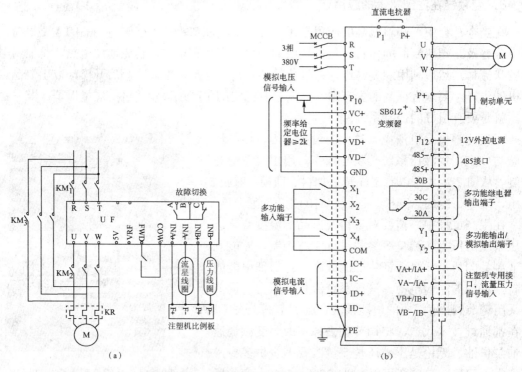

图7.2.16 注塑机双参数控制变频器接及注塑专用变频器外部端子接线图

任务3 认识变频调速对功率调节技术的革命性影响

在上一任务中，讨论了高性能变频调速传动与控制技术对社会生产各个领域和部门的变革已经产生的和正在产生的革命性影响。这是变频器革命所产生的首要和直接的结果。现在要讨论变频器革命对社会生产发展产生的另一个革命性的影响：带来了功率调节技术的革命性变化。

7.3.1 广义"流体"及功率流概念

在工业生产中，存在着各种载能的"流体"流动。如水流、油流、气流及各种流体的流动。这些"流体"的流动，都是在压力的驱动下发生的。流动都是在一定的"路"中进行的。如管子构成的水路、油路、气路等。这些"路"都有阻力。"流体"的压力要克服"路"的阻力才能推动"流体"流动。压力的来源是能量。"流体"是带有能量的。在温度变化不大的情况下，不考虑由温度所决定的"流体"的热能，只考虑机械能，即"流体"的动能、压能和势能。这些"流体"的流动，是一种能量流或功率流。"流体"在流动时，伴随着能量的转移或变化。能量转移或变化的快慢，即能量转移量或变化量与时间之比，就是流体的功率。用 P 表示压力，Q 表示流量，N 表示功率。显然，压力越大，功率也越大。同样，流量越大，功率也越大。所以功率与压力和流量的乘积成正比，即

$$N \propto PQ \quad (\text{电路中 } N \propto UI) \tag{7.3.1}$$

采用国际单位制（SI），可以是比例系数为 1。即

$$N = PQ \quad (\text{电路中 } N = UI) \tag{7.3.2}$$

"流体"的功率流是用来做功的。如有压力的水流把水送到高位水池中，水流所作的功小部分损失在克服管道的摩擦阻力并转化为热能上，大部分变换为水的位能。有压力的风克服管道、预热器和粉煤层的阻力把空气送入锅炉炉膛中燃烧。高压油推动活塞的运动。压缩空气推动风动工具等。如果功率是恒定的，工作的时间是 t，则作功所消耗的能量 E，即

$$E = Nt \tag{7.3.3}$$

7.3.2 "流体"功率流的流阻和负载及其特性

功率流经过管道等"流路"时是有阻力的。这种阻力称为"流阻"。为了克服"流阻"，必须付出代价，这就是压力损失和功率损失。电流通过电阻时，电压损失是 $U=RI$，功率损失是 $N=R^2I$。与这有点不同，"流体"通过"流阻"时，压力损失为

$$P = RQ^2 \tag{7.3.4}$$

功率损失为

$$N = RQ^3 \tag{7.3.5}$$

式中，R 表示"流阻"。

功率流的负载也要消耗压力和功率，也是一种"流阻"。不同的是，"流路"消耗的是损失压力和损失功率，负载消耗的是有用压力和有用功率。

"流阻"上压力与流量的关系,称为"流阻"特性,即"流路"特性(管路特性)或负载特性。也称为"流路"或负载的 P-Q 特性。这些特性都可以用式(7.3.4)来描述。其图像为通过 P-Q 坐标系 P 轴上一点 A 的抛物线,OA 为水泵吸入口到水源面的高差(压力),如图 7.3.1 所示。

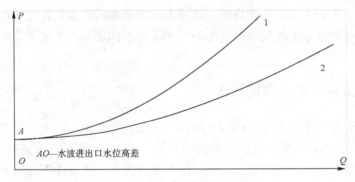

图 7.3.1 功率流系统的负载特性

7.3.3 "流体"功率流的功率源及其特性

电路要有电源,电流来自电源,功率"流路"也要有功率源。功率水路要有功率水源,功率风路要有功率风源,功率气路要有功率气源,功率油路要有功率油源。在工业生产中,各种"流体"功率源都是通过"电能→机械能→流体能"变换获得的。

应用最广泛的功率水源是离心水泵。离心水泵的工作原理示意图如图 7.3.2 所示。带有曲面叶片的水泵叶轮,在电动机的驱动下按反时针方向高速旋转。叶片在法线方向对水分子施加正压力。这压力分解为切向分力和径向分力。

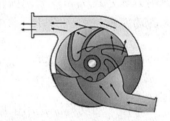

图 7.3.2 离心水泵工作原理示意

切向分力使水做圆周运动,不会形成水压。径向分力使水受到离心力而向外运动,获得水功率和形成水压力,产生功率水流。流量 Q 的大小,与叶轮直径和转速 n 成正比,即

$$Q = k_q n \tag{7.3.6}$$

从中学物理知道,以线速度 v 作匀速圆周运动的质点,向心加速度为 v^2/r。而 $v=2\pi rn/60$,所以向心加速度与 n^2 成正比,即水压力 P 与 n^2 成正比,即

$$P = k_q n^2 \tag{7.3.7}$$

把式(7.3.6)和式(7.3.7)代入式(7.3.2)便得到

$$N = k_q k_p n^3 \tag{7.3.8}$$

这三个公式可用来预测水泵变频调速的结果。设转速为 n_1 时,水泵的流量、压力(扬程)和功率分别为 Q_1、P_1、N_1,转速为 n_2 时,水泵的流量、压力(扬程)和功率分别为 Q_2、P_2、N_2,则可推出

$$\frac{Q_1}{Q_2} = \frac{n_1}{n_2} \tag{7.3.9}$$

$$\frac{P_1}{P_2} = \left(\frac{n_1}{n_2}\right)^2 \tag{7.3.10}$$

$$\frac{N_1}{N_2} = \left(\frac{n_1}{n_2}\right)^3 \tag{7.3.11}$$

如果水泵内部不存在阻力,即没有内部的压力损失和功率损失,则水泵的输出压力 P 与输出功率 N 和输出流量 Q 的关系就可以直接从式(7.3.6)~式(7.3.8)推出。但实际的水泵,内部是有阻力和压力损耗与功率损耗的。用 r 表示水泵内部的阻力,则压力损失为

$$\Delta P = rQ^2 \tag{7.3.12}$$

$$\Delta N = rQ^3 \tag{7.3.13}$$

很显然,这些损失将减小水泵的输出压力和输出功率。为了推求 P 与 Q 的关系,或实测 P 与 Q 的关系,需要先把转速固定在某一个值。例如,在设计、制造和型式试验时,把转速固定在额定值。然后推求或测量在不同的 Q 值下 P 的值,就可以得到 P 与 Q 的关系,在 P-Q 坐标系中画出在设定转速下水泵的 P-Q 曲线。设在流量 $Q=0$(测量时关闭输出管路上的阀门)时,输出压力为 P_0。这时内部压力损耗为 0。当 $Q \neq 0$ 时,内部出现压力损耗 ΔP,使输出压力减少为

$$P = P_0 - rQ^2 \tag{7.3.14}$$

这就是在设定转速下水泵的输出压力特性曲线,即功率源输出压力特性曲线。改变设定的转速,就可以得到以转速为参变量的功率源压力特性曲线族。这是变频调速水泵的输出压力特性曲线族。如图 7.3.3 所示。

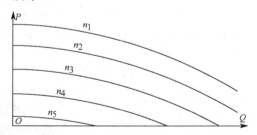

图7.3.3 以转速为参变量的水泵输出压力特性曲线族

离心风机是与离心水泵类似的一种功率源。其"流体"是空气。其结构和工作原理如图(7.3.4)所示。特性也与水泵类似,不再多说。

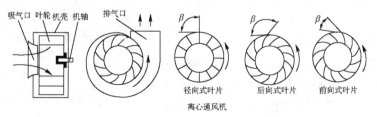

1—机壳；2—叶轮；3—机轴；4—吸气口；5—排气口

图7.3.4 离心风机的结构和工作原理示意图

除了利用离心力把机械功率传递给"流体"的功率源以外，还有其他类型的"流体"功率源。如利用旋转螺旋面的轴向推力传递机械—"流体"功率的轴流式风机和水泵。如利用缸与活塞之间、缸与转子之间、转子与转子之间的空腔容积的周期性变化或位移传递机械—"流体"功率的容积式压缩机、油泵等。图7.3.5是一种回转容积式功率气源——罗茨鼓风机的基本结构和工作原理。左边转子逆时针旋转，右边转子顺时针旋转，转子与缸壁之间形成由上往下周期性移动的封闭腔，将上方进气口的气压缩输送到右下方的出气口。排气流量与转速及封闭腔的大小成正比，与压力无关。压力取决于密封程度和负载需求，并受到电动机驱动功率的限制。

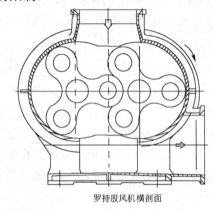
罗持股风机横剖面

罗茨鼓风机共轭三瓣转子对

图7.3.5　功率风源——罗茨鼓风机的缸与转子

图7.3.6是另一种回转容积式功率气源——双螺杆空气压缩机的结构和工作原理。上面是转子对，中间是缸体与机壳。下面是说明工作原理的横剖面图。转子是一对螺纹轴向和纵向截面都互补的共轭螺杆，以很小的径向间隙装在定子缸中。转子旋转时，转子与缸之间形成沿轴向按周期移动的封闭腔。从其横剖面图可以看出，空气由上方进入腔中。空气入腔后被压缩和封闭，沿着轴线由左向右移动，从螺杆右端排气口排除。每一转的排气量为封闭腔的容积。排气流量与转速和封闭腔的容积之积成正比，而与压力无关。压力只取决于负载需求和间隙大小，并受到电动机驱动功率的限制。

图7.3.7是在液压系统和润滑系统用得很广泛的回转容积式功率油源——齿轮泵。

转子是一对互相啮合的齿轮，以很小的径向和轴向间隙装在壳体内的油缸中。轮齿与油缸壁之间形成封闭的并随同齿轮旋转的油腔，将油液加压并从右边的进油口输送到左边的出油口。油流量与油腔容积和转速的乘积成正比。压力只取决于负载需求和间隙大小，并受电机功率的限制。

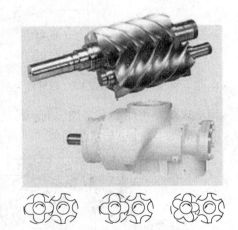
图7.3.6　功率风源——双螺杆空压机

模块七　电力传动革命——走向高性能和高效率

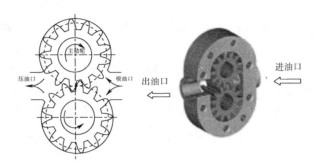

图7.3.7　功率油源——齿轮泵

"流体"功率源的种类很多，不可能一一列举。列举这些功率源的目的，是为了研究功率系统的功率调节和变频调速技术的应用。应用的时候，都要画功率网路的简图进行分析计算。现在还没有"流体"功率网路的绘图标准。对于电气专业的人，不仅可以借用电工技术中的许多基本概念来进行分析和思考，也可以借用或参照电工技术图形符号来画图。在电路系统的分析中，源特性与负载特性的概念与分析方法十分重要，在前面多个模块中都反复运用了。这个模块要把源、载特性和分析方法移置到非电的功率网路中，所以，在前面详细讨论离心水泵的特性曲线。这种讨论方法，读者可以推广到其他类型的功率源中。

7.3.4　"流体"功率流的工作点——功率流的源载分析方法

由"流体"功率源与"流体"负载组成的"流体"功率系统运行时，只能工作在源特性曲线与负载特性曲线的交点上。交点称为功率流的工作点，或功率系统的工作点。交点的坐标是系统在运行中能够稳定保持的压力 P 和流量 Q。如图 7.3.8 所示。

在图 7.3.8 中，源特性 3 比源特性 4 的内阻要小，效率更高。负载特性 2 比负载特新 1 的"流阻"要小，负载更大。由源 3 与负载 1 组成的系统工作在 A 点。由源 3 与负载 2 组成的系统工作在 C 点。由源 4 与负载 1 组成的系统工作在 B 点。由源 4 与负载 2 组成的系统工作在 D 点。

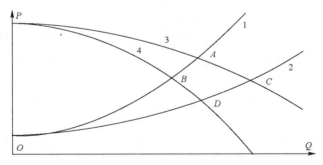

图7.3.8　"流体"功率流系统的源-载工作点

7.3.5　"流体"功率调节的传统方法和现代方法

"流体"功率流系统的工作点，要根据生产的要求确定，要根据工况的变化实时进行调节。工作点调节，就是要改变供给负载的流量 Q 或压力 P。传统的调节方法是在"流路"上设置调节器。例如，在电路中设置可变电阻或电位器。在水路、油路、气路、风路中设置节流阀、减压阀、溢流阀或挡板。这种调节法不是按负载的要求来调节功率源的输出流量、压力与功率，而是把负载用不了的流量、压力和功率白白地丢掉。调节量越大，浪费越大，效率越低。变频调速技术的出现改变了这种情况。变频驱动的功率源，可以根据负载的需求通过改变转速来实时按需供应，不存在不必要的浪费。这个道理，可以用功率源的 P-Q 特性和负载的 P-Q 特性及系统工作点很好地说明，如图 7.3.9 所示。这是工业电能变换与控制技术中功率调节技术的革命。

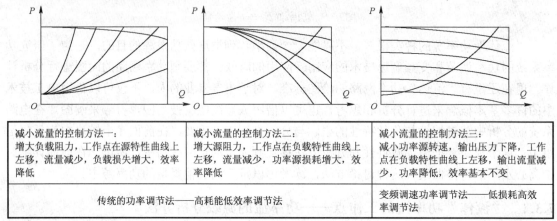

图7.3.9　传统功率调节技术与现代功率调节技术的比较

7.3.6　负载功率和系统效率的计算

在工业电能变换与控制系统中，能量或功率变换的效率是很重要的。效率低的系统，迟早要被高效率的系统所取代。一个系统要不要进行技术改造，能不能进行技术改造，判断的标准之一，就是系统的效率 η。系统的效率，等于输出功率与输入功率之比，即

$$\eta = \frac{输出功率}{输入功率} \tag{7.3.15}$$

绝大多数情况下，输入功率都是电功率。电功率可以通过测量、计算近似得到。问题是输出功率怎么计算。这要分成多种情况。

1）刚体运动的机械工功率

① 匀速平动刚体的机械功率为

$$N = Fv\cos\theta \tag{7.3.16}$$

式中，F 是作用于刚体上的力，v 是刚体的运动速度，θ 是 F 与 v 之间的夹角。

② 匀速转动刚体的机械功率为

$$N = M\omega \tag{7.3.17}$$

式中，M 是作用于刚体上的转矩，ω 是刚体的转动角速度。

2）"流体"运动的机械功率

"流体"运动的机械功率为

$$N = PQ \tag{7.3.18}$$

7.3.7 机械负载种类和不同种类机械负载变频调速的节能效果

不同的机械负载,有不同的转矩特性。转矩特性,就是转矩随转速而变化的特性。按照转矩特性的不同,机械负载可以分为三类:

① 恒转矩特性——转矩不随转速变化,而是等于一个常数 k,即

$$M = k \tag{7.3.19}$$

转速 n 与 ω 是同一个物理量,所以,由式(7.3.17)有功率与转速的关系,得

$$N = k\omega = k_1 n \tag{7.3.20}$$

这是负载功率随转速而变化的特性。可见,恒转矩负载的功率特性是 $n-N$ 坐标系中通过原点在第一象限的一条直线。

具有恒转矩特性的负载是提升机、电梯、机器的摩擦阻力等。

② 抛物线型转矩特性——转矩随转速的平方而变化,即

$$M = kn^2 \tag{7.3.21}$$

这是离心泵与风机的转矩特性。因为 $N = M\omega = kn^3$,所以

$$M = \frac{kn^3}{\omega} = \frac{kn^3}{\frac{2\pi n}{60}} = k'n^2$$

把 k' 改写为 k,就得到了式(7.3.21)。

这类负载的功率特性在式(7.3.8)中已经推出,即 $N = k_q k_p n^3$,将 $N = k_q k_p$ 改写为 k,即

$$N = kn^3 \tag{7.3.22}$$

③ 双曲线形转矩特性—— 转矩与转速成反比,即

$$M = \frac{k}{n} \tag{7.3.23}$$

根据式(7.3.17)有 $N = M\omega = \frac{k}{n}\frac{2\pi n}{60} = \frac{k\pi}{30}$,说明这类负载的功率是一个常数,记为 k,即

$$N = k \tag{7.3.24}$$

这类负载的例子是金属切削机床。增大切削用量时就要降低切削速度,减小切削用量时就增大切削速度。两者的乘积保持不变。式(7.3.16)说明这就是恒功率。

将三类负载的功率特性曲线式(7.3.22)、式(7.3.20)和(7.3.24)都画在一个功率-转速坐标系中进行比较,如图 7.3.10 所示。可以假设三条特性曲线都交于一点 A。这时三类负载的转速都是 n_1,功率都是 N_1。如果把转速降低到 n_2,A 点就由一点分散为三点 A_1,A_2,A_3,功率分别为 N_1,N_2,N_3。可见,当转速减小时,双曲线型转矩负载的功率不减小,恒转矩负载的功率沿着直线减小,抛物线型负载沿着陡降曲线减小。功率减幅最大的是抛物线型负载,即水泵与风机类负载。所以这类负载的能源浪费极为严重,节能潜力特别巨大,是节能技术改造的重点对象。由于水泵与风机的用电量在社会总用电量中占了很大的比重,认识这个道理胜过发现了一个大金矿。

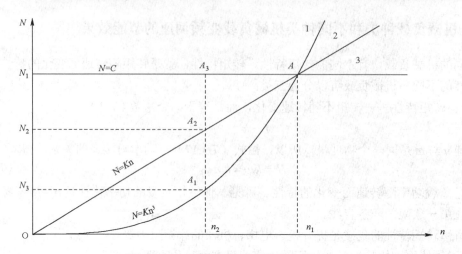

图7.3.10　三类转矩负载节能潜力的比较

变频器选型，要正确选择变频器的容量和类型。这是一个技术—经济问题。选小了，技术上不合理；选大了，经济上不合算。正确的选法，是留有适当的余地。对于单台变频器，变频器的额定容量 P_{CN}（KVA）和额定电流 I_{CN}（A）应满足

$$P_{CN} \geq \max\left(\frac{kP_M}{\eta\cos\phi}, \sqrt{3}kU_M I_M \times 10^{-3}\right) \tag{7.3.25}$$

$$I_{CN} \geq kI_M \tag{7.3.26}$$

式中，P_M 为负载所要求的电动机的轴输出功率；η 为电动机的效率（通常约 0.85）；cos 为电动机的功率因数（通常约 0.75）；U_M 为电动机的电压（V）；I_M 为电动机工频供电时的电流（A）；k 为电流波形的修正系数（PWM 控制方式时取 1.05～1.10）。

在厂家的变频器型号规格中，同一种容量的变频器，又包含两类，一类适用于恒转矩负载；另一类适用于抛物线型转矩负载。在选择时要加以区别。由图 7.3.10 可以看到，在调低速度时，抛物线型转矩负载的功率减低得更多，所以变频器的负载更轻些。也就是说，恒转矩负载型变频器，选择时容量应该留有更多一些的余地。

任务4　学习做技术改造工程的方法，多争取工程实践的锻炼

工程实践是奉献自己才华的最好机会，也是检验自己的能力，增强自己的才干，增长自己的经验，提高自己的水平的最好机会。这种机会可遇不可求。不过也是按照"劳者多能，能者多劳"的原则来公平的对待每一个人的。平时发奋学习，就是为机会的到来做准备，也是为机会的早到来、多到来做准备。没有准备，机会不会来，来了也会失之交臂。

工程实践的种类很多。这里讲的主要是生产设备和工艺流程的技术改造的工程实践。这是一个电气技师最可能遇到的一种工程实践，也是一个电气技师必须能够承担的工程实践。当这种机会眷顾到你的时候，要全力以赴地去做，一定要取得成功，而且要做得最好。否则，第二次机会就可能没有了。

做生产设备或工艺流程的技术改造，除了要有充分的准备和正确的态度以外，还要懂得

正确的工作方法和工作流程。

1）树立团队精神，明确主从关系，明确相互关联

生产设备或工艺流程是一个整体。应不应该改造？能不能改造？应该如何改造？不是一个人就能解决的问题，更不是自己有权解决的问题。但却是与自己密切相关的、应该积极参与的问题。

生产设备或工艺流程的改造，需要领导的支持，需要有相关专业组成的团队来承担。要发现、要解决电气专业的问题，都离不开工艺专业、机械专业、控制与仪表专业提要求，给条件，助选择。所以要与相关专业的人密切联系，协同工作。

在团队中，要明确主从关系。通常情况下，都是以工艺专业为主，其他专业为从，以工艺的要求为中心做。专业与专业之间，要明确上下游关系。如机械与电气专业，机械专业就是上游。上游带下游，下游为上游。

2）工程从立项开始，立项从调查研究开始

企业自己做技术改造工程，首先要为工程立项。为别的企业做技术改造工程，首先要订工程合同。立了项，订了合同，才有钱有人去做。

立项或订合同要有依据。依据从哪里来？从系统的、切实的调查研究中来。系统的、切实的调查，要深入到生产现场，深入到生产操作者，要收集完整的生产记录和报表，收集历史资料，要做必要的侧量。

3）在调查研究的基础上编写技术改造项目方案意见书或方案初步设计说明书

项目方案意见书或方案初步设计说明书是工程立项或订立工程合同的主要依据。方案的对错优劣，从根本上决定工程的成败得失。技术方案初步设计定下来了，以后的施工设计、施工调试和工程检验与交接该怎么做就都定下来了。编制方案意见书或设计说明书，是非常严肃的、责任重大的事情，要认真负责、兢兢业业地做。

方案意见书或设计说明书要论证和回答的第一个问题是项目的必要性。要通过揭露矛盾，说明这个项目为什么一定要做？为什么不能不做？做了可以得到什么？不做就会丢掉什么？项目涉及的问题，可能是更新技术、改进工艺、增加产品品种和质量、增大生产能力以提高竞争力的问题；改善排放、减少污染、改良环境、杜绝事故、确保安全的问题；挖掘潜力，减低煤耗、电耗、油耗，减低生产成本的问题。要从技术发展的潮流、国家的政策导向、企业的前途、生产经营的效益、群众的利益和要求等不同角度来进行分析。要用切实的数据说话。

方案意见书或设计说明书要论证和回答的第二个问题是项目的可行性。要列举出各种可能的解决问题的方案，从不同的角度进行系统的比较，从定性逐步到定量的比较，权衡利弊，比较得失，决定取舍，选出最优的方案，提出推荐的意见。要用可靠的数据说话。

方案意见书或设计说明书要论证和回答的第三个问题是对推荐的方案提供一套初步设计图纸。初步设计图纸主要是原理图，可以作为项目工程费用估算的依据，还可以作为施工设计的依据。

经过会签审批的方案意见书或设计说明书，作为企业生产与技术改造计划的重要文件，或作为工程合同的重要附件，在整个工程设计、施工、验收期间，应受到工程有关各方的共同遵守和严格执行。

4）进行工程施工设计、采购、制作与安装

工程设计要根据工程初步设计图纸，完成全部工程施工图的设计，包括电柜、屏、台、箱、盒及母线、支架、管道、连接件等金具的制造图、电气元件配置图、布线图、设备接线图、安装图，编制完整的设备表、元件表、电缆电线表和消耗材料表，作为订货和采购的依据。根据施工图设计中发现的问题，经过一定的程序，可以对方案初步设计中的原理图进行适当的修改。

要把订货与采购作为工程质量与施工安全保证体系的关键环节来对待。坚持品牌重要，质量第一，严防水货假货，严防伪劣产品，严防行贿受贿。

在制作与安装中，坚持按设备安装施工规程和电气安全规程施工与验收，杜绝侥幸思想，严防安全隐患，严防粗制滥造。

制作与安装施工，都要严格按图纸办事。确有必要的改动，要安照程序办事，防止主观随意性。制作与安装施工结果，都要及时作出记录，并在施工验收完成后画出竣工图。

5）进行调试，试车，试产，验收与交接

调试是工程实施中的一个关键环节，对工程质量和项目实施效果影响极大。要根据电气与生产设备调试的一般规律和项目设备的特点，制定周密的调试方案，进行系统的、由易到难、由简到繁、由局部到整体、由空载到轻载到重载、由低压到全压、由小电流到大电流、按部就班、步步为营的调试。

所有调试整定的数据，都要及时准确记录，并整理出完整的调试报告，作为工程验收与交接的技术文件使用。

试车与试生产不同。试车带负载或部分负载或空载，但不投料，不生产。试车是试生产的必要准备。只有试车获得成功，才能进行试生产。试车的目的是检验施工安装的质量是否符合要求，设备是否正常。试生产的目的则是摸索如何使用和掌握新设备、新流程，在确保安全的前提下如何尽快达到设计生产能力。试车由施工方负责，生产方参加。试车完成后，进行工程验收交接。试生产由生产方负责。

本模块的最后，是一个锅炉鼓风机引风机进行变频调速节能改造的案例。读者可以借助这个案例，进一步体会模块中所讲的道理。

5#锅炉风能系统节能改造方案设计说明书

（2011年7月8日）

目录
1. 改造项目
2. 项目的现状（流程图、额定值、运行值）
3. 锅炉运行的调控要求
4. 传统调节方法是一种高耗能的调节方法
5. 根据流程图估算节流功率损耗和节电潜力
6. 用变速调节代替节流调节的预期节电效果
7. 供风系统采用变速调节对燃煤控制的影响和节煤的预期
8. 供电可靠性的提高：由工频单电源供电到变频/工频双电源供电
9. 双电源冗余供电系统结构设计
10. 变频调速电力拖动系统中变频器的选择
11. 变频电力拖动系统中变频器外围配件的选择
12. 系统运行方式和操作要求
13. 系统安全控制的逻辑和工艺要求

结束语

陈述：

1. 改造项目

本设计的对象是一个已有的供/引风系统，即 XX 公司动力分厂 5#燃煤锅炉的鼓风机/引风机供风系统。设计的任务，是对该供风系统进行节能技术改造，以显著提高能源利用率，降低产品能耗，并提高系统的运行可靠性。

XX 公司将该改造项目按合同委托给 YY 公司实施。前者称为用能方，后者称为服务方。

本说明书论述的任务如下：
（1）论述该供风系统的能源浪费率和节能潜力。
（2）阐明该供风系统在现有的技术条件和政策环境下进行节能技术改造的必然性、必要性和可行性。

（3）论述该供风系统电力拖动电源的主电路设计原则和方案构成。
（4）论述该供风系统电力拖动电源的控制电路设计原则和方案构成。
（5）论述为了实现这些任务必须正确处理的若干关系。

改造项目的技术设计和施工设计将遵循经过用户方和服务方共同认定的本说明书进行。

2. 项目的现状（流程图、额定值、运行值）

（1）流程简图

供风系统由风源、用风负载、控风元件和送风管路等组成，其基本结构信息由流程简图来表达，如图1所示。风源提供系统运行所需的风压和风流量，即提供系统运行的风功率。本流程中包含鼓风机和引风机两个经由炉膛串联起来的风源。鼓风机输出正风压将新鲜空气送入炉膛中。引风机输出负风压到炉膛中，使炉膛能够吸入新鲜空气并避免漏风。两个风源的工作互相牵连，密切相关，是协调控制炉膛燃烧工况和汽包输出工况的主要因素。所以供风系统是锅炉的重要的子系统。炉膛是供风系统的主要负载。除炉膛外，除尘器、预热器也是供风系统的必要负载。这些负载上消耗的风压和（除去少量泄漏风量以外的）绝大部分风流量，都是有用的风压和风流量，即有用的风功率。

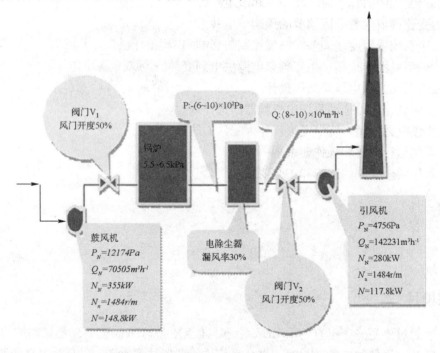

图1　5#锅炉供风系统流程简图、风机技术参数和系统基本运行工况

如果仅有固定的风源和依自身规律而变化的风负载，风系统的运行工况是不可控制的。所以供风系统中必须有控制调节元件。在本系统中，就是手动遥控的闸板式调节阀V1和V2。通过调节阀门的开启度，可以调节输出的风压和风流量。调节可以设计为手控的，也可以设计为自控的。但调节的原理都是一样的。都是通过消耗风压或者消耗风功率来进行的。调节阀实际上也是一种风负载，是一种可调的风负载。这是一种耗能的调节手段。是传统上唯一

可用、不能不用的调节手段。但在当今的技术水平下，它所消耗的大量风压和风功率已经成了严重的浪费。技术改造的目的，就是消除这个浪费。为此，首先要对这个浪费进行定量的估计。把它的能量消耗同有用的能量消耗分离开来。借助于流程图我们可以更容易的做到这件事。

（2）额定技术参数

① 锅炉：型号为 ZG-45/3.82，额定蒸汽量为 43t/h，额定蒸汽压力为 3.82MPa，过热蒸汽温度为 450℃，排烟温度为 150℃，设计热效率为 80%。

② 鼓风机：型号为 LG50-12No14.4，流量为 70505m3/h，全压为 12174Pa，电动机型号为 YVP355L3-4，额定功率为 355kW，额定电流为 630A，额定转速为 1484r/m。

③ 引风机：型号为 LY50-12No14.8，流量为 142231m3/h，全压为 4756Pa，电动机型号为 YVP355L1-4，额定功率为 280kW，额定电流为 510A，额定转速为 1484r/m。

（3）当前运行工况

当前运行工况是运行仪表的观测值，是在一定范围内变化的实际值，估算时取平均值。

① 鼓风机：电机功率为 148.8kW；阀门开度为（40~60）%，平均为 50%；转速接近 1484r/m；输出风压为（5.5~6.5）kPa，平均为 6kPa。

② 引风机：电机功率为 117.8kW；阀门开度为（41~56）%，平均为 49%；转速接近 1484r/m；炉膛负压-（6~10×100Pa；平均-800Pa；除尘器出口流量为（8~10）×104m3/h，平均为 9×104m3/h；除尘器漏风量为≤3%。

为了便于估算阀门上所消耗的功率，将有关的数据标注到流程图上。

3. 锅炉运行的调控要求

锅炉是一个复杂的系统。燃煤系统和供风系统是锅炉的两个重要的子系统。锅炉最重要的运行工况是供汽压力和供汽量，以及煤的消耗量。负载的蒸汽消耗量和锅炉的燃烧状况时时在变化，使供汽压力随着波动。锅炉的运行要求，是实时针对汽包压力的波动调节燃烧状况使压力保持稳定。而影响燃烧状况的主要因素是给煤量和供风量。因此，给煤量、鼓风机的输出正压、引风机的输出负压必须有有效的调节手段。在传统的锅炉调控系统中，供风系统的调节阀也就成了不可或缺的调节手段。

4. 传统调节方法是一种高耗能的调节方法

供风系统的传统调节方法——节流调节法是一种高耗能的调节方法。将流程简图简画为等效风路图，问题的本质立即暴露出来。在等效风路图中，鼓风机和引风机合并简化为一个近似恒压输出的等效风源；再忽略其自身的损耗，就进一步简化为一个理想的恒压风源。除调节阀以外，炉膛和电除尘器等有用负载，合并简化为一个等效负载；再将忽略掉的风源自身损耗归并到其中，就是全部有用的等效负载。两个调节阀合并简化为一个等效的可调负载，串联在风源与有用的固定等效负载之间。如图 2 所示。

分析等效风路图时，将其分为风源和风负载两部分。风源输出风功率，风负载消耗风功率。根据调节阀划分到哪一边，就有两种分法。如图 3 所示。

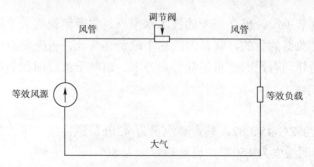

图2 供风系统的等效风路图

在图3中,理想风源的风压是恒定的,并等于风机的空载风压。空载风压没有数据,可以用稍小的额定风压即全风压来近似,并记为 PE。有用负载用风阻 R 来表示。调节阀(可调负载)用可调风阻 r 来表示。风路中各点的流量近似视为恒定的,记为 Q。当 Q 通过有用负载风阻 R 时,在其上产生有用风压降RQ2,消耗有用风功率RQ3。当 Q 通过可调节流风阻 r 时,在其上产生节流风压降rQ2,消耗节流风功率rQ3。看图很容易建立两个平衡方程。

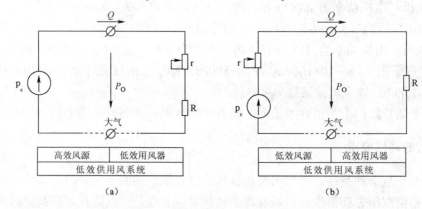

图3 节流调节导致低效风能系

第一个是风压平衡方程。风源风压应等于各个负载风压之和。源风压为

$$P_E = P_O = RQ^2 + rQ^2 = (R+r)Q^2 \tag{1}$$

负载风压为

$$P_R = RQ^2 \tag{2}$$

风压损失率 γ_P 为

$$\gamma_P = r/(r+R) \tag{3}$$

第二个是功率平衡方程。风源功率应等于各个负载功率之和。源功率为

$$N_E = RQ^3 + rQ^3 = (R+r)Q^3 \tag{4}$$

负载功率为

$$N_R = RQ^3 \tag{5}$$

功率损失率 γ_N 为

$$\gamma_N = r/(r+R) \tag{6}$$

可见风压损失率即功率损失率,即

$$\gamma_N = \gamma_P \tag{7}$$

可见，节流调节法是一种以功率的损耗为基础的调节方法。调节越深，功率损耗越大，功率效率越低。这是一种名副其实的高耗能功率调节方法。这种高耗能的节流调节方法不仅在风路中被广泛使用，在水路中、在电路中也被广泛使用。

这是人们正在努力缩小的一个很大的耗能空间。

5. 根据流程图估算节流功率损耗和节电潜力

（1）鼓风机的节流功率损耗

鼓风机将电功率转化为风功率，生成的风压与转速平方成正比。在额定转速时生成的风压，当输出额定流量时为 12174Pa。因为当前转速接近额定转速，可以认为风源风压为 12174Pa。根据风压平衡方程，这个风压主要消耗在炉膛和调节阀两个元件上。消耗在炉膛上的风压平均 6000Pa。故调节阀上消耗的风压为

$$P_{V1}=12174-6000=6174Pa$$

风压损失率为

$$\gamma_{V1}=6174/12174=0.507 \tag{8}$$

风功率损失率 $\gamma_{N1}=\gamma_{V1}=0.507$。

要求出损失的风功率是多少，还要知道鼓风机输出的全部风功率有多大。电动机的输入电功率为 148.8kW。设当前电动机的实际效率为 η_D，当前鼓风机的实际效率为 η_F，则经过电功率/轴功率/风功率的变换后，鼓风机输出的风功率是

$$N_F = 148.8 \eta_D \eta_F$$

于是调节阀损耗功率为

$$N_{V1}=148.8\eta_D\eta_F\gamma_{N1}=148.8\times0.507\eta_D\eta_F=75.44\eta_D\eta_F$$

要求出 N_{V1}，还需要把 η_D 和 η_F 搞清楚。这是比较困难的。但换一个思路，问题就好办了。与调节阀损耗的风功率 N_{V1} 对应的是调节阀损耗的电功率 N^*_{V1}。最终要求的还是这个 N^*_{V1}。显然 $N^*_{V1} \propto N_{V1}$，比例系数就是 $\eta_D\eta_F$。所以，调节阀损耗的电功率是

$$N^*_{V1}=N_{V1}/\eta_D\eta_F=75.44 \text{ kW} \tag{9}$$

（2）引风机的节流功率损耗

引风机以负压形式输出风功率。实际运行风量为 $(8\sim10)\times10^4$ m³/h，平均值为

$$Q=(1/2)\times(8+10)\times10^8/3600=25 m^3/s$$

在额定转速为 $n_N=1484$r/m 时输出的额定流量为

$$Q_N=142231 \text{ m}^3/h=39.51 \text{ m}^3/s$$

根据风机理论，流量之比等于转速之比，即

$$Q/Q_N = n/n_N \tag{10}$$

如果把调节阀全部打开，引风机只要以转速

$$n=(Q/Q_N)n_N=(25/39.51)\times1484=939 \text{ r/m}$$

运行，就能输出 Q = 25 m3/s 的流量，以及炉膛和电除尘器所需要的负压和功率。而实际转速将近 1484 r/m，多出了 545 r/m。这部分的转速就是为了克服阀门的阻力而增加的。按照风机理论，风压与转速的平方成正比，

$$P/P_N = n^2/n_N^2 \quad (11)$$

转速为939 r/m，流量为25 m³/s时，引风机所能提供的负压是

$$P=-(n^2/n_N^2)P_N=(939^2/1484^2)\times 4756=-1904\text{Pa}$$

其中炉膛占用的负压为

$$P_L=-(1/2)(600+1000)=-800\text{Pa}$$

剩下的负压，则为电除尘器所分享，其值为

$$P_C=-1904-(-800)=-1104\text{ Pa}$$

现在，加上了调节阀，风机以接近1484 r/m的转速旋转，生成近似-4756Pa的负压，除去炉膛和电除尘器所占用的部分，剩下便是调节阀所占用的，其值为

$$P_{V2}=-4756-(-800-1104)=-2852\text{ Pa}$$

于是调节阀消耗的风功率为

$$N_{V2}=P_{V2}Q=2852\times 25\times 10^{-3}=71.3\text{kW}$$

压力损失率为

$$\gamma_{PV2}=2852/4756=0.6 \quad (12)$$

功率损失率为

$$\gamma_{NV2} = \gamma_{PV2} = 0.6 \quad (13)$$

如同鼓风机一样，可以认为电功率损失率与风功率损失率是相等的。于是电功率损失量为

$$N^*_{V2}=\gamma_{NV2}N_{IN}=0.6\times 117.8=70.68\text{ kW} \quad (14)$$

这里出现了一点点矛盾：70.68＜71.3，输入功率略小于输出风功率。这当然是不可能的。其原因为观测数据的误差或取平均值带来的误差所至。例如，流量Q的值，在生产流程中并没有监测仪表，其值是从环保监测数据中取来的，又经过平均处理。如果Q值偏大，就会出现这种情况。但从估算过程可以看出，Q值偏大虽然可以造成上述矛盾，对各个元件之间的功率比例并不会带来很大的影响。所以我们仍然可以相信，功率损失率$\gamma_{NV2}=\gamma_{PV2}=0.6$和输入电功率损失量$N^*_{V2}=70.68\text{ kW}$的估算结果是可信的。

（3）供风系统的节流功率总损耗

鼓风机节流功率损耗与引风机节流功率损耗之和，就是供风系统的节流功率总损耗，即

$$N^*_V=N^*_{V1}+N^*_{V2}=75.44+70.68=146.12\text{ kW} \quad (15)$$

供风系统总的功率损失率可以用加权平均法求出，即

$$\gamma_{NV}=(148.8\times 0.507+117.8\times 0.6)/(148.8+117.8)$$
$$=0.548 \quad (16)$$

6. 用变速调节代替节流调节的预期节电效果

能量的形式多种多样，本质却都相同。无论是调节风压、风流量、水压、水流量、温度、热流量、电压、电流，都是调节功率。从根本上讲，一种是耗能调节法；另一种是开关调节法。节流就是一种耗能调节法，把用不了的能量丢掉。开关调节法是一种高效调节法。能量流要么全开，要么全关。全开时全用，全关时不用，都不浪费。但风路中常常不允许全开全关，所以直接使用开关调节法用不上。水路、热路中也常常遇到这种情况。好在能量是可以

相互转换的。在电力电子技术出现之后,电功率的开关调节法解决了。变频器就是用开关调节法来实现频率变换与调节的。所以用变频调速电力拖动来代替工频恒速电力拖动,就是间接的实现了风压、风流量、风功率的开关调节,用高效调节法代替了耗能调节法。节流阀就可以退出运行。

上面算出,5#炉供风系统的节流功率损失率高达0.548。采用变频调节代替节流调节后,这部分损失是不是都可以全部要回来呢?当然不是这样。这有两方面的原因。

① 第一方面的原因是算不准。计算的只是平均值、概略值。有些次要的因素都忽略了。例如,风管的功率消耗,风路和用风器的漏风消耗等,这些损耗有一部分是不可避免的。

② 第二方面的原因是做不到。理想的开关功率调节是没有损耗的,实际的变频器自身还是要消耗一部分功率,只不过很小罢了。

虽然有这两方面的原因,但都是次要的因素,功率损失中的大部分都是可以拿回来的。用一个略小于1的系数 K 来概括这些次要因素的影响,就可以将预期节电率 β 表示为

$$\beta = K\gamma_{NV} = 0.548K \tag{17}$$

K 值取多少最合适,不容易回答,也不必过分追究。设 $K=0.9$,则

$$\beta = 0.548K = 0.548 \times 0.9 = 0.49 \tag{18}$$

当前供风系统的实际运行功率为

$$N_S = 148.8 + 117.8 = 266.6 \text{ kW}$$

变频调节的预期节电功率为

$$N_{SS} = \beta N_S = 0.49 \times 266.6 = 130.6 \text{ kW} \tag{19}$$

供风系统的运行功率将降低为

$$N_{SR} = N_S - N_{SS} = 266.6 - 130.6 = 136 \text{ kW} \tag{20}$$

以年运行330天计算,年用电量将由 $266.6 \times 24 \times 330 = 2111472 \text{kW·h}$ 降低到 $136 \times 24 \times 330 = 1077120 \text{kW·h}$,年节电量为

$$W_{SS} = 130.6 \times 24 \times 330 = 1034352 \text{ kW·h} \tag{21}$$

按 0.48 元/kW·h 的电价计算,年节电费为

$$M_{SS} = 1034352 \times 0.48 = 496488 \text{ 元} \tag{22}$$

7. 供风系统采用变速调节对燃煤控制的影响和节煤的预期

煤是锅炉的第一成本。节电重要,节煤更重要。节煤比节电更难。每吨蒸汽的耗煤量,是最重要的技术经济指标。

节煤的关键,是如何把煤烧透烧干净。为此,首先要有合适的风煤比。风要适度过量。这是第一个要求,决定了供风量与给煤量的关系。供风与给煤必须协同控制,配合调节。

供风的参数是压力 P 与流量 Q。给煤的参数是煤层厚 H 与单位时间的给煤量 G、H 与 G 是成正比的。P 与 Q 是负相关的。P 与 Q 取何值,决定于风源 P-Q 特性与炉膛(主要是燃烧的煤层)P-Q 特性的交点。所以 P、Q、H、G 四个变量是相关的,调节起来不容易。供风压力 P 与煤层厚度也要保持适度的平衡,才能达到理想的燃烧。这是第二个要求。

要把风与煤的流量平衡和压力平衡这两个平衡同时都调到最佳状态并不容易。设想由于

需汽量减少，汽包压力上升，需要减少给煤量 G。这时从流量平衡来看，应该相应的减少供气量 Q。但从压力平衡的角度来看，又需要减少风压 P。可这两个要求是矛盾的。因为风机的 P-Q 特性决定了随着 Q 的减少，P 反而会升高。这时唯一的办法是增加风路阻力，使负载需求的压力 P 也跟着升高。但在小风量高风压下运行，系统的稳定性就要变差，燃烧的效果就要变坏。

分析这种复杂的相互关系，需要利用涉及 P、Q、H、G 的特性方程和特性曲线。这些方程是

$$P=P_0-rQ^2 \quad (\text{风源特性}) \tag{23}$$

$$P=RQ^2 \quad (\text{风阻特性}) \tag{24}$$

$$H=KG \quad (\text{煤层特性}) \tag{25}$$

$$R \propto H \quad (\text{煤层风阻系数的特性}) \tag{26}$$

式中，P_0 是空载风压，r 是风源内部风阻系数，R 是负载风阻系数。R 与炉膛结构及几何尺寸、煤的粒度和性质等诸多因素有着复杂的关系，我们无法给出。但可以断定 R 与煤层的厚度 H 成正相关，即式（26）。通过式（26），可以把式（26）、（25）归并到式（24）中。这时式（24）的形式仍然没有变。

把式（23）画在 P-Q 坐标系上，有两种画法。一种是固定 P_0，改变参数 r，得到一组经过（0, P_0）点的特性曲线族。这是一组节流调节供风系统的可调风源特性曲线族，是与图 3（b）对应的高损耗风源特性曲线族。r 是节流阀的风阻系数。随着阀门开度变小，r 增大，损耗增加。

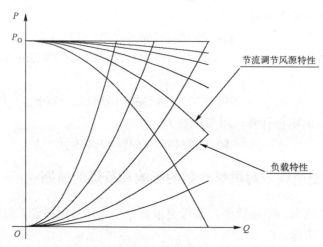

图4 节流调节供风系统的特性曲线和工作区域

另一种画法是固定 r，改变参数 P_0。这时得到一组平行特性曲线族。这是一组变速调节供风系统的可调风源特性曲线族，是基于变频调速电力拖动技术的高效风源特性曲线族。通过变速，高效风源特性曲线可以平行的扫过整个 P-Q 平面。这种风源特性没有闭环控制，属于自然特性，随着 Q 的增加，P 略有下降。

把负载的风阻特性曲线，式（24）也画在同一个 P-Q 坐标面上。这是一种平方阻力特性。随着流量 Q 的增加，压力 P 按照 Q^2 的比例增加。阻力系数 R 越大，P 上升得越快。因为没

有用节流阀，R 还是比较小的。

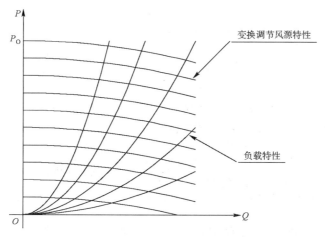

图5 变速调节供风系统的特性曲线和工作区域

在图 4 和图 5 中，风源特性曲线与风阻特性曲线的交点，就是供风系统的工作点。工频恒速拖动的风机，在低 Q 时，只能工作在低 Q 高 P 区，虽然采用了节流阀，把负载上的压力降了下来，但风机生成的仍然是高压，只不过把一部分压力转移到节流阀上去了。把阀门包括在负载内，风机仍然是在高压低流量下工作，这时稳定性降低，燃烧状况变坏是必然的。风机实际上是到不了低 Q 低 P 区工作的。

变频调速拖动的风机则不一样，在低 Q 低 P 区工作是很容易的，只需把转速降下来就可以了。这时风机是真正在低 Q 低 P 区工作，不仅仍然保持着高的效率，而且仍然保持着高的稳定性。设想由于锅炉负载变小，需要减少给煤量。这时煤层次变薄，风阻变小。只要把转速降低，风源特性曲线下移，Q 就会变小，P 也会变小，工作仍然稳定。不但节了电，而且节了煤。节煤比节电更重要。

图 5 是开环拖动系统的特性。虽然与节流调节相比，压力的稳定性已经高了许多。但随着流量 Q 的变化，压力 P 还是会有一些改变。这对于燃烧的稳定性是不利的。但由于有了变频器，而且变频器自身又带了 PID 调节器，只要增加压力传感变送器，把开环控制变为闭环调节，就可以实现恒压特性，如图 6 所示。

采用这种方式工作时，系统运行的稳定性将进一步提高，燃烧状况将更为理想。操作者选定需要的任意一个（P，Q）点，风就会在这个点上稳定的运行，煤就会在这个点上稳定的燃烧。煤耗的降低更是可以预期的。

引入风压闭环控制时，对鼓风机应该引入输出正压控制，对引风机应该引入炉膛负压控制。两个闭环结合的好，可以达到最理想的效果。

考虑到目前的运行经验和使用者的意见，在方案设计中没有使用闭环控制方案。

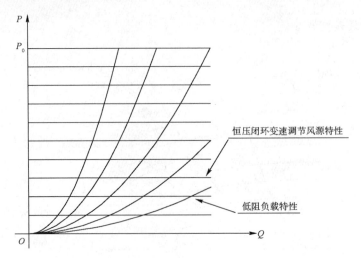

图6 恒压闭环变速调节供风系统的特性曲线和工作区域

8. 供电可靠性的提高：由工频单电源供电到变频/工频双电源供电

节电定有效果，节煤亦可预期，已如前述。供电可靠性的提高，也十分明显。原有的系统，是工频单电源供电，设备出了故障，就会引起停运甚至停产，可靠性不是很高的。改造以后，原有工频电源保留下来作为备用电源，新的变频电源作主电源。正常情况下，由变频主电源供电。主电源故障时，立即切换到工频备用电源供电。这就大大提高了风机供电的可靠性。

9. 双电源冗余供电系统结构设计

（1）新增无传感器矢量控制变频系统作主电源，保留已有的软启动工频系统作备用电源，构成双冗余高可靠电力拖动电源系统。

（2）两个系统在电网侧通过各自的电源断路器实现并联，保持各自的独立性，可以分别通/断电，提高可靠性，便于运行和检修。

（3）两个系统在负载侧通过各自的输出接触器实现并联，保持各自的独立性，并实行连锁通/断电控制，提高可靠性，确保安全性，便于运行和检修。

（4）新增三相电流互感器装设在两个系统的公共进线段，无论是主电源系统工作，还是工频备用电源系统工作，都可实现用同一套仪表计量、监控、保护。

（5）将已有工频系统的两个三相电流互感器移装到两个系统的公共出线段上，系统原有接线仍保留。已有的电动机综合保护器仍按原接线动作工频系统。

（6）选用新型综合电力监控仪 EX8 进行监控与计量。

（7）为了检修的安全与方便，设立专门的出线柜，4只输出接触器、10只电流互感器和两只综合电力监控仪均装在一个或两个出线柜中。

鼓风机电力拖动系统主电路设计图见 MSNY-JFY-2011-01-01 号图。引风机电力拖动系统主电路设计图见 MSNY-JFY-2011-02-01 号图。已有的工频系统画在虚线框内。

10. 变频调速电力拖动系统中变频器的选择

（1）品牌选择：选用国产品牌，英威腾 CHF100A 系列矢量通用型变频器。

（2）类型选择：选用变转矩型（P 型），以适应风机负载特性。

（3）容量选择：按电动机额定容量和额定电流选择。

  鼓风机：功率 355kW   电流 630A

  变频器：功率 400kW   输入/输出电流 670A/690A

  型号规格：CHF100A-400P-4

  引风机：功率 280kW   电流 510A

  变频器：功率 350kW   输入/输出电流 620/640A

  型号规格：CHF100A-350P-4

（4）运行条件对策：

根据 5#锅炉配电间的环境条件、湿度、粉尘。腐性气体问题不必考虑，主要运行环境问题是温度问题，最高环境温度为+450℃。根据 CHF100A 变频器的使用说明书，在额定状态下允许的运行环境温度是-100∽+400℃。每超过 10℃，降额 4%使用，最高不允许超过+50℃。所以在最高环境为 450℃时，应降额（45-40）4%=20%。

鼓风机的 400P 变频器的额定功率为 400kW 时应降额为 400×（1-20%）=320kW>实际负荷 148.8kw，设鼓风机的机械效率为 $\eta=0.9$，则要求的额定轴功率为

$$N = P_N Q_N \times 10^{-3} \times \frac{1}{3600} \times \frac{1}{\eta_m} 12174 \times 70505 \times \frac{1}{10_3 \times 3600 \times 0.9} = 265kW$$

若仍小于 320kW。在+45℃时，电流额定值应降为 690×（1-20%）=552A>大于实际电流 278A，即

$$I = 630 \times \frac{265}{350} = 477A$$

仍小于 552A。所以 CHF100A-400P-4 鼓风机变频器能够适应+45℃的最高环境温度，并且仍有一定裕度。在 45℃时，引风机变频器 CHF100A-315P-4 的降额值：

  315kW×（1-20%）=252kW>117.8kW>变频实际功率约 29.7kW

    600A×（1-20%）=480A>226A

即使引风机达到额定 P_N，Q_N 出力，其所需轴功率及运行电流仍为

$$N = 4756 \times 142231 \times \frac{1}{10^3 \times 3600 \times 0.9} = 209kW < 252kW$$

$$I = 630 \frac{265}{350} = 477A$$

功率定额，电流定额仍然有余。

11. 变频电力拖动系统中变频器外围配件的选择

（1）电源断路器选择

电源断路器功能：变频器保护；电动机保护；检测、试验、检修时与电网隔离。

类型选择：低压塑壳空气式断路器。

品牌选择：常熟开关厂。

型号选择：CM3-800LZ/43502ATH。

规格选择：额定工作电压为AC400V，额定电流为800A，短路电流分断能力为标准型，手动操作，极数4，热动/电磁脱扣器，附件代号350，电动机保护型，中性极型，湿热型。

（2）负载接触器选择

负载接触器功能：实现变频电源、工频备用电源的连接，实现变频主供电源与工频备用电源的自动切换和可靠隔离，切除负载侧故障，失压保护。

品牌选择：无锡浩邦科技。

类型选择：真空接触器。

型号选择：CKJ-1.14J/D-800。

规格选择：额定工作电流为800A，额定工作电压为1140V。

控制电源电压为AC220V，辅助触点3常开3常闭。

（3）输入电抗器，输出电抗器，直流电抗器选择

风机负载，启动不频繁，运行平稳，故不采用专门的铁芯电抗器，而采用磁环。

（4）信号滤波器选择

负载平稳，用磁环选择兼作电抗与滤波。

（5）监控仪表选择

监控仪表功能：实现运行电力量（电压、电流、有功功率、无功功率、功率因素、谐波等）的实时监测；实现主供电源，备用电源电能用量与需量的分别计量；允许组成电力监控网络。

类型选择：智能型综合电力监控仪。

品牌选择：山东力创科技。

型号选择：EX8-33-Ⅳ。

12. 系统运行方式和操作要求

不同的电源供电，对节流阀的工况有不同的要求。

1. 变频主电源供电运行方式和操作要求

（1）节流阀100%打开。

（2）用调节频率来调节风压、风流量。

（3）摸索采用相应的给煤燃煤工艺。

（4）严格遵守系统安全控制的逻辑要求。

2. 工频备用电源供电运行方式和操作要求

（1）按照现有的工频运行工况，节流阀在适当范围内（如开启度40%～50%一带）运行。用节流阀来调节风压、风流量。

（2）严格遵守系统安全控制的逻辑要求（见后面）。

3. 由变频主电源运行切换为工频备用电源运行，无论是正常情况下的切换，还是变频主电源出现故障时的切换；无论是手操作下的切换，还是自动操作下的切换，都必须严格遵守系统安全控制的逻辑要求，遵守调节方式和调节阀工况进行相应转换的工艺要求。

13. 系统安全控制的逻辑和工艺要求

系统安全控制的逻辑要求和工艺要求，是控制电路设计、调试的依据，也是系统监控、操作、管理的依据。

（1）BP 与 RQ 联锁

禁止 BP×RQ=1，只允许如图 7 所示切换。

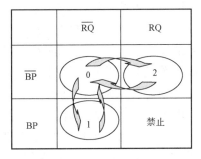

图7　BP与RQ连锁控制要求

（2）KM_1 与 BP 联锁

禁止先启动 BP 再启动 KM_1，要求先合上 KM_1 再软启动 BP，禁止先切断 KM_1 再停 BP，要求先停 BP 再切除 KM_1，如图 8 所示。

（3）RQ 与 KM_2 联锁

禁止先启动 RQ 再合上 KM_2，要求合上 KM_2 再启动 RQ，禁止先切断 KM_2 再停止 RQ，要求先停 RQ 再切断 KM_2。

4）KM_1 与 KM_2 联锁

禁止 $KM_1 \times KM_2 = 1$。由 $KM_1 \times \overline{KM_2} = 1$ 切换到 $\overline{KM_1} \times KM_2 = 1$ 或反过来切换，都必须经过 $\overline{KM_1} \times \overline{KM_2} = 1$，如图 9 所示。

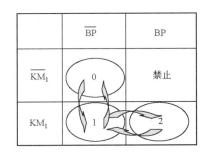

图8　KM_1与BP连锁控制要求

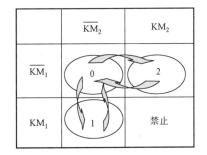

图9　KM_1与KM_2连锁控制要求

设置 KM_1 和 KM_2 互斥选择开关。KM_1、KM_2 除了动作互锁外，还要操作选择互斥，绝对杜绝 $KM_1 \times KM_2 = 1$ 的禁止状态的出现。

（5）切换报警与切换操作

设置故障切换报警信号。当变频主电源故障停机时，自动向操作室发出声光报警信号。值班操作人员在获得信号后，应按下面程序进行切换操作，将工频备用电源投入运行：

① 确认已经获得信号，解除报警。
② 确认变频运行信号灯已经熄灭。
③ 通过遥控手操作器将调节阀完全关闭。
④ 监视风机的运行状态，直到风机完全停止。
⑤ 确认风机已经完全停止后，按照工频运行规范，重新启动风机，开启调节阀。

如果手动操作切换满足不了实时切换和可靠切换的要求，可以改为自动切换。控制电路需要作出的改动是用一个"变频/工频/变频工频自动切换"三挡七触点选择开关（或对应的中间继电器）来代替手动切换控制电路的"变频/工频"选择开关；选择"变频"或"变频工频自动切换"挡位时，手操作器的操作信号预置在 4ma 的位置，KM_1 动作后，将此操作信号切断，同时将一个固定的 20ma 操作信号接到调节阀操作器上，从而调节阀被自动置于全开通状态；KM_1 释放时，20ma 操作信号被切断，手动操作控制信号自动恢复，并位于预置的 4ma（阀全关）的位置，等待值班人员调整。为了确保在电动机完全停止后才能启动工频电源，可以在控制电路中增加一只延时继电器，在 KM_2 闭合后启动，经过一段延时，再接通软启动器控制电路中的启动中间继电器 KA，以启动软启动器。

结束语

5#锅炉供风系统的节能潜力是很大的，用变频调速拖动代替工频恒速拖动，用变速调节代替节流调节，可以挖出这些潜力。但锅炉是一个复杂的系统，又是全厂化工流程不可分割的一部分，实施起来必须慎之又慎，确保万无一失，安全可靠。要正确处理好已有系统与新增系统、用能方与服务方的关系，从实际出发，认真调查研究，听取各种意见，集中各方智慧，加强团结协作，把好设计关、制作关、安装关、调试关、运行关、计量关，共同求得圆满的成功！

附：电路原理设计图（全套）及调试方案、调试记录和竣工记录

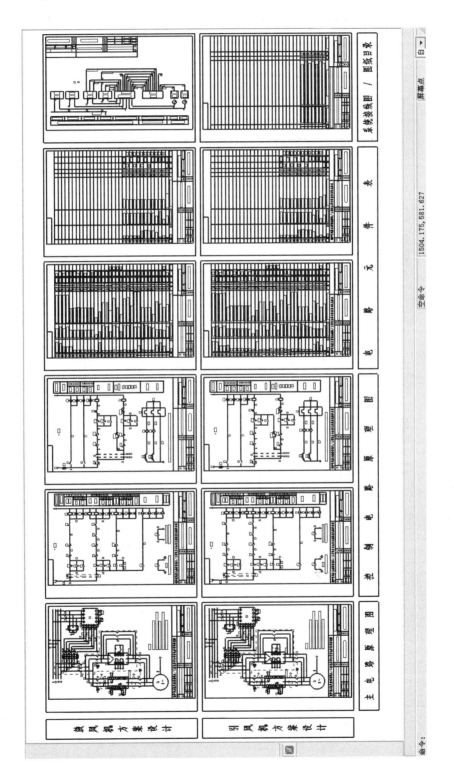

序号	图 号	图 名	张数	图幅	备 注
7	MSNY-JFY-2011-02-03	锅炉引风机变频调速抽风/工频软启动备份系统电路元件表	2	A4	
6	MSNY-JFY-2011-02-02	锅炉引风机变频调速抽风/工频软启动备份系统控制电路原理图	2	A4	
5	MSNY-JFY-2011-02-01	锅炉引风机变频调速抽风/工频软启动备份系统主电路原理图	1	A4	
4	MSNY-JFY-2011-01-04	锅炉鼓引风机变频调速供风/工频软启动备份系统单元连接总图	1	A4	
3	MSNY-JFY-2011-01-03	锅炉鼓风机变频调速供风/工频软启动备份系统电路元件表	2	A4	
2	MSNY-JFY-2011-01-02	锅炉鼓风机变频调速供风/工频软启动备份系统控制电路原理图	2	A4	
1	MSNY-JFY-2011-01-01	锅炉鼓风机变频调速供风/工频软启动备份系统主电路原理图	1	A4	

锅炉鼓引风机变频调速供风/工频软启动备份系统方案设计图目录　　SZNY-JFY-2011-00

项目：鼓风机供风系统变频调速调节节能改造　　原项目：5#锅炉鼓风机工频软启动节流调节供风系统　　SZNY-JFY-2011-00-00

方案设计　第1张/共 张　2011年6月26日

用户方：XXXXXX碱业有限公司　　服务方：YYYY能源管理有限责任公司

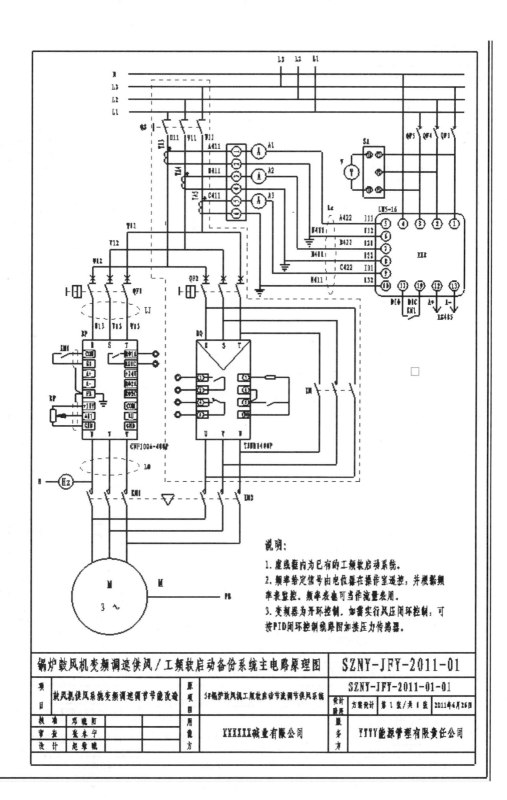

350 工业电能变换与控制技术

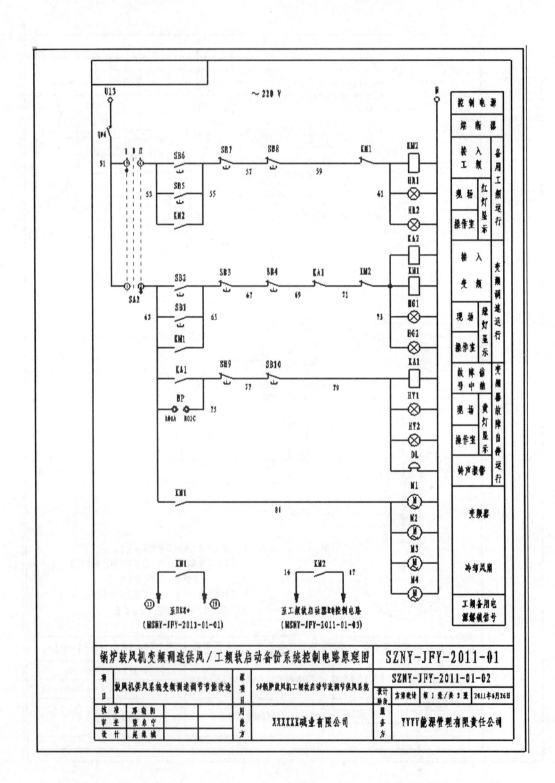

附：电路原理设计图 351

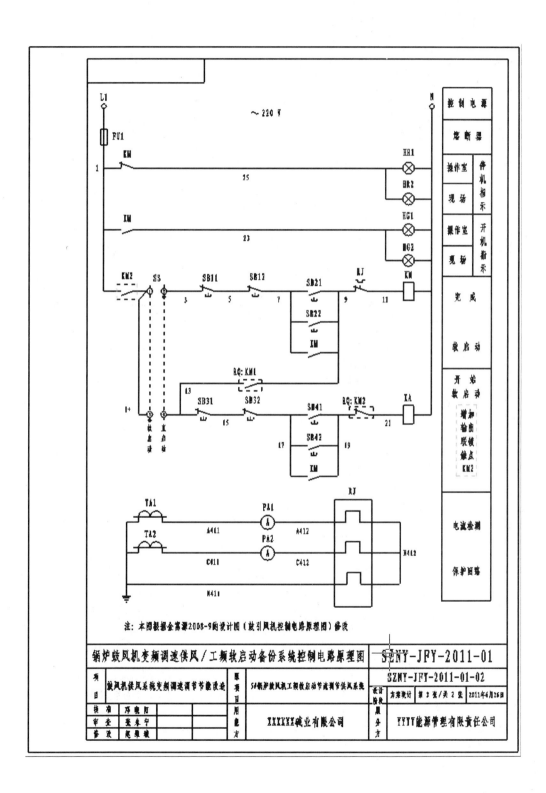

序号	代号	名称	型号规格	单位	数量	归属项	位置	备注
32	SA1	电压表换相开关	LW5-16，正泰	只	1	操作板	操作室	
31	SB4, SB8, SB10	机旁控制按钮	普通按钮，防水式，红色，金石开/本立	只	3	操作盒	机旁	
30	SB3, SB7, SB9	操作室控制按钮	普通按钮，开启式，红色，金石开/本立	只	3	操作板	操作室	
29	SB2, SB6	机旁控制按钮	普通按钮，防水式，绿色，金石开/本立	只	2	操作盒	机旁	
28	SB1, SB5	操作室控制按钮	普通按钮，开启式，绿色，金石开/本立	只	2	操作板	操作室	
27	KA1	中间继电器	MK3-AC220V，欧姆龙	只	1	变频柜	配电室	
26	HR2	红色指示灯	AD16-AC220V，金石开	只	1	操作板	操作室	
25	HR1	红色指示灯	AD16-AC220V，金石开	只	1	操作盒	机旁	
24	HG2	绿色指示灯	AD16-AC220V，金石开	只	1	操作板	操作室	
23	HG1	绿色指示灯	AD16-AC220V，金石开	只	1	操作盒	机旁	
22	HY2	黄色指示灯	AD16-AC220V，金石开	只	1	操作板	操作室	
21	HY1	黄色指示灯	AD16-AC220V，金石开	只	1	操作盒	机旁	
20	DL	电铃	AC220V	只	1	操作板	操作室	
19	M1, M2, M3, M4	冷却风扇	Φ150/AC220V	台	4	变频柜	配电室	
18	L2	负载侧电抗滤波器	磁环，102*26*60，每相3只	只	9	变频柜	配电室	
17	L1	网侧电抗滤波器	磁环，102*26*60，每相3只	只	9	变频柜	配电室	
16	RJ	热继电器	JR20-10，4-6A	台	1	工频柜	配电室	原位
15	QF2	塑壳断路器	DZ20，800A	台	1	工频柜	配电室	原位
14	KM	真空交流接触器	CKJ2-1250A，AC220V	台	1	工频柜	配电室	原位
13	RQ	软启动器	YJNR1400P	台	1	工频柜	配电室	原位
12	QF1	塑料外壳式断路器	CM3-1000LZ/43502ATM，常熟开关厂	台	1	变频柜	配电室	
11	RP	多圈绕线式电位器	WXD3-13-2W-4.7K; WXD3-13-2W-1K	只	2	操作板	操作室	
10	DP	恒功率型矢量变频器	CHF100A-400P，英威腾	台	1	变频柜	配电室	
9	KM1, KM2	真空交流接触器	CKJ3-1.14/D1000，1140V，1000A，无锡海鹏	台	2	输出柜	配电室	
8	QF3, QF4, QF5, QF6	小型塑壳式空气断路器	DZ47-10A/1P，正泰	只	4	操作台	操作室	
7	SA	三档钥匙选择开关	BEMLBE-B22，金石开	只	1	操作台	操作室	
6	JK	综合电力监控仪	KI8+，有DI端，力创	只	1	变频柜	配电室	
5	X1	试验型端子板	LSURTK-4S	节	6	变频柜	配电室	
4	A1, A2, A3	交流电流表	6L2/500/5A，0.5级，正泰	只	3	操作板	操作室	
3	TA3, TA4, TA5	电流互感器	BH-500/5A，0.5级，正泰	只	3	输出柜	配电室	
2	TA1, TA2	电流互感器	LMZJ1-0.5，1000/5	只	2	工频柜	配电室	原位
1	M	三相异步电动机	50Hz，380V，630A，355KW	台	1	鼓风机	机旁	

锅炉鼓风机变频调速供风/工频软启动备份系统电路元件表　SZNY-JFY-2011-01

SZNY-JFY-2011-01-03

附：电路原理设计图 353

序号	代号	名称	型号规格	单位	数量	归属方	位置	备注
12	HG2	绿色运行指示灯	(原有设备)	只	1		机旁	原位
11	HG1	绿色运行指示灯	(原有设备)	只	1		操作室	原位
10	HR2	红色运行指示灯	(原有设备)	只	1		机旁	原位
9	HR1	红色运行指示灯	(原有设备)	只	1		操作室	原位
8	SB32,SB42	软启动控制按钮	(原有设备)	只	2		机旁	原位
7	SB31,SB41	软启动控制按钮	(原有设备)	只	2		操作室	原位
6	SB12,SB22	硬启动控制按钮	(原有设备)	只	2		机旁	原位
5	SB11,SB21	硬启动控制按钮	(原有设备)	只	2		操作室	原位
4	PA1,PA2	交流电流表	(原有设备)	只	2		操作室	原位
3	SS	启动方式选择开关	(原有设备)	只	1		操作室	原位
2	FU1	熔断器	(原有设备)	只	1		操作室	原位
1	V	交流电压表	6L2/450V，正泰	只	1		操作板	操作室

锅炉鼓风机变频调速供风/工频软启动备份系统电路元件表　SZNY-JFY-2011-01

项目	鼓风机供风系统变频调速调节节能改造	原项目	5#锅炉鼓风机工频软启动节流制节供风系统		SZNY-JFY-2011-01-03
核准	郑晓阳	用能方	XXXXXX碱业有限公司	服务方	YYYY能源管理有限责任公司
审查	紫永宁				
设计	起挚展				

设计：方建设计　第2张/共2张　2011年5月24日

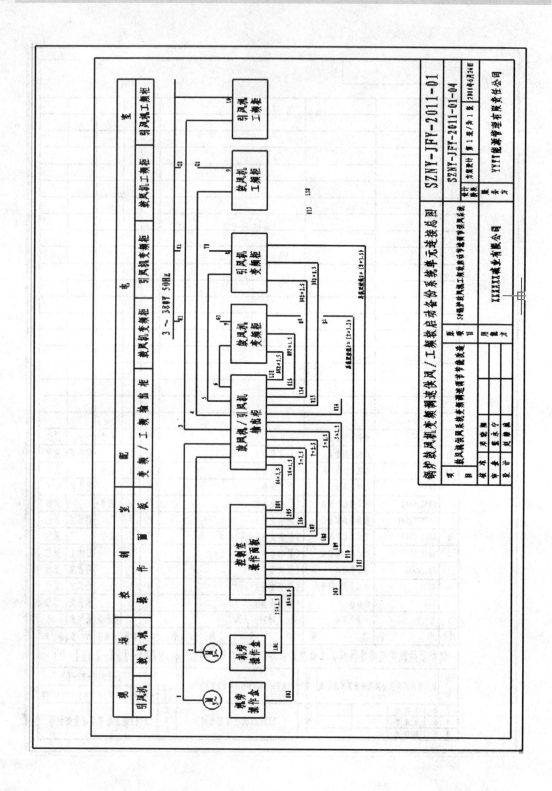

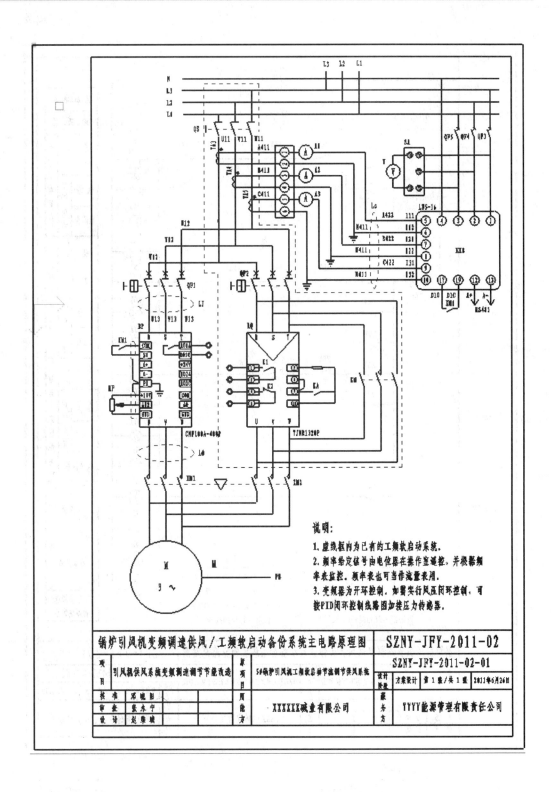

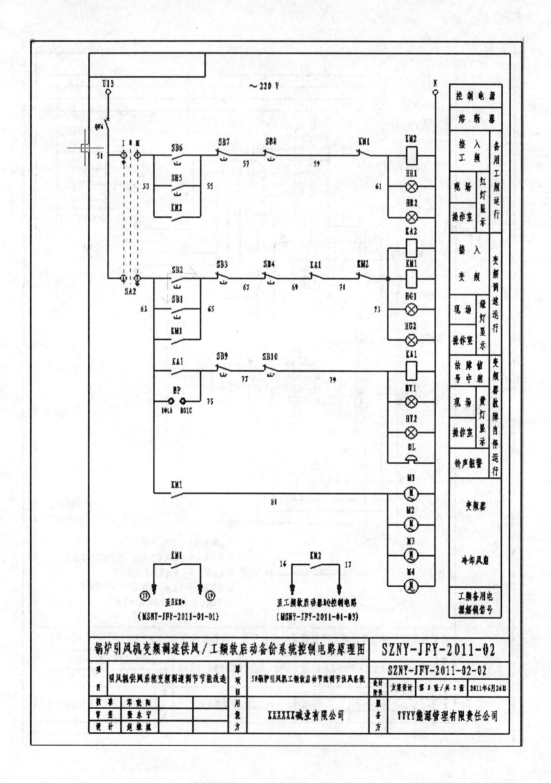

附：电路原理设计图

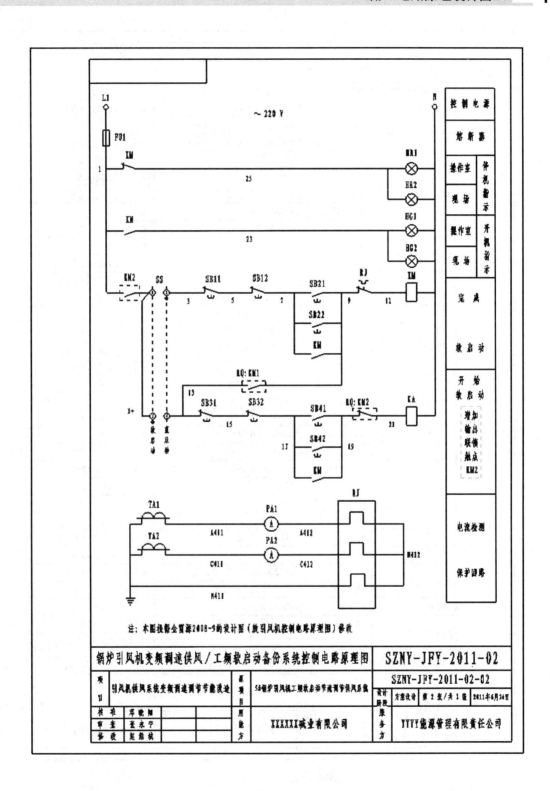

序号	代号	名称	型号	单位	数量	归属项	位置	备注
32	SB4,SB8,SB10	机旁控制按钮	普通按钮,防水式,红色,金石开/本立	只	3	操作盒	机旁	
31	SB3,SB7,SB9	操作室控制按钮	普通按钮,开启式,红色,金石开/本立	只	3	操作台	操作室	
30	SB2,SB6	机旁控制按钮	普通按钮,防水式,绿色,金石开/本立	只	2	操作盒	机旁	
29	SB1,SB5	操作室控制按钮	普通按钮,开启式,绿色,金石开/本立	只	2	操作台	操作室	
28	KA1,KA2	中间继电器	MK3-AC220V,欧姆龙	只	2	变频柜	配电室	
27	HR2	红色指示灯	AD16-AC220V,金石开	只	1	操作台	操作室	
26	HR1	红色指示灯	AD16-AC220V,金石开	只	1	操作盒	机旁	
25	HG2	绿色指示灯	AD16-AC220V,金石开	只	1	操作台	操作室	
24	HG1	绿色指示灯	AD16-AC220V,金石开	只	1	操作盒	机旁	
23	HY2	黄色指示灯	AD16-AC220V,金石开	只	1	操作台	操作室	
22	HY1	黄色指示灯	AD16-AC220V,金石开	只	1	操作盒	机旁	
21	DL	电铃	AC220V	只	1	操作台	操作室	
20	M1,M2,M3,M4	冷却风扇	Φ150/AC220V	台	4	变频柜	配电室	
19	L2	负载侧电抗滤波器	磁环,102*20*60,每相3只	只	9	变频柜	配电室	
18	L1	网侧电抗滤波器	磁环,102*20*60,每相3只	只	9	变频柜	配电室	
17	XH	热继电器	JR20-10,4-6A	台	1	工频柜	配电室	原位
16	QF2	塑料外壳式断路器	CM1B-1250/3,1000A,常熟	台	1	工频柜	配电室	原位
15	KM	真空交流接触器	CKJ2-1000A,AC220V	台	1	工频柜	配电室	原位
14	RQ	软启动器	7JNR1000P	台	1	工频柜	配电室	原位
13	QF1	塑料外壳式断路器	CM1B-1250/3,1000A,常熟	台	1	变频柜	配电室	
12	RP	多圈绕线式电位器	WXD3-13-2W-4.7K; WXD3-13-2W-1K	只	2	操作台	操作室	
11	BP	恒功率矢量变频器	CHF100A-315P,英威腾	台	1	变频柜	配电室	
10	KM2	真空交流接触器	CKJ3-1.14/D800,1140V,800A,无锡浩亚	台	1	输出柜	配电室	
9	KM1	真空交流接触器	CKJ3-1.14/D800,1140V,800A,无锡浩亚	台	1	变频柜	配电室	
8	QF3,QF4,QF5,QF6	小型塑壳空气断路器	DZ47-10A/1P,正泰	只	4	操作台	操作室	
7	SA	三档钥匙选择开关	BBNLBB-B22,金石开	只	1	操作台	操作室	
6	JK	综合电力监控仪	EX3+,有DI端,力创	只	1	变频柜	配电室	
5	X1	试验型端子板	LSURYI-4S	节	6	输出柜	配电室	
4	A1,A2,A3	交流电流表	6L2/500/5A,0.5级,正泰	只	3	操作台	操作室	
3	TA3,TA4,TA5	电流互感器	BH-500/5A,0.5级,正泰	只	3	输出柜	配电室	
2	TA1,TA2	电流互感器	LMZJ1-0.5,1000/5	只	2	工频柜	配电室	原位
1	M	三相异步电动机	50Hz,380V,630A,355KW	台	1	鼓风机	机旁	

锅炉引风机变频调速抽风/工频软启动备份系统电路元件表　SZNY-JFY-2011-02

序号	代号	名称	型号规格	单位	数量	归属项	位置	备注
45	SA1	电压表换相开关	LW5-16,正泰	只	1	操作台	操作室	
44	HG2	绿色运行指示灯	(原有设备)	只	1	机旁		原位
43	HG1	绿色运行指示灯	(原有设备)	只	1		操作室	原位
42	HR2	红色运行指示灯	(原有设备)	只	1	机旁		原位
41	HR1	红色运行指示灯	(原有设备)	只	1		操作室	原位
40	SB32,SB42	软启动控制按钮	(原有设备)	只	2	机旁		原位
39	SB31,SB41	软启动控制按钮	(原有设备)	只	2		操作室	原位
38	SB12,SB22	硬启动控制按钮	(原有设备)	只	2	机旁		原位
37	SB11,SB21	硬启动控制按钮	(原有设备)	只	2		操作室	原位
36	PA1,PA2	交流电流表	(原有设备)	只	2		操作室	原位
35	SS	启动方式选择开关	(原有设备)	只	1		操作室	原位
34	FU1	熔断器	(原有设备)	只	1		操作室	原位
33	V	交流电压表	6L2/450V,正泰	只	1	操作台	操作室	

锅炉引风机变频调速抽风/工频软启动备份系统电路元件表 SZNY-JFY-2011-02

项目：引风机抽风系统变频调速调节节能改造

子项目：5#锅炉引风机工频软启动节流调节抽风系统

图号：SZNY-JFY-2011-02-03

设计阶段：方案设计 第2张/共3张 2011年6月24日

用能方：XXXXXX碱业有限公司

服务方：YYYY能源管理有限责任公司

施工中的设计改进及竣工记录

（2011 年 11 月 29 日）

施工、调试及试生产的过程说明工程方案和系统结构设计及电路原理图设计是正确的，基本计算和基本问题的处理是正确的。为了更安全可靠，更便于安装、检修、调试和生产，在若干细节上对电路原理图做了适当的补充修改。在尚未画出竣工图之前，作如下的记录备忘。

1. 鼓风机和引风机的电动机都是变频电动机，自身带有三相交流风扇，必须与电动机同时工作，确保安全可靠的冷却。为此，用仪表监控系统电源断路器 QF3 给风机供电，用 KM1 和 KM2 的辅助触点并联对风机运行进行控制。

2. 变频器柜内已自带冷却风扇，电柜封闭运行，无需另置冷却风扇。控制电路原理图中设计的 4 只变频器冷却风扇 M1、M2、M3、M4 取消。

3. 智能监控表 EX8+的变频计量/工频计量自动切换，原设计由 KM1（KM2）的辅助触点控制，施工时，由变频器的输出继电器（R01A，R01C）控制。

4. 变频器操作面板装到主控室，与变频器相距约 30m，用屏蔽双绞线连接，避开动力线路单独敷线。变频器的操作，在主控室进行。操作面板主要用于设置和调试。运行操作则用频率给定电位器 RP，给锅炉运行工使用。RP 选用 4.7kΩ 多圈电位器。在变频器的 4~20mA 模拟信号输出端子上串联了 0~20mA 直流电流表，代用作频率表，装在操作台后的信号屏上，供运行工操作使用。操作时，一面看表，一面用 RP 调节频率。

5. 并联于 KM1、KM2、KA1 线圈上的信号灯，原设计只在主控室和现场设置，于配电室中的检查、调试和检修不便，施工中，在出线柜上增设了信号灯。

6. 装于配电室的出线柜上除增加了信号灯外，也增加了 KM1、KM2 的启动和停止按钮。

7. 调试时发现信号灯在断路的情况下也不熄灭，加装了 103/1200V 涤纶电容并联到灯上，消除了错误信号。

8. 原设计中的电铃只作自动报警用，调试中增加了电铃的正常操作通信功能，用于开车或停车时主控室与现场正常通信。新增功能与原有功能用同一只通信按钮的常开/常闭触点分别实现，使两种功能可以相互隔离，井水不犯河水。

9. 调试证明，在动力线和测量信号线上套磁环抗干扰有效。屏蔽双绞测量线和屏蔽双绞控制信号线长 30m 以上。鼓风机的动力电缆长 30 多米，引风机的动力电缆长 80 多米。磁环均采用锰锌铁氧体材质。动力线上的磁环为 102×20×60，每相套三只，三相共 9 只，变频器的进出口处都套。

5#锅炉鼓引风机变频系统调试方案
（征求意见稿）

1. **系统检查（动力电气负责）**

a：用 500V 低压摇表对主回路、二次回路系统绝缘进行检查。

b：将所有接线全部梳理一遍。

c：检查接地系统是否符合要求。

2. **继电控制系统空载试验（负责：胡志忠　参加：动力电气）**

——系统运行维护方

a：断开变频器、软启动器电源。

b：在控制室、配电室、机器旁分别进行启动、停止试验。

c：进行模拟变频器"故障"操作试验。

3. **变频器空载调试Ⅰ（英威腾产品提供商）**

a：变频器参数设置。

b：断开变频器出线，进行变频器启动、停止试验。

4. **变频器空载调试Ⅱ（英威腾产品提供商）**

a：连接变频器至风机的电缆，断开电缆与电机接线盒之间的连接。

b：变频器启动、停止试验。

c：调整磁环数，修正变频器参数设置。

5. **5#锅炉鼓引风机空载试验（英威腾产品提供商）**

a：接通变频器与风机电机之间的电气连接。

b：关闭被试风机的"挡板"。

c：变频器启动、停止调试。

d：变频器参数设置修正。

6. **变频器负载调试（英威腾产品提供商）**

a：全开被试风机"挡板"。
b：变频器启动、停止调试。
c：变频器参数设置修正。

7. 生产试验（动力分厂）

a：风机挡板开启60%时，生产试验（至少下渣一次）。
b：风机挡板开启70%时，生产试验（至少下渣一次）。
c：风机挡板开启80%时，生产试验（至少下渣一次）。
d：风机挡板开启90%时，生产试验（至少下渣一次）。
e：风机挡板开启100%时，生产试验（至少下渣一次）。

8. 锅炉操作人员培训和实际操作（英威腾产品提供商、系统集成服务方）

a：整个系统的培训。
b：变频器的原理和维护。
c：实际操作培训。

9. 设备竣工验收

（XXXXX公司——系统使用方，YYYY公司——系统集成服务方，英威腾产品提供商——变频器厂商）

引风机调试记录
（2011-11-26）

1. 变频器主要参数设置

载波频率：1000Hz。
加速时间：90Sec。
减速时间：90Sec。

2. 电缆空载试验时变频器电压和电流

电压：380V。
电流：A相0.49A，B相0.4A，C相0.4A（输入还是输出？未记）。

3. 电动机空载试验时变频器输入电压和电流

输入电流：21A。
输出电流：A相138A，B相136A，C相136A。
输出频率：50Hz。
注：同样负载条件下工频供电时的输入电流为100A。

4. 引风机负载试验

输出频率：31.55Hz。
输入电流：190A。

鼓风机调试记录

（2011-11-26）

1. 变频器主要参数设置

载波频率：1000Hz。
加速时间： 90Sec。
减速时间： 90Sec。

2. 电缆空载试验时变频器输入电压和电流

电压：420V。
电流：A 相 0.048A，B 相 0.053A，C 相 0.045A（输入还是输出？未记）。

3. 电动机空载试验时变频器电压和电流

输出电流：A 相 179A，B 相 183A，C 相 180A
注：由于 KM2 主触头未分离，烧坏软启动器，停止试验，更换 KM_2。

4. 工频时电动机空载试验

输入电流：A 相 183A，B 相 198A，C 相 184A（用卡表测量）。
输入电流：A 相 188A，B 相 198A，C 相 194A（用 EX8 测量）。

5. 变频时电动机空载试验

输入电流：A 相 29A，B 相 32A，C 相 30A。
输入电流：A 相 19A，B 相 19A，C 相 19A（为什么有两种结果？无记录）。

6. 切换试验

停止变频，数"1，2，3，4，5"重启变频试验：成功。
停止变频，90s 后，重启变频：成功。冲击电流 870A。

7. 鼓风负载试验

挡板全开。
输出频率：44Hz。
输入电流：300～320A。

竣工记录：XXXXX 有限公司低压变频器

1. 客户资料

代理商：YYYYYYY 有限公司　　联系人：　　手机：
用　户：XXXXX 有限公司　　　联系人：　　手机：
变频器调试时间：2011 年 11 月 15 日～2011 年 11 月 25 日

26日带负载运行2个小时

2．变频器基本资料

有两台低压变频器在XXXXX有限公司运行，分别是：

1）鼓风机

（1）鼓风机变频器

型号：CHF100A-400G-4　条码：I00EF0118000424

（2）鼓风机铭牌

型　号	流　量	全　压	电机功率	转　速	电机额定电流
LG50-12N014.4	70505	12174Pa	355kW	1484r/min	630A

2）引风机

（1）引风机变频器

型号：CHF100A-280G/315P-4　条码：I00EFN117021224

（2）引风机铭牌

型　号	流　量	全　压	电机功率	转　速	电机额定电流
LG50-12N014.8	142231	4756Pa	280kW	1484r/min	510A

3．变频器参数设置

1）鼓风引变频器参数

功　能　码	名　称	设　定　值
P0.01		1
P0.07		1
P0.11		90
P0.12		90
P0.14		1
P1.00		2
P1.06		1
P2.03		1484
P2.05		630
P5.02		1
P5.12		0.01
P5.14		9.8
P6.02		1
P6.03		4
P6.04		0

2）引风引变频器参数

功 能 码	名 称	设 定 值
P0.01		1
P0.07		1
P0.11		90
P0.12		90
P0.14		1
P1.00		2
P1.06		1
P2.03		1484
P2.05		630
P5.02		1
P5.12		0.01
P5.14		9.8
P6.02		1
P6.03		4
P6.04		0

4．变频器带负载运行数据

1）鼓风机

（1）鼓风机变频运行数据

电流	0	0	0	0	40	80	125	220	300	410
频率	5	10	15	20	25	30	35	40	45	50
风压	0	0	500	1500	2200	3500	4500	5500	6000	6800

（1）鼓风机工频运行数据

电流	240	240	240	245	250	280	310	320	355	380	400	420	440
阀门开度	10%	20%	30%	35%	40%	45%	50%	55%	60%	65%	70%	75%	80%
风压	1500	1500	2500	3200	4000	4500	5000	5500	5800	6100	6300	6500	6600

2）引风机

（1）引风机变频运行数据

电流	0	0	0	10	20	100	120
频率	5	10	15	16	20	25	27
负压	6	6	5	10	5	2	2

（2）引风机工频运行数据

没有测试。

5. 工程图片

操作台仪表

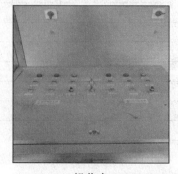
操作台

鼓风机变频器

引风机变频

本模块参考文献

[1] 刘竞成. 《交流调速系统》. 上海：上海交通大学出版社，1984.8.

[2] 臧英杰，吴守箴. 《交流电机的变频调速》. 北京：中国铁道出版社，1984.

[3] 柴肇基. 《电力传动与调速系统》. 北京：北京航空航天大学出版社，1992.9.

[4] 邓想珍，赖寿宏. 《异步电动机变频调速系统及其应用》. 武汉：华中理工大学出版社，1992.9.

[5] 马小亮. 《大功率交交变频调速及矢量控制技术》第二版. 北京：机械工业出版社，1996.6.

[6] 陈伯时. 《电力拖动自动控制系统》（第2版）. 北京：机械工业出版社，1997.5.

[7] 陈国呈. 《PWM变频调速技术》. 北京：机械工业出版社，2000.1.

[8] 劳动和社会保障部教材办公室组织，宋峰青. 全国高等职业技术院校电工类专业教材,《变频技术》. 北京：中国劳动社会保障出版社，2004.6.

[9] 汪明. 《网络化控制变频调速系统》, 现代工业自动化技术应用丛书. 北京：中国电力出版社，2006.11.

[10] 王永华，A. Verwer（英）. 《现场总线技术及应用教程——从PROFIBUS到AS-i》. 北京：机械工业出版社，2007.1.

[11] 孙鹤旭，梁涛，云利军. 《Profibus现场总线控制系统的设计与开发》. 北京：国防工业出版社. 2007.4.

[12] 劳动和社会保障部中国就业培训技术指导中心组织，陈宇. 国家职业资格培训教程,《维修电工（技师技能 高级技师技能）》. 北京：中国劳动社会保障出版社，2004.1.

[13] 机械工业技师考评培训教材编审委员会，姜平. 机械工业技师考评培训教材,《维修电工技师培训教材》. 北京：机械工业出版社，2003.7.

[14] 有关厂商的变频器使用手册

[15] 网络文章,《基于PROFIBUS-DP现场总线的造纸机传动控制系统》. http://articles.net.cn.

[16] 网络文章,《浅谈注塑机变频节能改造方案》, http://www.cnbpq.com

反侵权盗版声明

　　电子工业出版社依法对本作品享有专有出版权。任何未经权利人书面许可，复制、销售或通过信息网络传播本作品的行为；歪曲、篡改、剽窃本作品的行为，均违反《中华人民共和国著作权法》，其行为人应承担相应的民事责任和行政责任，构成犯罪的，将被依法追究刑事责任。

　　为了维护市场秩序，保护权利人的合法权益，我社将依法查处和打击侵权盗版的单位和个人。欢迎社会各界人士积极举报侵权盗版行为，本社将奖励举报有功人员，并保证举报人的信息不被泄露。

举报电话：（010）88254396；（010）88258888
传　　真：（010）88254397
E-mail：　dbqq@phei.com.cn
通信地址：北京市万寿路 173 信箱
　　　　　电子工业出版社总编办公室
邮　　编：100036